A MONTANHA DE MOLUSCOS
DE LEONARDO DA VINCI

STEPHEN JAY GOULD

A MONTANHA DE MOLUSCOS DE LEONARDO DA VINCI

Ensaios sobre História Natural

Tradução:
REJANE RUBINO

COMPANHIA DAS LETRAS

Tradução publicada mediante acordo com a Harmony Books,
uma divisão da Crown Publishers, Inc., Nova York.

Título original
Leonardo's Mountain of Clams and the Diet of Worms:
Essays on Natural History

Capa
Moema Calvacanti

Índice remissivo
Luciano Marchiori

Revisão técnica
Suzana Couto

Preparação
Otacílio Nunes Jr.

Revisão
Ana Maria Barbosa
Carmen S. da Costa

Dados Internacionais de Catalogação na Publicação (CIP)
(Câmara Brasileira do Livro, SP, Brasil)

Gould, Stephen Jay
A montanha de moluscos de Leonardo da Vinci / Stephen Jay Gould; tradução de Rejane Rubino. — São Paulo : Companhia das Letras, 2003.

Título original: Leonardo's Mountain of Clams and the Diet of Worms.
Bibliografia.
ISBN 85-359-0431-X

1. Evolução (Biologia) 2. História natural. I. Título.

03-5626 CDD-508

Índice para catálogo sistemático:
1. História natural : Ciências 508

2003

EDITORA SCHWARCZ LTDA.
Rua Bandeira Paulista 702 cj. 32
04532-002 — São Paulo — SP
Telefone (11) 3707-3500
Fax (11) 3707-3501
www.companhiadasletras.com.br

Para Ray Siever
e em memória de Bernie Kummel,

dois queridos colegas e amigos
que incentivaram (e protegeram)
um jovem que era um pé no saco
e o ajudaram a se tornar um cientista.

SUMÁRIO

Introdução — Moedas de oito: confissões de um naturalista humanista 9

Parte I
ARTE E CIÊNCIA

1. O movimento ascendente dos fósseis na terra viva de Leonardo da Vinci 27
2. O *Great Western* e o intrépido *Temeraire* 60
3. Olho no olho, através do vidro 75

Parte II
BIOGRAFIAS NA HISTÓRIA DA EVOLUÇÃO

4. A Vênus, desnudada até pelos naturalistas 97
5. A alma gêmea americana de Darwin: uma visão panorâmica 124
6. Um cavalo-marinho para todos os corredores 148
7. O pônei do sr. Sophia 174

Parte III
A PRÉ-HISTÓRIA HUMANA

8. Contra a parede 197
9. Uma lição dos velhos mestres 219
10. Nossa extraordinária unidade 240

Parte IV
SOBRE A HISTÓRIA E A TOLERÂNCIA

11. Um cerion para Cristóvão 263
12. O dodô na corrida de comitê 281
13. A Dieta de Worms e a Defenestração de Praga 303

Parte V
FATOS E TEORIAS EVOLUCIONISTAS

14. Magistérios que não se sobrepõem 323
15. A Lei de Boyle e os detalhes de Darwin 341
16. Uma longa história 359
17. Parentesco por inversão (ou, quando o verme se revira) 381

Parte VI
IDÉIAS DIFERENTES SOBRE VERDADES COMUNS

18. Uma guerra de visões de mundo 403
19. O triunfo dos rizocéfalos 424
20. Podemos de fato compreender a preguiça e a rapacidade? 446
21. Invertendo a ordem estabelecida 468

Bibliografia 483
Crédito das ilustrações 491
Índice remissivo 495

Introdução

MOEDAS DE OITO: CONFISSÕES DE UM NATURALISTA HUMANISTA

Não é difícil entender a razão por que muitos dos naturalistas atribuem a forma mais elevada de beleza, inspiração e valor moral a extensões cada vez mais raras de natureza em estado puro — ou seja, àquelas desprovidas de qualquer traço de presença humana, seja ela atual ou fruto de contatos prévios. Quando reconhecemos que a história da vida, salvo em seu último piscar de olhos, se desenrolou de maneira eficiente e fascinante (mas para quem?) antes que os humanos entrassem em cena — e quando admitimos que a maioria de nossas incursões substanciais nessa história não pode ser considerada benéfica nem para os organismos locais nem para o meio ambiente —, por que não exaltar os diminutos espaços que perpetuaram uma tradição de 4,5 bilhões de anos sem a interferência de nenhum agente consciente? (Uma vez que não pretendo tratar das dimensões teológicas dessa última frase, vou restringir o significado dela às "pegadas" que demonstram a presença física indiscutível do homem.)

Nesse contexto, tenho uma confissão a fazer. Minha postura peculiar só pode resultar das circunstâncias de meu nascimento e de minha infância feliz em Nova York, no tempo em que o metrô era seguro e custava cinco centavos, os museus eram gratuitos e os Yankees, liderados por Joe Di Maggio, governavam o mundo. Não se pode contradizer a sabedoria de Wordsworth. É impossível sustentar o deslumbramento da infância por toda a vida, mas o menino é o pai do homem. Se assim é, o "esplendor na relva" e a "glória da flor" vividos pela criança estabelecem um protótipo de admiração estética que dura pelo resto da vida. E entre minhas primeiras epifanias incluem-se os edifícios de Lower Manhattan ao pôr-do-sol, vistos da magnífica calçada no meio da ponte do Brooklin; a pontinha de Manhattan ficando visível no momento em que a balsa de Staten Island (que também custava só cinco centavos) passava pela Estátua da Liberdade a caminho de Battery; o saguão dos edifícios Chrysler e Woolworth (cada um, a seu tempo, o arranha-céu mais alto do mundo); e a silhueta da cidade circundante, no inverno, vista do meio do Central Park por entre os galhos das árvores desfolhadas.

Não falo de uma dicotomia absurda entre cidade e natureza, com uma preferência pessoal pela primeira resultando de acidentes de criação. Melhor dizendo, a dicotomia em si não tem sentido algum, no mínimo porque exemplos "puros" de cada um desses extremos praticamente não existem, já que dejetos plásticos se espalham pelo mar e restos retorcidos de carga lançada ao mar pelos navios são despejados nas praias de toda ilha isolada e inabitada do Pacífico, e uma vez que praticamente todo lugar cultuado por sua natureza "virgem" (ao menos aqui no Nordeste dos Estados Unidos) não passa de antiga terra cultivada recuperada como floresta. Do mesmo modo, nenhuma "pureza" satânica marca o outro extremo, exceto em cenários de ficção científica. Não construímos cidades sem parques, ruas sem árvores, casas sem jardins. Por menores que sejam, fragmentos da diversidade da natureza ainda eclodem por toda parte, mesmo que sob a forma de ratos nos montes de lixo, baratas na cozinha, cogumelos no calçamento, ervas daninhas em abundância nos terrenos e bactérias por toda parte — para citar todos os principais reinos da vida presentes nas grandes cidades.

Seja por circunstâncias da infância ou por traços de temperamento, sou essencialmente um humanista e adoro, acima de tudo, a conjunção sensível e inteligente entre a arte e a natureza — e não a dominação de uma pela outra. Todos nós desejamos, no nosso mundo espantosamente diverso, um espectro amplo de interações entre o quase selvagem e o quase artificial, mas, pessoalmente, busco meu ideal estético exatamente no meio, onde a atividade humana tocou de leve ou moldou uma paisagem, mas com tal respeito e integração que à primeira vista não se detecta nenhuma linha falha, nenhuma separação evidente: a floresta na encosta junto a Kiyomizudera em Kyoto, onde o cenário deslumbrante parece tão perfeitamente "rústico" e intocado até que você se dê conta de que cada uma de suas árvores foi escolhida, podada e posicionada com precisão; a genialidade dos grandes parques da cidade de Olmsted, com sua diversidade esculpida de paisagens "naturais", entrecortada por um respeitável sistema de caminhos construídos, feitos de pedras locais de rusticidade trabalhada, quando necessário; a suave transição entre uma "pedra do sábio" chinesa (escolhida para contemplação tranqüilizadora com base no acaso de sua beleza, mas normalmente um pouco esculpida para realçar sua aparência) e o suporte de madeira entalhado expressamente para acomodar suas protuberâncias e fendas fortuitas; e os povoados Hopi, construídos de rochas locais como uma camada sobre os topos das mesas formadas por estratos horizontais, de tal maneira que, à distância, eles mal podem ser distinguidos das camadas naturais abaixo, sendo reconhecíveis como construções humanas apenas pelas escadas verticais que se projetam dos topos das *kivas*.[1]

Embora eu não pretenda insistir no argumento — uma vez que o conceito pode facilmente fazer concessões à arrogância humana e à desvalorização das formas naturais —, chego a acreditar que a reconstrução inteligente pode "melhorar" o desenho natural (ainda que somente segundo critérios de preferência estética humana, o mais provinciano de todos os julgamentos possíveis). Identifico-me com a quadra mais famosa do *Rubayat* de Omar Khayyam (na versão vitoriana de FitzGerald), uma passagem que é quase sempre mal interpretada nos dias de hoje em

(1) Nas habitações dos povoados índios, grandes salões usados para propósitos religiosos ou outros. (N. T.)

decorrência do desaparecimento quase completo do modo subjuntivo no inglês moderno:

Um livro de poemas sob a ramagem
Um jarro de vinho, um pedaço de pão — e você
Ao meu lado, cantando na floresta —
Oh, fosse a natureza um tal paraíso![2]

Ou seja, se você estivesse ao meu lado, e pudéssemos usufruir de boa leitura, comida, bebida (e talvez mais), então, mesmo uma floresta feia, assustadora e indômita se tornaria um paraíso, literalmente *um jardim cercado e cultivado*. (O velho subjuntivo do último verso deve ser lido assim: "até mesmo a natureza indômita *se assemelharia* ao paraíso" se eu pudesse contar com a sua presença e com os apetrechos necessários). Afinal de contas, em muitas culturas, a selva (com sua relação etimológica com "selvagem") denota medo e estranheza, ao passo que a civilização humana sugere uma paisagem domesticada, associada à beleza e à paz da alma. (Gosto igualmente da velha lenda — talvez verdadeira — de que Eugene O'Neill mudou o último verso de Omar para "Ah, Wilderness!" para que o título de sua admirável peça sobre a entrada na vida adulta aparecesse em primeiro lugar na lista alfabética de shows da Broadway no *The New York Times*.)

Confesso (na realidade, professo) meu humanismo porque no prefácio de cada um dos meus livros de ensaios (este é o oitavo volume de uma série que vai chegar a dez antes do final do milênio) tentei imaginar de que modo ele se diferenciava, do ponto de vista temático, dos livros precedentes (e, espero, acrescentava-lhes algo). Comecei pela ênfase nos fundamentos da evolução e prossegui analisando suas implicações e seus usos sociais e filosóficos, a interação das regras preditivas com a história contingente (para

(2) "A Book of Verses underneath the Bough,/ A Jug of Wine, a Loaf of Bread – and Thou/ Beside me singing in the Wilderness — Oh, Wilderness were Paradise enow!" Tradução de Millôr Fernandes. (N.T.)

formar os padrões singulares e surpreendentes da história da vida) e a interação da história humana com os ambientes naturais.

Este oitavo livro, como de costume, inclui todos esses temas, mas difere dos anteriores principalmente pelo fato de que me sinto cada vez mais à vontade em relação à minha abordagem pouco convencional da "história natural", como já esbocei. Se há um tema acima de todos, que atravessa e unifica esse conjunto de textos (que já soma 270 ensaios mensais consecutivos), suponho que seja um esforço tateante de formular uma história natural humanista. Creio que relutei em reconhecer, enfrentar ou mesmo admitir esse aspecto do meu trabalho, para mim mesmo ou para meus leitores, porque esse enfoque transgride uma convenção arraigada (e geralmente não explicitada) nos escritos sobre a natureza. Espera-se que amemos a natureza por si mesma e que, portanto, nos ocupemos da tarefa de descrevê-la e interpretá-la (como ela é) para que as pessoas interessadas que contam com menor grau de conhecimento específico possam obter novas informações e delas extrair as mensagens apropriadas, tanto factuais como éticas. Ora, eu realmente amo a natureza — com tanto ardor quanto todos aqueles que um dia tomaram da pena a serviço dela. Mas me sinto ainda mais fascinado por aquele nível complexo de análise que se situa um pouco acima ou além da natureza (me refiro a um nível de análise "abstraído de", e não "melhor") — isto é, a história de como os humanos aprenderam a estudá-la e a compreendê-la. É nesse sentido crucial que me considero, em essência, um "naturalista humanista".

É claro que anseio por respostas para todos os enigmas, grandes e pequenos, que compõem a ordem (e a assombrosa desordem) da natureza "lá fora" — uma ordem que nossos antepassados intelectuais (de modo compreensível) só podiam interpretar como prova da existência e da benevolência de Deus. E estou convencido de que tais respostas existem, ainda que só possam ser visíveis "através do vidro, na obscuridade",[3] dada a necessária interposição

(3) No original, *through a glass darkly*. Gould alude ao título do capítulo 3, "Seeing eye to eye, through a glass clearly". (N.T.)

de fatores históricos, sociológicos e psicológicos entre o mundo "real" e toda abstração lógica incorpórea capaz de manipular e ordenar nossas observações. (Nesse sentido, nenhum cientista praticante pode ser um "relativista" puro, embora eu acredite que os mais sofisticados e os mais inclinados à auto-análise saibam que a observação "pura", "intocada" por fraquezas e preferências humanas, não passa de uma lenda idealizada.)

Prefiro, no entanto, enfatizar a interação do mundo lá fora com algo único na história da vida na Terra — o esforço de um agente consciente e questionador para entender os enigmas da natureza e integrar esse saber ao sentido de sua própria existência. Ou seja, a constituição da natureza é por si só um tema arrebatador, mas me sinto ainda mais fascinado pela tentativa de compreender de que maneira um instrumento ímpar e extremamente frágil — a mente humana —, chega a conhecer o mundo exterior, e os modos como a história contingente do corpo, da personalidade e da sociedade humanos impactam os caminhos que levam a esse conhecimento.

Um mapa dos obstáculos da estrada — impostos pelas limitações evolutivas de um instrumento que certamente não foi concebido para esse tipo de indagação, acrescido das contingências improváveis e irrepetíveis que construíram nossa moderna sociedade tecnológica — reúne tanto interesse quanto um mapa preciso da geografia da natureza. Além disso, um foco humanista sobre o modo como conhecemos a natureza — mais do que uma explicação "objetiva" (inatingível, de todo modo) de como ela "é" — oferece ao ensaísta "todo um outro" nível de informações suculentas, já que não perdemos nada em relação ao primeiro tema, o mundo como o percebemos, e ainda passamos a contar com todas as idiossincrasias fascinantes a respeito de *como* viemos a percebê-lo dessa maneira.

Outra vantagem dessa abordagem humanista é a aquisição de uma fonte de novidades surpreendente e, ao que parece, inesgotável, nos documentos originais dos grandes pensadores da história. Mas por que motivo essas pepitas, ou mesmo lascas, se encontrariam em tal terreno, à espera de escavações intelectuais? *A origem das espécies* já não foi lido milhões de vezes? Cada um de seus parágrafos já não foi objeto de escrutínio e exegese por parte dos estudiosos da história natural?

Permitam-me partilhar um segredo que tem suas raízes nas fraquezas humanas em geral e no matiz vagamente antiintelectual que sempre permeou a cultura americana. Pouquíssimas pessoas, incluídos os intelectuais com maior pendor para a escrita, já leram de fato as fontes originais — certamente não da maneira completa e profunda que seria necessária, e muitas vezes de maneira nenhuma. Não há nada de novo nisso — mas essa propensão secular a cortar caminho foi incentivada em nossos tempos "jornalísticos" pelo lamentável hábito de consultar especialistas, mais do que ler e refletir —, o que atesta, uma vez mais, a passividade dos autores diante das fontes secundárias, em vez de um diálogo ativo, ou de uma comunhão pela via do estudo, com os grandes pensadores do passado.

Ressalto esse fato principalmente por uma razão prática, ou mesmo ética, e não apenas para desabafar. Quando os autores se fecham aos documentos científicos, tomando como base somente aquilo que vêem ou perguntam, passam a funcionar como condutores e filtros, e não como verdadeiros pensadores. Quando, por outro lado, estudamos os grandes trabalhos de nossos predecessores empenhados na mesma luta, entramos num diálogo com a história humana e com a extensa variedade de nossas tradições intelectuais. Inserimo-nos, e também os nossos próprios poderes organizadores, nessa história — e tornamo-nos agentes ativos, e não meramente "repórteres". Só então, quando deixamos de agir como porta-vozes, é possível fazermos contribuições originais, e até mesmo descobertas.

Não há nada mais democrático do que o princípio de que verdadeiras preciosidades se encontram em abundância nas fontes primárias, situadas em locais acessíveis como as principais universidades e as bibliotecas municipais, à espera daqueles que se dispõem a trabalhar e a desenvolver seu conhecimento. (Mas há obstáculos. Reconheço, é claro, que um impedimento evidente para a maioria dos americanos reside no fato de que muitos desses trabalhos, que representam o repertório ecumênico do eruditismo internacional, nunca foram traduzidos para a língua inglesa — o que deveria servir como um estímulo ao estudo, e não como uma barreira.) Bons anatomistas já me disseram que observações inéditas e importantes ainda podem ser realizadas a partir da dissecação de um sapo comum, a despeito das incontáveis ocasiões em que isso foi feito ao longo dos últimos séculos. Posso atestar que os principais documentos científicos permanecem abarrotados de novidades nítidas e esclarecedoras, bastando que as pessoas se disponham a examiná-los — de maneira completa e nas edições originais. Por que razão alguém não aspiraria a ler essas obras, não se sentiria ávido por tal oportunidade? Seja qual for o resultado disso na nossa formação pessoal, há uma emoção extraordinária em podermos nos conectar com os grandes pensadores e realizadores do passado, folhear as páginas das mesmas edições que eles manusearam e especular sobre os leitores de outros séculos, que analisaram esses mesmos documentos com os pressupostos de sua época, enquanto a vela noturna iluminava seu trabalho silencioso.

Das seis partes desta história natural humanista constituída de ensaios sobre a evolução, as quatro primeiras — sobre a arte e a ciência, as minibiografias, a pré-história humana —, com ênfase na arte paleolítica nas cavernas — e a história do homem do ponto de vista de um naturalista —, enfatizam o nosso lado, embora muitos desses ensaios se concentrem em organismos específicos, como os cervos gigantes ("alces irlandeses") pintados em paredes de cavernas (capítulo 9), os caracóis das Bahamas na fábula sobre Colombo (capítulo 11) e o dodô, cujo destino é ainda mais triste porque o insulto humano se somou à injúria máxima de seu extermínio (capítulo 12). Os ensaios das últimas duas partes — sobre a teoria da evolução e sobre as perspectivas de outros organismos — focalizam o lado não humano, novamente com algumas exceções, como as declarações dos papas sobre a evolução (capítulo 14), o contraste das visões de Robert Boyle e Charles Darwin sobre o desenho da natureza (capítulo 15) e a oposição entre Percival Lowell e Alfred Russel Wallace a respeito dos canais marcianos e da verdadeira dominação da vida na Terra pelas bactérias (capítulo 18).

Todos esses ensaios se fundamentam num paradoxo precioso que define, desde Montaigne, o melhor do gênero: os detalhes íntimos e precisos — a base da maioria dos bons ensaios — funcionam como uma fonte de deleite em si mesmos, e também como um trampolim para discorrer sobre generalidades do mais amplo escopo. Eu jamais ousaria abordar a "natureza da verdade" por meio de uma investida frontal e da generalização abstrata — por medo de me tornar um bufão vazio e tendencioso, pontificando sobre algo que é irrespondível e indefinível. Mas não podemos fugir a essa questão, e sim, com legitimidade, "espreitá-la" (e até mesmo lançar alguma luz genuína sobre ela), ao discutir o modo como Darwin e Dana, o criacionista americano que era sua alma gêmea, construíram taxonomias alternativas para os pássaros dentados, criaturas cuja existência não estava prevista pelas concepções da realidade até então formuladas, mas cujos fósseis tinham acabado de ser descobertos (capítulo 5). Do mesmo modo, se eu tentasse abordar diretamente "a natureza da tolerância", sem exemplos específicos e intrigantes, soaria como um pregador presunçoso clamando no deserto. Mas, se confesso um humor infantil em justapor, além das razões de conteúdo, também em nome da aliteração, a Dieta de Worms à Defenestração de Praga (capítulo 13), então uma associação aparentemente superficial, até mesmo ridícula, adquire validade como ilustração conjunta, e proporciona razoável acesso às dimensões factuais e morais do tópico geral.

Os presentes ensaios esquadrinham, organizam, reúnem e afastam os detalhes no interior de uma floresta diversificada de dados, localizados tanto na natureza como nos documentos do esforço intelectual humano — tudo para ganhar acesso a um mundo que é em si mesmo confuso, mas também infinitamente irresistível. Ao examinar o conteúdo deste oitavo volume, vejo que adotei quatro estratégias principais para promover esses detalhes à condição de estruturas coerentes, com generalidade suficiente para incitar um ensaio.

1. Em alguns casos, um estudo aprofundado das fontes originais produz descobertas genuínas, a despeito do paradoxo de que os ingredientes da solução sempre estiveram patentes. A história do não-uso do pescoço da girafa como exemplo pelos primeiros evolucionistas não havia sido documentada antes (capítulo 16), e as ausências surpreendentes são quase sempre tão reveladoras quanto as presenças não reconhecidas. Localizei uma nova dimensão, em grande medida favorável ao "derrotado" Owen (e não ao "vitorioso" Huxley), no grande debate sobre o hipocampo que impulsionou a discussão evolucionista na década de 1860 (capítulo 6). A importante teoria de Dana sobre a cefalização e sua ligação com a teologia natural proposta por ele (num contraste interessante com a posição alternativa que vinha sendo formulada por Darwin naquele momento) nunca foi elucidada, em parte porque Dana divulgou seus argumentos de maneira um tanto dispersiva num grande número de artigos técnicos curtos (capítulo 5).

Mas devo confessar que tenho muito orgulho do artigo de abertura sobre a paleontologia de Leonardo da Vinci. A excelência e a notoriedade de suas observações sobre os fósseis têm sido reconhecidas — e devidamente reverenciadas em textos populares, escolares e técnicos — há mais de um século, desde a publicação completa de seus cadernos pessoais na década de 1880. Mas ninguém havia identificado as razões específicas (baseadas em sua própria crença, essencialmente medieval, de que havia uma analogia entre a Terra e os corpos vivos) de sua intensa concentração nos fósseis e da reunião de suas afirmações sobre esse tema num manuscrito amplamente devotado à natureza da água. Desse modo, essas observações maravilhosas se destacavam, isoladas de seu contexto, e eram interpretadas como sinais de um estranho anacronismo por parte de um gênio transcendente e basicamente impenetrável. Mas a documentação completa do *Leicester Codex*, quando lida do início ao fim e entendida por meio da física da época de Da Vinci, estabelece o contexto adequado para a compreensão de suas afirmações.

2. Na maioria dos casos, não descrevo observações inéditas, mas, antes, tento colocar informações pouco familiares (ou mesmo bem conhecidas) num contexto novo, justapondo-as a outros assuntos com os quais antes elas não eram relacionadas — sempre com o objetivo de iluminar uma questão geral sobre a prática da ciência, a estrutura da natureza ou a construção do conhecimento. Ao revisar os ensaios (que não foram planejados como um conjunto, e sim coletados da minha série mensal para a revista *Natural History*) para compor este volume, percebi que quase sempre tinha feito essa justaposição pelo método simples da aproximação ou da diferenciação entre dois deles — talvez uma operação geral da mente humana, pelo menos de acordo com algumas escolas de pensamento importantes (discutidas aqui no contexto da arte paleolítica nas cavernas, no capítulo 8). Por exemplo, todos os ensaios da parte 2, que traz as minibiografias, embora se concentrem numa personalidade até então pouco considerada ou mal compreendida, estabelecem um contraste entre o biografado e um personagem-padrão — entre Lineu e Mendes da Costa, naturalista judeu-inglês do século XVIII (capítulo 4), entre James D. Dana e Darwin, sua alma gêmea britânica (capítulo 5), entre Richard Owen e T. H. Huxley (capítulo 6) e entre o trágico gênio russo Vladimir Kovalevsky (e Sophia, igualmente trágica e mais brilhante esposa, uma das mais importantes matemáticas do século XIX) e Darwin, a respeito do potencial do erro para iluminar a verdade científica (capítulo 7).

Muitos outros ensaios também adotam essa estratégia de esclarecimento por meio do contraste, da associação resultando a novidade: entre Boyle e Darwin, em relação à teologia natural e à evolução (capítulo 15); entre Percival Lowell e Alfred Russell Wallace, a respeito dos canais de Marte e da singularidade da vida (capítulo 18); entre os bichos-preguiça e os urubus, como protótipos de traços que nós, de uma maneira simplória e irrelevante, julgamos negativos mas ansiamos entender (capítulo 20); entre a

Dieta de Worms e a Defenestração de Praga, como eventos da história da Europa, eventos que têm mais em comum do que a letra D inicial e os nomes curiosos (capítulo 13); entre o abade Breuil e André Leroi-Gourhan, em relação a duas teorias seqüenciais e extremamente contrastantes (mas estranhamente parecidas) a respeito da gênese da pintura nas cavernas (capítulo 8); entre o magnífico pintor Turner e o brilhante engenheiro Brunel, sobre a semelhança entre arte e ciência (capítulo 2); entre uma teoria esquecida sobre a origem dos vertebrados e os espantosos dados recentes que comprovam uma visão mais antiga ainda, como introdução ao tema das grandes transições evolutivas e dos preconceitos que impedem o nosso entendimento dele (capítulo 17); entre o dodô das ilhas Maurício e as primeiras vítimas do genocídio perpetrado pelo Ocidente no Novo Mundo (capítulo 12); e a diferença surpreendente entre dois papas em sua disposição comum de defender a verdade factual da evolução (capítulo 14).

3. Se minha segunda categoria opera reunindo fatos díspares, a terceira estratégia é a da elucidação por meio da escavação minuciosa, mais do que pela justaposição. À medida que a mina se alarga e se torna mais profunda, pode-se encontrar uma riqueza de detalhes que justifica torná-los objeto de um ensaio, pois a generalidade necessária é alcançada por um dos seguintes caminhos: (1) Lançando uma luz realmente nova (ou pelo menos suficientemente diferente) sobre um tema estabelecido, para que os leitores adquiram um novo interesse em relação a ele, ou até mesmo um *insight* desafiador (Darwin sempre afirmou que não tinha a expectativa de fazer com que seus amigos criacionistas mudassem de idéia, mas, antes, a esperança de "atordoá-los" um pouco) — como ocorre quando os detalhes intrincados do ciclo de vida da *Sacculina*, um parasita considerado um caso extremo de degeneração, sugerem que se dê nova atenção às falácias do progresso evolutivo (capítulo 19), e quando as diferenças sutis (e quase totalmente inéditas) na maneira de corroborar a evolução entre dois papas bastante distintos (Pio XII e João Paulo II) iluminam a velha e tão debatida questão

das relações apropriadas entre ciência e religião (capítulo 14). (2) Conquistando-se o "direito" de abordar uma questão ampla e geral a partir da perspectiva nova aberta por dados até então não utilizados (como nos exemplos dos capítulos 5 e 13, já discutidos, e do capítulo 10, a respeito da relevância de novos dados sobre a multiplicidade de espécies humanas até 30 mil ou 40 mil anos atrás, que sugerem que a nossa condição atual de espécie única disseminada por todo o planeta é extremamente singular), para discutir o problema da previsibilidade *versus* contingência histórica na evolução da vida consciente na Terra.

4. A decisão de "promover" certos detalhes a tema de um ensaio depende, em certos casos, da sua fusão num tópico geral digno de ser abordado, mas, às vezes, esses detalhes se revelam tão interessantes que passam a merecer, em si mesmos, um tratamento particular (e, nesses casos, confesso que me utilizo da questão mais geral como desculpa para uma atenção quase barroca aos pormenores). Mantenho meu apreço pelo tema final, mas reconheço que adoro (pura e simplesmente pelo seu valor como histórias) os quatro relatos em que a criatura tradicionalmente vista como a presa devora seus predadores (capítulo 21) ou os detalhes admiráveis e intrincados do complexo e curioso ciclo de vida do rizocéfalo, a craca parasita *Sacculina* (capítulo 19). E, em relação a minha história favorita (e aqui dou minha argumentação por encerrada), como poderia alguém, exceto um tolo, deixar de se comover com o fato de que jamais saberíamos que o cervo gigante tinha uma corcova se os pintores das cavernas do Paleolítico não nos tivessem legado um registro disso — dada a inexistência de indícios de qualquer outro tipo, mesmo que potenciais (capítulo 9)? Essa história é relatada no contexto perfeitamente válido e bastante interessante de um discurso sobre a adaptação biológica como um princípio evolutivo geral, mas não é emocionante saber que nossos antepassados tão longínquos nos deixaram um presente tão especial? E não são fascinantes os pormenores dessas imagens tão raras, e também a história de sua descoberta e seu reconhecimento?

A discussão acima justifica todos os *bits* (pedacinhos) desta que é a oitava peça da minha série. Mas do mesmo modo como, na lenda, os "dois *bits*" representam um pedaço de uma totalidade que era chamada de "*piece of eight*",[4] os meus *bits* não têm coerência nem princípios gerais válidos sem uma base lógica que os articule ou um tema coordenador que faça deles um todo. No prefácio de cada volume da série, presto a minha homenagem à evolução, e o farei aqui, uma vez mais. Entre todos os temas gerais na ciência, não há nenhum outro que seja tão rico, tão profundo, tão abrangente ou tão perturbador (em relação às nossas expectativas e preconceitos mais arraigados) nas suas implicações. Assim, para um ensaísta necessitado de um elo entre idéias e assuntos díspares, nenhum outro poderia se mostrar mais apropriado — pelo interesse que desperta e também por sua legitimidade — do que a evolução, o conceito que inspirou o grande biólogo Theodosius Dobzhansky a observar, em uma das declarações mais largamente citadas da ciência do século XX, que "nada na biologia faz sentido, exceto à luz da evolução".

Além disso, e por fim, com a ênfase desta série numa história natural humanista — uma abordagem da evolução que focaliza o processo pelo qual chegamos a conhecer e compreender esse importante princípio e também o modo como esse processo modela a história da vida — encontramos uma recorrência infinita que imprime ainda mais abrangência e interesse ao assunto. O cérebro humano, com sua espantosa peculiaridade, emergiu como um produto da evolução, repleto de modos de raciocínio estranhos

(4) A etimologia é bastante controvertida, mas vou seguir a versão convencional apresentada pelo *Browser's Dictionary* de John Ciardi (Harper & Row, 1980): os colonizadores americanos (na ausência de uma Casa da Moeda oficial, antes de nos tornarmos uma nação) usavam, como troco, moedas de diversos países estrangeiros. A moeda de prata espanhola "*piece of eight*" (assim chamada porque trazia um grande número 8 para indicar que valia oito reais) era freqüentemente cortada em pedaços, que eram denominados "*bits*". Dado que o real valia 12,5 centavos, dois "*bits*" se tornaram um quarto de dólar, quatro "*bits*", meio dólar, e assim por diante – uma terminologia usada até hoje.

(e muitas vezes enganadores) originalmente desenvolvidos para outros propósitos, ou mesmo para nenhum propósito explícito. Esse cérebro, então, descobre a verdade central da evolução, mas constrói culturas e sociedades humanas repletas de crenças e preconceitos que nos predispõem a rejeitar boa parte do funcionamento e das implicações do próprio processo que nos criou. E assim, numa espécie de círculo vicioso quase cósmico, a evolução cria o cérebro, e o cérebro inventa não somente a cultura que deve encarar o fato da evolução como também os modos de raciocínio capazes de elucidar o processo pelo qual ele próprio foi criado. Caminhamos em círculo — numa espiral que talvez seja contínua e eterna, e que, no entanto, parece esboçar alguma forma de entendimento crescente em cada uma dessas voltas que, na pior das hipóteses, nos fornecem temas dignos de ensaios e, na melhor delas, proporcionam alguma compreensão sobre a natureza da nossa existência.

Parte I

ARTE E CIÊNCIA

1

O MOVIMENTO ASCENDENTE DOS FÓSSEIS NA TERRA VIVA DE LEONARDO DA VINCI

Morgan descreve seu desespero quando o rei Arthur é capturado e pendurado na forca: "Eles vendaram seus olhos! Eu não podia me mexer; estava paralisado, sufocado, e minha língua, petrificada... Ele foi levado para a forca". Mas, na melhor das tradições do suspense, e no último instante possível, sir Lancelot aparece para resgatá-lo, acompanhado por quinhentos cavaleiros — todos pedalando suas bicicletas. "Meu Deus, as plumagens flutuavam no ar e o sol flamejava e se refletia na procissão interminável de aros metálicos! Acenei com a mão direita quando Lancelot passou voando. Livrei-me dos nós e das cordas e gritei: 'De joelhos, seus velhacos, e saúdem o rei! Quem não o fizer vai cear no inferno essa noite!'"

Não se trata de uma citação de Monty Python ou do programa *Saturday Night Live*, e também não cometi um erro de gênero na primeira sentença. O personagem que fala não é a fada Morgana (que, sem dúvida, teria criado uma solução mágica, e não tecnológica, para a mesma situação adversa), mas Hank Morgan, o ianque de Connecticut na corte do rei Arthur, herói do romance satírico de Mark Twain que tem o mesmo nome. Morgan, transportado de Hartford, no século XIX, espalha destruição na Camelot do século VI ao introduzir ali toda sorte de comodidades "modernas", incluindo o tabaco, o telefone, o beisebol — e as bicicletas.

Como artifício artístico, o anacronismo exerce sobre nós uma poderosa atração e tem sido um recurso empregado em todos os gêneros, da mais alta filosofia à mais baixa comédia — Jesus Cristo é crucificado por Dali na sala da diretoria de uma grande empresa, condenado, em seu retorno à Terra, pelo Grande Inquisidor de Dostoievski, e ganha só cinqüenta por cento de desconto (ao trocar seu figurino por um mais moderno) do barbeiro italiano ou do alfaiate judeu, numa série de piadas étnicas atualmente evitadas em razão de seu alegado mau gosto.

O anacronismo tem esse efeito forte e misterioso, suponho, porque nos utilizamos da seqüência temporal conhecida da nossa história como o instrumento principal para impor ordem sobre um mundo confuso. E quando "O tempo está desnorteado. Oh, sina maldita!",[1] ficamos realmente desconcertados. Sabemos também que ao perceber uma distorção temporal, não podemos corrigi-la tão facilmente na vida real quanto na ficção mágica (onde Merlin pode colocar Hank Morgan para dormir por 1300 anos, ou onde se pode liquidar o conde Drácula com uma estaca de madeira cravada no lugar certo). Interpretamos a confiança jovial de Hamlet como um indício de sua loucura quando ele completa o dístico com o equivalente shakespeariano de "sem problemas" ou "hakuna matata": "...Que me fez nascer um dia para consertá-lo!".[2]

A ciência, por razões em parte míticas, mas também em parte corretas e respeitáveis, apresenta-se como o mais linear e cronologicamente bem ordenado de todos os campos. Se a ciência, trabalhando por meio dos métodos fecundos e em grande medida imutáveis do raciocínio, da observação e da experimentação, desenvolve explicações cada vez mais precisas do mundo natural, então a linha temporal da história se define pelo sucesso sempre crescente. Numa ordenação linear tão simples, mediada por um único princípio de avanço do conhecimento, todo anacronismo acentuado nos parece especialmente peculiar — e sujeito a um julgamento diametralmente oposto, dependendo da direção da distorção. Um ponto de vista antigo sustentado no presente nos surpreende como risível e absurdo — o criacionista que deseja

(1) *Hamlet*, Ato I, cena 5: "The time is out of joint. O cursèd spite". (N.T.)
(2) *Hamlet*, Ato I, cena 5: "That ever I was born to set it right". (N.T.)

comprimir a história da vida nos poucos milhares de anos de uma cronologia bíblica literal ou os raros membros da Sociedade da Terra Plana que a levam a sério. Mas uma verdade "moderna", assumida fora de época por um estudioso no passado distante, nos enche de admiração e chega mesmo a nos parecer quase milagrosa.

Uma pessoa sempre à frente do seu tempo — um Hank Morgan da vida real, capaz de apresentar um revólver de seis tiros a Júlio César ou de explicar a teoria da seleção natural para Santo Tomás de Aquino — só pode evocar uma comparação metafórica com um viajante espacial de um universo mais avançado ou com um autêntico anjo dos reinos da glória. Em toda a história da ciência, nenhum homem parece tão qualificado para essa designação quanto Leonardo da Vinci, que morreu em 1519, não sem antes preencher seus cadernos pessoais com os princípios da aeronavegação, projetar máquinas voadoras e submarinos e produzir uma explicação correta sobre a natureza dos fósseis que a ciência profissional não viria a desenvolver até o final do século XVIII. Teria ele uma linha direta através dos séculos com Einstein, ou mesmo com o próprio Deus?

Devo confessar que tenho, como tantas outras pessoas, uma fascinação de vida inteira por esse homem. Não fui uma criança particularmente intelectualizada. Eu jogava beisebol de rua toda tarde e lia pouca coisa além de histórias em quadrinhos e dos textos indicados na escola. Mas Da Vinci sempre capturou minha imaginação. Lá pelos dez anos de idade, pedi que me dessem um livro sobre sua vida e sua obra, provavelmente o único presente intelectual que jamais solicitei a meus pais. Quando eu estava prestes a terminar minha graduação em geologia, comprei os dois volumes em brochura da edição Dover dos cadernos de Da Vinci (uma reimpressão da compilação de 1883 feita por Jean Paul Richter), pois eu havia lido algumas de suas observações sobre os fósseis no *Leicester Codex*[3] e ficara admirado não somente com sua exatidão, mas

(3) Tudo o que vai, volta – como Da Vinci deve ter dito em algum lugar. O *Leicester Codex*, um de seus mais importantes cadernos pessoais, preenchido princi-

também com sua enunciação clara de princípios paleoecológicos que não foram codificados claramente antes do nosso século e que ainda hoje servem de base para estudos modernos.

Leonardo da Vinci continua a ser, de muitos pontos de vista, uma figura frustrante e obscura. Não há mais que uma dúzia de pinturas reconhecidamente de sua autoria, mas entre estas estão duas das mais famosas imagens da nossa cultura, a *Mona Lisa* (no Louvre) e *A última ceia* (um afresco craquelado, em Milão). Ele não publicou nada em vida, a despeito de seus planos numerosos e exuberantes, embora milhares de páginas fascinantes de seus manuscritos tenham sobrevivido, representando aproximadamente um quarto de sua produção total. Da Vinci não escondeu seus talentos durante sua vida e provavelmente foi, em sua época, o intelectual mais celebrado da Europa. Duques e reis se deliciaram com suas conversas e com seus planos para equipamentos de guerra e projetos de irrigação. Ele trabalhou sob o generoso patronato dos governantes mais poderosos da Europa, entre eles Ludovico, o Mouro de Milão, o mal-afamado César Borgia e o rei Francisco I da França.

Os cadernos de Leonardo da Vinci não se tornaram amplamente conhecidos até o final do século XVIII e não foram publica-

---

palmente com comentários sobre a natureza e os usos da água, veio a público pela primeira vez na década de 1690, quando Giuseppi Ghezzi encontrou o documento em um baú de manuscritos em Roma. Em 1717, Thomas Coke, mais tarde lord Leicester (de onde vem o nome do códice), comprou o manuscrito, que permaneceu em poder de sua família até ser adquirido por Armand Hammer em 1980 – e ser renomeado, ao estilo de Trump, como *Codex Hammer*. Em 11 de novembro de 1994, a Christie's leiloou esse caderno com enorme ostentação (e um lucro extraordinário). O americano Bill Gates cobriu os lances feitos por diversos governos europeus e arrematou o manuscrito por uma cifra maior do que sou capaz de pronunciar. Diga-se, em seu favor, que ele restaurou a denominação original e facilitou a exibição pública do documento – o que incluiu sua exposição no Museu Americano de História Natural em 1996, onde finalmente pude ver esse símbolo dos meus sonhos e da minha admiração, e onde desenvolvi as idéias para este ensaio. O *Leicester Codex* é o único manuscrito de Leonardo da Vinci que se encontra nos Estados Unidos.

dos antes do século XIX (e mesmo então, apenas de maneira fragmentária e ocasional). Desse modo, ele ocupa a posição única e peculiar de "viajante espacial solitário" — um pensador de originalidade sem igual, mas cujos trabalhos desconhecidos não exerceram influência alguma sobre o desenvolvimento da história da ciência (dado que quase todos os seus grandes *insights* foram redescobertos de forma independente antes que seus cadernos viessem a público).[4]

Não há dúvida de que a imagem pública predominante de Leonardo da Vinci continua a ser a do maior "viajante espacial" da cultura ocidental, ou seja, um gênio de tal modo transcendente que foi

(4) Um ar de impenetrabilidade continua a cercar Leonardo da Vinci. Os pesquisadores ainda precisam se esforçar arduamente para obter uma tradução completa de qualquer manuscrito seu, como o *Leicester Codex*. A edição Richter dos cadernos de Da Vinci é demasiado fragmentada, e as passagens dos manuscritos acham-se segmentadas e reagrupadas por assunto. (Assim, pode-se encontrar suas afirmações sobre a água, extraídas de todos os seus cadernos, organizadas sob um tópico comum, mas não é possível remontar o texto do *Leicester Codex*. Embora seja consensual que o códice se apresenta como uma mixórdia desordenada de apontamentos diversos, semelhante a uma colcha de retalhos, é preciso que os pesquisadores rastreiem suas anotações seqüenciais, por mais variegadas que elas possam parecer, uma vez que Da Vinci freqüentemente fazia justaposições curiosas por razões interessantes.) A outra grande edição dos cadernos de Leonardo da Vinci – a compilação de Edward MacCurdy de 1939, que é minha fonte de citação neste ensaio – é bem mais adequada (e quase completa em relação ao *Leicester Codex*), ainda que igualmente fragmentada em tópicos. Devo confessar que experimentei certo divertimento perverso (que poderia ter se convertido num ataque de fúria, tivesse eu um temperamento diferente) durante a exposição recente do *Leicester Codex* no Museu de História Natural de Nova York. Os visitantes tinham acesso a todas as páginas originais e podiam também adquirir um belo catálogo trazendo a reprodução completa de cada uma delas em fac-símile. Mas não havia nenhuma tradução dessas páginas, e o catálogo não fornecia mais que um resumo lamentavelmente desconexo de cada uma delas. Podia-se adquirir um CD-ROM com o texto completo (e assim Bill Gates demonstrava seu verdadeiro compromisso!), mas a maioria das pessoas não tem o equipamento para ler um CD-ROM, e na versão que tentei usar não era possível visualizar na tela, e de uma só vez, uma linha completa sequer com as anotações de Da Vinci nas margens.

capaz de alcançar, em seu próprio século XV, conclusões que o resto da ciência, avançando penosamente no seu percurso linear em direção à verdade, levaria centenas de anos para comprovar. Da Vinci ocupou sozinho essa posição de destaque, não cansam de nos repetir, porque combinava seu gênio sem paralelo com uma metodologia absolutamente moderna baseada na observação rigorosa e na experimentação inteligente. Foi dessa maneira que ele conseguiu superar a ignorância e o estéril e prolongado escolasticismo de seu tempo.

A título de exemplo, a "Nota Introdutória" no catálogo oficial de uma exposição recente do *Leicester Codex* em Nova York sintetiza o ingrediente principal do sucesso de Leonardo da Vinci nas seguintes palavras: "Nele [o códice], podemos entrever o modo como combinava poderes quase sobre-humanos de observação com um entendimento da importância da experimentação. Os resultados foram *insights* inspirados sobre o funcionamento da natureza, que se equiparam às suas realizações artísticas". Quando esses textos convencionais chegam a reconhecer o caráter medieval persistente de muitas das afirmações de Da Vinci, quase sempre se referem a esse contexto histórico como puro impedimento a ser ultrapassado por meio da observação e da experimentação, e não como uma matriz que pode ter sido útil a ele, ou que pode ainda nos auxiliar na compreensão de suas crenças e conclusões. Por exemplo, a passagem final do longo artigo sobre Leonardo da Vinci na *Enciclopédia Britânica* afirma: "Leonardo aproximou-se do

---

Além do mais, um pesquisador não pode trabalhar somente com uma parte do texto na tela de cada vez. É necessário que ele possa cotejar passagens de diversas páginas ao mesmo tempo – como se pode fazer com um antiquado livro. Era quase como se nossa moderna era das transmissões, pelo rádio ou pela TV, de declarações resumidas e superficiais sobre qualquer assunto – com aquela postura de que "sabemos de que pedacinho você precisa" – tivesse lançado uma conspiração contra os especialistas para manter em segredo as idéias de Leonardo da Vinci. Adoro consultar as fontes primárias em sua língua original, mas meus conhecimentos (e minha paciência) não são suficientes para longos turnos de leitura de italiano medieval no espelho!

vasto reino da natureza para esquadrinhar seus segredos [...]. O conhecimento assim obtido ainda se mostrava muito ligado às concepções escolásticas medievais, mas os resultados de suas pesquisas figuram entre as primeiras grandes realizações da nova era porque se assentavam sobre o princípio da experiência".

Penso que essa visão convencional não poderia ser mais equivocada na sua abordagem geral da história do conhecimento, nem mais estultificadora em relação às nossas tentativas de compreender essa figura tão fascinante do nosso passado intelectual. Da Vinci sem dúvida realizou observações maravilhosas. Não raro, ele antecipou, de fato, conclusões que a ciência não alcançaria publicamente antes de dois ou três séculos. Mas ele não era um viajante espacial nem tampouco um anjo — e nunca chegaremos a compreender Leonardo da Vinci se insistirmos em interpretá-lo como um Hank Morgan, um homem realmente fora de seu tempo, um modernista entre os Medici, um futurista na corte de Francisco I.

Da Vinci operou no contexto de sua época. Ele empregou uma concepção do universo basicamente medieval e renascentista para formular as importantes questões, e para organizar os objetos e fenômenos, que viriam a produzir sua originalidade fenomenal. Se não historiarmos, *e respeitarmos* as fontes e o caráter medievais de seu pensamento, nunca alcançaremos o significado de suas idéias transformadoras ou avaliaremos de forma adequada as suas contribuições. Toda grande ciência e, na verdade, toda descoberta notável, devem ocorrer num contexto social e intelectual — que tanto pode promover as descobertas como cercear a reflexão. A história não se desenrola ao longo de uma linha progressiva, e o passado não se resume a um período antigo e adverso a ser superado e rejeitado em função de sua inevitável obsolescência.

Neste ensaio, tentarei ilustrar a centralidade do contexto basicamente medieval de Leonardo da Vinci, analisando as admiráveis observações paleontológicas incluídas no *Leicester Codex*. Começo por reconhecer seu caráter verdadeiramente presciente, para então levantar duas questões reveladoras em relação ao contexto de Da Vinci, o início do século XVI: primeiro, "Qual era a explicação alternativa sobre os fósseis que ele buscava refutar com suas observações?", e segundo, "Qual era a teoria sobre a Terra que ele pretendia sustentar com suas descobertas?". Da Vinci não produziu suas investigações para ganhar o apreço das gerações futuras; ele estudou os fósseis para inquirir sobre essas duas questões próprias à sua época — e suas respostas não poderiam se mostrar mais profundamente entranhadas num assunto "quente" de seu século e que hoje desdenharíamos e poríamos de lado como irremediavelmente antiquado. Assim, não é possível apreender realmente o sentido da paleontologia de Leonardo da Vinci se nos limitarmos a nos maravilhar com sua acuidade empírica e continuarmos a ignorar as razões de suas indagações.

Sim, mil vezes sim, as observações de Da Vinci são muitas vezes extraordinariamente precisas — como os especialistas não se cansam de repetir, e pelas razões que costumeiramente mencionadas. Além disso, seu grau de detalhamento e sua centralidade para as regras básicas da análise paleoecológica moderna só fazem reforçar a impressão de que seu autor poderia ser um geólogo vitoriano aprisionado, por alguma circunstância misteriosa, no início do século XVI. Mas vou parar de expressar minha admiração e começar a apresentar uma pequena amostra delas!

1. Da Vinci reconheceu a natureza temporal e histórica dos estratos horizontais ao estabelecer uma correlação entre as mesmas camadas presentes de um lado e de outro de vales de rios:

> Os rios serraram e separaram umas das outras as partes dos grandes Alpes; e isso é revelado pela disposição das rochas estratificadas. Descendo-se desde o topo da montanha até o rio, pode-se ver a correspondência entre os estratos dos dois lados.

(Todas as citações, exceto quando houver outra indicação, foram extraídas do *Leicester Codex*, tal como apresentadas na tradução de MacCurdy dos manuscritos de Leonardo da Vinci.)

2. Ele observou que os rios depositam rochas grandes e angulares perto de suas nascentes no alto das montanhas e que os blocos transportados são gradativamente desgastados no tamanho e arredondados na forma, até que os rios morosos depositem o cascalho e, por fim, a argila fina, nas proximidades de sua foz. (Aprendi essa regra na faculdade, como o princípio número um, na primeira aula do meu curso de iniciação à geologia.)

> Quando um rio brota entre as montanhas, ele deposita uma grande quantidade de pedras grandes [...]. Essas pedras ainda conservam uma parte de seus ângulos e porções laterais. À medida que o rio prossegue em seu curso, carrega consigo uma quantidade menor de pedras com ângulos mais desgastados, e assim as pedras grandes se tornam menores. Mais à frente, ele deposita um cascalho inicialmente grosso e depois, mais fino [...] até que finalmente a areia se torna tão fina a ponto de quase se parecer com água [...] e essa é a terra branca que empregamos para fazer jarros.

3. A presença de fósseis em diversas camadas superpostas comprova que eles foram depositados em momentos diferentes e seqüenciais.

4. Os rastros e trilhas dos organismos marinhos são quase sempre preservados nas divisões entre os estratos: "Pode-se encontrar entre as várias camadas de pedra os rastros e as trilhas dos vermes[5] que se arrastaram sobre elas quando ainda não haviam secado".

(5) Cabe notar o emprego do termo "vermes" num contexto em que, hoje em dia, seria habitual a utilização de "invertebrados" ou, menos genericamente, "moluscos". Trata-se de uma nomenclatura própria à época de Da Vinci. Lineu, em 1758, ao fazer sua codificação nomenclatural (que deu origem ao sistema atual de classificação zoológica), chamou os moluscos de *Vermes testacea*, ou vermes com casca. O termo "invertebrado" só seria cunhado por Lamarck no início do século XIX. (N.T.)

5. Se as valvas de um molusco permanecem juntas num depósito fóssil, o animal provavelmente foi enterrado no local onde vivia, uma vez que todo transporte extensivo pelas correntes acaba por desarticular as valvas, que não se apresentam grudadas enquanto o animal está vivo, mas apenas articuladas por um ligamento orgânico que logo degenera após a morte. (Esse princípio de inferência de transportação pela análise do estado de preservação das duas valvas nos moluscos fósseis subsiste como uma regra prática da análise paleoecológica cotidiana. Duvido que qualquer geólogo anterior ao século XIX mencionasse essa observação de maneira mais do que casual, ao passo que Leonardo da Vinci dedica uma atenção central a esse argumento. Essa observação foi a primeira que inspirou minha admiração de estudante por Da Vinci, pois eu havia acabado de aprender essa regra na aula e pensara "Que inteligente! Que moderno!".)

> Encontramos as ostras reunidas em famílias muito grandes, e, entre elas, algumas podem ser vistas com suas conchas ainda unidas, o que serve para indicar que elas foram deixadas ali pelo mar quando ainda estavam vivas.

Numa outra localidade, em contrapartida, Da Vinci infere a ocorrência de transporte extensivo após a morte:

> Nesse lugar havia uma orla marinha onde as conchas jaziam todas quebradas e divididas, e nunca em pares, como são encontradas no mar quando vivas, com as duas valvas formando uma cobertura uma em relação à outra.

6. Da Vinci muitas vezes ilustra o princípio denominado "uniformitarista" de utilizar observações sobre processos atuais para fazer inferências sobre eventos passados. Num exemplo surpreendente, ele observa qual é a distância que um molusco pode percorrer ao longo de um dia, com o objetivo de entender a distribuição espacial das conchas em uma camada de fósseis:

> Ele não nada, mas produz um sulco na areia e, sustentando-se nas laterais desse sulco, viaja entre três e quatro *braccia* por dia. [Um *braccio*, ou "braço", media aproximadamente sessenta centímetros.]

7. Nenhum fóssil marinho foi encontrado em regiões ou sedimentos não cobertos pelo mar em tempos precedentes.

8. Quando encontramos conchas fósseis aos pedaços e empilhadas umas sobre as outras, é possível inferir que houve transportação pelas ondas e correntes antes de seu depósito:

> Mas de que maneira se poderia encontrar, na concha de um caramujo grande, fragmentos e pedaços de diversos outros tipos de conchas, a menos que estes tivessem sido atirados sobre a primeira pelas ondas do mar quando o caramujo jazia morto na praia, como se dá com outras coisas leves que o mar atira sobre a terra?

9. A idade de uma concha fóssil pode quase sempre ser inferida com base nos seus anéis de crescimento, que registram ciclos astronômicos de meses ou anos. (A esclerocronologia, ou análise das periodicidades no crescimento, só se tornou um objeto de estudo rigoroso e importante na paleobiologia nesta geração.) Podemos, escreve Da Vinci, "calcular os meses e anos de vida dos moluscos e caramujos nas suas conchas, do mesmo modo que podemos contá-los nos chifres dos touros".

Tenho citado muitas vezes nestes ensaios uma das minhas frases favoritas de autoria de Darwin: "Como pode alguém deixar de reconhecer que toda observação, para que tenha alguma serventia, deve ser a favor ou contra alguma concepção?". As observações perspicazes de Leonardo da Vinci realmente parecem emitir um maravilhoso sopro de modernidade, mas quando identificamos as razões de suas investigações e percebemos o modo como ele ordenou seus dados, podemos começar a situá-lo no contexto adequado de seu próprio mundo. Da Vinci não observou os fósseis por pura curiosidade desenfreada, sem ter em mente nenhum objetivo e sem uma questão para colocar à prova. Ele registrou todas essas informações em função de um propósito explícito e definido — refutar as duas principais interpretações sobre os fósseis que vigoravam em seu tempo. Ambas as teorias tinham sido propostas para resolver um problema que perturbara a história natural ocidental desde a Antigüidade: se os fósseis de conchas são restos de organismos marinhos (e alguns são virtualmente indiscerníveis das espécies modernas), como chegaram a ser sepultados em estratos que agora se encontram no interior das montanhas, milhares de metros acima do atual nível do mar?

Primeiramente Leonardo da Vinci contesta e ridiculariza a idéia comum de que todos os fósseis alcançaram as montanhas transportados pelas cheias e pelas violentas correntes do dilúvio de Noé. As observações 3 a 6 da minha lista refutam essa teoria ao observar que muitos fósseis são preservados na posição em que se encontravam em vida, não mostrando sinais de nenhuma perturbação ocorrida após a morte. Um dilúvio não pode produzir um registro fóssil que se distribua em diversas camadas seqüenciais (observação 3). Estratos formados por correntes violentas não preservariam os rastros do movimento dos vermes em busca de alimento (observação 4). As águas do dilúvio de Noé teriam desarticulado as valvas de todos os fósseis de moluscos (observação 5). E quanto ao caramujo, cujo movimento laborioso não ultrapassa dois a 2,5 metros por dia ao longo de seu sulco, quarenta dias e noites de chuva dificilmente poderiam proporcionar o tempo necessário para uma viagem de quatrocentos quilômetros em direção ao interior (onde os fósseis de caramujos se encontram no presente) desde o mar moderno mais próximo:

> Com esse ritmo de locomoção ele não teria viajado do mar Adriático até Monferrato, na Lombardia, uma distância de quatrocentos quilômetros, em quarenta dias — como disse quem manteve um registro desse tempo.

Além disso, acrescenta Da Vinci, as conchas dos caramujos são pesadas demais para que possam ser carregadas no topo das ondas, e também não poderiam ter sido arrastadas para o alto das montanhas pelas correntes mais profundas, uma vez que, segundo ele, as correntes profundas sempre se movem para baixo, das maiores alturas para as menores, ainda que as ondas e as correntes de superfície fluam para o interior.

A refutação explícita do dilúvio de Noé como a causa dos fósseis constitui um tema importante do *Leicester Codex* e ocupa muitas páginas inteiras do texto — uma delas, por exemplo, trazendo como título "Sobre o Dilúvio e as conchas marinhas", e outra, "Contra a afirmação de que as conchas foram carregadas pelo Dilúvio ao longo de uma distância de vários dias de viagem".

Em segundo lugar, Leonardo da Vinci rejeita, ainda com mais desprezo, diversas versões neoplatônicas da teoria de que os fósseis não constituem restos de organismos antigos, e sim manifestações de alguma força plástica interior às rochas ou de alguma emanação das estrelas, capazes de imitar com precisão uma criatura viva de modo a ilustrar a harmonia simbólica entre os reinos da natureza: animal, vegetal e mineral. Se os fósseis realmente pertencem ao reino mineral, então sua posição no alto das montanhas deixa de ser anômala, pois já não precisamos acreditar que esses objetos em algum momento habitaram o mar.

Da Vinci produz as observações 7 a 9 para refutar essa teoria de que os fósseis "brotaram" de dentro das rochas onde se encontram sepultados e, portanto, não representam restos de organismos. Se os fósseis marinhos são inorgânicos, então por que razão não "brotam" em todos os estratos, em vez de fazê-lo exclusivamente nas rochas que exibem indícios abundantes de origem oceânica (observação 7)? Se os fósseis pertencem ao reino mineral, por que motivo são quase sempre encontrados aos pedaços e numa mistura desordenada muito semelhante às pilhas de conchas que encontramos nas praias ou nas camadas depositadas pelos rios no fundo dos lagos e lagoas (observação 8)? E, o que é ainda mais convincente, se os fósseis crescem a partir de "sementes" inorgânicas no interior das rochas, como podem se expandir, ano a ano, conforme indicado pelos anéis de crescimento em suas conchas, sem fraturar à matriz à sua volta (observação 9)?

Da Vinci reservou sua invectiva preferida para o que considerava um conteúdo mágico remanescente da teoria neoplatônica dos sinais e assinaturas (embora a questão tenha perdurado — e de maneira bastante vívida — na ciência ocidental até o fim do século XVII; o *Mundus subterraneus* (1664) do grande sábio jesuíta Athanasius Kircher representa a última defesa importante e convincente dessa posição). Escreve Leonardo da Vinci:

> Quanto à opinião de que essas conchas foram e continuam a ser constantemente criadas nesses sítios pela natureza do local e pela potência do céu nesses pontos, essa idéia não poderia existir em mentes que possuam algum poder de raciocínio, porque os anos de crescimento das conchas estão numerados em suas camadas externas [observação 9, novamente]; e tanto conchas pequenas quanto grandes podem ser encontradas, e estas últimas não teriam crescido sem se alimentar, nem se alimentado sem se mover, e aqui [isto é, na rocha sólida] elas não conseguiriam se movimentar [...]. Os ignorantes sustentam que a natureza ou o céu criaram [os fósseis] nessas localidades por meio de influências celestiais.

Mas essa demonstração de que Leonardo da Vinci produziu suas observações paleontológicas para contestar as teorias prevalentes na sua época não é suficiente para sustentar meu argumento de que ele deve ser avaliado como um pensador imerso em seu contexto pré-moderno, e não como um prenunciador extraordinário de visões do século XX — pois um verdadeiro viajante espacial também teria de contestar as falácias ao seu redor para poder introduzir as visões superiores adquiridas em seu deslocamento no tempo (exatamente como Hank Morgan teve de rejeitar os serviços de um corredor mensageiro para poder usar uma ligação telefônica para convocar a patrulha de bicicletas de sir Lancelot). É necessário desenvolver, neste ponto, um outro argumento — um argumento que pode ser particularmente bem documentado, no caso de Leonardo da Vinci.

Assim como produziu suas astutas observações para rejeitar as teorias predominantes sobre os fósseis, ele também necessitava que elas constituíssem um *suporte* à sua própria teoria sobre a Terra. ("Toda observação deve ser *a favor ou contra* alguma concepção...") E o estímulo concreto para as investigações paleontológicas de Leonardo da Vinci não poderia ser mais inequivocamente renascentista ou do final da Idade Média, nem poderia vincular-se de maneira mais forte às inquietações próprias à sua época — e não à nossa. Da Vinci observou os fósseis como parte de sua investigação para sustentar uma teoria específica sobre a Terra — um quadro de referência que ficaria seriamente enfraquecido se a teoria do dilúvio de Noé ou a teoria neoplatônica sobre os fósseis fosse verdadeira. Se Da Vinci não tivesse sido tão devotado à sua "antiquada" teoria sobre a Terra, duvido que ele algum dia tivesse se inspirado a produzir suas observações admiravelmente "modernistas" a respeito dos fósseis — pois essas observações são sempre apresentadas, nos manuscritos, como os argumentos que sustentam sua teoria.

Leonardo da Vinci era tão excepcional, mesmo aos olhos de seus contemporâneos, que uma mitologia poderosa começou a envolvê-lo desde cedo. Apenas trinta anos após a sua morte, Giorgio Vasari publicou uma primeira biografia repleta de fatos comoventes e fantasiosos, tais como a morte de Da Vinci nos braços do rei Francisco I. (Francisco o admirava muito, mas ele e toda a sua corte haviam se transferido furtivamente para uma outra cidade no dia do falecimento de Leonardo da Vinci. A. Richard Turner dedicou todo um fascinante volume à história da lenda de Leonardo da Vinci através dos tempos: *Inventing Leonardo* [A invenção de Leonardo], University of California Press, 1992.) Um componente essencial do mito — o de que ele era um homem iletrado, capaz de trabalhar apenas por meio da observação, e que, desse modo, se beneficiou muito (ainda que ironicamente) do fato de *não conhecer* as falsas tradições da escolástica medieval — deve ser contestado, caso o meu argumento em favor de sua inspiração medieval tenha algum mérito. Pois, como se poderia defender a idéia de que seu contexto foi determinante se Da Vinci jamais tivesse conhecido ou estudado as tradições predominantes na formação teórica de sua época?

Como filho ilegítimo de um notário florentino, ele cresceu em um ambiente confortável, mas não acadêmico, e recebeu apenas uma limitada educação formal. O mais importante é que ele não aprendeu latim, nessa época a língua quase universal da comunicação intelectual. Quando adulto, Da Vinci aplicou-se ao estudo do latim, embora não tenha chegado a ultrapassar um conhecimento deficiente dessa língua. (Acho encantadora a descrição feita por Martin Kemp em seu excelente livro *Leonardo da Vinci: The Marvelous Works of Nature and Man*: "É quase humilhante imaginar Leonardo da Vinci, aproximando-se dos quarenta anos de idade, e educando-se a si mesmo, em segredo, na repetição rítmica de '*amo, amas, amat...*', como uma das crianças da corte".)

Da Vinci estudou latim porque almejava ganhar acesso total ao conhecimento contido nas fontes clássicas e medievais. Ele formou uma biblioteca respeitável para sua época — em traduções italianas, sempre que possível, mas em latim quando necessário. Leu de maneira particularmente completa e aprofundada os estudos sobre paleontologia e sobre a estrutura da Terra. Kemp afirma: "Ele se ocupava das questões que haviam dado origem a consideráveis pomos da discórdia na ciência clássica e medieval. Um rol impressionante de autoridades clássicas contribuiu para sua educação em geografia física [...]. Provavelmente não há nenhum outro campo em que o conhecimento das fontes clássicas e medievais por parte de Leonardo da Vinci fosse tão extenso".

Da Vinci leu os estudos sobre geologia dos mestres gregos Aristóteles e Teofrasto. Ele tinha uma cópia da enciclopédica *História natural* de Plínio, e estudou também as visões dos grandes mestres islâmicos Avicena e Averroes (principalmente por meio das fontes cristãs medievais). Produziu uma lista contendo uma parte das obras que possuía e que havia estudado no interior da capa de seu Manuscrito F — a *Meteorologia* de Aristóteles, o estudo de

Arquimedes sobre o centro da gravidade e "Albertuccio e Albertus *de coelo et mundo*". Esse último comentário é particularmente tocante, pois Da Vinci segue as convenções medievais ao distinguir suas fontes como o "Pequeno Al" (o diminutivo italiano Albertuccio) e o "Grande Al". O Pequeno Al é Alberto da Saxônia (*c*. 1316-90), filósofo e físico escolástico alemão. Cientistas posteriores não raro o confundiram com o Grande Al, ou Albertus Magnus (*c*. 1200-80), Alberto, o Grande, professor de Santo Tomás de Aquino. Os dois Als escreveram extensamente sobre a forma e o comportamento da Terra, e é provável que Leonardo da Vinci tenha conhecido as visões de Jean Buridan (1300-58) por intermédio das obras de Alberto da Saxônia. As concepções de Buridan tornaram-se a base da teoria sobre a Terra que Da Vinci defendeu com suas observações sobre os fósseis.

Que teoria era essa, então, que ele buscava sustentar com os dados paleontológicos? Em poucas palavras, ele se empenhava em fomentar uma visão comum e tipicamente pré-moderna que não poderia ter sido mais central para todo o seu pensamento e a sua arte: a comparação, e a união causal, entre a Terra, vista como um macrocosmo, e o corpo humano, entendido como um microcosmo. Hoje, tendemos a interpretar essas comparações como "meras" analogias ou como "puras" metáforas — mais propensas a criar um sentido enganador de falsa unidade do que um *insight* genuíno sobre uma causalidade comum. Em contraste, o mundo pré-moderno de Leonardo da Vinci considerava essas consonâncias profundamente significativas, invocando, em parte, a mesma teoria geral de correspondência simbólica entre as escalas de tamanho e entre os reinos da matéria que Da Vinci (ironicamente) rejeitara com tanta energia ao recusar a idéia neoplatônica de que os fósseis cresciam no interior das rochas como produtos do reino mineral.

Nenhum tema é tão recorrente ou assume importância tão central no *Leicester Codex*, e também por toda a obra de Leonardo da Vinci, quanto o da unidade causal e material entre o microcosmo do corpo e o macrocosmo da Terra. Ele conhecia também a linhagem antiga dessa doutrina, desde a Antigüidade clássica até o escolasticismo medieval. No Manuscrito A (atualmente no Institut de France), ele afirmava que daria início ao seu "Tratado sobre a água" (que nunca foi concluído nem publicado) com uma afirmação posteriormente repetida quase nas mesmas palavras no *Leicester Codex*:

> O homem foi descrito pelos antigos como um mundo em menor escala, e essa é, realmente, uma descrição apropriada, visto que, se o homem é composto de terra, água, ar e fogo, o corpo da Terra o é do mesmo modo; e assim como o homem traz dentro de si os ossos, como um suporte e uma estrutura para a carne, também o mundo tem as rochas que são os suportes da Terra. Assim como o homem tem dentro de si um reservatório de sangue no qual os pulmões, à medida que ele respira, se expandem e se contraem, também o corpo da Terra tem seu oceano, que também sobe e desce a cada seis horas com a respiração do mundo [as marés]. E do mencionado reservatório de sangue saem as veias, que espalham seus ramos por todo o corpo humano exatamente da mesma maneira como os oceanos enchem o corpo da Terra com um número infinito de veios d'água.

Não precisamos ir além da criação mais célebre de Leonardo — a *Mona Lisa* — para reconhecer que a analogia entre o macrocosmo e o microcosmo é a peça-chave de seu pensamento. *La Gioconda* encontra-se numa sacada da qual se pode contemplar, em segundo plano, um complexo conjunto geológico de águas correntes que completam todo um ciclo hidrológico, do mesmo modo como o sangue se move no interior do corpo humano. Martin Kemp observa:

> Os processos da natureza viva não apenas se espelham, por implicação anatômica, no interior do corpo da mulher, mas encontram-se mais obviamente refletidos nos detalhes superficiais da sua figura e de sua vestimenta, avivadas por miríades de ondulações e correntes. As delicadas cascatas de seu cabelo correspondem de maneira graciosa ao movimento da água, como o próprio Leonardo da Vinci se compraz em fazer notar: "Observe o movimento da superfície da

1. Na Mona Lisa *de Leonardo da Vinci, observe como o segundo plano representa um complexo ciclo de água corrente e como esse fluxo continua e se reflete no cabelo de* La Gioconda *e nas dobras e pregas de suas vestimentas (assim como, por implicação, no fluxo do sangue no interior de seu corpo).*

água que corresponde ao do cabelo". [...] Os pequenos regatos do drapeado que desce de seu decote sublinham essa analogia, assim como as dobras em espiral do véu que atravessa o lado esquerdo de seu peito.

Chegamos agora ao dilema central que torna as observações paleontológicas tão fundamentais para o argumento do *Leicester Codex*. Esse manuscrito, como seus estudiosos sempre reconheceram, é, em essência, um tratado sobre a natureza da água em todas as suas propriedades, manifestações e usos. Por que motivo, então, Da Vinci dedica tanto espaço aparentemente secundário à natureza dos fósseis e à razão pela qual eles se situam nos estratos das montanhas, muito acima do atual nível do mar? A chave desse enigma reside no seu esforço quase heróico para superar uma dificuldade central na validação de sua analogia entre o microcosmo do corpo e o macrocosmo da Terra. Essa questão escapou a muitos pesquisadores, que, desse modo, não puderam apreender a relação entre as passagens hidrológicas e as passagens paleontológicas do *Leicester Codex*.

Da Vinci reconhece muito bem — pois lutou com esse problema durante anos e ao longo de diversos manuscritos — que sua analogia crucial padece de uma diferença potencialmente fatal entre o corpo humano e a Terra. Ambos são construídos a partir dos quatro elementos da Antigüidade: a terra, a água, o ar e o fogo. Mas o corpo humano se sustenta pela circulação desses elementos, em particular por manter um mecanismo que permite à água (o sangue) subir desde as pernas até a cabeça. A analogia entre microcosmo e macrocosmo só pode funcionar se a Terra contar com um dispositivo comparável para seu sustento por meio da circulação.

Mas como tal idéia pode ser defendida em relação ao planeta, em especial diante do seguinte problema, que aparentemente a inviabiliza? A terra e a água são elementos pesados; seu movimento natural produz necessariamente um fluxo descendente (levando, em tese, a um planeta com quatro camadas concêntricas em que a terra se situa no centro, a água acima dela, o ar acima da água e o fogo na periferia). Se a terra e a água se movem para baixo, esses elementos pesados finalmente se estabilizarão como duas esferas concêntricas no centro do planeta — e o macrocosmo, portanto, não possuirá nenhum mecanismo que assegure sua sustentação pela circulação. Leonardo da Vinci sabe que é necessário, portanto, descobrir um processo que faça com que tanto a terra como a água *se movimentem para cima* (contrariando sua tendência natural), assim como para baixo, no nosso planeta. Essa necessidade urgente, tão difícil de validar, determina o esforço central de que ele se incumbe ao longo do *Leicester Codex*.

Ironicamente, como pretendo demonstrar, ele nunca chegou a resolver seu problema em relação ao objeto principal do manuscrito — a água. Ou seja, ele fez muitas tentativas, mas nunca descobriu um mecanismo satisfatório que garantisse o movimento ascendente e, desse modo, circular, da água. No entanto — e agora chegamos ao ponto principal que usualmente tem sido omitido — ele obteve sucesso (segundo seus próprios padrões) na sua procura de um processo capaz de responder pelo movimento ascendente de outro elemento pesado: a terra. Os fósseis nas montanhas fornecem a comprovação factual de que a terra pode ascender, e de que ela o faz com freqüência, uma vez que as conchas marinhas que um dia habitaram os oceanos podem agora ser encontradas nas altas montanhas. As observações paleontológicas constituem uma peça central do *Leicester Codex*, mas não, como muitas vezes tem sido apontado, porque os fósseis um dia viveram na água e esse manuscrito trata da água em todos os seus principais aspectos (uma razão frouxa demais para justificar o espaço dedicado à paleontologia), e sim porque os fósseis assinalam o grande sucesso de Leonardo da Vinci (em contraste com seu fracasso em relação à água) — sua demonstração-chave de um mecanismo geral que impulsiona o movimento ascendente da terra e, portanto, a comprovação da idéia de um planeta auto-sustentável que pode ser legitimamente comparado ao corpo humano.

Da Vinci sabia bem que enfrentava um problema sério com o movimento da água através da Terra e se ocupou quase obstinadamente com essa questão, manuscrito após manuscrito, reproduzindo essa charada em palavras quase imutáveis, e propondo uma série de soluções, apenas para abandoná-las mais tarde ao concluir que eram insustentáveis. A água, por si mesma e seguindo seu "curso natural" (nas suas próprias palavras), só pode fluir num movimento descendente. Mas, no interior da Terra, é preciso também que a água sofra um movimento ascendente ao longo de canais internos (comparáveis aos vasos sangüíneos do corpo humano) para emergir sob a forma de fontes no alto das montanhas (e, desse modo, fluir de volta formando os rios que correm em direção ao mar). Uma força produzida pela Terra deve, portanto, fazer a água subir através dela, em oposição à sua inclinação natural a descer. A ação combinada dessas duas forças fará a água circular — e, assim, atuar como o sangue nos nossos corpos para sustentar um sistema vivo.

> Assim ocorre com a água que é movida desde o mar profundo até o cume das montanhas e, através dos veios rompidos [as nascentes nas montanhas], desce de novo às profundezas do mar, e então sobe novamente até a altura onde irrompeu para retornar no mesmo movimento descendente. Assim ela prossegue, alternadamente para cima e para baixo, às vezes obedecendo a seu próprio desejo [descer], às vezes àquele do corpo no qual está contida [subir]. (Extraído do *Arundal Codex*, que está no British Museum.)

Da Vinci poderia ter sido mais explícito em admitir que a água só pode ter movimento ascendente quando corre contra seu curso natural e que, se algum mecanismo pode ser descoberto para esse movimento anômalo, a analogia entre microcosmo e macrocosmo oferece a única esperança razoável:

> Parece que a superfície inteira dos oceanos, quando não afetada pela tempestade, fica igualmente distante do centro da Terra, e que os topos das montanhas estão distantes desse centro na mesma propor-

ção em que se elevam acima do nível do mar.[6] A menos, portanto, que o corpo da Terra se assemelhasse ao do homem, não seria possível que a água do mar, encontrando-se tão abaixo das montanhas, tivesse em sua natureza o poder de subir aos cumes destas últimas. Devemos portanto acreditar que a mesma causa que mantém o sangue no topo da cabeça de um homem mantém a água no topo das montanhas. (Extraído do Manuscrito A, que está no Institut de France.)

Mas o reconhecimento de uma necessidade não equivale à descoberta de um funcionamento. Ao longo de todo o *Leicester Codex*, Da Vinci se esforça em descobrir um mecanismo fisicamente viável de elevação da água através do interior da Terra. Ele formula e rejeita diversas explicações, como Martin Kemp documenta em um artigo intitulado "The Body of the Earth". Talvez, Da Vinci argumenta de início, o calor do sol puxe a água para cima através dos veios (córregos internos) que correm no interior das montanhas. (Na sua imagem mais forte da Terra como um corpo vivo, ele havia escrito no *Leicester Codex*: "O corpo da Terra, como os corpos dos animais, é entremeado por uma rede de veios ligados uns aos outros, e que é formada para a nutrição e a vivificação da Terra e de suas criaturas".) Mas ele então se dá conta de que essa explicação não pode funcionar, por dois motivos — primeiro, porque nos cumes das montanhas mais altas e mais próximas do calor do sol, a água permanece gelada, e até mesmo congelada; e, segundo, porque esse mecanismo deveria funcionar melhor no verão, durante o calor solar máximo, mas os rios das montanhas geralmente apresentam os níveis de água mais baixos nesse período.

(6) Aqui, Da Vinci corretamente rejeita a explicação popular sustentada por alguns de seus contemporâneos – de que a Terra, em uma seção transversal, tem a forma de uma elipse alongada, e não de uma esfera, e de que a água, no final do eixo longo da elipse, se manterá mais elevada (mais distante do centro da Terra) do que as montanhas no eixo curto da elipse. A água poderia então fluir "para baixo", dos oceanos para as montanhas. Mas ele reconhece que a superfície do oceano sempre estará abaixo dos cumes das montanhas nos outros quadrantes da superfície da Terra.

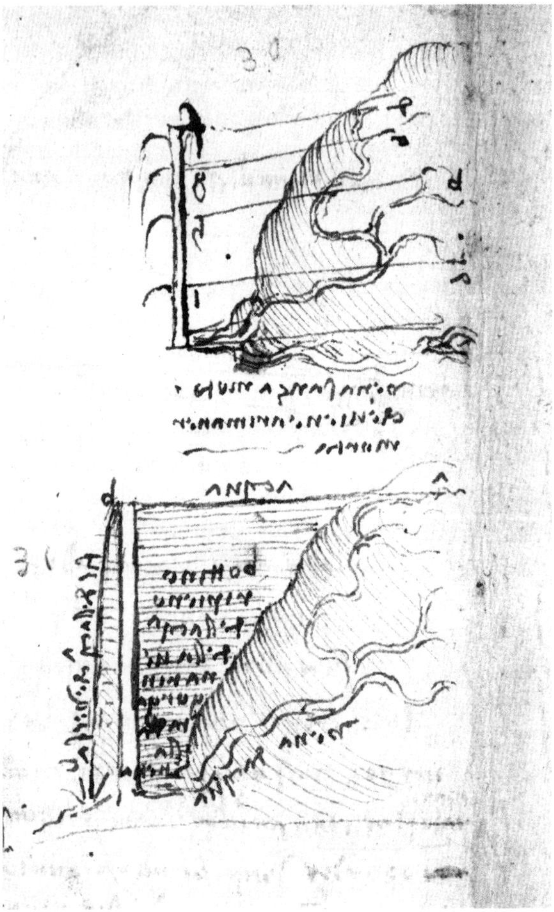

2. Esboços de Leonardo da Vinci mostrando os rios no interior do corpo da Terra. Esses rios permitem à água subir até os topos das montanhas.

Numa segunda tentativa, Da Vinci volta-se para o calor interno da Terra e para o processo de destilação: talvez o fogo interior ferva a água nas cavernas internas e essa água suba na forma de vapor por dentro das montanhas, onde retorna à forma líquida e irrompe através de uma nascente situada lá em cima. Mas essa proposta tampouco funciona porque uma destilação tão intensa faria com que os tetos no interior das cavernas se mostrassem úmidos em razão do vapor — mas eles quase sempre se mostram completamente secos. Da Vinci então formula uma terceira explicação, ainda mais frágil: talvez, por analogia com uma esponja, as montanhas de algum modo suguem a água até alcançar um ponto de saturação, levando-a, em seguida, a escorrer desde o topo. Mas ele se dá conta da impossibilidade, em termos mecânicos, de semelhante processo:

> Se se afirmasse que a ação da Terra é igual à ação de uma esponja que, uma vez colocada parcialmente na água, suga esta última, de tal maneira ela passa para o topo da esponja, a resposta é que, ainda que a água suba para o topo da esponja, esta não pode verter uma parte da água a menos que seja espremida por uma outra coisa, ao passo que com os topos das montanhas o que se vê é justamente o oposto, pois ali a água sempre flui por si mesma sem ser espremida por coisa alguma.

(Pode-se especular, naturalmente, por que razão Da Vinci não invoca uma explicação reconhecida em seu tempo, e hoje em dia interpretada como "obviamente" correta — a de que a água "sobe" por evaporação, para mais tarde desaguar sob a forma de chuva no alto das montanhas. De fato, ele reconheceu com relutância essa solução em manuscritos posteriores ao *Leicester Codex*. Mas quando "penetramos" na mente de Da Vinci e em seu universo explicativo, podemos facilmente compreender por que ele se afasta de uma explicação que hoje parece tão evidente. Ele queria demonstrar que a água, numa Terra viva, se movimenta do mesmo modo que o sangue num corpo vivo — e essa analogia requeria que a água fluísse tanto para cima como para baixo *no interior* de canais, atravessando a Terra, que pudessem ser comparados aos vasos sangüíneos. E o sangue não evapora e cai como chuva em nossa cabeça!

Mas se Leonardo da Vinci, para sua grande decepção, nunca resolveu o problema do movimento ascendente da água, ele decifrou (com satisfação) o problema igualmente emaranhado do mecanismo geral da elevação da terra — uma combinação de suas visões sobre a gravidade com seu conceito de erosão. (Eu me debati por muitos dias com a confusão intrincada das idéias de Da Vinci — uma mistura de teorias escolásticas sobre a gravidade e a Terra, de autoria, principalmente, de Jean Buridan (e transmitidas a Da Vinci por intermédio dos livros de Alberto da Saxônia), com suas próprias conjecturas sobre a composição do interior da Terra, combinadas ainda às observações sobre a superfície de nosso planeta —, mas agora estou confiante de que compreendo seu raciocínio e de que posso apresentá-lo num resumo consistente.)

Nosso planeta tem um centro geométrico, chamado por Da Vinci de "centro do mundo" ou, às vezes, de "centro do universo" — pois ele viveu antes de Copérnico e aceitava o sistema Ptolemaico de uma Terra central e um Sol girando à sua volta. A água deve dispor-se como uma esfera perfeita ao redor desse centro, e todos os pontos da superfície do oceano devem mostrar-se eqüidistantes em relação ao centro da Terra. Se a terra fosse homogênea e igualmente distribuída, esse elemento também formaria uma esfera perfeita, com uma superfície eqüidistante, em todos os pontos, ao centro do mundo. (A propósito, todos os cientistas reconheciam — ao contrário do que diz a mitologia popular — que a Terra era esférica, e não plana, e sabiam disso desde a Antigüidade.)

Mas o pesado elemento terra está longe de ser homogêneo. O interior de nosso planeta é uma massa marmórea e complexa, composta de terra sólida, de água correndo através dos veios nas pedras, e até mesmo de ar, nos lugares em que a água formou cavernas. Assim, como resultado dessa distribuição desigual da terra, um hemisfério deveria sempre apresentar-se mais pesado do que o outro.

Mas o planeta tem também um ponto central em sua massa (chamado por Leonardo da Vinci, numa terminologia que não usaríamos hoje, de "centro da gravidade"). Num planeta homogêneo, esse "centro da gravidade" coincidiria com o centro geométrico do mundo. Mas, em nosso planeta real, com um hemisfério mais pesado que o outro, o "centro da gravidade" se situará *abaixo* do centro geométrico e no interior do hemisfério mais pesado. O planeta, como um corpo vivo em busca de equilíbrio, esforça-se para trazer o centro de gravidade para mais perto do centro geométrico. A Terra persegue esse objetivo de uma maneira conhecida desde tempos imemoriais por todos os que já se balançaram numa gangorra (o *Leicester Codex* traz um desenho de uma gangorra, embora com um propósito diferente). Para equilibrar uma gangorra, a pessoa mais pesada deve mover-se em direção ao fulcro no meio dela, enquanto a pessoa mais leve deve afastar-se dele. Do mesmo modo, as massas sólidas do hemisfério mais pesado devem afundar em direção ao centro do mundo, enquanto as rochas do hemisfério mais leve se elevam. A emergência de montanhas projetando-se a partir dos mares e a conseqüente localização de fósseis marinhos nessas montanhas registram essa elevação da terra no hemisfério mais leve do planeta.

3. Esboço de Leonardo da Vinci, extraído do Leicester Codex, *mostrando dois homens numa gangorra, ilustrando seu entendimento dos princípios do peso, da distância e do equilíbrio.*

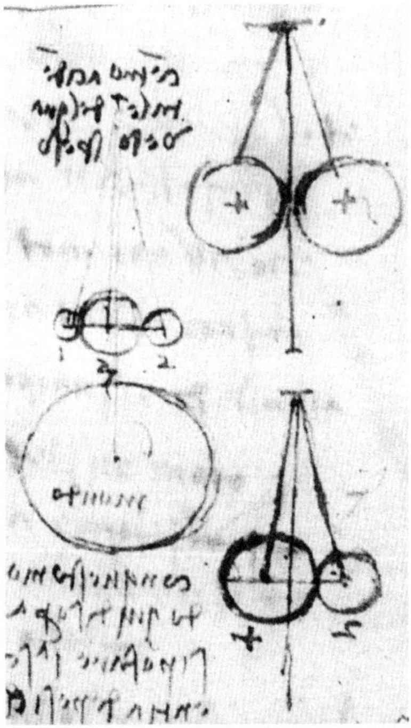

4. Leonardo da Vinci utiliza esses dois desenhos (à direita) para mostrar que quando dois objetos (representando os hemisférios da Terra, na sua argumentação geral) têm o mesmo peso, a linha vertical (representando o centro da gravidade) situa-se exatamente no meio deles. Quando os dois objetos têm pesos diferentes, a linha vertical encontra-se no interior do objeto mais pesado, o que força o objeto mais leve a subir (do mesmo modo como o hemisfério mais leve da Terra se eleva).

Da Vinci descreve sucintamente o processo geral no Manuscrito F (no Institut de France):

> Uma vez que o centro da gravidade natural da Terra deveria situar-se no centro do mundo, a Terra está sempre se tornando mais leve em alguma parte, e a parte que se torna mais leve é empurrada para cima, e faz submergir na parte oposta a extensão necessária para que o centro de sua mencionada gravidade coincida com o centro do

mundo; e a esfera de água mantém sua superfície eqüidistante do centro do mundo.

Leonardo da Vinci necessita então descobrir um mecanismo geral que assegure o equilíbrio planetário, tornando um hemisfério mais leve e, ao mesmo tempo, o outro mais pesado — e consegue fazê-lo com base em dois princípios, ambos baseados na erosão pela água: um operando no interior da Terra, o outro na sua superfície. No primeiro caso, os veios internos de água formam cavernas, que ao final se tornam instáveis. Seus topos desmoronam, e blocos enormes de rocha caem em direção ao centro do mundo. Ali, os blocos se distribuem em torno desse centro, com volume aproximadamente igual em cada hemisfério — subtraindo peso a um hemisfério e acrescentando ao outro (uma vez que o bloco que se desprendeu se situava antes em apenas um dos hemisférios apenas). Da Vinci inclui uma ilustração admirável desse processo no *Leicester Codex* — embora os pesquisadores tenham fracassado em reconhecer o significado dessa figura — representando um bloco desprendido como um grande arco que cuidadosamente se dispõe ao redor do centro da Terra (veja ilustração a seguir). Ao descrever esse mecanismo interno no *Leicester Codex*, ele faz uma menção explícita ao movimento dos estratos fossilíferos, que interpreta como uma conseqüência desse processo:

> A projeção dos cumes das montanhas tão acima da esfera da água pode decorrer do fato de que um espaço muito grande da terra que se encontrava preenchido com água, isto é, uma imensa caverna, deve ter caído a uma considerável distância de sua galeria em direção ao centro do mundo, devido ao desgaste pelo curso das nascentes dos lugares por onde elas passam [...]. Essa grande massa então despenca [...]. Ela se equilibrou distribuindo pesos equivalentes, nos dois hemisférios opostos, em redor do centro do mundo, tornando mais leve a terra da qual se separou; e ela [a terra tornada mais leve] foi imediatamente removida do centro do mundo e subiu às alturas, pois pode se ver as camadas das rochas [com seus fósseis],

modeladas pelas mudanças a que a água as submeteu, nos cumes das altas montanhas.

Uma vez que as montanhas tenham sofrido esse movimento ascendente, o segundo método, exterior, de diminuição do peso por meio da erosão pode acentuar ainda mais esse processo. Os rios irão então erodir as faces laterais das montanhas e carregar o sedimento resultante para os oceanos. Uma parte desse sedimento fluirá para o hemisfério oposto, ocasionando um desequilíbrio de peso ainda maior e, conseqüentemente, provocando mais elevação das montanhas.

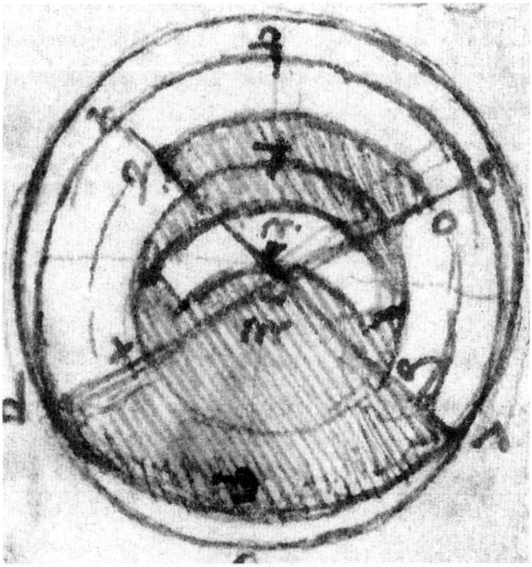

5. Mecanismo descrito por Leonardo da Vinci para a elevação das montanhas: o hemisfério superior se torna mais leve quando uma grande massa de terra cai em direção ao centro do planeta. Essa grande massa é representada pela cunha clara em formato de lua crescente ao redor do centro da Terra. O espaço correspondente, do qual a cunha se desprendeu, está representado no hemisfério superior (a terceira camada concêntrica abaixo da superfície) pelo desenho, agora escurecido, no mesmo formato.

> E agora esses estratos alcançam uma altura tão grande que se transformam em colinas ou montanhas grandiosas, e os rios que desgastam os lados dessas montanhas revelam as camadas de conchas, e assim a superfície leve da Terra é continuamente levantada, e os antípodas [o lado oposto da Terra] atraídos para mais perto do centro da Terra, e os antigos estratos do mar se tornam cadeias de montanhas.

Assim, apreendemos por fim a importância central das observações paleontológicas de Leonardo da Vinci no *Leicester Codex*. Ele produziu uma descrição dos fósseis com o objetivo de legitimar a valiosa peça central de sua visão de mundo pré-moderna — o respeitável argumento, defendido ao longo das eras clássica e medieval, de que a Terra constitui um "organismo" vivo, capaz de se autosustentar, um macrocosmo operando por meio dos mesmos princípios e mecanismos que o microcosmo do corpo humano. Da Vinci necessitava, acima de tudo, de um dispositivo geral capaz de produzir, nos elementos pesados, a terra e a água, um movimento ascendente, contrariando sua inclinação natural — de tal modo que a Terra pudesse sustentar-se, como um corpo vivo, ao fazer circular seus elementos, de forma contínua, em vez de alcançar uma estabilidade inerte com os elementos pesados em camadas permanentes abaixo dos elementos leves.

Da Vinci não encontrou esse mecanismo para o objeto principal do *Leicester Codex*: a água — e esse fracasso produziu nele grande frustração. Mas teve sucesso em relação à terra, um elemento ainda mais pesado. Ele ampliou o mecanismo sugerido pelos filósofos escolásticos como a causa da elevação do hemisfério mais leve de um planeta não homogêneo. Propôs que a erosão pela água, tanto interna quanto externa, poderia tornar um hemisfério mais leve — mas ele precisava de dados que demonstrassem que a terra, de fato, sofre um movimento ascendente. A confirmação que constituiu a sua pedra angular encontrava-se num fenômeno bem conhecido que provocara intenso debate desde os tempos da ciência grega clássica — os fósseis dos organismos marinhos encontrados nos estratos no alto das montanhas.

Leonardo da Vinci também necessitava demonstrar que a elevação dos estratos fossilíferos representa um traço geral e recorrente do comportamento da Terra, e não um evento estranho ou anômalo. Assim, ele teve de refutar as duas explicações mais comuns para os fósseis na sua época — pois o dilúvio de Noé só pode ser entendido como um fenômeno estranho e singular, e se todos os fósseis derivam desse evento, então a paleontologia não ilustra nenhum mecanismo geral responsável pelo movimento ascendente da terra. E se os fósseis crescem como objetos do reino mineral no interior das rochas, então as montanhas podem ter desde sempre estado no alto, onde estão atualmente, e não podemos derivar dos fósseis indicação alguma da elevação da terra. Portanto, Da Vinci realizou suas magníficas observações sobre os fósseis com o propósito de validar essa visão adorável, e no entanto tão antiquada, de uma uniformidade exata e significativa do ponto de vista causal entre o corpo humano como um microcosmo e a Terra como um macrocosmo. Leonardo da Vinci, o observador verdadeiramente brilhante, não era nenhum viajante espacial, mas um cidadão de seu próprio tempo instrutivo e fascinante.

Gosto de meditar sobre Leonardo da Vinci, um homem complexo devotado à paz, à suavidade, à arte e à ciência; um engenheiro militar que projetou (mas, de modo geral, não construiu) instrumentos engenhosos para a guerra, e que não podia revelar seus planos para um submarino, como afirmou no *Leicester Codex*:

> Isso eu não devo publicar nem divulgar devido à natureza má dos homens, que iriam praticar assassinatos no fundo dos mares, quebrando os navios nas suas partes inferiores, para afundá-los juntamente com suas tripulações.

E gosto de comparar suas visões sobre o mecanismo da elevação das montanhas a partir do mar (que expõe os fósseis para seus coletores) com nossa imagem literária mais célebre sobre o mesmo assunto — a profecia de Isaías de que "todo vale se elevará".[7] Como o profeta, também invoco a paz que reinará na montanha de Isaías (ornamentada, sem dúvida, pelos fósseis), onde um mestre poderá estudar a elevação da terra para seu próprio contentamento, sem ter de suprir seu belicoso patrono com projetos para levantamento de cercos ou para arrasar cidades inimigas. Na montanha de Isaías, "também o lobo viverá com o cordeiro, e o leopardo se deitará com o menino [...]. Eles não farão mal algum e nada destruirão em meu monte sagrado".[8]

(7) Isaías, 40:4. (N.T.)
(8) Isaías, 65:25. (N.T.)

2

O "GREAT WESTERN" E O INTRÉPIDO "TEMERAIRE"

A ciência progride; a arte se transforma. Os cientistas são intercambiáveis e anônimos perante suas realizações universais; os artistas são idiossincráticos e insubstituíveis na criação de suas singulares obras-primas. Se Copérnico e Galileu jamais tivessem existido, a Terra continuaria a girar em torno do Sol e os terráqueos acabariam por descobrir essa verdade natural no devido tempo. Se Michelangelo não tivesse existido, a capela Sistina, ainda assim, poderia ter seu teto pintado, mas a história da arte seria diferente e a humanidade, bem mais pobre. Essa descrição "padrão" das diferenças entre a arte e a ciência pertence ao gênero lastimável, e no entanto prevalente, das nossas dicotomias demasiado simplistas — contrastes rígidos que, na sua inflexibilidade, tanto esclarecem quanto distorcem, separando em pilhas rigorosamente distintas entidades que se encontram entrelaçadas de maneira complexa — "e um e outro jamais se encontrarão/ Até que a Terra e o Céu compareçam perante o tribunal de Deus".[1]

A suposta inexorabilidade do progresso tecnológico, sob essa dicotomia deturpadora, leva ao mito da ciência virtualmente incorpórea — uma máquina dotada de ímpeto próprio e que se move a passos largos de maneira quase independente de qualquer condutor humano. Os cientistas, nesse modelo, se tornam anônimos e

(1) Rudyard Kipling, *The Ballad of East and West* (1892): "and never the twain shall meet,/ Till Earth and Sky stand presently at God's great Judgement Seat". (N.T.)

potencialmente invisíveis. Alguns poucos nomes sobrevivem como ícones e heróis — Edison e Bell como realizadores, Darwin e Einstein como pensadores. Mas se aceitamos a premissa de que a inovação tecnológica (na indústria, no armamento, nos transportes e na comunicação) propiciou mudanças sociais que vão muito além de todos os outros resultados do talento humano, como podemos solucionar o paradoxo de que as pessoas responsáveis por impulsionar a história humana permanecem de tal modo esquecidas? Quem é capaz de nomear o inventor da balesta, do zíper, da máquina de escrever, da máquina Xerox ou do computador?

Artistas, políticos e soldados ganham aclamação e notoriedade, embora muitos deles tenham um peso pequeno e transitório como promotores de mudanças na sociedade. Cientistas, engenheiros e tecnólogos fazem a história e ganham o esquecimento como recompensa, em grande parte em decorrência da crença equivocada de que sua individualidade tem pouca importância diante da ordem lógica e inabalável de uma cadeia progressiva de descobertas. Permita-me ilustrar por meio de duas comparações o tratamento distinto que damos aos cientistas, de um lado, e aos estadistas e artistas, de outro.

O coronel Calverly, comandante de um regimento de cavalaria em *Patience*,[2] de Gilbert e Sullivan, apresenta suas tropas descrevendo ao público a fórmula de sua construção:

Se você quer uma receita para o popular mistério
Conhecido como cavalaria pesada
Pegue todos os nomes notáveis da história
E matraqueie-os ao som de uma melodia conhecida...[3]

O coronel, então, dispara duas quadrinhas hilárias, nomeando 38 figuras históricas, entre elas algumas personagens fictícias e

(2) Opereta apresentada pela primeira vez em 1881. (N.T.)

(3) "If you want a receipt for that popular mistery,/ Known to the world as a heavy dragoon,/ Take all the remarkable people in history,/ Rattle them off to a popular tune..." (N.T.)

pessoas comuns. Apenas uma delas é um cientista. (O notório sexista Gilbert incluiu nessa lista somente três mulheres — a rainha Anne, a menosprezada e genérica "Odalisca no divã" e Madame Tussaud, a fundadora do grande museu de cera de Londres.) O cientista aparece no primeiro quarteto:

A coragem de Lord Nelson a bordo do Victory —
O gênio de Bismarck arquitetando um plano —
O humor de Fielding (o que soa contraditório) —
A frieza de Paget na hora da trepanação.[4]

Para a maioria de nós, os três primeiros não apresentam dificuldade alguma — o almirante Horácio Nelson morrendo na batalha de Trafalgar, o grande estadista alemão e o autor de *Tom Jones*. Mas os cientistas são pouco reconhecidos em sua época e, depois dela, rapidamente se apagam da nossa memória. Quem, então, vem a ser o sr. Paget, prestes a abrir o crânio de um paciente? Sir James Paget, cirurgião da rainha e um dos fundadores da ciência da patologia, pode ter sido um nome familiar para seus contemporâneos vitorianos, mas pouquíssimos de nós o conhecem hoje em dia (e eu não o teria identificado sem o auxílio da minha confiável enciclopédia). Então, os cientistas e os engenheiros criam a história, mas Gilbert escolhe apenas um deles para tomar parte na construção da fibra britânica, e mesmo esse homem, desde então, apagou-se da cultura geral das pessoas instruídas.

Para a segunda comparação, voltemos ao almirante Nelson e à história da Batalha de Trafalgar. Em 21 de outubro de 1805, a esquadra de 27 navios comandada por Nelson confrontou e destruiu uma força naval constituída por 33 embarcações da França e da Espanha nas proximidades do cabo Trafalgar, perto do estreito de Gibraltar. As forças de Nelson capturaram vinte navios e deixaram 14 mil soldados inimigos fora de combate (ferindo ou matando quase a

(4) "The pluck of Lord Nelson on board of the Victory –/ Genius of Bismarck devising a plan –/ The humor of Fielding (which sounds contradictory) –/ Coolness of Paget about to trepan." (N.T.)

metade deles e capturando o restante), sofrendo apenas 1500 baixas e sem perder um navio sequer. Essa vitória pôs fim à ameaça de invasão da Inglaterra por Napoleão e estabeleceu uma supremacia do poder naval britânico que perduraria por mais de um século.

Nelson, "a bordo do *Victory*", sua nau capitânia, disparou contra o *Redoutable*, um dos navios inimigos. O navio francês contra-atacou, e de uma distância tão próxima que um atirador francês, do alto da mezena do *Redoutable*, a aproximadamente quinze metros de Nelson, o atingiu com facilidade. Nelson morreu poucas horas depois, mas seguro de sua vitória.

O navio de Nelson e, até certo ponto, a batalha foram salvos pelo segundo navio da linha, o *Temeraire*. Este prestou socorro ao *Victory* atacando o *Redoutable* com sua artilharia de bombordo e deixando-o impossibilitado de navegar. (O mastro principal do *Redoutable* despencou sobre o *Temeraire*, e o navio francês então se rendeu. A tripulação do *Temeraire* subiu a bordo do navio derrotado e o amarrou à direita do navio inglês.) Em seguida, outra embarcação francesa, o *Fougueaux*, atirou contra o *Temeraire*, mas os navios britânicos dispararam sua artilharia a estibordo, com sucesso, e asseguraram seu segundo prêmio, amarrado dessa vez de seu lado direito. O *Temeraire*, dessa vez, ficou seriamente avariado e teve de ser rebocado até o porto por uma fragata, mas levou seus dois troféus presos um de cada lado.

Entra em cena J. M. W. Turner (1775-1851), o maior artista britânico do século XIX e o primeiro objeto da minha segunda comparação. No início de sua carreira, em 1806, Turner retratou essa cena de maneira heróica e convencional: *The Battle of Trafalgar, as Seen from the Mizen Starboard Shrouds of the* Victory. [A Batalha de Trafalgar, vista dos ovéns da mezena a estibordo do *Victory*]. No quadro, vemos Nelson, cercado por seus oficiais, agonizando no convés do navio. O *Temeraire* encontra-se em segundo plano, descarregando contra o *Fougueaux*.

Mais tarde, em 1839, Turner voltou aos navios de Trafalgar e pintou uma cena bem diferente, grandiosa no sentido filosófico e emocional, e uma das pinturas mais populares do mundo desde então: *The Fighting* Temeraire, *Tugged to Her Last Berth to Be Broken Up, 1838* [O intrépido *Temeraire*, rebocado até seu último ancoradouro para ser desmanchado, 1838]. Os grandes navios de guerra, com suas três grandes fileiras de canhões, eram máquinas belas, terríveis (no sentido tradicional de "inspiradoras de terror") e impressionantes. O *Temeraire*, construído em carvalho, foi fabricado em Chatham e lançado ao mar em 1798. Levava 750 pessoas, uma tripulação muito maior do que a requerida para manobrar o navio (que tinha uma coberta de canhões de quase sessenta metros de extensão), mas necessária para operar os 98 canhões — pois cada um deles empregava diversos homens nos elaborados procedimentos de carregamento, mira, disparo e controle do recuo. Mas esses *hearts of oak*[5] (o nome patriótico preferido, na época, para os grandes navios de guerra) sucumbiram, vítimas de seu próprio sucesso. Sua supremacia dissipou a ameaça de guerras futuras, ao mesmo tempo que o avanço tecnológico no uso do vapor e do ferro logo suplantou a utilização da madeira e das velas. Esses navios nunca voltaram a ser utilizados em combates depois das guerras napoleônicas, e muitos deles foram rebaixados a uma série de funções prosaicas e pouco românticas no porto ou nas suas proximidades. O *Temeraire*, por exemplo, foi retirado de serviço em 1812 e mais tarde empregado como prisão flutuante e como depósito.

Por fim, quando esses navios se deterioraram e se tornaram mais e mais obsoletos, foram desmontados, e sua madeira, vendida prancha por prancha. John Beatson, um empreiteiro que trabalhava no desmanche de navios nas proximidades de Rotherhithe, arrematou o *Temeraire* num leilão por 5 530 libras. Dois rebocadores a vapor conduziram o casco do navio ao longo dos cem quilômetros desde Sheerness até Rotherhithe, em setembro de 1838.

O quadro de Turner apresenta uma visão deliberadamente inexata e dramática da melancólica viagem final do *Temeraire*. O

(5) A expressão *heart of oak* designa a parte interior do tronco do carvalho, mas também uma pessoa corajosa, resoluta. (N.T.)

grande navio de guerra, branco como um fantasma, ainda ostenta orgulhosamente seus três mastros, com o cordame no lugar e as velas enroladas sobre as vergas. O pequeno rebocador a vapor, retratado numa tonalidade entre o vermelho-escuro e o preto, encontra-se à frente, ejaculando fumaça de sua alta chaminé e, desse modo, obscurecendo parte do mastro do *Temeraire* logo atrás. Um dos crepúsculos mais brilhantes pintados por Turner — com um significado claramente metafórico — ocupa a metade direita do quadro. O produto mais majestoso e impactante de uma outra era navega passivamente em direção à morte, rebocado por um objeto relativamente diminuto da nova tecnologia. John Rus-

6. O intrépido Temeraire, rebocado até seu último ancoradouro para ser desmanchado, 1838, *de* J. M. W. Turner.

kin escreveu: "De todas as pinturas que não retratam de maneira direta a dor humana, essa é a mais comovente".

Turner certamente concebeu essa cena tendo em mente seu significado poético, e não sua exatidão. Os navios vendidos para desmanche tinham os mastros removidos, de tal maneira que o *Temeraire* navegou em direção a seu fim como um casco sem mastros, velas ou cordame de tipo algum — uma imagem das menos inspiradoras, ainda que verdadeira. Além do mais, Rotherhithe fica exatamente a oeste de Sheerness, de forma que o sol jamais teria se posto *atrás* do *Temeraire*!

Uma interpretação simplista e claramente incorreta foi sempre atribuída ao quadro de Turner — uma visão que estabeleceria, caso fosse verdadeira, uma amarga hostilidade entre a arte e a ciência, destruindo assim o propósito deste ensaio: argumentar que os dois campos, embora legitimamente separados em alguns aspectos cruciais, permanecem ligados por laços potencialmente cordiais e reforçadores. Na interpretação oposta, evocando o contraste de Blake entre os "escuros moinhos satânicos" e "a terra verde e aprazível da Inglaterra", o pequeno rebocador a vapor representa um inimigo maligno — um símbolo do poder da tecnologia de depreciar e destruir tudo aquilo que a arte precedente havia criado de nobre. Numa famosa análise, equivocada, contudo, William Makepeace Thackeray (um dos 38 integrantes da receita de Gilbert para uma cavalaria pesada) escreveu o seguinte, quando o quadro de Turner foi mostrado ao público pela primeira vez, em 1839:

> *O intrépido* Temeraire — um quadro magnífico como nenhum outro já exibido nas paredes de um museu ou nascido no cavalete de um pintor. O velho Temeraire é arrastado até seu último destino por um pequeno, odioso e diabólico vapor [...]. O pequeno demônio lança uma nuvem [...] de fumaça incandescente, repugnante, sombria e maligna, remando furiosamente e açoitando a água ao seu redor; enquanto, atrás dele [...] lento, triste e majestoso, segue o corajoso e velho navio, com a morte, por assim dizer, escrita sobre ele.

Essa leitura faz pouco sentido, uma vez que Turner, como tantos outros artistas do século XIX, mostrava-se fascinado pelas novidades tecnológicas e procurava, intencionalmente, incluí-las nos seus quadros. Com efeito, Turner nutria uma atração especial pelo vapor, e se deleitava em misturar a fumaça escura da nova tecnologia com as cores mais claras e diurnas da natureza.

No livro *The Fighting* Temeraire, a historiadora da arte Judy Egerton documenta as numerosas pinturas que Turner produziu desses navios, que mostram quanto ele, indiscutivelmente, os admirava — começando por um vapor movido a roda de pá retratado com destaque numa pintura do castelo de Dover em 1822 (os barcos a vapor para passageiros começaram a operar entre Calais e Dover somente em 1821) e culminando numa longa série de pinturas e desenhos representando os barcos a vapor no Sena, realizada durante a década de 1830. Um comentador perspicaz, escrevendo anonimamente na *Quarterly Review* em 1836, fez um elogio a Turner por criar "um novo objeto de admiração — um novo exemplo do belo — a marcha aprumada e invencível dos vapores de auto-impulsão". Ele prosseguia enaltecendo em particular "a maneira admirável como Turner, o mais primoroso de nossos pintores paisagistas, introduziu o navio a vapor em alguns de seus panoramas do Sena".

Esse crítico, então, elogia Turner pela união reforçadora e frutífera entre a natureza e a tecnologia produzida em sua pintura:

> A chaminé alta e negra, o casco preto e a longa espiral de fumaça que é lançada ao ar representam, nesse rio, uma imagem da vida, e da vida majestosa, que só parece ter assumido sua posição legítima ao ser retratada juntamente com as produções simples e as produções grandiosas da natureza.

O rebocador representado em *O intrépido* Temeraire não é odioso nem tampouco demoníaco. Ele não despreza sua carga passiva a caminho da destruição. Trata-se apenas de um pequeno barco comum fazendo o serviço para o qual foi designado. Se os quadros de Turner encerram algum vilão, devemos, com certeza, olhar na direção dos burocratas do almirantado britânico, que permitiram que os grandes navios de guerra entrassem em decadência para, então, vendê-los como ferro-velho.

O que me conduz a Isambard Kingdom Brunel, o engenheiro que acompanha Turner na minha segunda comparação. Quantos de vocês já ouviram seu nome? Quantos ao menos reconheceram nessas palavras o nome de uma pessoa, e não um minúsculo principado que, por algum motivo, passou despercebido nos nossos atlas ou nos nossos álbuns de filatelia? Ainda assim, pode-se afirmar com propriedade que Isambard Kingdom Brunel foi a figura mais importante de toda a história britânica no século XIX — se não, de fato, por sua influência pessoal, seguramente em termos simbólicos, pelo empreendimento que representava.

Brunel foi o mais importante engenheiro e o mais empreendedor de todos os construtores da história da indústria britânica — e a indústria impulsionou o mundo vitoriano, com freqüência definindo os rumos da política tão firmemente quanto as rotas de transporte. Brunel (1806-59) foi o responsável pela construção de pontes, portos e túneis. Ele projetou e construiu um encouraçado, e também os grandes canhões utilizados no ataque a Kronstadt durante a Guerra da Criméia. Desenvolveu ainda um hospital totalmente pré-fabricado, que foi enviado para lá, em módulos, em 1855.

Mas foi no uso do vapor, tanto na terra como no mar, que Brunel obteve seu maior impacto — e aqui começamos a compreender seu vínculo com Turner. Ele foi o responsável por mais de 1500 quilômetros de estradas de ferro na Grã-Bretanha e na Irlanda. Construiu também duas ferrovias na Itália e trabalhou como consultor em outras linhas na Austrália e na Índia. No ápice de sua carreira, Brunel projetou os três maiores navios a vapor de sua época, cada um deles o maior do mundo no momento em que foi lançado. O primeiro, o *Great Western*, estabelece a conexão simbólica com Turner e com o *Intrépido* Temeraire. O *Great Western*, uma embarcação de madeira movida a roda de pá, que ultrapassava os setenta metros de comprimento e pesava 1340 toneladas, foi o primeiro navio a vapor a oferecer um serviço transatlântico regular. Ele iniciou suas travessias em 1838, o ano do rebocamento final e do desmanche do *Temeraire*. Em 17 de agosto de 1838, o dia seguinte à venda do *Temeraire*, o *Great Western* aportava pela primeira vez em Nova York e a *Shipping and Mercantile Gazette* declarava que "todo o mundo comercial [...] adotará de agora em diante o novo meio de transporte". O pequeno rebocador no quadro de Turner não condenou nem ameaçou as grandes embarcações a vela. Os sólidos navios a vapor de Brunel sinalizaram o fim inevitável da navegação a vela como o meio principal e mais prático de transporte oceânico.

Brunel seguiu construindo navios a vapor cada vez maiores e mais aperfeiçoados. Em 1844, lançou o *Great Britain* (um navio com um casco de ferro de quase cem metros de comprimento), a primeira grande embarcação a vapor equipada com uma hélice propulsora em vez de uma roda de pá. Finalmente, em 1859, Brunel lançou o *Great Eastern*, com um casco de ferro duplo e propulsão simultaneamente a hélice e a roda de pá. O *Great Eastern* permaneceu como o maior navio a vapor do mundo durante quarenta anos. Ele nunca funcionou bem como navio de passageiros, mas ficou famoso ao colocar em funcionamento o primeiro telégrafo transatlântico bem-sucedido. Brunel, infelizmente, não viveu para testemunhar a partida do *Great Eastern* na sua primeira viagem transoceânica. Ele sofreu um violento derrame a bordo do navio e morreu alguns dias antes da viagem.

Turner e Brunel encontram-se ligados por conexões mais estreitas do que a relação fortuita entre o fim do *Temeraire* e a inauguração do serviço transoceânico regular do *Great Western* no mesmo ano de 1838. Turner também admirava o vapor na sua mais grandiosa manifestação em terra firme — as estradas de ferro. Em 1844, quase aos setenta anos de idade, Turner pintou um quadro que muitos críticos consideram sua última grande obra: *Rain, Steam, and Speed – The Great Western Railway* [Chuva, vapor e velocidade — a Grande Ferrovia Ocidental]. Brunel construiu essa linha[6] de mais de duzentos quilômetros ligando Londres a Bir-

(6) *The Great Western Railway.* (N.T.)

mingham no período entre 1834 e 1838 (e mais tarde utilizou o mesmo nome para seu primeiro grande navio a vapor). O quadro de Turner retrata um trem, correndo na larga bitola de dois metros de Brunel, no momento em que a locomotiva passa sobre a Maidenhead Railway Bridge, outra famosa construção, que traz o arco de tijolos mais plano do mundo, projetada e construída por Isambard Kingdom Brunel. Os trens atingiam velocidades superiores a oitenta quilômetros por hora, mas Turner retratou uma lebre correndo à frente da locomotiva — e, embora não se possa estar certo disso, ela parece propensa a escapar do trem, e não a ser esmagada sob os "sulcos ressoantes da mudança", para mencionar a metáfora mais famosa de Tennyson sobre o progresso, inspirada pela primeira vez que o poeta viu uma estrada de ferro.

Reverenciamos Turner, e estamos certos em fazê-lo. Mas por que razão o nome de Isambard Kingdom Brunel, tão talentoso na engenharia quanto Turner o foi na pintura, tão influente na história do século XIX quanto qualquer pessoa consagrada às artes, perdeu-se por completo na memória do público? Não tenho a resposta para esse enigma, mas posso dizer que o mito da inexorabilidade das descobertas, que, ironicamente, é alimentado pela própria ciência como um dos fundamentos de seu suposto prestígio, com certeza contribuiu para isso, descrevendo os cientistas como engrenagens intercambiáveis na roda do progresso tecnológico — como pessoas cujas idiossincrasias e personalidades individuais devem ser consideradas irrelevantes em relação à seqüência inevitável dos avanços.

Arte e ciência são empreendimentos diferentes, mas seus limites são muito mais fluidos e interpenetrados, e as relações entre eles muito mais ricas e variadas do que proclamam os estereótipos usuais. Como um testemunho tanto das intersecções quanto das diferenças, menciono algo que li recentemente no primeiro número da *Scientific American* — datado de 28 de agosto de 1845 e republicado pela revista em comemoração a seu 150º aniversário.

A *Scientific American* foi fundada por Rufus Porter, um americano verdadeiramente original tanto em sua índole excêntrica como em sua capacidade empresarial. Durante a maior parte de sua vida, Porter fora um pintor itinerante de murais, sendo responsável por centenas de paisagens primitivas e encantadoras pintadas no interior dos muros de residências por toda a Nova Inglaterra. No entanto, ele decidiu dar início a um periódico dedicado primordialmente aos resultados práticos da engenharia e da manufatura. Com efeito, o número inicial dessa publicação traz, como artigo principal, o relato da chegada a Nova York da "maior curiosidade marítima[7] jamais vista em nosso porto" — nada menos que o segundo navio de Brunel, o *Great Britain*. "Esse mamute do oceano", escreve Porter, "produziu grande agitação, tanto aqui como na Europa [...]. Nos primeiros dias desde sua chegada à cidade de Nova York, ele foi visitado por aproximadamente 12 mil pessoas, que pagaram 25 *cents* por esse programa."

Se um artista podia fundar uma publicação científica da maior importância, e se Turner podia intensificar os seus crepúsculos utilizando um novo pigmento, o iodo escarlate, recém-inventado por Humphrey Davy na Royal Institution, um importante laboratório científico fundado pelo conde Rumford em 1799, então por que razão insistimos sempre em sublinhar as diferenças e diminuir as semelhanças entre as duas maiores expressões do gênio humano? Por que motivo damos tanta importância à individualidade do artista e, ao mesmo tempo, enfatizamos tanto a lógica desencarnada da ciência? Não seriam essas diferenças de foco mais uma questão de escolha e de convenção do que de necessidade evidente? A individualidade dos cientistas também tem a sua relevância e deve ser igualmente levada em consideração. Posso aceitar a idéia de que, hoje em dia, teríamos conhecimento da evolução mesmo que Darwin nunca tivesse existido. Mas a descoberta, nesse caso, teria sido feita por outras pessoas, possivelmente num outro lugar, e decerto com interesses e preocupações diferentes — e essas variações potenciais em estilo podem ser tão profundas ou

(7) O texto de Gould assinala o erro presente na fonte original: "the greatest maratime [sic] curiosity ever seen in our harbour". (N.T.)

significativas quanto a disparidade entre artistas contemporâneos como Verdi e Wagner.

Não nego que o caráter cumulativo da mudança científica — a melhor justificativa para a noção de progresso na história humana — estabelece a principal diferença entre a arte e a ciência. Encontrei um comovente testemunho disso num pequeno texto do número inaugural da *Scientific American*. Um anúncio de daguerreótipos na última página traz a seguinte chamada: "Tiramos retratos de pessoas falecidas em qualquer região da cidade e das vizinhanças". Lembrei-me então de um livro publicado alguns anos atrás sobre os daguerreótipos de crianças mortas — quase sempre os únicos retratos que os pais possuíam de um filho ou de uma filha que tivesse morrido. (Os daguerreótipos exigiam um longo período de exposição, e raramente se conseguia fazer com que as crianças pequenas posassem quietas pelo tempo necessário — mas os mortos não se movem e, desse modo, os daguerreotipistas encontravam nos retratos dos mortos, particularmente das crianças, um negócio próspero, ainda que macabro pelos padrões de hoje.)

Nenhum exemplo de progresso científico mostra-se menos sujeito à refutação ou nos toca tão de perto do ponto de vista emocional do que nossa capacidade cada vez maior de evitar a morte de pessoas jovens. À época de Turner e Brunel, mesmo as famílias mais ricas e privilegiadas conviviam com a expectativa de perder uma porcentagem alta de seus filhos. Enquanto Brunel construía suas estradas de ferro e Turner pintava seus quadros, o professor de geologia de Darwin, Adam Sedgwick, escreveu a um amigo sobre as conquistas de seu jovem pupilo, na ocasião navegando pelo mundo a bordo do *Beagle*, exposto a doenças desconhecidas em lugares onde não havia nenhum tratamento e, desse modo, com a saúde constantemente ameaçada. "[Ele] está realizando um trabalho admirável na América do Sul e já enviou para casa uma coleção inestimável [...]. Ele correu certo risco de tornar-se um homem ocioso, mas seu caráter agora se solidificará e, se Deus poupar sua vida, ele terá um grande nome entre os naturalistas da Europa." Um mentor zeloso não precisaria se afligir tão intensamente hoje em dia — uma bênção da ciência para todos nós.

Citei anteriormente o início da receita do coronel Calverly para uma cavalaria pesada, e agora encerrarei com o final:

O Bedel de Burlington — o show de Richarson —
O sr. Micawber e Madame Tussaud![8]

Reconhecemos o sr. Micawber, personagem de *David Copperfield*, e madame Tussaud, por suas estátuas de cera. Quebrei a cabeça em relação ao "show de Richardson" até o dia em que encontrei o seguinte verbete na minha edição de 1897 do *Chamber's Biographical Dictionary*: John Richardson, 1767-1837, "o '*showman* de um centavo', do abrigo para pobres de Marlow, que subiu na vida e tornou-se um próspero agente de viagens". Mas quem, ou o que, vem a ser o Bedel de Burlington?

Apaixonei-me por Gilbert e Sullivan aos doze anos de idade e, desse modo, venho me perguntando sobre esse Bedel há quarenta anos (nem sempre ativamente, com certeza!). Então, seis meses atrás, e para meu absoluto deleite, dei de cara com o Bedel de Burlington numa ocasião em que o tema não poderia estar mais distante dos meus pensamentos. Eu caminhava por uma galeria de lojas do início do século XIX, nas proximidades de Piccadilly, em Londres, a caminho de uma reunião na Royal Institution, onde Humphrey Davy um dia inventou o novo pigmento utilizado por Turner. Lorde George Cavendish fundou a Burlington Arcade em 1819, "para a satisfação do público" e "para dar emprego", nas suas lojas, "às mulheres trabalhadoras". Ele estabeleceu regras rígidas de conduta para os freqüentadores da galeria — que não podiam "assobiar, cantar, correr, zuir ou fazer folia". Normas tão decorosas assim tinham de ser garantidas à força — e elas têm sido, desde 1819, por uma força de segurança privada composta por dois

(8) "Beadle of Burlington – Richardson's show –/ Mr. Micawber e Madame Tussaud!"

homens, os Bedéis de Burlington. As tradições devem ser mantidas, naturalmente, e os Bedéis ainda usam sua vestimenta antiga, com cartola, luvas e fraque.

Olhei para um dos Bedéis em seu esplendor antiquado e vi que ele mantinha as mãos unidas atrás do corpo. Então, dei a volta casualmente por trás dele (sem pressa) para descobrir o que poderia estar segurando — e surpreendi o telefone celular nas suas mãos enluvadas. Tecnologia e tradição. O antigo e elegante; o novo e funcional. O intrépido *Temeraire* e o rebocador a vapor. Arte e ciência. Como disse o profeta Amós, "Acaso andarão os dois juntos, se entre eles não houver acordo?".[9]

(9) Amós, 3:3. (N.T.)

3

OLHO NO OLHO, ATRAVÉS DO VIDRO

Costumamos rir da altivez das declarações vitorianas, simbolizada na sua essência por uma citação daquela que deu seu nome à época — a reação da rainha (proferida na primeira pessoa do plural majestático) ao presenciar um oficial ocupado em imitá-la: "Não estamos achando graça". Nós, no entanto (isto é, nós todos, pessoas simplórias de hoje, e não sua majestade sozinha), deveríamos também admirar a confiança inabalável, tanto do ponto de vista moral quanto do ponto de vista material, de nossos antepassados vitorianos, especialmente a partir da perspectiva ambivalente da nossa própria modernidade, incerta e fragmentada.

Num livro popular de meados da década de 1850, Shirley Hibberd (um nome andrógino, mas masculino, nesse caso, como no caso de quase todos os vitorianos publicamente eminentes) glorificava o ápice atingido por sua época, não apenas em relação aos assuntos maiores de Estado, mas igualmente no que se referia à tranqüilidade doméstica dos lares:

> Nossas salas reluzem com os produtos da arte, e os jardins, com as curiosidades da natureza. A conversação é talhada para os temas enobrecedores e os divertimentos assumem a elegância de nossos sentimentos morais continuamente refinados e adquirem uma graça poética que repercute de volta em nossas mentes e corações.

Hibberd argumenta em favor de uma íntima conexão entre lares felizes e governos triunfantes, afirmando que "nossa vida doméstica é uma garantia de nossa grandeza nacional". Mas de que modo tamanhas pureza e edificação serão conquistadas no fronte doméstico? Hibberd invoca o conceito de bom gosto:

> Um Lar Elegante é um lar de Bom Gosto, onde tudo reflete os pensamentos refinados e os desejos virtuosos [...]. Num lar como esse, a Beleza assume um lugar de destaque na educação dos sentimentos e, enquanto o intelecto é amadurecido pelos diversos meios de aquisição do conhecimento, a natureza moral é apurada pelos apelos silenciosos da Natureza e da Arte, que são os fundamentos do Bom Gosto.

Levando-se em consideração que a profissão de Hibberd era escrever sobre a natureza, e que essa citação foi extraída de seu livro mais conhecido, intitulado *Rustic Adornments* [Ornamentos rústicos], os leitores não ficarão surpresos com a sua primeira prescrição para o refinamento doméstico: a intensificação do bom gosto por meio da criação e da exibição de seres vivos. "Os Ornamentos Rústicos", Hibberd assevera, "compreendem os maiores atrativos de um lar, afora o amor que aquece suas paredes por dentro." Hibberd não poderia ter se mostrado mais confiante a respeito dos efeitos morais benéficos do interesse pelos objetos naturais: "Seria uma anomalia encontrar um estudioso da natureza entregue aos vícios que projetam tantas sombras escuras na nossa vida social; e também não me recordo, entre os tristes anais da história penal, de nenhum caso de um naturalista que tenha se tornado um criminoso ou de um único jardineiro que tenha sido enforcado". (Isso sem falar no Homem dos Pássaros de Alcatraz!)[1] Além disso, um interesse pela natureza descreve com precisão tanto a tranqüi-

(1) Gould se refere a Robert Stroud (1890-1963), um americano condenado por mais de um homicídio, que se tornou um ornitólogo autodidata durante seus 54 anos de confinamento em Alcatraz. Inicialmente condenado à morte, sua sentença foi comutada para prisão perpétua. Stroud publicou, em 1943, um livro intitulado *Stroud's Digest on the Diseases of Birds*. Sua vida foi retratada (aparentemente, de maneira muito generosa) no filme *O homem de Alcatraz*, pelo qual Burt Lancaster, que fazia o papel principal, recebeu um Oscar. (N.T.)

lidade quanto a prosperidade de nossa gente — nada de escaramuças ou baixezas, por favor, somos britânicos!

> É porque somos um povo verdadeiramente doméstico, afeiçoado à nossa terra de pastos verdejantes, de cercas vivas e de velhas florestas cinzentas, que permanecemos calmos em meio às contendas que afligem as nações à nossa volta, orgulhosos de nossas antigas liberdades, de nossos conhecimentos crescentes e da expansão contínua de nossos recursos materiais.

Mas a natureza sempre esteve "lá fora", como um terreno propício à nossa edificação. O maior avanço de sua época, argumentava Hibberd, consistia na invenção dos dispositivos — os ornamentos naturais — que permitiam às pessoas, mesmo àquelas das classes modestas, instaladas em ambientes altamente urbanizados, cultivar a natureza *no interior* dos muros domésticos. Hibberd trata, em sucessivos capítulos, de todas as formas de exibição da natureza dentro de casa, desde as pequenas estufas contendo vasos de samambaias e os viveiros de pássaros até os arranjos de flores. Mas seu capítulo inicial é dedicado à grande paixão que caracterizou a década de 1850 — a introdução dos aquários marinhos em quase todos os lares que almejavam uma marca de modernidade. "Começo", escreve Hibberd, "pelo Aquário, que, por sua novidade, seu interesse científico e sua graciosa elegância, assume merecidamente o primeiro lugar entre os Ornamentos do Lar."

Os aquários parecem tão modestos na sua concepção e tão comuns na sua ocorrência — algo que pode ser encontrado no consultório do seu dentista ou no quarto de seu filho — que é difícil imaginar que ele tenha tido um aparecimento explícito ou mesmo representado uma novidade e uma originalidade palpitantes. De fato, o aquário teve um nascimento interessante e particular na metade do século XIX, e em seguida desfrutou (ou padeceu) de um dos mais intensos surtos de popularidade na Inglaterra vitoriana, durante certo período da década de 1850. Não estou dizendo com isso que sua invenção marca a primeira exibição doméstica de organismos aquáticos. Todo proprietário de uma vila romana respeitável mantinha um tanque de peixes, onde se podia vê-los de cima. Do mesmo modo, desde os tempos clássicos, uma simples vasilha tornava possível contemplar um peixe ou dois numa orientação mais direta, lateral, olho no olho (desde que ela fosse de vidro ou de algum outro material transparente, o que nem sempre era barato ou fácil de encontrar antes das últimas gerações).

Mas esses precursores não representam aquários no sentido técnico, uma vez que falta-lhes o traço definidor: uma *comunidade estável* de organismos aquáticos que pode ser vista, não de cima e em meio à opacidade das águas correntes e ondulantes, mas olho no olho e lateralmente, através do vidro transparente e da água límpida.

Uma vasilha com peixes apresenta uma exibição temporária, e não uma comunidade estável. A água logo fica turva, o que requer que seja trocada com freqüência, gerando o divertido e frustrante problema — tão bem lembrado por todos aqueles que, quando crianças, foram entusiastas dos peixinhos dourados, incluído este que vos escreve — de ter de pescá-los com uma rede e instalá-los para residência temporária num copo d'água, enquanto se troca a água do recipiente mais espaçoso (um processo que pode fazer com que "Rabugento", o peixinho dourado, sobreviva durante certo período, mas que certamente não é capaz de sustentar uma comunidade complexa de organismos aquáticos). O conceito de aquário, em contraposição, baseia-se no princípio do equilíbrio sustentado entre os componentes ecológicos e químicos — em que as plantas fornecem oxigênio aos animais, os peixes alimentam-se das plantas que ali se desenvolvem, e os caramujos (ou outros comedores de detritos) varrem os restos e devoram toda película algácea que possa crescer nas paredes do vidro. A ciência ocidental não descobriu os princípios químicos básicos envolvendo o oxigênio, a respiração, o dióxido de carbono e a fotossíntese antes do final do século XIX, de maneira que os conceitos que definem um aquário mal existiam até então. O aquário representa apenas um dos diversos resultados práticos desse grande avanço no conhecimento humano. Citando Shirley Hibberd novamente: "O Aquário exemplifica, de uma maneira instrutiva, a grande harmonia da compensação que, na natureza, preserva o equilíbrio na vida animal e vegetal".

Alguns poucos naturalistas, antes da invenção do aquário, haviam conseguido manter os organismos marinhos vivos em recipientes dentro de casa por períodos consideráveis — mas somente com um esforço contínuo e substancial (que ficava a cargo dos empregados domésticos, o que revelava outra realidade social daqueles tempos). Por exemplo, sir John Graham Dalyell, um cavalheiro escocês que contava com o eufônico título de sexto Baronete de Binns (e com um emprego como *barrister* [advogado] que acentuava a aliteração), criava animais marinhos em vasos cilíndricos de vidro no início do século XIX. Mas ele mantinha apenas um animal em cada recipiente, e era necessário trocar sua água todos os dias, tarefa designada a um criado, que também se incumbia de trazer alguns galões d'água do oceano próximo até a casa do baronete pelo menos três vezes por semana. Sir John obteve um sucesso considerável. Sua espécie mais resistente, uma anêmona do mar de nome "Vovozinha", foi colocada num vaso em 1828 e durou até 1887, sobrevivendo em muito ao bom baronete e a diversos herdeiros, para quem esse celerado modesto, porém robusto, talvez tenha sido um legado não muito bem-vindo.

(A história dos aquários gerou uma literatura pouco extensa, porém bastante completa. Li essa história sobre sir John num excelente artigo escrito por Philip F. Rehbock, que menciono na bibliografia deste volume. Também me beneficiei do abrangente livro de Lynn Barber, publicado em 1980, *The Heyday of Natural History*, 1820-1870 [O apogeu da história natural, 1820-1870]. Mas contei principalmente com duas fontes primárias de minha biblioteca pessoal: *Rustic Adornments*, de Shirley Hibberd, segunda edição, 1858; e o clássico trabalho de um dos maiores naturalistas vitorianos, *The Aquarium*, de Philip Henry Gosse, segunda edição, 1856.)

Numa história parecida, reproduzida por todas as principais fontes sobre a origem dos aquários, a sra. Thynne, uma pessoa abastada, trouxe alguns corais de Torquay para Londres em 1846 "com a finalidade de estudá-los e de entreter seus amigos" (novamente citando Shirley Hubberd). "Com água do mar, encheu um jarro de pedra. As madréporas [corais] foram presas numa grande esponja com o auxílio de agulha e linha. Elas chegaram a Londres em bom estado e foram instaladas em duas grandes vasilhas, cuja água era trocada a cada dois dias. Mas os seis galões d'água trazidos pela sra. Thynne logo terminaram e precisaram ser utilizados de novo. Ela então inventou um método de renovar a água de modo a poder reutilizá-la." Passamos agora às palavras da própria sra. Thynne e a mais uma demonstração da verdadeira fonte da mão-de-obra nos lares onde se cultivava o lazer:

> Pensei em obter sua aeração despejando-a de um recipiente para outro, diante de uma janela aberta, por meia hora ou três quartos de hora, no intervalo de cada nova utilização. Tratava-se, sem dúvida, de uma operação fatigante, mas eu tinha uma jovem criada que, além de mostrar-se ansiosa por me obsequiar, considerava essa tarefa bastante divertida.

Mais tarde, a sra. Thynne acrescentou plantas aos corais, buscando aproximar-se de um equilíbrio natural e sustentado, mas abriu mão da prática (ou do esforço de sua criada) da aeração manual e, desse modo, não chegou a construir um verdadeiro aquário auto-sustentável: "Regularmente, eu colocava algas marinhas em minhas vasilhas de vidro. Mas, como eu temia não conseguir manter o equilíbrio exato necessário, continuei a renovar a água por meio da aeração. Não sei a qual dos dois procedimentos atribuir (e talvez eu deva fazê-lo a ambos) o fato de que minha coleção continuou tão vicejante, pois eu raramente perdia um coral".

É interessante que a descoberta central que culminou no aquário da década de 1850 não tenha se originado diretamente de experimentos com organismos marinhos, mas da transferência criativa de uma outra tecnologia, também voltada para os ornamentos naturais, que produzira uma febre ainda mais intensa durante a década de 1840 — o invento de Ward, concebido para o cultivo de plantas em pequenas "cápsulas rigorosamente envidraçadas". Nathaniel Bagshaw Ward, um cirurgião londrino, iniciou seus experimentos no final da década de 1820. Ao encerrar plantas num recipiente de vidro quase impenetrável pelo ar — uma "cápsula rigorosamente envidraçada", em suas próprias palavras —, Ward descobriu um modo de favorecer seu crescimento e evitar sua dessecação ou os efeitos nocivos da poluição do ar, e tudo isso sem a necessidade de interferência humana. A umidade transpirada pelas plantas durante as horas luminosas do dia se condensaria no vidro e pingaria de volta ao solo durante a noite. Desde que a cápsula permanecesse fechada o bastante para evitar a perda da umidade, mas não demasiadamente, possibilitando o movimento de entrada e saída de gases (de tal modo que a cápsula pudesse ser reabastecida de oxigênio e o dióxido de carbono saísse por um sifão), ela poderia sustentar-se por um longo período.

A invenção do dr. Ward gerou bem mais que uma graciosa bugiganga destinada à instrução moral nos felizes ambientes domésticos descritos por Hibberd, pois as "cápsulas rigorosamente envidraçadas" desempenharam um papel-chave no comércio e na expansão imperial da Inglaterra vitoriana. Dentro das cápsulas de Ward, as plantas podiam sobreviver durante meses, o que tornou possível o transporte marítimo, por longas distâncias, das espécies que não eram facilmente cultiváveis a partir de sementes). No seu livro de 1980, *The Heyday of Natural History*, Lynn Barber escreve:

> Os diretores dos Kew Gardens começaram a planejar o transporte de plantas em escala ainda maior [...]. Literalmente milhões de plantas foram embarcadas de ida e de volta nas cápsulas de Ward, [e] eles finalmente conseguiram estabelecer a cultura comercial do chá (trazido da China) na Índia e da borracha (trazida da América do Sul) na península malaia, acrescentando, dessa maneira, duas mercadorias novas e valiosas aos recursos do Império Britânico. As cápsulas de Ward dos Kew Gardens foram provavelmente um dos melhores investimentos de todos os tempos realizados pelo governo britânico

e, na verdade, sua utilização continuou a ocorrer até muito recentemente, quando elas foram substituídas pelas bolsas de polietileno.

Numa escala mais modesta, mas ainda assim volumosa, as cápsulas de Ward converteram-se num acessório presente em quase toda moradia britânica de bom gosto. Embora muitos tipos de plantas pudessem ser cultivados nessas cápsulas, uma paixão pelas samambaias — tão extraordinária e contagiante a ponto de merecer a descrição latinizada de pteridomania, ou "samambaiomania" — varreu a Grã-Bretanha na década de 1840. Quando essa obsessão inevitavelmente passou, a tecnologia das cápsulas de Ward permaneceu, pronta a ser utilizada durante o acesso entusiástico que se seguiu — a febre do aquário da década de 1850.

Toda moda, não importa quão fervorosa se mostre por um momento, toma seu devido curso com relativa rapidez. A coqueluche do aquário dominou o interesse amador pela história natural durante a década de 1850, mas logo se abrandou. Em 1868, o reverendo J. G. Wood, outro naturalista bastante popular, afirmava:

> Alguns anos atrás, uma paixão absoluta pelo aquário tomou conta do país. Todos queriam ter um aquário, de água do mar, de preferência, ou então de água doce [...]. Magníficos exemplares decoravam as salas de estar das senhoras elegantes, e os estudantes também davam um jeito de manter um desses objetos, ainda que numa versão mais modesta [...]. A impressão que os aquários produziam, no entanto, era a mesma de uma planta de estufa, muito exuberante sob condições artificiais, mas que declinava quando privada de assistência externa [...]. Com o passar do tempo, nove entre dez aquários foram abandonados [...]. Ao que parece, a febre do aquário tomara o curso usual, para não mais voltar, como centenas de epidemias semelhantes.

Mesmo os episódios mais efêmeros de fascinação por parte do público têm muito a nos ensinar sobre o contexto social e ideológico dos movimentos científicos. Vimos que a moda do aquário dependia de descobertas químicas, do conceito filosófico de equilíbrio natural, de um sistema social que mantinha uma classe substancial de empregados domésticos nos lares abastados e do desenvolvimento de uma tecnologia que fora explorada primeiro no modismo anterior do cultivo de samambaias. Outras leituras acrescentam vínculos importantes com a história política e tecnológica, dos quais o mais importante parece ter sido a indispensável revogação, em 1845, do pesado imposto até então cobrado sobre o vidro. O manual prático de Gosse, de 1856, *The Aquarium: An Unveiling of the Wonders of the Deep Sea* [O aquário: desvelando as maravilhas do fundo do mar], apresenta soluções sociais ou tecnológicas para uma série de problemas práticos que decerto não ocorreriam a um leitor casual hoje em dia. Por exemplo, como um entusiasta dos aquários domésticos, residindo numa região urbana, poderia conseguir água do mar? Gosse aconselha:

> Em Londres, a água do mar pode ser facilmente obtida com o pagamento de uma gorjeta insignificante a um oficial ou a um funcionário de um dos vapores que navegam para além da foz do Tâmisa, encarregando-o de recolhê-la em mar aberto e limpo, longe do alcance dos rios. Um barril de vinte galões de água do mar me custa, em geral, alguns poucos shillings.

E como podem os espécimes ser transportados com segurança até a cidade na velocidade adequada? Por meio dos velozes trens, é claro. Escreve Gosse:

> Quanto mais breve o período durante o qual os espécimes se encontram *in transitu*, melhor. Por essa razão eles devem sempre ser despachados pelo correio ferroviário, e recebidos, no destino final, pelo proprietário, ou então trazer a prescrição "A ser enviado imediatamente por mensageiro especial". O custo adicional dessa precaução é muito pequeno e pode evitar que metade da coleção pereça em decorrência de seu longo confinamento.

Todo movimento social é esclarecedor em relação a seu próprio tempo, e o mesmo se passa com a coqueluche do aquário na década de 1850. Mas, o que se pode dizer sobre a questão ainda mais interessante (e prática) de suas influências definitivas e permanentes, que subsistem até os nossos dias? Poderia um movimento tão passageiro (ainda que intenso) no curso da história — e que o vento levou — deixar algum traço duradouro para a posteridade? Num sentido trivial, é claro, só podemos responder a essa questão afirmativamente, uma vez que os aquários conservam uma forte popularidade em todas as escalas da vida — desde os parques temáticos, artificiais e comerciais, até os grandiosos museus públicos, passando pelos laboratórios de pesquisa no mundo todo e pelas exibições domésticas (que se correlacionam de maneira interessante com as circunstâncias sociais, ao menos nos Estados Unidos, onde o cultivo de peixes tropicais, assim como o boliche, permanece solidamente como um costume das classes trabalhadoras, ao passo que o círculo dos esquiadores ou velejadores dá preferência à observação de pássaros ou aos safáris africanos para satisfazer sua atração pela história natural).

Mas meu interesse maior é pelas questões "invisíveis", que geralmente passam despercebidas, porque suas soluções parecem tão óbvias que nem chegamos a reconhecer aí a existência de uma pergunta. Alguns modos de conhecer, ou mesmo de ver, parecem tão consagrados e evidentes, tão claramente inevitáveis, que assumimos que se trata de uma prática universal e automática desde tempos imemoriais. Og, o homem das cavernas, Artie, o australopiteco, e até mesmo Priscila, a ancestral paleocena do primata, provavelmente usavam os mesmos expedientes. Mas quando conseguimos mostrar que uma estratégia de pensamento ou de visão resultou de um episódio recente e específico na nossa história efetiva, obtemos então a melhor prova do princípio de que todo conhecimento se origina no interior de contextos sociais — mesmo as questões factuais mais "óbvias", baseadas na observação simples e direta (pois é preciso que se formule a questão correta para assegurar a observação apropriada, e todas as questões emergem de contextos particulares).

Pequenos exemplos de grandes princípios são sempre os mais intrigantes, a meu ver — pois sou fiel aos diversos motes comuns que proclamam que Deus, ou o diabo, ou uma substância qualquer com grande força e vigor, está nos detalhes. Acredito que é possível reinterpretar um desses modos de ver, trivial, decerto, mas "obviamente" universal e permanente, como um legado direto da paixão pelo aquário na metade do século XIX e, desse modo, como uma forma de conhecimento ocidental que conta pouco mais de cem anos.

Como devemos desenhar os organismos marinhos e os panoramas mais gerais das comunidades subaquáticas? A resposta parece tão evidente que podemos achar estranho o fato de alguém se preocupar em formular tal questão. Sempre desenhamos essas cenas na sua orientação "natural", hoje em dia: na perspectiva frontal ou "olho no olho", em que um observador humano vê a vida marinha de dentro — ou seja, como se ele se encontrasse debaixo d'água junto às criaturas retratadas e, dessa forma, observando-as à mesma altura. Não é essa, obviamente, a melhor orientação? Afinal, pretendemos mostrar esses organismos do modo como eles vivem, buscando seus comportamentos e interações comuns. De que outra maneira poderíamos desenhá-los, exceto do interior de seu próprio ambiente marinho?

Essa preferência pode parecer natural e incontestável — e, portanto, permanente e constante na prática humana —, mas a história da ilustração revela um enredo diferente, e muito mais interessante. Até a metade do século XIX, os organismos marinhos eram quase sempre desenhados na superfície das águas (para as formas que nadam, na maioria das vezes os peixes) ou estendidos sobre a costa, secando na terra (no caso dos habitantes das profundezas, em especial os invertebrados). Essas representações, de cima e de um ponto de vista terrestre, tornaram-se convencionais na história da arte. Por exemplo, para invocar aquele que é o campeão da ilustração na história natural antes do século XIX, considere as gravuras que retratam a origem dos peixes e moluscos marinhos na *Physica sacra* do cientista suíço J. J. Scheuchzer, publicada na década de 1730.

7. Na Physica sacra *de J. J. Scheuchzer, os invertebrados marinhos estão dispostos numa perspectiva "pré-aquário".*

Esse trabalho impressionante — o equivalente, em sua época, aos elaborados desenhos animados para a televisão, com todo o seu leque de subprodutos, desde livros até canecas de café — inclui 750 gravuras de página inteira maravilhosamente elaboradas, representando todas as cenas bíblicas que mostram uma relação plausível com a história natural. As histórias da criação contidas no *Gênese*, como seria de se esperar, fornecem a inspiração para uma extensa seqüência de ilustrações. Todos os organismos marinhos aparecem na superfície da água ou fora dela — ou seja, são retratados da perspectiva de um observador humano que se encontra em pé à beira-mar. O desenho que representa a criação dos moluscos mostra alguns mexilhões e caramujos dispostos sobre um arco de pedra, enquanto outros jazem na praia em primeiro plano, sem que nenhum organismo apareça no oceano ao fundo. A ilustração da criação dos vertebrados marinhos traz uma guirlanda de peixes ao longo das bordas laterais e superior da gravura (ou seja, *acima* do oceano), enquanto um pequeno número de baleias e peixes se projeta parcialmente acima da superfície da água, e outros peixes, voadores, enfeitam o espaço aéreo acima do mar!

Só posso imaginar uma razão para que um estilo de ilustração tão surpreendentemente desfavorável tenha se tornado uma convenção. Os artistas, naquele momento, devem ter evitado — ou talvez não tenham sido nem mesmo capazes de conceber — a visão olho no olho, o ponto de vista "de-dentro-do-próprio-ambiente-marinho" tão "naturalmente" preferido hoje em dia. Os ilustradores devem ter se esquivado dessa orientação lateral em virtude de que a maioria das pessoas nunca vira os organismos marinhos desse ponto de vista antes da invenção do aquário, e porque foi o costume de se manter um aquário como um ornamento natural dentro de casa que transformou em lugar-comum algo que, anteriormente, era inconcebível (porque nunca tinha sido visto). A água é geralmente barrenta e bastante opaca quando em movimento. Não se contava com nenhuma tecnologia como máscaras, sinos para mergulho, *snorkels* ou tanques de oxigênio — e os humanos tinham de emergir para respirar após períodos muito curtos de observação potencial. A vasta maioria das pessoas no Ocidente (incluídos muitos marinheiros) não sabia nadar, e não pensaria em imergir voluntariamente nas águas do mar. Onde, então, antes da invenção dos aquários, essas pessoas poderiam ter visto (ou mesmo se inclinado a imaginar) os organismos marinhos em seu próprio meio ambiente? A visão convencional a partir da orla (e de cima da superfície da água), ainda que pouco informativa, certamente representava a modalidade "natural" de conhecimento humano antes que os aquários abrissem uma nova perspectiva.

Martin Rudwick, um excelente paleontólogo no início de sua carreira e atualmente o mais conhecido especialista em história da geologia em todo o mundo, foi o primeiro a me chamar a atenção para essa interessante mudança na história da ilustração e para a provável inspiração fornecida pela invenção dos aquários. Em seu livro notável sobre a história dos desenhos da vida pré-histórica (*Scenes From Deep Times*, 1992), Rudwick observou que praticamente todas as primeiras ilustrações representam os organismos marinhos sob a forma de coleções dessecando à beira-mar — o que limita significativamente o nosso conhecimento sobre as comunidades e os ambientes do passado, em especial levando-se em conta que boa parte da história natural retratava exclusivamente os organismos marinhos! Rudwick escreve:

> A maioria das cenas pré-históricas [...] mostrava os organismos marinhos como se eles tivessem sido varridos para a costa, no primeiro plano de uma paisagem focalizada a partir do ponto de vista humano, sem que se fizesse disso um problema. Nesse ponto, elas simplesmente davam continuidade à convenção estabelecida no campo da ilustração [...]. De fato, o mundo aquático do qual a maior parte dos fósseis derivava era sempre representado de fora, da perspectiva do mundo subaéreo a que um humano, viajando no tempo, teria plausivelmente tido acesso [...]. Isso sugere como deve ter sido difícil para o público [...] e talvez para muitos geólogos também, conceber um ponto de vista que era não apenas pré-humano, mas também subaquático — ao menos até a metade do século, quando o

8. Os peixes marinhos de Scheuchzer (vistos na superfície do oceano e também como uma guirlanda emoldurando a gravura) são retratados de cima para baixo, do ponto de vista de um observador em terra firme.

famoso modismo do aquário tornou o mundo debaixo d'água amplamente acessível pela primeira vez.

Não pretendo exagerar a exclusividade desse termo. A perspectiva olho no olho não é *tão* difícil de imaginar, mesmo para alguém que nunca tivesse visto a vida marinha nessa orientação — e as vasilhas com peixes efetivamente forneciam algumas pistas simples. Desse modo, é possível ocasionalmente encontrar a visão "moderna" nas ilustrações anteriores ao século XIX. (A mais antiga com que já deparei encontra-se num livro alemão do século XVI sobre táticas militares e mostra um soldado — ou, melhor dizendo, um marinheiro — caminhando furtivamente pelo fundo de um lago para alcançar um navio inimigo e perfurar o seu casco com o objetivo de afundá-lo. A figura inclui alguns peixes nadando no fundo do lago, mas estes são retratados de maneira estática e cumprem um papel claramente subsidiário.)

Mas Rudwick está certo ao chamar a atenção para a raridade desses desenhos — assinalando também que as exceções ocasionais em geral envolviam propósitos humorísticos ou pouco convencionais, tendo os mesmos artistas responsáveis por esses desenhos empregado a usual orientação "em terra firme" nos manuais e noutros textos-padrão. Por exemplo, em 1830, bem antes de o aquário entrar em moda, Henry de la Beche, o primeiro diretor da British Geological Survey e também um ilustrador habilidoso, produziu um famoso desenho da vida marinha mesozóica em Dorset — na "moderna" perspectiva olho no olho. Essa gravura foi produzida como uma contribuição à campanha de arrecadação de fundos para Mary Anning, a célebre coletora de fósseis, que se encontrava em dificuldades financeiras. Mas quando De la Beche, apenas dois anos mais tarde, publicou as ilustrações dos mesmos ictiossauros e plesiossauros num manual popular, ele os retratou sobre a orla ou na superfície das águas.

Durante os últimos cinco anos, tenho observado informalmente as ilustrações nas minhas leituras históricas — e posso confirmar a afirmação de Rudwick de que a "natural" visão lateral não

9. Na primeira edição de A Terra antes do dilúvio *(1863) de Louis Figuier, uma litografia representa as criaturas devonianas atiradas na praia.*

se tornou "óbvia" de modo algum antes que o aquário viesse a tornar usual essa forma de observação humana. Além disso, dado que todas as invenções exigem um intervalo de tempo antes de sua aceitação geral, observei também que as paisagens marinhas na perspectiva olho-no-olho não eram predominantes no período em que o aquário entra em voga, na década de 1850, mas só vieram a alcançar uma posição preferencial no decorrer das duas décadas seguintes. Para citar dois exemplos da relutância a abandonar as antigas convenções, Shirley Hibberd (em 1858) mostra diversas figuras de aquários focalizados lateralmente. Mas quase todos os desenhos de Hibberd, ao mesmo tempo que apresentam uma visão lateral, através do vidro, assumem a perspectiva de um observador que olhasse o aquário de cima, e não de lado (no mesmo nível que os peixes). Além disso, os desenhos decorativos de Hibberd para a primeira página de cada um de seus capítulos continuam a dar preferência à visão dos organismos dessecando na orla, como se pode

10. Na ilustração dos animais marinhos do período Carbonífero, na quarta edição de Louis Figuier (1865), a perspectiva pós-aquário pode ser observada com clareza.

ver no caso da gruta de invertebrados que ornamenta o primeiro capítulo sobre o "aquário marinho".

Num exemplo impressionante (também citado por Rudwick), o popularíssimo naturalista francês Louis Figuier — o Carl Sagan ou o David Attenborough de sua época — produziu a primeira publicação importante mostrando cenas de cada período da história natural, ordenadas do ponto de vista cronológico (*La terre avant le déluge* [A terra antes do dilúvio]) . Seu litógrafo, Edouard Riou, trabalhava também para Júlio Verne (entre outros) e era o mais célebre ilustrador da ciência popular naquela época. Na primeira edição de 1863, Riou desenhou todas as criaturas marinhas como se estivessem mortas e dessecando à beira-mar. Ele manteve essas figuras nas impressões posteriores, mas acrescentou na quarta edição, de 1865, um desenho muito mais instrutivo dos peixes e invertebrados marinhos do período Carbonífero, em que estes eram mostrados na perspectiva lateral que o aquário recentemente tornara familiar.

11. A abertura de um capítulo de Rustic Adornments *reflete o estilo antigo de ilustração da vida marinha, assim como a visão de cima para baixo do próprio aquário.*

(2) O AQUÁRIO MARINHO "Uma gruta ressoante, arqueada, vasta,/ Cravejada de milhares e milhares de pérolas/ E de conchas aneladas de boca carmesim/ De toda forma e tamanho, até na região mais profunda/ Onde as baleias se abrigam, procriam e resmungam/ Contra uma tempestade sem fim. Além disso, peixes/ Também — espectros de coloração verde e anil,/ Prontos a lançar suas torrentes." KEATS

Poucas coisas vêm facilmente para a nossa pobre e ignorante espécie (a primeira criatura, afinal de contas, a fazer experimentos com as recentes invenções evolutivas da arte e da filosofia conscientes). Até mesmo o estilo mais "óbvio", "correto" e "natural" de pensar ou de desenhar é regulado pela história e obtido com esforço. As soluções, portanto, se originam num contexto social, e assinalam as complexas interações entre a mente e o ambiente que determinam a possibilidade do progresso humano. Para concluir com uma paródia de um texto bem conhecido, só viemos a descobrir a maneira "natural" de ver a vida marinha quando a invenção do aquário nos permitiu enxergar através do vidro transparente e examinar, cara a cara, um admirável mundo velho.

Parte II

BIOGRAFIAS NA HISTÓRIA DA EVOLUÇÃO

4

A VÊNUS, DESNUDADA ATÉ PELOS NATURALISTAS

Na versão operística de Benjamim Britten para *A volta do parafuso* de Henry James, o garoto Miles entoa uma pequena cantiga para sua governanta durante a aula de latim:

Malo: Eu preferia estar
Malo: numa macieira
Malo: do que ser um menino mau
Malo: em apuros[1]

Britten expressa todo o medo e o mistério da lúgubre história de James ao introduzir esses versos de pé quebrado como um lamento triste e causticante que depois retorna ciclicamente ao longo de toda a ópera, emergindo no momento final, mas, dessa vez, entoado pela governanta enquanto Miles jaz morto no palco. O artifício de Britten funciona bem porque o texto de Miles é muito insípido (embora, ao mesmo tempo, muito expressivo quanto aos seus temores em relação à maldade pessoal). Os versos em inglês têm uma escansão adequada, rimam e fazem sentido, mas a piada pedagógica está no fato de que os quatros versos (compostos de diversas palavras) podem ser inteiramente traduzidos pela única palavra em latim, *malo* (a primeira pessoa do singular do verbo *malle*, preferir; o ablativo do nome *malus*, uma macieira etc.).

(1) "Malo: I would rather be/ Malo: in an apple tree/ Malo: than a naughty boy/ Malo: in adversity." (N.T.)

O poema de Miles, na realidade, pertence a um gênero respeitável de "muletas" criadas para fazer com que as crianças se interessem pelo latim — obviamente uma dificuldade antiga para os professores. As versões em latim de diversos clássicos infantis — das quais *Winnie Ille Pu* é a mais conhecida — representam nossos esforços modernos mais visíveis com o mesmo objetivo.

Mas as crianças da geração imediatamente anterior à minha com freqüência encontravam um estímulo muito mais incitante para seu diligente estudo — isto é, o sexo. Vários homens da geração de meu pai me contaram que se aplicavam seriamente à língua antiga porque havia sempre algum garoto na vizinhança que tinha acesso à edição de seus pais da *Psychopatia Sexualis* de Krafft-Ebing — o notável compêndio, do final do século XIX, de estudos de caso sobre todos os tipos imagináveis de peculiaridades sexuais (retratadas de maneira tão explícita que até mesmo o juiz Stewart[2] reconheceria o gênero). O texto principal fora traduzido para o inglês muito tempo antes — mas, seguindo o desejo expressado pelo próprio Krafft-Ebing, todos os casos picantes tinham permanecido somente em latim!

Eu perdi esse divertimento todo. Estudei latim apenas na faculdade e, por isso, nunca aprendi os mnemônicos para crianças. E também nunca desfrutei desse incentivo de natureza sexual, pois os estudos de caso de Krafft-Ebing haviam ingressado na língua inglesa antes que eu atingisse a idade lasciva. Desse modo, saboreei imensamente meu pequeno divertimento retardatário quando, na semana passada, pude finalmente extrair um prazer obsceno de todo aquele esforço feito na graduação. Mas eu não estava lendo Krafft-Ebing. Estava estudando o tratado de 1771 sobre os moluscos, *Fundamenta testaceologiae* (nunca traduzido de seu original em latim), escrito por ninguém menos do que Lineu.

(2) Gould faz referência a um famoso pronunciamento feito por esse juiz sobre as dificuldades de se determinar, com objetividade, o que constitui a pornografia. Ele teria dito: "Não consigo definir a pornografia, mas a reconheço quando a vejo". (N.T.)

Sim, trata-se mesmo de moluscos — embora Lineu pareça estar dissertando sobre a anatomia sexual das mulheres. O tratado começa no mesmo estilo impassivelmente convencional da maioria das taxonomias. Lineu anuncia que classificará os moluscos tomando por base as suas conchas (tantas vezes exaltadas pelos naturalistas), e não os animais no interior delas (superiores, do ponto de vista biológico, mas raramente colecionados). Ele então faz uma divisão principal entre *Cochleae* (basicamente os caracóis, com a adição de algumas outras criaturas de uma concha só, incluídos os escafópodes, e até mesmo um ou dois errantes[3]), e *Conchae* (basicamente os mexilhões, ou bivalves, mas abrigando também moluscos multivalves como os quítons e algumas criaturas que, pela genealogia, jamais se incluiriam nessa categoria, como, por exemplo, os braquiópodes e a craca).

A seguir, ainda num estilo convencional, ele fornece uma lista de termos técnicos para as diferentes partes das conchas — e inicia seu compêndio dos bivalves com um dos mais extraordinários parágrafos da história da sistemática. Lineu estabelece que a articulação entre as duas valvas (*cardo*) opera como um traço definidor e então escreve: *Protuberantiae insigniores extra cardinem vocantur Nates* — ou "as notáveis protuberâncias acima da articulação são denominadas nádegas". Ele prossegue nomeando todas as regiões adjacentes com base nos traços marcantes da anatomia sexual das mulheres — *ut metaphora continuetur* ("de modo que a metáfora continue"). Os bivalves têm *hymen* (o ligamento flexível que conecta as duas valvas no topo), *vulva*, *labia* e *pubes*, culminando em um *mons veneris* (um conjunto de traços na parte superior da concha, atrás dos umbos — o nosso termo moderno para as nádegas de Lineu); e, à frente destes, um *anus*.

(3) Subclasse de anelídeos poliquetas, com o corpo formado por segmentos numerosos e similares, parapódios desenvolvidos, cabeça com estruturas sensoriais e faringe com mandíbulas ou dentes. (N.T.)

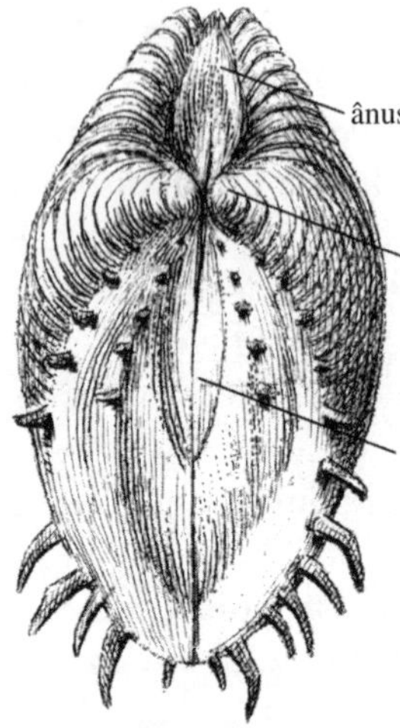

12. Analogias grosseiras: os termos empregados por Lineu para descrever as características das conchas dos moluscos bivalves foram duramente criticados em sua época. Essa figura é uma reprodução extraída do Fundamenta testaceologiae *(1771) de Lineu, com legendas simplificadas e traduzidas conforme modificação pelo autor.*

O princípio lógico pouco natural empregado por Lineu pode ser mais bem apreendido com base no desenho que ele utilizou como exemplo — da espécie que ele batizou de *Venus dione*, sem dúvida uma escolha que se prestava muito bem ao esclarecimento de sua terminologia. Essa figura, com minhas legendas adicionais, mostra toda a crueza da suposta brincadeira de Lineu — pois os termos propostos por ele assinalam uma analogia complexa (não totalmente implausível, é preciso admitir, do ponto de vista da pura aparência visual) entre a concha de um bivalve vista de cima e a posição pornográfica padrão (com seu abandonado desleixo): uma mulher com as pernas bem abertas e as partes sexuais diretamente visíveis, com as nádegas em torno da genitália externa e do ânus.

Lineu, um homem socialmente conservador, era um muito puritano. Ele não permitiu, por exemplo, que suas quatro filhas estudassem francês, temendo que pudessem aprender os valores liberais daquele país esclarecido. Mas seus sistemas taxonômicos e seus escritos revelam o forte interesse sexual quase sempre presente em personalidades de vigor e força tão esmagadores. Lineu baseou seu trabalho mais famoso, sua nova proposta de classificação das plantas, naquilo que chamava de "sistema sexual" (ver a seção final de ensaios de meu livro anterior, *Dinossauro no palheiro*). Esse esquema, longe de ser obsceno, tende a ser árido e funcional — pois define a maioria das ordens pelo número e pelo tamanho dos estames e pistilos, os órgãos masculinos e femininos das flores. Tudo o que é necessário fazer é basicamente contá-los — e o sistema de Lineu tornou-se uma coqueluche em virtude da facilidade de sua aplicação, e não porque desencadeasse grande excitação. Mas Lineu levou até o fim as implicações metafóricas de suas definições. Ele se referiu à fertilização como um ato conjugal e designou os estames e pistilos como maridos e esposas. As pétalas das flores são comparadas aos leitos nupciais e os estames inférteis, aos eunucos, que guardam a esposa (o pistilo) para outros estames férteis. Lineu escreveu, num ensaio de 1729:

> As pétalas das flores [...] servem como leitos nupciais, preparados pelo criador de maneira gloriosa, adornados com os mais nobres dosséis e perfumados com os odores mais suaves, para que o noivo e a noiva possam ali celebrar suas núpcias com magnificência.

Mas essas imagens botânicas podem ser consideradas doces sentimentalismos arcadistas, se comparadas à lascívia explícita de seus termos para a anatomia dos bivalves. Em razão da terminologia que propôs para descrever a região superior das conchas desses moluscos, Lineu foi objeto de consideráveis ataques de seus contemporâneos.

Em 1776, um ano bom para reformas, um obscuro naturalista inglês, que levava (como veremos) uma vida sombria e problemática, criticou o grande mestre por sua atitude licenciosa. No prefácio de seu *Elements of Conchology: or, An Introduction to the Knowledge of Shells* [Elementos de conquiliologia: ou, uma introdução do conhecimento das conchas], esse autor escreveu:

> Insistirei, contudo, em um assunto; e isso para demolir a obscenidade de Lineu em sua caracterização dos bivalves; [...]. A ciência deveria ser casta e delicada. A libertinagem, algumas vezes, tem sido tomada como um sinal de sagacidade; mas apenas Lineu a transpôs para os termos científicos. Seu mérito nessa área da história natural, na minha opinião, fica muito depreciado em razão disso.

Mais tarde, no mesmo livro, quando o autor chega ao capítulo sobre os bivalves, sua fúria não se mostra diminuída. Dessa vez ele argumenta explicitamente que a terminologia de Lineu faz com que a história natural se torne hostil ao sexo feminino, desencorajando, desse modo, as mulheres intelectuais a seguirem uma das poucas áreas de estudo relativamente abertas a qualquer pessoa naquela época:

> Meu principal intuito é estabelecer nomes técnicos, para que os termos injustificáveis e profundamente indecentes empregados por Lineu, em seus bivalves, possam encontrar seu merecido destino, sendo demolidos com indignação, pois
>
> *Palavras indecentes não admitem defesa*
> *E falta de decência é falta de juízo.*[4]
>
> A adoção de meus termos levará a descrições apropriadas, inteligíveis e decentes; a ciência poderá então tornar-se útil, fácil e adaptada a todas as capacidades e a ambos os sexos.

(Inicialmente supus que o dístico heróico mencionado pelo autor representasse uma citação de Alexander Pope, mas meu confiável Bartlett me informa que os versos pertencem a um personagem obscuro chamado Wentworth Dillon, conde de Roscommon (1633 - 85) — um nome certamente apropriado para elocuções poéticas de decoro tão incomparável.)

(4) "Immodest words admit of no defense,/ And want of decency is want of sense." (N.T.)

O autor desse livro, Emmanuel Mendes da Costa, era um judeu sefaradita de origem portuguesa. Ele nasceu em Londres, em 1717, e lá faleceu, na sua residência temporária no Strand, em 1791. Embora Mendes da Costa tenha se tornado um dos mais respeitados naturalistas da Inglaterra, naquela fronteira indefinível entre a condição amadora e a profissional, e mantido uma volumosa correspondência (em grande parte preservada no British Museum, ao que parece) com boa parte dos maiores naturalistas europeus importantes e com quase todos os principais participantes da vasta rede de amadores britânicos, seu nome desapareceu quase por completo dos registros históricos — exceto por dois adoráveis livros que aparecem com freqüência no mercado de antigüidades: o tratado de 1776 sobre conquiliologia, e seu trabalho de 1757, intitulado *The Natural History of Fossiles* (este ensaio é em grande parte baseado nessas duas obras). Posso ter deixado escapar alguma fonte secundária,[5] mas não consegui encontrar nada sobre a vida e o trabalho de Mendes da Costa além de um verbete no *Dictionary of National Biography* britânico, algumas poucas passagens e fragmentos nos volumes de *The Gentleman's Maga-*

(5) Na verdade, deixei escapar o único artigo sobre Mendes da Costa escrito atualmente, um relato descritivo completo e excelente de autoria de P. J. P. Whitehead, publicado em 1977 (ver bibliografia para mais detalhes). Lamento essa omissão, por ter deixado de assinalar os méritos da extensiva pesquisa de Whitehead, e também pelo volume extra de trabalho e de tempo que despendi na localização (começando do zero, inicialmente, e, depois, numa segunda pesquisa) das fontes raras e incompletas que nós dois utilizamos como base para nossos artigos. (Nesse sentido crucial, a ciência é realmente um exercício coletivo e cumulativo, e eu falhei em relação a Whitehead, e também em relação a mim mesmo. É verdade que ele publicou seu trabalho num periódico pouco conhecido, e altamente técnico, não incluído na maior parte das bibliografias-padrão. Mas isso não é desculpa. Minhas fontes sobre Mendes da Costa eram ainda mais obscuras e difíceis de localizar!)

O foco do artigo de Whitehead é diferente do meu (a verdadeira autoria do livro sobre conquiliologia mencionado anteriormente, que Whitehead demonstra ser, de fato, do próprio Mendes da Costa, e não de algum outro possível autor). Mas ele inclui também um relato muito interessante sobre a vida de Mendes da *zine* do início do século XIX e, por sorte, aproximadamente cinqüenta páginas de suas fascinantes cartas reproduzidas no quarto volume de uma série de 1822 editada por John Nichols e intitulada *Illustrations of the Literary History of the Eighteenth Century Consisting of Authentic Memoirs and Original Letters of Eminent Persons.*

Considero esse apagamento lamentável, por duas razões, pelo menos: porque Mendes da Costa deve ter tido uma vida fascinante e porque sua história ilustra uma série de questões sociais e científicas de grande importância, entre elas a do papel desempenhado pelos amadores na história natural e a da condição dos judeus na Inglaterra no século XVIII. Meu foco neste ensaio será um outro tema que também pertence à categoria das mensagens gerais bem expostas: o papel de Mendes da Costa como um colecionador importante num momento em que a história natural passava por uma transformação decisiva. Pois ele exerceu sua prática nos dois momentos da passagem de um interesse predominante pelos espécimes estranhos e pelas vedetes da coleção (as peças maiores, as mais coloridas) — o *summum bonum* do período bar-

Costa. Chegamos em grande parte às mesmas conclusões, mas o trabalho de Whitehead soluciona uma questão presente na versão original do meu ensaio (aqui corrigida). Não pude encontrar indícios suficientes de que Mendes da Costa fosse culpado das acusações a ele imputadas pela Royal Society em 1767, que o levaram a passar vários anos na prisão. Mas Whitehead demonstra que Mendes da Costa era de fato culpado, embora seu profundo arrependimento e sua reabilitação subseqüente também pareçam bem documentados.

O trabalho de Whitehead corrobora minha afirmação central de que Mendes da Costa – curiosamente, considerando sua condição singular e fascinante – foi objeto de pouquíssima atenção por parte dos historiadores e cientistas posteriores. Ele afirma: "Até o momento presente Dà Costa recebeu apenas um breve tratamento biográfico, embora fosse, como muitos de seus colegas, um ávido escritor de cartas, e sua correspondência (mais de 2 mil cartas), cuidadosamente preservada, ainda sobreviva". Espero que algum candidato aspirante ao título de Ph.D. em história da ciência leia esta nota de rodapé e nela encontre um magnífico assunto para uma tese. Desse modo, o artigo de Whitehead e o meu próprio realmente não terão sido em vão.

roco no século XVII, expresso na tradição das coleções concebidas como *Wunderkammern*, ou armários de curiosidades — à paixão pela ordem do século XVIII, no mundo clássico do Iluminismo. O sistema proposto por Lineu atuou como um pré-requisito para a transformação da explicação causal mais tarde produzida por Darwin. Mas a antiga paixão pela extravagância continuava a despertar o entusiasmo do público (e o faz até hoje, como seria de se esperar).

Mendes da Costa era um homem comum em meio a essa importante transição. E as pessoas comuns muitas vezes fornecem testemunhos altamente fiéis e interessantes dos modelos da história — pois Mendes da Costa não fez tentativa alguma de produzir inovações em grande escala, e pode, portanto, ser tomado como um padrão para sua época. Em Lineu podemos apreender o ímpeto para a mudança. Ao estudar Mendes da Costa, podemos compreender mais a fundo as crenças cristalizadas, o impacto da novidade introduzida pelos inovadores e, em particular, os impedimentos intelectuais que sua época criava para o entendimento do mundo natural. Precisamos aprender a ver esses impedimentos sob uma ótica mais favorável — não com o sentimento de condescendência que se tem em relação a uma infância intelectual, em comparação com nossa formidável maturidade, mas como um conjunto de crenças vigoroso e consistente, adequado à cultura de uma outra época e sustentado por pessoas sensatas cuja capacidade intelectual não era em nada inferior à nossa. Se pudermos atingir essa imparcialidade e esse equilíbrio, a história da ciência se tornará a maior de todas as aventuras acadêmicas — e também a mais útil, pois a compreensão das fraquezas do passado nos ajuda a reconhecer os nossos próprios preconceitos, igualmente limitadores.

Tão comum e, no entanto, tão diferente! Em parte para preservar sua identidade, mas principalmente em razão do ostensivo menosprezo sofrido por eles, os judeus viveram segregados em quase todos os países ocidentais, quase sempre submetidos a severas restrições (veja capítulo 13). Emmanuel Mendes da Costa cresceu na Grã-Bretanha numa época interessante, possivelmente mais favorável para seu povo do que a maioria das outras.

Os judeus habitaram a Inglaterra desde a conquista normanda até a sua expulsão, sob o reinado de Eduardo I, em 1290. Depois de serem banidos da Espanha em 1492 e de Portugal em 1497, os judeus sefaraditas (assim chamados a partir do termo Espanha, em hebraico) se dispersaram por muitos países, mas continuaram proibidos de se estabelecer na Inglaterra. Algumas pequenas comunidades de *conversos* ou *marranos* (judeus oficialmente convertidos, muitos dos quais continuavam a praticar sua antiga religião em segredo) viveram na Inglaterra de tempos em tempos, mas quando Shakespeare escreveu *O mercador de Veneza* e criou o personagem anti-semita Shylock, nenhum judeu abertamente praticante residia na Inglaterra. Um novo grupo de *marranos*, vindo de Rouen, começou a se fixar na Grã-Bretanha na década de 1630. Essa comunidade, esperando encontrar maior tolerância do Protetorado de Oliver Cromwell do que da monarquia precedente, requereu o direito de praticar sua religião — e o pedido foi atendido em 1656. Essa permissão continuou a vigorar quando a monarquia foi restaurada, em 1660, e, desse modo, alguns judeus mantiveram seus reduzidos arrendamentos. Até 1822, eles não tinham permissão para se dedicar ao comércio a varejo em Londres. Até 1858, não podiam ter assento no Parlamento (Disraeli era um cristão convertido).

Em função dessa história, pouquíssimos judeus viviam na Inglaterra na época de Mendes da Costa — algo em torno de 2 mil sefaraditas ao final do século XVIII, e talvez um número um pouco maior de esquenazitas, os judeus originários da Alemanha e do Leste europeu. Numa sociedade potencialmente preconceituosa, um número tão reduzido de pessoas de uma outra cultura pode ser visto como algo exótico e fascinante, em vez de ameaçador — e a raridade dos judeus parece ter trabalhado em favor de Mendes da Costa, pois ele muitas vezes encontrou simpatizantes do semitismo entre seus correspondentes nobres e refinados.

Emmanuel Mendes da Costa estudou Direito, mas preferiu dedicar-se à história natural. Ele formou uma excelente coleção e publicou diversos artigos, o que levou à sua eleição como membro da Royal Society (a principal associação de cientistas da Inglaterra) em 1747, e da Society of Antiquities em 1751. Mas, em meio a suas realizações, seu lado obscuro e perturbado também veio à tona. O *Dictionary of National Biography* observa: "Embora ele logo tenha construído a reputação de ser um dos melhores paleontólogos de seu tempo [...] sua vida parece ter sido uma luta contínua contra a adversidade". Suas dívidas o levaram à prisão em 1754. Após sua libertação, no ano seguinte, ele começou a preparar seu mais importante tratado, *The Natural History of Fossiles*, finalmente publicado em 1757.

Mendes da Costa teve sua grande chance em 1763, quando se tornou secretário da Royal Society, encarregando-se de suas coleções e de sua biblioteca, que nesse momento se encontravam negligenciadas e em mau estado. Ele escreveu a um amigo em 1763:

> Eu imediatamente me pus a trabalhar, mas o estado das mencionadas bibliotecas e do museu era tal que me sinto inclinado a pensar que o estábulo de Augéias não era senão um modelo para eles [uma referência ao trabalho mais desagradável de Hércules, limpar o estrume acumulado durante trinta anos no estábulo de Augéias, rei de Elis, o que exigiu dele muito mais esforço do que matar a Hidra de Lerna] [...]. Depois de muitas semanas de trabalho entre as recorrentes pragas de aranhas (em número infinito) e de outros insetos que ali haviam habitado, em paz, por uma longa seqüência de anos, finalizei a tarefa, de modo que, graças a Deus, tanto as bibliotecas como o museu se encontram agora acessíveis e aptos a serem consultados pelos curiosos.

A despeito do esforço requerido, Mendes da Costa extraiu grande prazer do sucesso alcançado em seu novo trabalho. Ele escreveu a outro amigo: "Quando vier à cidade, eu gostaria de vê-lo, por favor. Nosso Museu, posso lhe assegurar, conta com muitas peças de excelente qualidade, e nossa biblioteca é bastante numerosa e científica. Encontro-me muito feliz onde estou e daqui por diante toda a minha vida será devotada ao estudo". Porém, quatro anos mais tarde, em dezembro de 1767, Mendes da Costa foi demitido — em razão de "diversos atos desonestos" e processado pela Royal Society. Ao final do processo, foi condenado à prisão em King's Bench, onde permaneceu até 1772. Sua biblioteca e suas coleções foram confiscadas e vendidas em leilão.

Mendes da Costa continuou a trabalhar durante seu confinamento, contando com o apoio e a condescendência de diversos amigos bem situados. Em 3 de janeiro de 1770, ele escreveu a um certo dr. Francis Nicholls:

> Recebi sua mui estimada carta, que me honra com o convite para visitar sua casa em Epsom e examinar alguns belos minerais recentemente coletados pelo senhor em Cornwall [...]. Mas infelizmente não me é possível, no presente momento, aceitar essa oferta tão desejada e respeitável; uma vez que me encontro confinado em King's Bench [...]. Contudo, o Todo-Poderoso, que muito me entristeceu com o aprisionamento, concedeu-me, através de Suas graças, o chamado à razão, e eu me entrego com aplicação e assiduidade a meus estudos, como sempre fiz.

Quatro anos depois, Nicholls ainda se lembrava dele, e escreveu:

> É com grande prazer que sou informado de seu retorno à liberdade e à filosofia; e de que você gostaria de ver a minha coleção de fósseis de Cornwall [...]. Meu filho viajará até aí na manhã do próximo domingo; então, se você puder chegar à casa dele em Lincoln's Inn-fields por volta das nove, ele o acompanhará até aqui, tornando sua viagem menos tediosa.

Mendes da Costa lutou obstinadamente, escrevendo cartas cada vez mais obsequiosas numa tentativa de vender seus espécimes ou de fazer palestras em troca de pagamento. Sua derrota mais constrangedora ocorreu em 1774, quando seu pedido de permissão para ministrar uma série de palestras em Oxford foi não apenas sumariamente rejeitado, como também desdenhado com a polidez explícita quase sempre empregada por aristocratas poderosos antes de afugentar, como um inseto, um plebeu em busca de favores. Aparentemente, Mendes da Costa cometeu o engano de submeter uma proposta formal, em vez de usar os canais competentes e obter a permissão verbal do vice-chanceler (o manda-chuva da universidade). (Duvido, em todo caso, que um presidiário judeu tivesse conseguido essa permissão sob quaisquer circunstâncias, naquela época.) Mendes da Costa, por fim, persuadiu um professor a visitar o vice-chanceler, que prontamente rejeitou a idéia: "Não seria apropriado que a série de palestras proposta pelo sr. da Costa fosse aqui ministrada. Espero que essa decepção seja bem recebida pelo sr. da Costa". Com efeito, essa recusa pesou-lhe muitíssimo, pois Mendes da Costa escreveu ao professor:

> Estou certo de que minha tentativa não foi bem-sucedida em virtude de alguma interpretação equivocada, desfavorável e sinistra, assim como em função da administração inadequada de minha parte, na ausência de recomendações adequadas sobre a maneira correta de agir. Desgraçadamente, não contei com um amigo decidido a me corrigir, por meio de um simples bilhete, ou a me informar sobre o que fazer [...]. Assim, desamparado, ausente do palco dos acontecimentos e ignorante sobre o modo de proceder, naufraguei, e minhas esperanças foram pelos ares.

Mas Mendes da Costa nunca desistiu. Ele publicou em 1776 seu livro sobre conquiliologia, que suscitou críticas favoráveis, reconstruiu suas coleções, deu continuidade a sua correspondência e morreu como um homem consideravelmente honrado.

Ao longo dessa vida instável, há um tema que circula de maneira constante: o judaísmo de Mendes da Costa e a fascinação que isso inspirava entre seus amigos anglicanos simpatizantes do semitismo. Mendes da Costa tornou-se uma fonte semi-oficial em questões judaicas para a *intelligentsia* britânica, numa época em que pouquíssimos judeus ingleses poderiam ter circulado nesse meio. Isso deve ter exigido dele um equilíbrio cuidadoso entre certa dose de assimilação, necessária para assegurar sua aceitação, e uma prática do judaísmo forte o bastante para permitir que ele continuasse a ser visto como alguém autenticamente exótico. Em 1751, um médico indagou a ele "se ainda subsiste em algum lugar uma gravura ou desenho, ou algum relato sobre as vestimentas e armas de um soldado judeu, ou se os soldados judeus usavam as mesmas vestimentas que os soldados romanos". Mendes da Costa respondeu que não sabia, uma vez que as fontes judaicas não permitiam a representação de imagens humanas:

> Em relação a todo desenho etc., nunca permitimos nenhum em nossos livros, vestes etc., pois isso não está de acordo com a nossa religião [...] contudo, penso que os desenhos não eram empregados de modo algum nos livros etc., nem mesmo pelos gregos e pelos romanos.

Em 1747, Mendes da Costa teve de recusar o convite de um duque, de modo a poder celebrar em casa o Ano-Novo e o Dia do Perdão judaicos. Mas Sua Graça (simpatizante do semitismo) compreendeu seus motivos e apressou-se em tranqüilizar o pobre Mendes da Costa, que temia sobremaneira ofender um patrono potencial tão ilustre. O secretário do duque escreveu:

> Sua Graça lamenta muito que os deveres de sua religião, aos quais todo homem de bem deve mostrar dedicação, impeçam sua vinda para cá justamente nessa época [...]. Sendo o duque o mais humano e o melhor dos homens existentes, o senhor não teria dificuldade alguma em relação a sua alimentação, havendo aqui todo tipo de peixe e, a cada dia, uma larga variedade de gêneros com os quais se alimentar sem infringir a Lei Mosaica, a menos que as lagostas de Chichester representassem uma tentação pela qual um homem mais fraco pudesse se deixar seduzir.

Em 1776, Mendes da Costa ouve falar de algumas inscrições hebraicas em Canterbury, e escreve a um conhecido nessa localidade:

> Em um manuscrito do dr. Plot, datado de 10 de junho de 1647, deparei com esta nota: "Antigas inscrições encontradas nas construções em ruínas — tais como aquelas em hebraico escritas de maneira primorosa nas velhas paredes do Castelo de Canterbury". Essas inscrições ainda existem? Em caso afirmativo, é possível conseguir uma cópia delas? É possível obter permissão para incumbir algum judeu (de Canterbury) de copiá-las e decifrá-las?

O amigo transmitiu seu pedido a um estudioso anglicano que sabia hebraico, pois o acesso ao local não seria permitido a um judeu. Esse especialista escreveu diretamente a Mendes da Costa:

> A inscrição hebraica sobre a qual você pergunta foi escrita nas paredes de uma das escadarias de pedra no velho castelo em Canterbury, no século XIII, pelos judeus cativos, durante seu aprisionamento nesse local, e continha alguns poucos versículos dos Salmos [...]. Suponho que não seja muito difícil para um cavalheiro do condado ou apoiado pelas recomendações adequadas obter o acesso a essas inscrições; mas penso que eles teriam sérias objeções a permitir que um forasteiro e judeu as examinasse.

Em meio a esses sinais tanto de simpatia ao semitismo quanto de oposição a ele, a série pode ser completada com a ignorância puramente benevolente. Um correspondente escreve a Mendes da Costa em 1775, propondo um pagamento em bens por serviços que ele prestara na identificação de espécimes de história natural: "Dizem que os presuntos de Yorkshire são muito apreciados e, caso você pense assim, enviar-lhe-ei alguns". O editor acrescenta uma reveladora nota de rodapé nesse trecho: "O sr. Knowlton parece não ter se recordado de que estava escrevendo a um judeu".

Mais revelador para a história da ciência é sabermos, da correspondência de Mendes da Costa, como ele se encontrava no ápice de uma transição entre dois grandes mundos seqüenciais da história natural — da paixão barroca pela reunião de objetos estranhos ao anseio clássico por um sistema único e abrangente de ordenação e classificação. A atração pelo exótico certamente se deixa ver nessa oferta que lhe faz um correspondente, em 9 de dezembro de 1749:

> Possuo algumas curiosidades naturais que gostaria de submeter a sua apreciação [...] entre elas o dente, ou presa, de um leão-marinho, [...] parte do dente de um elefante jovem, em cuja secção encontra-se o projétil de ferro com o qual ele foi atingido quando mais novo, e sobre o qual o marfim cresceu; uma bola de cabelo encontrada no estômago de um bezerro; e um fóssil ou dois; todos os quais seguirão para seu gabinete caso o senhor considere que eles ali merecem um lugar.

Mas os pedidos do próprio Mendes da Costa, na maioria, assinalam seu interesse pela completude e pela ordem. Ele pede a um amigo judeu em Bath que colete tantos tipos de fósseis quantos lhe seja possível, e os envie a uma cafeteria no local de sua residência — um exemplo surpreendente dos diferentes serviços prestados por lugares públicos antes que o correio passasse a ser entregue em casa:

> Em relação aos fósseis, veja se o senhor pode conseguir alguma amonite, ou pedra-cobra, como é vulgarmente denominada, e também marcas de plantas nas placas de carvão que são abundantes nas minas. Em Lincomb e Walcot há pedreiras que proporcionam fossilizações de conchas etc., bastante satisfatórias. Caso lhe seja possível enviar-me uma caixa cheia desses espécimes, endereçada à Bank Coffee-house, eu o reembolsarei, com satisfação, de todas as despesas.

O sr. Schomberg, presumivelmente um judeu alemão, a julgar pelo nome, sabia o que desejava em troca: "Envie-me um pequeno pote (de aproximadamente um quilo e meio ou dois) de chucrute, [...] e cuide para que chegue em segurança, sem se quebrar".

Mendes da Costa roga a seus correspondentes, vezes sem fim, que embalem os espécimes com cuidado e os etiquetem adequadamente:

> Qualquer que seja o material coletado, embrulhe e numere cuidadosamente cada espécime, e faça um catálogo com números correspondentes a cada um deles, especificando de que se trata, como ele é vulgarmente chamado, onde foi encontrado, se se trata de algo raro ou freqüente, a que profundeza foi coletado, em meio a quais outros corpos fósseis e todos os outros detalhes particulares que possam ser informados para elucidar sua história natural. Peço desculpas por causar-lhe todo esse trabalho, mas fico muitíssimo grato por essa demonstração de amizade.

A correspondência mais assídua de Mendes da Costa data do período entre 1740 e 1750, quando ele coleta (e pede aos amigos que consigam para ele) o maior número possível de "fósseis" para seu abrangente tratado *The Natural History of Fossiles*, então em preparação. Seguindo o costume da época, Mendes da Costa assegurou encomendas para seu livro antes da publicação (a estratégia mais utilizada para arrecadar fundos para trabalhos dispendiosos). Sua longa lista, publicada em seguida ao prefácio, inclui seis bispos e cinco lordes, testemunhando uma vez mais sua aceitação entre a classe alta anglicana. (O sr.. Joseph Harris, "*assay master*[6] da Torre", também encomendou uma cópia.)

Mendes da Costa publicou um primeiro volume substancial de seu tratado em 1757, mas não prosseguiu além dele. Esse trabalho é, no entanto, sua obra-prima — e um exemplo extraordinário da paixão pela classificação exaustiva que motivou tão fortemente a história natural do século XVIII. Na época de Mendes da Costa, o termo "fóssil" (do passado do latim *fodere*, escavar) se referia a todo objeto natural extraído da terra, e não somente aos restos de organismos. Na realidade, na terminologia do século XVIII, as

(6) Avaliador de metais preciosos. (N.T.)

rochas e os minerais eram considerados a quintessência dos "fósseis", uma vez que pertencem ao reino mineral — como produtos naturais da terra —, ao passo que os resíduos das plantas e dos animais de tempos passados representam introduções nas rochas, efetuadas pelos reinos animal e vegetal. Assim, os ossos, as conchas e as folhas, para os quais hoje em dia se reserva com exclusividade o termo *fóssil*, eram chamados, no século XVIII, de "fósseis extrínsecos" — enquanto as pedras e os minerais representavam os fósseis essenciais. Mendes da Costa, portanto, pretendia abarcar todos os produtos da geologia em seu tratado — as rochas, os minerais e os resíduos de organismos antigos. Mas seu primeiro e único volume não foi além das rochas e dos solos. (Se ele tivesse completado seu projeto e seguido as classificações usuais em sua época, provavelmente teria escrito um segundo volume, sobre os minerais e cristais, e um terceiro, sobre os restos dos organismos.)

Mendes da Costa pode ter sentido aversão pela terminologia sexual que Lineu propôs para os moluscos bivalves, mas o grande naturalista sueco ainda assim reinava como o príncipe da ordem. Sabemos que o sistema binomial de Lineu persiste de forma quase que inalterada como a base da atribuição de nomes científicos aos organismos, ainda hoje. Esse sistema nos serviu tão bem (apesar de suas reconhecidas limitações) que quase sempre nos esquecemos das falácias de sua aplicação original para além de seus limites — um esquecimento também auxiliado por nossa tendência a ver a história da ciência como uma lista de avanços progressivos, enterrando os erros na metáfora costumeira do "monte de cinzas da história".

Mas a aplicação original da nomenclatura binomial esteve sujeita à falácia de grandiosidade comum ao século XVIII, ao tentar encerrar todos os tipos possíveis da diversidade natural em um único sistema de classificação. Pois Lineu não aplicou seu sistema binomial somente às plantas e aos animais (onde o procedimento sempre funcionou bem, por razões que serão discutidas a seguir), mas também, essencialmente da mesma forma, aos minerais, e até mesmo, em seu *Genera morborum* de 1763, às doenças, que ele agrupou segundo seus sintomas em classes, ordens e gêneros.

O sistema de Lineu pressupõe uma geometria precisa para a ordenação dos objetos e, desse modo, só funciona quando os determinantes da ordem em questão produzem resultados que estão em conformidade com essa geometria. Consideremos suas duas propriedades essenciais. Primeira, o sistema lineano é hierárquico. As unidades básicas (espécies) são agrupadas em gêneros, os gêneros em famílias, as famílias em ordens, e assim por diante. Esse esquema implica uma topologia arbórea, com a unidade maior (digamos, o reino Animalia) como um tronco único; as unidades intermediárias como grandes ramos ligados ao tronco (filos como Arthropoda e Chordata); as unidades menores como galhos emergindo dos ramos (classes como Mammalia e Aves, unidas ao ramo chordata); e, finalmente, as unidades básicas, emergindo como brotos a partir dos galhos (espécies como *Homo sapiens* e *Gorilla gorilla*, ligadas ao galho primata do ramo mamíferos do tronco animal). Essa topologia representa de maneira correta um sistema de objetos produzidos pela evolução em ramos, com divergência contínua e sem nenhuma junção entre os galhos formados separadamente. Uma vez que a história da vida opera por essa geometria, o sistema lineano funciona maravilhosamente bem para a classificação de organismos.

Segunda, é preciso que as unidades básicas sejam discretas e delimitáveis, e não unidades que passem gradual e suavemente de uma forma a outra e que constantemente se associem. Dado que as espécies orgânicas constituem unidades independentes e estáveis (passado o breve momento geológico de sua origem ramificada), o sistema lineano também funciona de maneira ideal para os organismos complexos que se reproduzem sexualmente.

Mas as mesmas razões que permitem ao sistema lineano classificar os organismos fósseis de maneira tão satisfatória são também as que garantem sua inaplicabilidade, em princípio, às duas categorias do reino mineral que na época de Mendes da Costa eram igualmente denominadas "fósseis" — os minerais e as rochas. Os minerais e seus cristais têm fórmulas químicas definidas e se formam por meio de regras simples da física. A relativa semelhança entre eles não é genealógica, e sua organização, portanto, não pode ser expressada por meio de uma geometria arbórea. Além do mais, as "espécies" minerais não são entidades discretas compostas de indivíduos aparentados genealogicamente, numa continuidade histórica. O quartzo cambriano, de meio bilhão de anos de idade, não difere do quartzo do pleistoceno, produzido independentemente num passado geológico recente.

As rochas e os solos, que são compostos de grãos minerais e dos produtos de sua erosão, respectivamente, escapam aos requisitos lineanos por uma razão ainda mais fundamental. Eles formam um largo *continuum* de composições absolutamente gradativas. Não podemos identificar espécies discretas de granitos, de mármores ou de calcários. Os granitos, por exemplo, são compostos de quartzo, de dois tipos de feldspato e de um mineral escuro como a biotita ou o anfibólio — e todos esses constituintes podem ser misturados e combinados entre si em qualquer composição desejada, do mesmo modo que se faz com uma tinta de parede.

Mendes da Costa, entretanto, como um devoto da paixão clássica pela ordem, esforçou-se para proceder como o mestre Lineu havia prescrito — fazendo com que todo objeto da natureza se ajustasse ao sistema binomial, abrigando, dessa maneira, todos os fenômenos sob um grandioso estilo de ordenação. Desse modo, em *The Natural History of Fossiles*, Mendes da Costa apresenta uma classificação lineana dos solos e das rochas, dividida em espécies, gêneros e outras categorias atualmente utilizadas apenas para os organismos. Seu excelente tratado tem um tom encantadoramente arcaico, hoje em dia, pois trata os objetos do reino mineral como se fossem uma coleção de organismos, e define como seu principal objetivo (em relação a esse ramo da geologia) a elaboração de uma categorização das rochas que se equipare a uma lista de besouros. Tenho um apreço especial por sua *The Natural History of Fossiles* porque, mais do que qualquer outra obra escrita em inglês, ela registra um breve episódio que representa um dos grandes malogros na história da ciência natural — e nada pode ser tão esclarecedor e instrutivo quanto um equívoco verdadeiro e suculento.

Consideremos a classificação dos solos e pedras feita por Mendes da Costa. Ele não emprega a terminologia do próprio Lineu para as categorias, mas segue o mesmo procedimento básico. A hierarquia lineana consistia em quatro níveis (desde então, acrescentamos muitos outros): classe, ordem, gênero e espécie. Mendes da Costa utilizou seis: série, capítulo, gênero, seção, membro e espécie. No nível mais alto, ele divide seus objetos geológicos em duas séries: *solos* e *pedras*. Seguindo o princípio de Lineu (e uma longa história no pensamento ocidental, que pode ser remontada até Aristóteles), ele fornece uma definição dessas categorias com base num *fundamentum divisionis*, ou critério básico de diferença. Os solos são "fósseis não inflamáveis, mas divisíveis e dispersáveis, embora não solúveis em água" — ao passo que as pedras contam com as mesmas propriedades, mas não são divisíveis e dispersáveis.

Ele separa a primeira série, *solos*, em sete gêneros, no interior de três capítulos. O Capítulo 1, que ele define como "naturalmente úmido, com uma textura firme, que se caracteriza por uma lisura semelhante àquela dos corpos untados", inclui três gêneros — o bolo armênio[7] (*Bolus*), as argilas (*Argilla*) e as margas[8] (*Marga*). O Capítulo 2 ("naturalmente seco ou irregular, áspero ao toque e com uma textura mais frouxa") compreende dois gêneros — as gredas[9] (*Creta*) e as ocras[10] (*Ochra*). Finalmente, o Capítulo 3 ("natural-

(7) Variedade de argila hoje empregada como corante pelos pintores e como mordente pelos douradores e encadernadores. No passado, era utilizada como medicamento de uso interno, com função adstringente, e externo, como absorvente. (N.T.)

(8) Tipo de solo cimentado resultante da mistura de um solo argiloso com carbonato de cálcio. (N.T.)

(9) Variedade de argila macia, friável, mais ou menos arenosa, que geralmente contém sílica e argila. (N.T.)

(10) Tipo de terra fina que contém argila e óxido de ferro hidratado e que apresenta várias tonalidades pardacentas tirantes a amarelo ou a vermelho, usadas em pintura. (N.T.)

mente e essencialmente composto, e nunca encontrado em estado de terra pura") também inclui dois gêneros — a terra mista (*Terra miscella*) e a terra vegetal (*Humus*).

A segunda série, *pedras*, inclui nove gêneros divididos em quatro capítulos, com base em critérios interessantes. Alguns deles seriam hoje considerados superficiais, ao passo que os outros seriam considerados relevantes, ainda que pelos motivos errados. Os quatro capítulos abrangem (1) as rochas estratificadas formadas por cascalho (basicamente arenitos, divididos por Mendes da Costa em dois gêneros, um deles compreendendo aqueles finamente estratificados, com muitos planos horizontais divisórios, e o outro compreendendo os arenitos mais compactos e maciços; (2) as rochas estratificadas homogêneas e sem cascalho (divididas em dois gêneros — basicamente as pedras calcárias e as ardósias, na terminologia moderna — pelo mesmo critério de compacidade em oposição à presença de camadas delgadas); (3) os mármores (classificados às vezes em função de sua importância para as artes humanas e às vezes por outros critérios quaisquer); e (4) as rochas cristalinas, divididas, sobretudo pelo tamanho de suas partículas, em basaltos e outras pedras perfeitamente cristalinas, granitos e pórfiros.

Mendes da Costa apresenta uma razão lógica interessante — ainda que, em última análise, imperfeita — pela qual um sistema que funcionou tão bem para os organismos deveria prestar igual serviço à geologia inorgânica. "Foi perseguindo métodos naturais e simples como esses que a botânica elevou-se de maneira tão notável acima das ciências suas irmãs", ele escreve, reconhecendo o maior dos triunfos de Lineu.

Mendes da Costa reconhece as diferenças entre a formação dos objetos orgânicos e a dos objetos inorgânicos, mas segue uma presunção científica comum ao supor que um sistema uniforme de classificação poderá, ainda assim, abranger todos eles: ele se incumbirá somente da descrição humilde e pormenorizada, e não de teorizações fantasiosas. Diferenças relativas à causalidade deixam de importar quando se menciona apenas a objetividade dos fatos primitivos: "Fui muito cauteloso para não me entregar a uma fantasia especulativa na formação de hipóteses ou sistemas, simplesmente descrevendo os corpos de acordo com as aparências que eles exibem aos sentidos".

Mendes da Costa, então, declara-se bem-sucedido por ter conseguido conciliar, em um único sistema, todos os esquemas concorrentes de seus contemporâneos. Tamanho comedimento há de produzir bons resultados. Ele afirma ter alcançado, em dois aspectos diferentes, um sistema equilibrado — primeiro, descobrindo o número "correto" de espécies básicas, numa solução de compromisso entre os "divisores", que adoram fazer distinções refinadas, e os "agrupadores", que perseguem as essências e tendem a reunir os objetos na sua busca de propriedades fundamentais. (Essa terminologia relativa à divisão e ao agrupamento dos objetos pertence ao século XX, e a dicotomia implicada não dá conta de expressar todas as sutilezas desse contraste, mas o conflito em questão permeia toda a história da taxonomia.) Mendes da Costa escreve: "Esforcei-me para converter esse ramo de estudos, até este momento deficiente no que diz respeito ao método, em uma ciência regular, e nessa tentativa tomei o cuidado de não multiplicar as espécies nem diminuir seu número desnecessariamente".

A segunda forma de equilíbrio diz respeito à tentativa feita por Mendes da Costa de unificar os dois critérios díspares então utilizados para formular os sistemas de classificação para as rochas e os minerais — os esforços de seu compatriota John Woodward para basear as distinções na observação de suas propriedades manifestas, tanto exteriores como interiores ("um método de organização assentado no desenvolvimento, na estrutura e na textura dos fósseis"), e os sistemas europeus continentais que tomavam por base as propriedades "essenciais" descobertas por meio de experimentos químicos (como, por exemplo, a classificação das rochas a partir das transformações distintas que o fogo produz nelas, implicando a divisão tríplice entre *calcarii*, para as rochas que sofrem calcinação, isto é, que se transformam em cal [pedras calcárias e mármores, por exemplo], *apyri*, para aquelas que não são afetadas pelo fogo [amianto e outras], e *vitrificentes*, para aquelas que se vitrificam [quartzo e outros silicatos]). Mendes da Costa tenta conciliar todos os sistemas, estabelecendo as divisões primárias com base em propriedades observáveis (o sistema de Woodward) e em seguida aplicando-lhes os resultados experimentais e químicos de modo a refinar sua classificação:

> Examinei atentamente os sistemas woodwardiano e walleriano [europeus continentais] e, tendo considerado que os dois são falhos, tomei a liberdade de formar um novo sistema a partir dos princípios de ambos. Esforcei-me para organizar os fósseis não apenas de acordo com seu desenvolvimento, textura e estrutura, mas também com base em seus princípios e qualidades, conforme revelados pelo fogo e pelos solventes ácidos etc. Desse modo, estou confiante de que todos os fósseis conhecidos possam ser definidos com precisão, ao passo que tentá-lo por meio de qualquer um dos sistemas empregados até o presente provavelmente ocasionaria uma estranha desordem.

Mas os esforços de Mendes da Costa estavam em princípio destinados ao fracasso, porque a origem e as propriedades das rochas violam as exigências da geometria lineana. Se levarmos em conta os dois requisitos centrais discutidos anteriormente, não seria de fato possível a Mendes da Costa identificar claramente as espécies nem delimitar as diferentes categorias em relação a um reino que se caracteriza pela completa interpenetração. Espécies biológicas são populações naturais, claramente delimitadas por critérios de continuidade histórica e de interação atual, e que são incapazes de cruzamento umas com as outras. As "espécies" de rochas não são discretas e se fundem umas com as outras. Em última análise, Mendes da Costa não fez mais do que agrupar espécimes que pareciam "semelhantes o bastante" — uma maneira infalível de gerar controvérsias intermináveis entre os especialistas, pois não há dois entre eles que concordem quanto ao grau de semelhança necessário para um agrupamento. Por exemplo, Mendes da Costa repreende Lineu e Wallerius por estabelecerem um número demasiadamente pequeno de distinções no interior do gênero *Marmor* (mármores):

> Wallerius, em sua *Mineralogia*, e Lineu, em seu *Systema naturae*, mostram-se extremamente confusos em relação a esse gênero de fósseis; o primeiro dividiu todos os mármores em apenas três espécies; a saber, os uniformes, os variegados e o que ele chama de mármore figurativo [...] o segundo chegou até mesmo a considerar que todos eles são simples variantes de uma espécie. A esse respeito, eu não posso senão assinalar que é uma pena que os eruditos se apliquem a seus estudos para tornar a ciência confusa, mais do que para elucidá-la e instruir a humanidade.

(Não sou nenhum freudiano, mas com certeza é possível pressentir a presença de sentimentos edipianos na complexa atitude de Mendes da Costa com relação a Lineu — fundamentando seu trabalho de vida inteira no sistema taxonômico de seu pai intelectual, mas sem perder uma oportunidade de ridicularizá-lo, acusando o mestre de torpeza moral em uma série de questões, desde a terminologia dos bivalves até o número de espécies dos mármores.)

Mas Mendes da Costa não pode afirmar com segurança a exatidão final de sua própria divisão do gênero *Marmor*. Ele designa 28 espécies, um número muito superior a qualquer outro gênero de rochas, e claramente o faz para assinalar que as diferentes cores e padrões têm utilidade para o homem, e não porque a natureza tenha fabricado "tipos básicos" distintos que possam ser descobertos.

Dificuldade e frustração semelhantes perseguiram sua tentativa de estabelecer as categorias superiores das rochas e solos — pois ele encontrou tanto uma complexa gradação entre os gêneros quanto uma distinção considerável entre eles. Por exemplo, descreve com franqueza sua dificuldade em separar o bolo armênio das argilas, admitindo, por fim, que apenas a convenção determina a diferença entre eles:

> Muitos autores não fazem do bolo armênio um gênero distinto, mas o classificam entre as argilas. Com efeito, não encontramos, nesse caso, as características realmente essenciais para fazer deles gêneros diferentes, pois somente a extrema fineza das partículas do bolo armênio o torna menos maleável ou viscoso do que as argilas, de tal maneira que, falando com propriedade, ele deve ser considerado tão-somente uma argila muito fina. Eu os classifiquei em gêneros separados, contudo, como os costumes autorizam.

A mente humana, com um misto de arrogância e de fragilidade, adora construir teorias grandiosas e abrangentes — um defeito que talvez seja mais freqüente em nossos esforços teológicos do que em nossos empreendimentos científicos. Mas as soluções muitas vezes requerem a tarefa efetivamente oposta, mais humilde e menos nobre, na aparência, de determinar as divisões apropriadas nas diferentes categorias de significado e de causação. Pois somente desse modo poderemos formular os princípios gerais com base em substratos mais firmes, em vez de edificá-los sobre o gênero *Argilla*. Mendes da Costa, seguindo Lineu, tentou abarcar toda a natureza num grande sistema de classificação, mas os princípios adequados à ramificação dos organismos não se ajustam à continuidade entre as diferentes rochas e solos. Soa irônico, no final das contas, que um sistema condenado por reunir demais possa representar o melhor trabalho de Mendes da Costa, o único naturalista judeu importante na Grã-Bretanha do século XVIII — um homem de uma cultura então caracterizada pela separação em relação a uma maioria comprometida com a idéia tacanha de que a teologia anglicana representava o único e verdadeiro caminho.

Para acrescentar ainda mais ironia e para terminar com um retorno ao nosso ponto de partida, Mendes da Costa compreendia muito bem o princípio geral que hoje nos leva, com tanta confiança e legitimidade, a classificar as rochas diferentemente dos organismos. Omiti uma frase na sua crítica à terminologia sexual de Lineu para os bivalves (conforme indicado nas reticências na p.102), porque ela faz menção a uma objeção técnica, e não ao argumento moral em discussão naquele momento. Nessa sentença, agora restaurada, Mendes da Costa rejeita os termos de Lineu para os bivalves "não apenas por sua licenciosidade, mas também porque eles não correspondem de modo algum às partes nomeadas". Tão simples e tão correto! A parte superior de um molusco não corresponde às nádegas de uma pessoa — e as supostas similaridades visuais conduzem somente aos enganos. Termos diferentes deveriam ser empregados, para que as pessoas não sejam levadas a fazer suposições falsas a respeito de semelhanças causais ou de significado. Do mesmo modo, as rochas e os organismos requerem sistemas diferentes de classificação, para que seus modos díspares de produção — a química atemporal em oposição à genealogia singular, as leis da natureza *versus* as contingências da história — possam ser reconhecidos.

Mas todos os seres humanos pertencem a uma espécie única e frágil, uma unidade biológica demasiadamente dividida em conseqüência dos piores traços emocionais da nossa natureza comum. Separem-se as pedras das cobras, mas deixemos Emmanuel Mendes da Costa, um estranho judeu numa terra estranha, apertar a mão de seu louco rei Jorge[11] — pois então, quem sabe, "eles não farão mal algum e nada destruirão em meu monte sagrado",[12] formado, sem dúvida, do gênero *Granita*, de grão em italiano, para indicar todas as partículas e os fragmentos dos diferentes minerais que se juntam para formar essa rocha dura de unidade.

(11) Trata-se do rei Jorge III, considerado um dos monarcas mais controversos da história da Grã-Bretanha. Ele reinou de 1760 a 1820 e é conhecido como "o rei que perdeu a América". A partir de 1780, sofreu períodos de loucura atribuídos à porfiria, uma doença metabólica hereditária. Afirma-se que, numa de suas crises, teria "apertado as mãos" de uma árvore, julgando que se tratasse do rei da Prússia. (N.T.)

(12) Isaías, 65:25. (N.T.)

5

A ALMA GÊMEA AMERICANA DE DARWIN: UMA VISÃO PANORÂMICA

Durante muito tempo considerei Abraham Lincoln a alma gêmea americana de Charles Darwin — uma vez que eles nasceram no mesmo dia, 12 de fevereiro de 1809. Mas o acidente de um começo comum talvez não seja decisivo em relação à idéia de uma proximidade tão intensa. Se a ligação mais estreita entre as almas gêmeas se faz por suas escolhas ativas, então o *alter ego* americano de Darwin só pode ser seu colega cientista James Dwight Dana (1813-95) — geólogo, biólogo, professor em Yale por um longo período e com certeza o mais eminente dos pesquisadores de história natural nativo dos Estados Unidos no século XIX. (Louis Agassiz, o outro incontestável concorrente, nasceu na Suíça e realizou seu importante trabalho científico na Europa, antes de ir para a Universidade de Harvard no final da década de 1840.)

Dana e Darwin nunca se encontraram pessoalmente — embora ambos, em suas numerosas cartas, expressassem um desejo caloroso de fazê-lo. Mas suas trajetórias e seus interesses seguiram cursos intrincados e quase misteriosamente paralelos. Os dois tiveram seu batismo científico numa longa viagem ao redor do mundo — Darwin, a bordo do *Beagle*, de 1831 a 1836, e Dana, na expedição Wilkes, realizada entre 1838 e 1842, a maior viagem científica internacional da jovem América, iniciada com o objetivo principal de avaliar as perspectivas da pesca de baleias nos mares do Sul. Os dois homens, então, inspirados da mesma maneira por suas viagens, edificaram suas carreiras científicas sobre as mesmas duas questões.

O primeiro livro científico de Darwin, publicado em 1842, apresentava uma teoria correta sobre o surgimento dos atóis de corais como efeito do afundamento de uma ilha central e do crescimento continuado de corais vivos em suas bordas. Dana também ficou fascinado pelos corais ao visitar os recifes do Pacífico. Em 1839, depois de ter atracado na Austrália, Dana encontrou por acaso uma descrição das idéias de Darwin num jornal local. Com essa inspiração, ele produziu o outro grande trabalho do século XIX sobre os recifes de corais — *Corals and coral Islands* — apoiando substancialmente a "teoria do afundamento" de Darwin, mas tomando como base uma observação muito mais extensa do que Darwin fora capaz de fazer. No prefácio da segunda edição de seu livro sobre os recifes de corais, Darwin escreveu:

> A primeira edição deste livro saiu em 1842 e, desde então, apenas um trabalho importante sobre o mesmo assunto foi publicado, a saber [...] de autoria do professor Dana [...]. Foi também com enorme satisfação que vim a saber que ele aceita a proposição fundamental de que as ilhas-lagoas, ou atóis, e as barreiras de recifes se formaram durante os períodos de afundamento.

Num segundo paralelo, tanto Darwin quanto Dana devotaram seu principal trabalho técnico em zoologia à taxonomia do mesmo grupo de organismos — os artrópodes crustáceos. Entre 1851 e 1854, Darwin publicou quatro volumes sobre as cracas, os mais estranhos de todos os crustáceos. Dana pesquisou por catorze anos os espécimes coletados durante a expedição Wilkes e publicou seu trabalho mais refinado em 1852 — dois volumes sobre a taxonomia dos crustáceos.

Na realidade, as cracas de Darwin inspiraram o primeiro contato pessoal entre os dois, quando Darwin, em 1849, escreveu a Dana indagando se poderia tomar emprestados alguns espécimes coletados por sua expedição. (Desse modo, a semelhança impressionante entre suas carreiras se estabelecera sem nenhum encorajamento mútuo direto.) Darwin escreveu, de maneira um tanto formal:

> Espero que me perdoe por tomar a liberdade de escrever ao senhor [...] para solicitar ajuda, caso isso esteja em suas mãos [...]. Desejo sinceramente tornar minha monografia tão perfeita quanto possível. Poderia o senhor emprestar-me alguma das espécies coletadas durante sua importante expedição?

Dana respondeu, de maneira calorosa, embora um tanto melancólica, que teria grande prazer pessoal em fazê-lo, mas não detinha a posse dos espécimes, nem autoridade sobre eles. Darwin compreendeu e escreveu a Dana uma longa carta de louvor a seu trabalho, observando: "O senhor não pode imaginar a minha satisfação com a sua concordância, até certo ponto, com as minhas idéias sobre as ilhas de corais".

Seguiu-se a isso uma calorosa amizade epistolar. Três anos mais tarde, em 1852, Darwin escreveu:

> O senhor pergunta se algum dia irei aos Estados Unidos. Posso lhe assegurar que nenhuma outra viagem seria de tanto interesse para mim, mas, tendo uma família grande, não suponho que venha a me afastar de casa outra vez. Seria um verdadeiro prazer conhecê-lo pessoalmente.

(Darwin se conhecia bem. Depois de navegar ao redor do mundo, ele nunca voltou sequer a atravessar o canal da Mancha, e jamais deixou sua ilha natal outra vez!)

No ano seguinte, Darwin expressou seu entusiasmo com os volumes sobre os crustáceos recém-publicados por Dana:

> Se o senhor nunca tivesse escrito qualquer outra coisa, teria sido o *magnum opus* de toda uma vida. Perdoe o meu atrevimento em avaliar suas realizações, mas quando penso que esse trabalho seguiu-se ao seu *Corals* e ao seu *Geology*, fico realmente abismado com suas

realizações em termos de trabalho mental. Além de todo o esforço, há uma extrema originalidade em suas obras!

Apesar dessa efusão de cordialidade e de apoio mútuo, Dana e Darwin fatalmente divergiram em relação à grande questão que viria a definir sua época (e a nossa) — a evolução propriamente dita. Como documentarei a seguir, Dana acabou por sucumbir ao inevitável em meados da década de 1870, mas seu apoio à teoria da evolução, além de tardio, foi sempre muito limitado. Se ele o assumiu, com evidente relutância, foi somente como uma concessão necessária para manter sua visão de mundo tão inalterada quanto possível. Ainda que num estilo afável, Dana foi um oponente constante da evolução durante os grandes debates da década de 1860, período decisivo que se seguiu à publicação por Darwin de *A origem das espécies* em 1859.

Darwin enviou a Dana uma cópia da primeira edição, mas a saúde deste último encontrava-se abalada e ele não leu o livro antes de 1863. Contudo, Dana não tinha como evitar a questão ao publicar, em 1862, a primeira edição de seu mais famoso trabalho — o *Manual of Geology*. Ao mesmo tempo que afirmava sua oposição no livro, Dana julgou que devia uma explicação pessoal a seu amigo epistolar. Assim, escreveu a Darwin em 5 de fevereiro de 1863: "Espero que o senhor já tenha em mãos uma cópia do *Geology* (e sem qualquer encargo, como era minha intenção). Devo dizer que ainda não pude ler seu livro, pois encontro-me inteiramente ocupado com minhas obrigações docentes".

Dana então detalhou suas principais objeções, todas paleontológicas, numa seqüência de três argumentos. Estes revelam que a oposição de Dana se baseava em sua concepção pessoal da evolução como um processo necessariamente gradual e progressivo. Se a evolução tinha validade, afirmava Dana, então a história da vida teria de se desenrolar por meio de transformações lentas e estáveis, das formas simples para as complexas, em cada linhagem. Ele fez uma relação de suas objeções:

> 1. A ausência, na grande maioria dos casos, de transições caracterizáveis por pequenas mudanças, o que a teoria exigia [...]
> 2. A observação de que, em alguns tipos, as espécies se originam com os grupos superiores, ao invés dos inferiores [...]
> 3. O fato de que, devido às transições nos estratos e formações, o extermínio das espécies com freqüência interrompeu a linhagem entre os gêneros, famílias e tribos [...] e, no entanto, ela se iniciou outra vez em novas espécies.

Dana mencionara um conjunto de objeções bastante tradicionais — a ausência de formas transicionais, o aparecimento geológico inicial de membros avançados de uma linhagem, em vez dos primitivos, e as extinções em massa —, cada uma delas refutada por Darwin (ainda que não de maneira totalmente satisfatória, como a história posterior viria a mostrar) com base no argumento de que o registro fóssil, lamentavelmente imperfeito, é que conferira à história da vida, verdadeiramente gradual e progressiva, essa aparência enganosa. Darwin sentiu que realmente devia a Dana uma resposta pessoal e escreveu de volta, apresentando seus argumentos, em 20 de fevereiro de 1863 — apenas duas semanas após a data em que Dana redigira sua carta, nada mal para o correio marítimo durante a Guerra Civil:

> A respeito da mudança das espécies, reconheço inteiramente a validade de suas objeções. Elas não me escaparam [...]. Eu admitiria o mesmo se os registros geológicos não fossem tão imperfeitos.

A seguir, no único indício de rancor que jamais pude detectar na correspondência entre eles, Darwin censura Dana por declarar essas objeções sem antes ter lido seu livro — embora logo retorne à sua cordialidade usual e assegure a seu amigo que, se ele se sentira ofendido, isso se devia exclusivamente à importância que conferia à opinião de Dana:

> Como meu livro tem sido objeto, recentemente, de uma relativa atenção [o adorável subtom britânico], talvez tivesse sido melhor se,

ao condenar tais visões, o senhor tivesse esclarecido que ainda não o lera. Mas, por favor, não suponha que eu imagine por um momento sequer que, com suas convicções fortes e adquiridas ao longo de tanto tempo, o senhor pudesse ter se convencido. O máximo que eu poderia esperar seria uma possível hesitação aqui ou ali.

O drama pessoal e intelectual de Darwin e Dana constitui o tema principal deste ensaio, mas escrevo também para ilustrar uma questão mais ampla em relação às biografias dos cientistas e à natureza da ciência: o poder integrador das visões de mundo (o lado positivo) e o aprisionamento que estas são capazes de produzir, impondo travas conceituais a toda inovação importante (o lado negativo). Pretendo mostrar que Dana não era ignorante, obtuso ou particularmente teimoso, mas sustentava uma teoria consistente, bem articulada e coerente a respeito de Deus e da vida — uma visão de mundo que simplesmente não deixava espaço lógico algum para o conceito darwiniano de evolução natural. Não se abandona (e, provavelmente, nem se deve abandonar) todo um sistema de vida por um fragmento de informação aparentemente incorreta. Se um dia chegamos a fazê-lo, abrimos mão dessa fonte de conforto e consistência com os mesmos sentimentos que experimentamos ao deixar a terra natal ou um primeiro grande amor — lenta, melancólica e piedosamente, e, acima de tudo, com profundo afeto e respeito.

O dilema entre resistir à ruptura e entregar-se a ela, à medida que as sugestões de colapso factual se acumulam, costuma ser a mais interessante e importante das questões da autobiografia intelectual — pois essa decisão define a fronteira entre a competência e o gênio, ou entre a razão e a excentricidade. Em algum sentido crucial, os gênios da história são pessoas que sabem quando se entregar e como criar os instrumentos bem-sucedidos de ataque e de substituição. Mas é preciso que nos lembremos também de que é provável que 99% dos mergulhos pessoais na ruptura atirem heróis potenciais em rodamoinhos de erro e de apagamento na história. Ainda assim, esses fracassos não devem nos levar a nos agarrarmos a qualquer custo ao já experimentado e confirmado — ou a Terra continuaria a ocupar o centro de um pequeno universo e ainda seríamos encarnações fabricadas por uma ordem divina perfeita. A maior parte das pessoas, incluindo os mais refinados intelectuais de cada geração, jamais ousa dar o mergulho. Esse fenômeno psicológico e sociológico produziu o velho clichê, geralmente atribuído a Ernst Mach, físico alemão do século XIX, de que as novas teorias só triunfam inteiramente quando a velha guarda morre.

A visão de mundo de Dana, conservadora e, no final das contas, superada, se assentava sobre duas convicções centrais que tornavam a evolução, tal como era entendida por Darwin, impossível (nem tanto equivocada do ponto de vista factual quanto, literalmente, inconcebível). Primeiro, Dana mostrava-se comprometido com a visão platônica mais pura que a biologia do século XIX produziu. Suas idéias zoológicas se baseavam firmemente no antigo conceito de "tipo" — uma forma idealizada para cada grupo de animais, com as variações entre os indivíduos de uma espécie interpretadas como afastamentos acidentais em relação a uma conformação ideal, e as variações entre as espécies entendidas como seqüências ordenadas obedecendo a "leis da forma" que expressavam pensamentos e planos divinos. (Agassiz, colega de Dana igualmente platônico, declarou certa vez que a taxonomia era a maior de todas as ciências, já que cada espécie representa a encarnação de uma idéia divina, e a organização das espécies, portanto, expressa a estrutura do pensamento divino. Conseqüentemente, ao apreendermos o sistema de ordenação entre as espécies, atingimos a compreensão mais exata do caráter da mente de Deus.)

Em segundo lugar, Dana via o desenvolvimento geológico da Terra e da vida como uma história longa, coerente e dotada de uma moral — o desenrolar de um progresso inexorável, expresso tanto na história física como na biológica, conduzindo, de modo inevitável e intencional, ao objetivo último de Deus, uma espécie suficientemente consciente para glorificar Seu nome e Sua obra. De acordo com Dana, o desenvolvimento da Terra, do ponto de vista físico, mostrava o mesmo progresso gradual definidor da história da vida. Seguindo estas três tendências principais — o aumento da extensão de terra a partir do mar, a purificação da atmosfera e o progressivo resfriamento global (levando ao aumento da diversidade climática por meio da formação de zonas dos pólos até os trópicos) —, a Terra se tornava cada vez mais adequada às formas de vida sucessivamente superiores que Deus criava a cada novo episódio de progresso. Pois os habitantes da terra devem ser classificados como "superiores" em relação àqueles que vivem no mar. O ar puro inspira uma complexidade benéfica do ponto de vista da saúde (com os répteis escorregadios nos pântanos sombrios em contraposição aos vigorosos mamíferos nas planícies iluminadas). Os climas mais frios requerem avanços, tais como o metabolismo de sangue quente. Dana escreveu em seu *Manual of Geology*:

> Assim, a prevalência das águas implicava a inferioridade das espécies. O aumento da terra, a gradual purificação da atmosfera e o resfriamento do globo prepararam o caminho para as espécies superiores.

Receando que alguém se sentisse tentado a ler a seqüência de criações sucessivas, cada uma delas de melhor qualidade, à maneira evolucionista de Darwin, Dana empenhou-se em esclarecer que essa história somente poderia constituir um testemunho das ações diretas de um Deus amoroso com um objetivo em mente. Em 1856 ele escreveu:

> O projeto todo da criação tinha como referência evidente o homem, seu produto final e o ápice do reino animal, e, conseqüentemente, a presente condição resfriada do globo como seu estado mais elevado. É óbvio, desse modo, que o avanço, na Terra, de uma condição mais quente para uma condição mais fria necessariamente envolveu a evolução das raças inferiores para as superiores [...]. As primeiras raças eram de tipos inferiores, não porque a Mão Criadora fosse fraca, mas pela razão de que as condições de vida, isto é, a temperatura e a situação do globo, eram ajustadas com precisão, em cada caso, para as raças produzidas, e o progresso do projeto da criação,

de maneira correspondente, exigia que assim o fosse [...]. O desenvolvimento do plano da criação [...] estava em conformidade com a lei do [...] progresso do simples para o complexo, do todo abrangente para a multiplicidade resultante das sucessivas individualizações.

Dana reforçou cada uma de suas idéias centrais com uma teoria biológica precisa de sua própria autoria. Na tentativa de explicar por que razão e de que maneira a história da vida exibia um vetor de progresso como o impulso fundamental da mudança ao longo do tempo, Dana criou um conceito influente que chamou de "cefalização", ou progressivo papel dominante da cabeça. Os crustáceos são animais segmentados e sua classificação depende em grande parte da forma e do número de apêndices nos segmentos da cabeça. (Nos artrópodes ancestrais, cada segmento do corpo presumivelmente tinha um par de patas. Na evolução posterior, esses apêndices muitas vezes se concentraram e se especializaram. Muitos órgãos existentes aos pares nos crustáceos e em outros artrópodes modernos — as antenas, as peças bucais, as nadadeiras, os ganchos usados como genitália externa — se desenvolveram a partir de modificações das patas. As peças bucais dos insetos e crustáceos, em especial quando são bastante ampliadas nos documentários sobre a natureza produzidos para a televisão, parecem particularmente estranhas, ou, para falar mais claramente, repulsivas, uma vez que nós as percebemos, corretamente, como uma porção de perninhas ondulantes — e as pernas não se projetam da boca em um modelo "adequado" de vertebrados!) Dana, sob a influência determinante de sua visão de mundo progressista, decidiu então dispor a diversidade dos crustáceos modernos em seqüências do primitivo para o avançado, definidas a partir da complexidade e do papel dominante exercido pela cabeça e por seus apêndices. Ele então estendeu esse princípio da "cefalização" para toda a vida animal.

Dana publicou pela primeira vez sua teoria sobre a cefalização na metade da década de 1850, antes de ter conhecimento das idéias de Darwin. Mas ele escreveu seus quatro artigos principais sobre o assunto entre 1863 e 1866 (todos publicados no *American Journal of Science*, um periódico que ele editava).

Considero a teoria da cefalização extremamente fascinante e um tanto quanto alucinada. Se pudesse escrever um livro, em vez de um ensaio, sobre esse tema, eu ficaria satisfeito em discutir cada um dos dezesseis critérios de Dana (muitos deles trazendo diversas subdivisões) para a medição supostamente objetiva dos graus exatos de "superioridade" e de "inferioridade" orgânicas com base nas características da cabeça e em sua relativa dominação sobre o corpo. Eu também demonstraria que esses critérios se revelam interesseiros (em relação à sua visão de mundo, e não à sua pessoa) e "fluidos". Trata-se de critérios nada objetivos, evidentemente construídos para validar os desejos *a priori* de Dana e remendados e modificados quase arbitrariamente a cada vez que uma aparente exceção surgia.

Por exemplo, há um critério que afirma que o progresso pode ser mensurado pela posição da cabeça e do cérebro ao longo do eixo do corpo — quanto mais à frente, melhor. Assim, Dana considera as baleias mamíferos "inferiores" porque nelas há muita boca e focinho à frente do cérebro. Mas assim que se vê embaraçado pelo fato de que um grupo que ele deseja considerar primitivo tem o cérebro bem à frente, ele simplesmente modifica esse critério. Dana pretende situar os milípedes e os centípedes abaixo dos insetos, por exemplo, mas esses artrópodes de muitos pés têm a cabeça e o cérebro localizados bem na região frontal. Então ele declara que, nesse caso em particular, a cabeça mostra pouca força, embora esteja localizada no lugar "certo" — levando-se em conta o papel dominante mínimo que ela exerce em relação ao resto do corpo, uma vez que, nesses animais, as pernas, órgãos "inferiores", apresentam-se em grande número na região traseira. Dana escreve: "A cabeça encontra-se aqui estritamente na extremidade anterior; mas a força cefálica exerce um controle tão débil que os membros se multiplicam atrás". Dana até admite, em diversas passagens, que seu critério pode ser inconsistente, para em seguida argumentar que uma complexidade tão substancial exige interpretações mais e mais sutis, e intérpretes cada vez mais experientes, para fazer o sistema funcionar!

A cada um de seus artigos, Dana esforça-se por produzir uma definição sumária da cefalização como o motor dominante da história progressiva da vida. Seu "derradeiro lance" no assunto, um último artigo publicado em 1876, depois de um intervalo de dez anos, fornece a seguinte explicação:

> Nos seres inferiores há, usualmente, grande tamanho e força na região posterior, um alongamento de toda a estrutura e um baixo grau de compacidade nas partes anteriores; nos superiores, há uma estrutura relativamente mais curta e mais compacta, uma distribuição mais dianteira dos arranjos e forças musculares, e uma cabeça mais desenvolvida; e o progresso gradual [...] vem a ser o avanço ao longo de linhas que vão das primeiras condições em direção às últimas, ou seja, progresso na força, na perfeição e na dominância da extremidade anterior ou cefálica; numa palavra, o progresso na cefalização.

Ainda que Dana tenha desenvolvido o conceito de cefalização a partir de seu trabalho sobre os crustáceos e embora ele reivindicasse um caráter objetivo para sua teoria, a leitura completa dela revela que ele produziu uma colcha de retalhos de modo a proclamar a mensagem que era determinante da sua visão de mundo: a centralidade e a dominação da vida humana no cosmo. Por que motivo escolher a cefalização como o critério de progresso, senão como um modo de exaltar a nossa própria e volumosa cabeça, localizada bem no topo, com os membros anteriores liberados da tarefa inferior de locomoção e dedicados, em vez disso, a servir à mente (pois digito esse ensaio com os dedos das mãos, mas apenas remexo meus dedos dos pés inutilmente sob a cadeira)? Dana escreveu:

> Enquanto todos os outros mamíferos contam tanto com os membros anteriores quanto com os posteriores como órgãos de locomoção, no Homem, os primeiros são transferidos da categoria locomotiva para

a categoria cefálica. Eles servem aos propósitos da mente e não têm a função de locomoção. A cefalização do corpo — isto é, a subordinação de seus membros e de sua estrutura aos desígnios da mente —, exemplificada de modos tão diversos no reino animal, encontra aqui seu limite extremo. Nisso, o Homem figura sozinho entre os mamíferos.

Com o objetivo de sustentar o conceito de tipo como resultado de um ato criador, Dana desenvolveu também uma taxonomia idiossincrática no interior de um gênero popular pré-darwiniano que a teoria da evolução logo viria a tornar incoerente — um sistema numerológico, com um número fixo de subgrupos em cada grupo maior. Dana deu preferência à divisão em dois ou em quatro subgrupos como a chave para a classificação correta.

Os historiadores da taxonomia muitas vezes argumentaram — de um modo totalmente incorreto — que a teoria da evolução inspirou mudanças pouco significativas na estrutura da classificação, uma vez que a ordem que anteriormente fora atribuída a Deus poderia ser transferida facilmente para a evolução sem alteração alguma em relação a seu conteúdo. Essa afirmação supostamente significa que as teorias devem ser vistas como construções mentais que pouco se impõem sobre a natureza — ou, dizendo de outro modo, que os fatos evidentes da natureza devem resultar iguais, qualquer que seja o modo escolhido de explicação. Em ambas as formulações, o papel da teoria, ou visão de mundo, fica diminuído, e a relação adequada entre o que se encontra na teoria e o que se encontra lá fora, na natureza, acaba por se mostrar distorcida, uma vez que se desacentua o aspecto interno de uma articulação verdadeiramente intrincada e equilibrada.

Mas é preciso rejeitar essa afirmação corriqueira. A evolução fez uma enorme diferença na classificação. Os grupos maiores podem ter mantido suas definições (artrópodes são artrópodes, e os vertebrados, vertebrados, não importa se criados por Deus ou desenvolvidos pela evolução), mas uma centena de outros detalhes significativos teve de ser revista, porque a geometria da evolução difere fundamentalmente da estrutura dos sistemas resultantes da criação. Esquemas numerológicos como o de Dana desapareceram por completo tão logo o darwinismo triunfou — e muitos taxonomistas modernos nem sequer têm conhecimento de que tais sistemas um dia existiram (e, assim, deixam de avaliar com precisão o poder da teoria da evolução para transformar a prática de sua profissão), já que a numerologia sofreu uma morte repentina e completa. Se Deus criou todas as espécies e se essa ordem reflete a natureza de seu pensamento, então por que não procurar por um sistema numerológico arcano capaz de expressar a sabedoria divina? Mas, se os organismos estão ligados por meio da genealogia numa árvore da vida evolutiva, então seu sucesso ou seu fracasso passam a ser uma questão de história contingente, e nenhuma base lógica para números fixos de subgrupos pode sequer ser imaginada.

Ao trabalhar com duas categorias, Dana dividiu cada grupo em uma classe "típica", definidora de sua essência, e uma classe "hemitípica", indicando um distanciamento em relação a essa essência. Assim, por exemplo, ele considera típicos os vertebrados que vivem na terra (não me perguntem a razão, uma vez que os peixes vieram antes deles — mas suspeito fortemente de um desejo *a priori* de definir como típico o grupo do qual fazem parte os humanos). A subdivisão dos vertebrados em duas categorias, portanto, contrasta Tetrapoda (todas as formas terrestres), a forma considerada típica, com Pisces (peixes), a forma interpretada como hemitípica.

Ao operar com quatro categorias, Dana especificou três graus de tipicidade em ordem descendente — alfatípico, betatípico e gamatípico — e um quarto grupo, que ele chamou de "degenerativo", interpretado como aquele que verdadeiramente se afasta do tipo em questão. Nessa versão, os mamíferos são alfatípicos (porque ficam de pé), os pássaros, betatípicos (criaturas adoráveis, mas que não habitam a definidora terra firme), os répteis, gamatípicos (pois são rastejadores) e os peixes, degenerativos (porque, como vertebrados, vivem no lugar "errado").

Num artigo revelador, intitulado "Reflexões sobre as espécies" (que inclui as espécies mineralógicas assim como as entidades biológicas) e publicado em 1857, momento em que Darwin compunha sua obra magna, Dana defendeu seu sistema numerológico como a expressão de uma verdade imutável, platônica e universal:

> Sabe-se bem que os números imutáveis, com valores definidos e resistentes a todos os padrões destruidores, caracterizam a natureza desde a sua base até o seu ápice [...]. O universo mostra-se assentado não somente sobre uma base matemática, mas também sobre números finitos determinados pela própria natureza de suas forças elementais.

Ele argumentou até mesmo que a alma humana necessita de números precisos, tanto para escapar ao desalento, por meio da percepção de uma ordem, quanto para adorar ainda mais a Deus. (Essa passagem também expressa a hostilidade de Dana em relação a toda idéia de transição evolutiva gradual entre os grupos.)

> Fossem essas unidades capazes de se misturar umas com as outras, indefinidamente, elas deixariam de ser unidades, e já não se poderia reconhecer as espécies. O sistema da vida seria um labirinto de complexidades; e qualquer que fosse a sua grandeza aos olhos de um ser capaz de compreender o infinito, ele se converteria num caos ininteligível para o homem. A própria beleza passível de produzir na alma um encantamento tenderia a engendrar um desespero irremediável na mente pensante, em vez de prover suas aspirações com a verdade eterna e infinitamente em expansão. Isso significaria, para o homem, o templo da natureza desfeito em toda a sua superfície e estrutura, sem demarcação alguma que a mente pudesse julgar ou compreender.

A franqueza da reação de Darwin às duas teorias de Dana, a da cefalização e a da taxonomia numerológica, fornece uma ilustração notável da distância intransponível entre suas respectivas visões de mundo. Em 17 de fevereiro de 1863, no intervalo entre a carta-chave de Dana sobre a teoria da evolução e a resposta emocional de Darwin, este escreveu também a seu guru e confidente Charles Lyell sobre seu descontentamento em relação ao artigo em que Dana apresentava a classificação dos mamíferos por meio dos princípios da cefalização e da ordem numérica. Darwin, com seu *insight* habitual, critica Dana pela construção de um sistema cujo absurdo seria evidente para qualquer um que não estivesse firmemente comprometido em classificar os humanos como o ápice da criação. Todo o esquema de Dana, Darwin observa corretamente, apresenta-se como um raciocínio longo e forçado em favor da centralidade do homem:

> Juntamente com o documento que ora envio ao senhor, o correio trouxe também o panfleto de Dana sobre o mesmo assunto. O conjunto do trabalho me parece absolutamente extravagante. Não fosse pelo desejo a *priori* de ver o homem como uma criação em separado, não acredito que Dana ou quem quer que fosse tivesse se apoiado sobre diferenças tão pequenas quanto o fato de os homens adultos não usarem os membros anteriores para a locomoção, uma vez que se pode observar que os macacos, em todos os outros aspectos, usam seus membros para os mesmos propósitos que os homens. Sustentar princípios análogos [...] desde a classificação dos crustáceos até a classificação dos mamíferos me parece loucura. Quem sonharia em fazer uma distinção fundamental entre os pássaros com base na observação de que os membros anteriores não são utilizados ao todo por alguns deles, mas são usados como nadadeiras pelo pingüim e para o vôo por outros pássaros?

(A queixa bem fundamentada de Darwin fornece outro exemplo de como a teoria pode determinar o modo de organização da natureza. Dana usou a condição funcional dos membros anteriores como um traço fundamental para fazer importantes divisões taxonômicas entre os pássaros porque, de acordo com sua teoria da cefalização, a cabeça controla o uso dos membros anteriores, e o *status* destes, portanto, define o grau em que eles são dominados pela cabeça. Darwin, na última sentença de sua carta para Lyell, descreve esse esquema como disparatado, porque os usos diferentes dos membros anteriores, na sua versão evolucionista da vida, devem ser interpretados como adaptações imediatas a condições variáveis de vida, não como divisões fundamentais na árvore genealógica dos pássaros.)

Um dos ingredientes principais da mitologia da ciência é a idéia de que a acumulação de fatos objetivos governa a história da mudança conceitual — uma vez que os cientistas, seres lógicos e propensos à auto-anulação, curvam-se aos ditames da natureza, modificando, de boa vontade, suas visões, de modo a acomodar o conhecimento empírico crescente. O paradigma de uma noção tão idealista continua a ser a famosa observação de Huxley sobre "uma bela teoria, destruída por um pequeno fato desagradável e de mau gosto". Mas fatos isolados quase nunca destroem as visões de mundo, ao menos não de imediato (o que é conveniente, já que a maior parte das observações profundamente anômalas revela-se equivocada; todo fato sobre a revolução da terra pode ser equiparado a um sem-número de supostas observações sobre a fusão fria, o movimento perpétuo ou a transmutação do ouro).

Ao contrário, pelo menos numa primeira abordagem, os fatos anômalos são incorporados às teorias existentes, quase sempre requerendo algum esforço de extensão, mas geralmente com um grau de ajustamento razoável, já que quase todas as visões de mundo comportam uma considerável flexibilidade. (De que outro modo elas poderiam durar tanto tempo ou mostrar-se tão resistentes à destruição?) O melhor teste em relação ao poder de uma visão de mundo para ordenar e interpretar os fatos — e, portanto, uma excelente ilustração da interação fascinante e intrincada entre a teoria e os dados, na ciência — ocorre quando vem à luz um fragmento de informação absolutamente intocado e imprevisto. Felizmente pratico uma profissão — a paleontologia — particularmente bem provida de extraordinários casos-teste, pois não há nada tão inesperado quanto um fóssil recém-encontrado. Assim, se considerarmos uma descoberta que, na visão retrospectiva atual, indica claramente a validade de uma nova visão de mundo, estaremos diante do caso-teste ideal: se todos se curvam ao fato imediatamente e aceitam a reconstrução da natureza que ele implica, então a máxima de Huxley triunfa. Mas, se a maioria dos membros da velha guarda dá um jeito de incluir o novo fato, de maneira suficientemente confortável, no interior de sua visão de mundo convencional, isso indica que para que uma teoria sofra mudanças importantes é necessário um empurrão mais complexo, envolvendo também o contexto social, além do impulso factual.

No início da década de 1860, enquanto Darwin e Dana debatiam a evolução em sua correspondência pessoal, o melhor exemplo possível de um fato imprevisto irrompeu no cenário — a descoberta do *Archaeopteryx*, não apenas pássaro mais antigo, como também, aparentemente, uma criatura que se situava com perfeição no intervalo entre os répteis e os pássaros, uma vez que ela apresentava retenção dos dentes, plumagem reduzida e uma anatomia basicamente reptiliana. Nocaute em favor da evolução.

Darwin, é claro, interpretou a descoberta exatamente dessa maneira. Ele escreveu a Dana em 7 de janeiro de 1863:

> O fóssil de pássaro com o rabo longo e garras nas asas [...] é de longe o maior prodígio dos últimos tempos. Trata-se, para mim, de um importante argumento, uma vez que nenhum grupo se apresentava tão isolado quanto o dos pássaros; ele mostra quão limitado era nosso conhecimento sobre os seres que viveram em tempos passados.

Mas esperem. Nosso lutador se levanta quando a contagem chega a nove. Ele gira, simula um ataque, espera um momento favorável; a campainha toca. Ele descansa e se recupera; e então sai lutando o *round* seguinte. Em novembro de 1863, Dana publicou sua resposta à descoberta do *Archaeopteryx* em um artigo intitulado "Sobre as relações paralelas entre as classes dos vertebrados e sobre algumas características dos pássaros reptilianos". O *Archaeopteryx*, proclamou ele, não fornece evidência alguma em favor da evolução, mas converte-se, em vez disso, na melhor descoberta possível para validar sua própria numerologia criacionista da classificação baseada na cefalização!

I.
Mamíferos Típicos
Mamíferos Hemitípicos
ou OOTICÓIDES.

II.	III.
A. Pássaros Típicos	A. RépteisTípicos ou Verdadeiros
B. Pássaros Hemitípicos	B. Répteis Hemitípicos
ou ERPETÓIDES.	ou ANFÍBIOS.

IV.

A. Peixes Hemitípicos	B. Peixes Hemitípicos
ou SELÁQUIOS.	ou GANÓIDES.

C. Peixes Típicos
ou TELEÓSTEOS.

O diagrama de 1863 de James Dwight Dana sintetiza sua "numerologia do sistema criacionista".

Dado que somos primatas, e os primatas são animais visuais, quase sempre resumimos nossas visões de mundo de maneira iconográfica. E nada é tão poderoso quanto uma ilustração para sintetizar e solidificar um ponto de vista. Nesse artigo, Dana apresenta a classificação dos vertebrados numa figura e, com base nela, defende o papel essencial desempenhado pelo *Archaeopteryx* ao completar a geometria da numerologia divina. Como sua ilustração mostra (ver figura acima), Dana classifica cada uma das três classes terrestres — os mamíferos, os pássaros e os répteis — em sua costumeira divisão em dois subgrupos, um deles típico e o outro, hemitípico. Em cada caso, o grupo hemitípico apontaria presumivelmente na direção da classe inferior abaixo dele. Os mamíferos, é claro, encontram-se no topo. Os placentários, mais comuns, formam o grupo típico, ao passo que os marsupiais e os monotremados ovíparos (o ornitorrinco e a equidna) formam o grupo hemitípico abaixo deles. Dana chama esses mamíferos hemitípicos de "ooticóides" — e os situa claramente na direção dos pássaros e dos répteis em função do fato de que eles botam ovos.

Os répteis também se apresentam em dois grupos — os típicos, como as cobras, as tartarugas, os lagartos e outros animais semelhantes, e os hemitípicos, como os sapos e as salamandras, entre outros anfíbios. (Hoje em dia classificamos os anfíbios como uma categoria separada, mas os taxonomistas da época de Dana quase sempre agrupavam todas as criaturas terrestres de sangue frio numa classe Reptilia expandida.) Assim como os hemitípicos mamíferos ovíparos estão voltados para a classe reptiliana abaixo deles, também os hemitípicos anfíbios apontam para os peixes, inferiores a eles, em função de sua fase aquática inicial como girinos.

Mas e quanto aos pássaros? Nesse ponto Dana depara com um problema e com uma ameaça à beleza numérica de seu sistema. Aqueles que voam são os pássaros típicos, é claro. Mas, quais seriam os pássaros hemitípicos? Os hemitípicos devem se voltar para a classe imediatamente abaixo — nesse caso, os peixes. Certamente seria possível descrever os avestruzes e as emas como hemitípicos, mas de que modo se poderia argumentar que essas criaturas se aproximam dos peixes? Ao contrário disso, sua vida terrestre parece apontar na direção da classe acima deles, os mamíferos (ou, ao menos, na direção da classe lateral, os répteis) e, desse modo, põe em risco o sistema como um todo. Imagine, então, o deleite de Dana com a descoberta do *Archaeopteryx* — pois este possibilitava argumentar que a retenção dos dentes observada no fóssil o aproximava do hemitípico tubarão, que, como Mack the Knife observou com tanta exatidão, tem "belos dentes, querida, e eles são brancos como pérolas".[1] Foi com certa alegria, portanto, que Dana descreveu o *Archaeopteryx*, supostamente o mensageiro final da verdade evolucionista, como a salvação de seu próprio sistema

(1) Gould faz referência aos versos iniciais da canção "Mack the knife", composta por Bertold Brecht e Kurt Weill, em 1928, para a *Ópera dos três vinténs*: "Oh, the shark has pretty teeth dear,/ And he shows 'em pearly white". (N.T.)

numerológico da criação! Pois o *Archaeopteryx* — "erpetóide", na terminologia de Dana — afigura-se como o pássaro hemitípico que faltava, e o sistema de Dana fica restabelecido e completo. Ele escreveu:

> A descoberta dos Pássaros Reptilianos trouxe à luz a lei geral de que, entre as quatro classes de Vertebrados usualmente aceitas, cada uma, exceto a mais inferior, consiste, primeiro, numa grande divisão típica, abarcando a maioria das espécies e, segundo, numa divisão inferior ou hemitípica, intermediária entre a divisão típica e a classe ou as classes abaixo.

Dana realmente extraiu de seu novo ícone da classificação dos vertebrados dois argumentos contrários à evolução. Primeiro, como observado acima, o *Archaeopteryx* completava uma geometria numérica que só poderia ser fruto da intenção e da imposição divinas. Segundo, a organização dos peixes também fornece a ele um argumento antidarwiniano. Os peixes típicos apresentam ossos, ou seja, são os peixes teleósteos, que compreendem quase todas as espécies modernas. Mas a classe dos peixes inclui duas divisões hemitípicas — com a diferença crucial de que os hemitipos de peixes se voltam *para cima*, na direção dos vertebrados terrestres (superiores a eles), e não para baixo. Os hemitípicos tubarões (seláquios, no diagrama de Dana) apontam na direção do hemitípico *Archaeopteryx*, e em seguida para cima, na direção dos pássaros típicos. E os hemitípicos peixes dipnóicos (ganóides, no esquema de Dana) aproximam-se dos hemitípicos anfíbios e, a seguir, dos répteis típicos.

O sistema todo se mostra, portanto, redondo e completo em si mesmo. As categorias superiores encontram-se voltadas para baixo através de seus grupos hemitípicos, ao passo que as inferiores apontam para cima através de seus próprios hemitipos. De que modo um sistema poderia se mostrar tão encerrado e delimitado em si mesmo, a menos que se tratasse de uma ordem estática e resultante da criação? Dana conclui, refutando explicitamente a visão de Darwin:

> Fica evidente do que precede que o sub-reino dos Vertebrados, em vez de se desfazer gradativamente na direção dos Invertebrados, apresenta limites inferiores bem pronunciados e mostra-se completo em si mesmo [...]. Não encontramos nos fatos nenhuma sustentação para a hipótese darwiniana com relação à origem do sistema da vida.

Esse esquema pode ser uma loucura, como Darwin talvez tenha dito, mas trata-se com certeza de uma loucura divina.

Os historiadores, como a maior parte das pessoas decentes, tendem a ser patrióticos. Dana representou o melhor da América, e quem desejaria impor a ele a reputação de um velho obscurantista e resistente à verdade da evolução? Desse modo, muitos artigos foram escritos sobre sua "conversão" à evolução, tardia, relutante e mínima — afirmada na edição de 1874 de seu *Manual of Geology* e, dois anos mais tarde, em seu artigo final a respeito da cefalização. Um tanto defensivamente, Dana então sustenta (no artigo de 1876 sobre a cefalização) que a evolução pode ter sido o processo predominante na produção da mudança, mas que, ainda assim, o resultado desse processo é caracterizado pela cefalização. Dana parece dizer: "Eu estava certo a respeito do que acontece, mas talvez não a respeito da maneira como isso acontece. O que acontece é mais importante, de todo modo. É o padrão que revela a intenção divina; o mecanismo é tão-somente o meio para se atingir esse fim". Em suas próprias palavras:

> Quaisquer que sejam os tipos de estrutura no curso do desenvolvimento, as mudanças mostram-se subordinadas ao princípio geral da cefalização [...]. Essa visão pode ser mantida, qualquer que seja o método concreto da evolução. O método das repetidas criações pela comunicação do poder Divino à natureza deveria subordinar-se, tanto quanto qualquer outro meio, à lei molecular e a todas as leis do desenvolvimento. Pois a lei molecular é a mais profunda expressão do desejo divino [...]. Mas o estado atual da ciência dá preferência à

visão do progresso pela derivação das espécies a partir de outras espécies, com poucas ocasiões para a intervenção divina. Se houve, então, derivação de espécies a partir de outras espécies, podemos supor que todas as lutas e rivalidades propriamente ditas entre os animais, levando à "sobrevivência do mais apto", devem conduzir, como no Homem, ao progresso na cefalização.

Penso que não deveríamos citar essas passagens relutantes como o último "viva" e a redenção final de Dana — embora as interpretações tradicionais tenham seguido esse caminho. Dana fez um movimento mínimo em direção à evolução como uma maneira de preservar tanto quanto possível o seu sistema então em pedaços, e não como um cruzado ardoroso e renascido que tivesse por fim visto a luz. Ao reconhecer a evolução como um mecanismo, Dana podia conservar suas convicções mais profundas sobre o progresso por meio da cefalização.

A abordagem "heróica" presta um grande desserviço ao intelecto poderoso de Dana e perpetua a doutrina tola da legitimação pela redenção, ou seja, por meio da conversão tardia a uma verdade corrente (quase como um cristão apóstata que se reconcilia com Jesus no seu leito de morte e expira em estado de graça, apesar da ignomínia de sua existência anterior). O reconhecimento final da evolução constituiu um desvio pouco significativo, e não a definição da vida científica de Dana. Deveríamos honrá-lo e respeitá-lo pela força da visão que ele sustentou durante toda a vida, e que defendeu habilidosa e honrosamente ao longo de décadas, embora se trate de uma visão considerada insatisfatória hoje em dia. Na ciência, com toda a certeza, não é pecado algum errar por uma boa razão.

Se rejeitamos os cientistas hoje considerados equivocados, valorizando-os somente caso eles tenham, no final das contas, enxergado a luz, perdemos uma oportunidade importante de abordar uma das questões mais enigmáticas e significativas da vida intelectual. Qual é a natureza do gênio? Por que, entre as pessoas brilhantes, há aquelas que produzem revoluções, ao passo que outras morrem na poeira dos conceitos que haviam começado a ser superados em sua própria época? Qual é a diferença crucial entre a grandeza transcendente de Darwin e a grandeza meramente comum de Dana? (Grandeza comum não é um oxímoro, mas uma definição para a posição de liderança nas velhas guardas ao longo da história.)

Não sei a resposta para essa questão entre as questões, mas podemos certamente estabelecer um ingrediente-chave. De algum modo, por alguma razão psíquica ou um subterfúgio da mente, por algum estímulo da vida social ou um impulso de temperamento, Darwin foi impelido ao desafio, a não recuar enquanto punha abaixo um universo intelectual e a se sentir exultante ao examinar cada fragmento provocador e palpitante de um mundo em reconstrução. Dana, por outras propriedades dos mesmos atributos, não pôde, ou não ousou, abandonar a esperança e o conforto que predominavam havia séculos: *Rock of ages, fendida para mim; deixa-me abrigar-me em ti.*[2]

Consideremos, para concluir, o tratamento que esses dois homens deram a Platão, o maior de todos os deuses intelectuais. Dana limitou-se a reverenciar seu nome e sua concepção de um reino permanente de perfeição ideal. Darwin deleitou-se em desafiar o mestre — em mostrar que a nova visão evolucionista podia interpretar e explicar, de maneira simples e elegante, alguns dos grandes mistérios e enigmas imemoriais. Um único comentário, escrito a pena em um dos cadernos pessoais do jovem Darwin, após seu retorno a Londres no *Beagle*, captura essa diferença fundamental entre sua flexibilidade e a imobilidade de Dana. Com uma frase, Darwin rompe com 2 mil anos de interpretação tradicional sobre os conceitos inatos na mente humana. Eles não são, ele quase grita, em júbilo,

(2) Trata-se de uma passagem do hino "Rock of Ages", composto pelo escritor e religioso inglês Augustus Montague Toplady (1740-78). A expressão "*rock of ages*" é uma metáfora para Jesus Cristo. No original: "Rock of ages, cleft for me; let me hide myself in thee". (N.T.)

manifestações dos absolutos platônicos transmitidos do reino ideal dos arquétipos, mas simplesmente heranças do nosso passado:

> Platão afirma no *Fáidon* que nossas "idéias imaginárias" se originam da preexistência da alma e não são deriváveis da experiência. Por preexistência, entenda-se macacos!

6

UM CAVALO-MARINHO PARA TODOS OS CORREDORES

Richard Owen, o famoso anatomista inglês, aguardou com ardente expectativa o capítulo mensal do romance mais recente de Charles Dickens, *Nosso amigo comum*. Owen não precisava de uma razão especial para juntar-se a seus compatriotas na leitura da obra em capítulos do escritor mais adorado da Inglaterra. Mas ele realmente tinha um interesse pessoal no novo livro, pois Dickens criara a personagem da sra. Podsnap em homenagem a seu ilustrado amigo: "Uma bela mulher, segundo o professor Owen, com ossos grandes, o pescoço e as narinas como os de um cavalo de balanço, os traços duros e um penteado majestoso no qual Podsnap havia pendurado presentes de ouro".

Nosso amigo comum foi publicado de forma completa em 1865. No mesmo ano, talvez como um agradecimento especial, ou apenas como um reconhecimento por sua amizade, Owen dedicou uma cópia da sua recém-publicada *Memoir on the Gorilla* [Monografia sobre o gorila] ao "Ilmo. sr. Charles Dickens, de seu amigo, o Autor". Considero um privilégio raro e precioso possuir esse volume. Dickens não fez anotações no livro, mas um *ex-libris* na capa, presumivelmente inserido como um chamariz para a venda de objetos pertencentes a Dickens após a sua morte em 1870, demonstra que o amigo de Owen o conservou em sua estante: "Da Biblioteca de Charles Dickens, Gadshill Place, junho de 1870". A amizade de Owen e Dickens floresceu no interior do que se pode considerar um baluarte das relações vitorianas entre os homens de fina educação ou de sucesso (ou ambas as coisas): o convívio nos clubes. Eles se encontravam amiúde no Athenaeum — o principal clube de Londres freqüentado por intelectuais, que contava com Darwin e Huxley entre seus membros. O Athenaeum ainda existe e continua a excluir as mulheres de muitos de seus espaços. As tradições e as recordações, tanto as boas quanto as más, custam a morrer. Numa ocasião me mostraram o lugar exato na escadaria principal onde Dickens e Thackeray quase trocaram socos.

Hoje em dia os gorilas se tornaram seres familiares à nossa consciência, embora ainda preservem seu fascínio. Mas na época de Owen, o mistério e a novidade que cercavam esses animais, os maiores entre todos os macacos, tornavam a atração por eles ainda maior. Os chimpanzés já eram conhecidos havia mais de um século (o médico londrino Edward Tyson escrevera uma monografia clássica sobre a anatomia deles em 1699), e os navios holandeses haviam trazido orangotangos de colônias holandesas na Indonésia. Mas o gorila, embora descrito em numerosas lendas, não teve sua existência comprovada pelos cientistas até 1846, quando Thomas Savage, um missionário americano, obteve, no Gabão, alguns esqueletos dessa espécie. Owen, que publicara diversos artigos sobre a anatomia de outros macacos, quase perdeu a corrida pela identificação e pela nomeação do gorila, quando o anatomista francês Isidore Geoffroy Saint-Hilaire e o médico americano Jeffries Wyman quase levaram a melhor, publicando seus trabalhos antes dele.

Mas Owen, como diretor da seção de história natural do British Museum, tinha acesso máximo aos novos espécimes. Em 1851, ele recebeu o primeiro esqueleto completo de um gorila a chegar à Inglaterra, seguido, em 1858, de um macho quase adulto preservado em solução alcoólica. Em 1861, o museu comprou uma coleção de peles para montagem e exposição, incluindo fêmeas, machos e filhotes abatidos pelo explorador Paul B. du Chaillu. Owen, portanto, possuía não apenas os conhecimentos como também o material necessários para se tornar o primeiro grande especialista em gorilas — e ele enfrentou esse desafio numa série de publicações, culminando na sua monografia de 1865.

Owen tinha em mãos a pele, os músculos e os ossos do gorila, mas as informações sobre o comportamento desse animal e sobre sua relação com o ambiente ainda dependiam de relatos não confirmados de viajantes pela África. O próprio Du Chaillu tendia ao ceticismo. Ele considerava os gorilas herbívoros (corretamente, como hoje sabemos), apesar dos numerosos relatos de carnificinas apavorantes. Owen escreve em 1865:

> O sr. Du Chaillu, no entanto, afirma que examinou os estômagos dos gorilas mortos por ele e por seus caçadores, e "nunca encontrou traço algum de outros alimentos que não fossem frutas, folhas de abacaxi e outras matérias vegetais". O gorila é um glutão, como mostra sua vasta barriga, protuberante, quando ele fica de pé.

Owen relata as histórias lúgubres que Du Chaillu ouviu dos habitantes locais:

> O sr. Du Chaillu também menciona o testemunho dos nativos de que, ao caminhar furtivamente em meio às sombras escuras da floresta tropical, eles às vezes se dão conta da proximidade de um desses macacos terrivelmente descomunais pelo súbito desaparecimento de um de seus companheiros, que é içado para cima de uma árvore, emitindo, talvez, um curto grito engasgado. Em poucos minutos, seu corpo tomba ao chão, estrangulado. O gorila, percebendo a oportunidade, tinha baixado sua enorme pata traseira, agarrando o negro pelo pescoço, como um torno, e apoderando-se dele, para então puxá-lo até os galhos mais altos, deixando-o cair depois que suas forças haviam terminado.

Mas Owen registra também a desconfiança pessoal de Du Chaillu: "Não há dúvida de que o gorila é capaz de fazer isso, mas eu não acredito que ele realmente o faça".

O livro de 1861 de Du Chaillu foi responsável por um dos maiores tumultos no mundo contencioso da ciência vitoriana. Muitos naturalistas o acusaram de fabricar histórias. Alguns sugeriram que ele nunca sequer visitara o hábitat dos gorilas, limitando-se a comprar o material fornecido pelos caçadores. (A título de exemplo, Du Chaillu escrevera um relato dramático em que disparava contra um chefe dos gorilas, enorme e furioso — mas a pele, enviada para Owen em Londres, não trazia nenhum buraco de bala na sua parte frontal.) Um debate caloroso irrompeu também quando Du Chaillu afirmou que observara pessoalmente um hábito assombroso que desde então define a imagem que temos dos gorilas machos — bater no peito para expressar ameaça ou raiva. Owen relata a descrição:

> Quando colocado em xeque, o gorila, do mesmo modo como faz o urso, ergue-se nas patas traseiras, deixando seus poderosos braços e mãos liberados para o combate. O sr. Chaillu afirma que, nessa condição, a criatura "faz um desafio, batendo no peito com seus punhos enormes, até que ele ressoe como um bumbo".

Em deferência simultânea aos dois lados e, diante da dúvida, mantendo abertas todas as opções, Owen comentou:

> Não há nada na estrutura do gorila, exceto o tamanho e a profundidade do peito, que sugira ou que esteja de acordo com essa ação peculiar. Mas supondo que o cachorro fosse um animal raro, nada há também na sua anatomia que sugerisse a alguém que nunca o tivesse visto seu hábito ocasional de correr sobre três patas. Nesse tipo de afirmação feita por viajantes, não é sábio desacreditar nem tampouco acreditar tacitamente; devemos condescender e aguardar o relato dos observadores posteriores cuja atenção terá se voltado para a afirmação original.

Muitas dessas lendas sinistras se mostraram equivocadas, mas o relato de Du Chaillu revelou-se correto, uma vez que os gorilas machos de fato batem no peito, exatamente como o King Kong (embora mais como um blefe do que como um prelúdio à batalha). Com efeito, mesmo não emergindo dessa história como um modelo de exatidão, Du Chaillu saiu-se bem na famosa controvérsia, na qual tanto ele como seu mentor Owen foram vitoriosos, conquistando ambos o direito a bater no peito.

É interessante mencionar, como uma curiosa nota de rodapé, que entre aqueles que apoiavam Du Chaillu havia um homem tão hostil a Owen, em razão das visões inconciliáveis e também das personalidades opostas dos dois, que duvido que eles tenham voltado a partilhar uma plataforma comum: o mais eloqüente naturalista da Inglaterra, Thomas Henry Huxley. Embora Huxley considerasse o livro de Du Chaillu repleto de erros não intencionais, resultantes da "imperfeição das anotações" e de uma "imaginação demasiado vívida", ele reconheceu sua coragem em visitar lugares perigosos e inacessíveis e julgou que os relatos do explorador eram, de modo geral, confiáveis. (Mais tarde, irritado porque seu apoio a Du Chaillu somava pontos para seu inimigo Owen, e não suportando atuar como seu ajudante-de-ordens, Huxley recuou em sua posição.)

Alianças estranhas não ocorrem somente nos domínios da política; a ciência também produz lealdades curiosas. Huxley e Owen trabalharam juntos em favor de Du Chaillu porque ambos necessitavam de informações sobre os gorilas para prosseguir em suas próprias e divergentes campanhas — que consistiam, em grande medida, nas suas tentativas de massacrar um ao outro.

Owen produziu seu trabalho mais importante sobre os gorilas na monografia de 1865 presenteada a Dickens e na conferência Rede[1] de maio de 1859 — "On the classification and geographical distribution of the Mammalia, to which is added an appendix 'On the gorilla,' and 'On the extinction and transmutation of Species" [Sobre a classificação e a distribuição geográfica dos mamíferos, com o acréscimo dos apêndices "Sobre o gorila" e "Sobre a extinção e a transmutação das espécies"], publicada, ironicamente, no mesmo ano que *A origem das espécies*, de Darwin, uma vez que este livro

(1) No original, *Rede lecture*. Trata-se de uma conferência anual proferida na Universidade de Cambridge. O nome do evento homenageia sir Robert Rede, que foi aluno da Magdalene College, em Cambridge, e posteriormente, ministro da Justiça na Câmara dos Comuns nos reinados de Henrique VII e Henrique VIII. (N.T.)

viria a transformar profundamente o debate, colocando Owen em posição de desvantagem. Huxley descreveu os gorilas na sua publicação mais admirável e mais influente, que se tornou um marco na história da prosa científica: "Evidence as to Man's Place in Nature" [Indicações sobre o lugar do homem na natureza], uma série de palestras originalmente apresentadas aos trabalhadores em 1860 e 1862. (O ingresso nessas palestras supostamente requeria que os participantes comprovassem sua condição de "trabalhadores", mas reza a lenda que Karl Marx deu um jeito de entrar às escondidas!)

O grande debate darwiniano sobre a evolução pode ter definido o tema principal dos livros de Huxley e Owen, mas o subtexto determinante desses documentos vem a ser a própria confrontação pessoal, dolorosamente amarga, desses dois autores a respeito dos macacos e dos humanos — e não é possível compreender esses trabalhos, hoje em dia, sem que se tenha algum conhecimento a respeito do "grande debate sobre o hipocampo". (Ao contrário do que pode parecer, os cientistas vitorianos se ocupavam de outras atividades além da discussão contenciosa. Mas as três altercações que constituem os pilares deste ensaio formam de fato uma totalidade — o rebuliço em torno do gorila de Du Chaillu e o alvoroço do debate entre Huxley e Owen não constituindo senão pretextos em relação à verdadeira comoção desencadeada pela teoria de Darwin sobre a origem das espécies.)

Escrevo este ensaio para comemorar o centenário da morte de Huxley (1825-95). O debate sobre o hipocampo foi sempre descrito como a mais importante de suas vitórias, e também como a mais genuína. Eu também sou um fã desavergonhado de Huxley, como se pode ver em numerosos ensaios desta série. Como um defensor fervoroso da evolução (o "buldogue de Darwin", como se costuma dizer) e o maior estilista em prosa da história da ciência britânica (embora talvez empate com D'Arcy Thompson, em *Growth and Form* [Desenvolvimento e forma]), Huxley está próximo de ser meu herói pessoal. No entanto, e seguindo a inclinação anti-hagiográfica destes ensaios, escolhi a controvérsia sobre o hipocampo como o tema dessa homenagem a Huxley exatamente por acreditar que essa história não foi contada de uma maneira justa — e que, em um ponto crucial muitíssimo relevante, Owen desenvolveu um argumento válido e importante que se contrapõe a uma conseqüência nociva da posição em geral admirável sustentada por Huxley.

Em qualquer disputa, seja ela militar ou cerebral, os vencedores sempre conquistam uma série de vantagens indiretas — e o direito à narrativa dos fatos certamente figura entre os mais importantes. Em resumo, os vencedores escrevem a história. Como interpretaríamos a Guerra de Tróia se nosso relato principal tivesse sido escrito pelo bardo de Hector? E como as futuras gerações veriam a história da teoria da evolução se Duane Gish e Henry Morris (os criacionistas modernos mais vociferantes) tivessem o monopólio do mercado editorial?

Richard Owen (1804-92) foi o maior anatomista e paleontólogo de sua época. Suas realizações foram numerosas, tanto em alcance quanto em excelência (incluindo uma monografia inicial sobre o náutilo, com sua concha dividida em compartimentos, a descrição inicial do mais antigo pássaro fóssil, o *Archaeopteryx*, uma série de artigos fundamentais sobre os moas, os extintos pássaros gigantes e terrícolas da Nova Zelândia, a primeira descrição de mamíferos fósseis que Darwin coletara na América do Sul durante sua viagem no *Beagle* e a cunhagem do termo "dinossauro", além de vários volumes de estudos pormenorizados sobre répteis fósseis de todas as eras). Como um dos pilares da ciência oficial (e amigo íntimo da rainha Vitória e de quase todas as pessoas que importavam), Owen também exerceu seu amplo poder pessoal a serviço da zoologia, em particular numa campanha longa e bem-sucedida para criar um edifício separado para a história natural no British Museum. (Owen foi o primeiro a dirigi-lo, e o museu continua a funcionar vigorosamente nesse prédio em South Kensington, como um grande monumento da arquitetura vitoriana e um dos mais importantes museus científicos do mundo.)

Mas ele entrou em colisão com os vencedores absolutos da história natural vitoriana — o círculo de Darwin. Owen nem sempre foi um homem gentil, para dizer o mínimo. Ele tendia a ser quase obsequiosamente cordial e complacente com aqueles mais poderosos do que ele próprio, mas mostrava arrogância e desconsideração em relação aos principiantes e aos seus subalternos, as pessoas que finalmente "crescem" e escrevem as histórias! Ele não se opunha às idéias evolucionistas, a despeito das lendas mais tarde construídas pelos historiadores darwinistas, embora desgostasse fortemente da interpretação materialista de Darwin para a mudança biológica.

Darwin, sempre cordial, escreveu em sua *Autobiografia* uma avaliação sobre Owen que foge muito ao seu estilo, o que ilustra o efeito aversivo da personalidade deste último:

> Eu via Owen com freqüência, quando morava em Londres, e o admirava profundamente, mas nunca fui capaz de entender sua personalidade e jamais me tornei íntimo dele. Depois da publicação de *A origem das espécies*, ele se tornou um inimigo amargo, não em decorrência de nenhuma disputa entre nós, mas, ao que me parece, por ciúme do sucesso alcançado pelo livro. O pobre e querido Falconer [um colega paleontólogo], que era um homem encantador, tinha uma impressão péssima a respeito de Owen, que considerava não apenas ambicioso, invejoso e arrogante, mas também desleal e desonesto. Owen tinha uma capacidade de odiar certamente insuperável. Quando, antigamente, eu costumava defendê-lo, Falconer quase sempre dizia, "Um dia você vai conhecer seu caráter", e assim foi.

Quando jovem (e ansioso para progredir), Huxley foi refreado pelo poder de Owen — e esperou o momento certo. Vinte anos mais novo que Owen, ele precisou muitas vezes das cartas de recomendação daquele que era o patrono máximo no campo da história natural. Owen sempre concordou em fornecê-las, e com fortes palavras de louvor em benefício de Huxley. Mas em muitas ocasiões Owen deixou Huxley esperando e o tratou com condescendência, senão com desprezo. Este se recordava de encontrar Owen na rua, por acaso, depois de haver pedido por duas vezes, sem ser atendido, uma recomendação da qual necessitava com urgência:

> Eu estava bem furioso [...]. Pretendia passar direto por ele, mas Owen me fez parar e, da maneira mais branda e afável, disse: "Recebi seu pedido. Vou concedê-lo". Seu modo de se expressar e sua deferência eram tão "comoventes" que se eu tivesse permanecido ali por mais um momento que fosse, teria lhe dado um soco e o atiraria na sarjeta. Assim sendo, fiz uma inclinação em agradecimento e segui adiante.

Huxley e companhia, ao final, ganharam o direito de contar a história oficial e expulsaram Owen de seu relato triunfalista, ou (pior que isso) o retrataram como um tolo empolado e um agente involuntário dessa vitória. Mas Owen encontrou defensores recentes entre os historiadores dispostos a desmistificar a visão da ciência como uma seqüência de avanços progressivos fomentados pelos defensores pios da verdade factual, na sua luta contra os infiéis atolados no preconceito social. A biografia de 1994 escrita por Nicolaas A. Rupke, *Richard Owen: Victorian Naturalist*, fornece um relato esplêndido nesse estilo retificador. Rupke menciona uma série de opiniões genuínas e calorosamente entusiasmadas sobre Owen, enunciadas por um conjunto de pessoas criteriosas e admiráveis (incluindo Charles Dickens). Reconheçamos, ao menos, que Owen era um homem extraordinariamente complexo, brilhante e fascinante — e que a história da biologia na Inglaterra vitoriana não pode ser contada sem que se conceda a ele um longo capítulo.

O grande debate sobre o hipocampo teve início dois anos antes da publicação de *A origem das espécies*, e não invocava a seleção natural como um de seus assuntos centrais. Contudo, a mais famosa das disputas científicas vitorianas realmente se entrelaçava com a questão principal, sempre visceral, que o darwinismo colocava em foco de maneira tão aguda: a singularidade dos humanos em relação aos outros animais. Somos apenas macacos melhorados ou algo inteiramente diferente de todas as outras criaturas? Huxley defendia a continuidade do homem em relação aos gorilas; Owen defendia uma separação bem demarcada entre eles. O terreno da batalha, seguindo a proposta inicial e a escolha de Owen, centrava-se em três estruturas no cérebro. Owen afirmou que apenas os humanos eram dotados de certos traços, estabelecendo, desse modo, a nossa separação absoluta em relação ao universo animal. Huxley demonstrou que os macacos apresentavam versões dessas três estruturas — às vezes tão salientes como nos humanos — e que as marcas distintivas descritas por Owen afirmavam, portanto, o nosso parentesco, do ponto de vista evolutivo, em relação aos outros primatas.

Como uma primeira diferença, Owen argumentou que apenas os humanos possuíam um "lobo posterior" do cérebro — uma extensão dorsal desse órgão tradicional das funções mentais "superiores" — cobrindo o cerebelo, isto é, a região convencionalmente vista como o centro de controle da atividade motora. (As ilustrações da página seguinte, extraídas da conferência de Owen em 1859, tornarão mais clara a sua afirmação. Note-se que o cérebro do chimpanzé (letra A) pára à frente do cerebelo situado abaixo dele (letra C), mas se estende na direção posterior, nos humanos, cobrindo a superfície inteira. De acordo com as descobertas neurológicas atuais, as descrições das funções tradicionais mostram-se tão equivocadas quanto as afirmações de Owen em favor das diferenças morfológicas, mas eu menciono as visões mais antigas de modo a situar o debate em seu próprio contexto. Obviamente, se o cérebro "superior" cobria o cerebelo "inferior" apenas nos humanos, seria possível mensurar, por meio dessa diferença, a nossa superioridade mental.)

Como segunda diferença, Owen afirmou que apenas os humanos possuíam um corno posterior no ventrículo lateral. (Traduzindo essa frase complicada, os ventrículos são espaços no interior do cérebro, contínuos em relação à cavidade central da medula espinal e que são formados à medida que o cérebro em desenvolvimento se encurva e se dobra sobre si mesmo, num processo bastante complexo, durante o período embriológico. *Cornu* é a palavra em latim para "chifre" — de maneira que o corno posterior é a extremidade final, em forma de chifre, de uma cavidade no cérebro.)

Por último, Owen sustentou que somente os humanos desenvolveram um "hipocampo menor" — uma saliência no fundo desse mesmo corno posterior do ventrículo lateral, produzida pela pene-

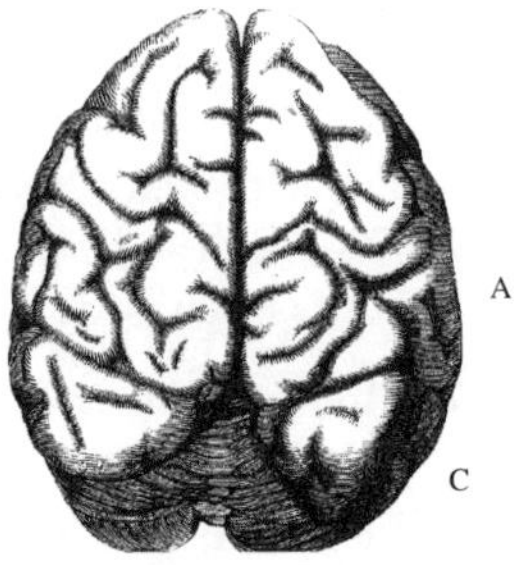

13. Desenho do cérebro de um chimpanzé feito por Owen, mostrando que sua extensão no sentido posterior não é suficiente para cobrir o cerebelo (legendado como C).

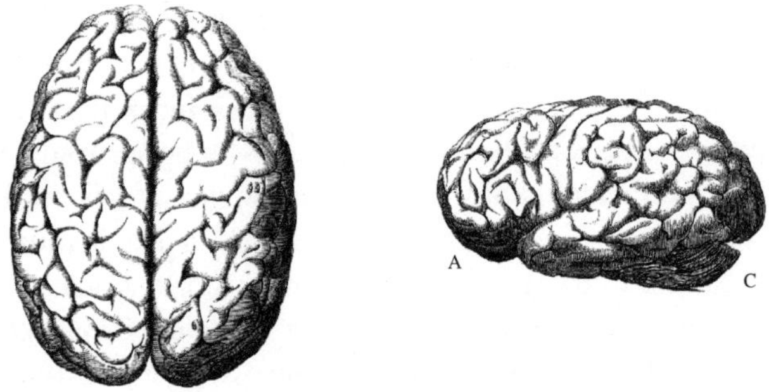

Nos humanos, o cérebro, de dimensão maior, cobre totalmente o cerebelo.

tração profunda de uma parte adjacente do cérebro chamada fissura calcarina. Esse "hipocampo menor" não é a mesma estrutura que o próprio "hipocampo", uma região importante do cérebro, já descrita naquela época, e recentemente identificada, numa série de experimentos elegantes, como um local para o registro inicial das lembranças de curto prazo, que são a seguir, de algum modo, transferidas para o neocórtex, para a estocagem de longo prazo. Na terminologia moderna, o "hipocampo menor" cedeu lugar ao nome utilizado antes dele, *calcar avis*, ou "espora de galo", em referência à sua semelhança visual com a arma que se encontra na pata desse animal e que potencializou o "esporte" da briga de galo. O nome *hippocampus* foi cunhado originalmente no século XVI por Arantius, um discípulo de Vesalius, porque a estrutura lembrava um cavalo-marinho — *Hippocampus*, em latim —, e essa foi a nomenclatura formal escolhida mais tarde por Lineu para designar o gênero dos cavalos-marinhos.

Não vou repetir aqui os detalhes do debate sobre o hipocampo, levando em consideração que nenhum outro episódio da história natural vitoriana foi tantas vezes relatado, e também porque os fatos primários não estão em discussão. (Meu colega e amigo Charles G. Gross, professor de psicologia em Princeton, publicou recentemente um artigo particularmente claro e acessível, notável por seu foco nos detalhes anatômicos do cérebro — pois Gross é um afamado neurologista, e não, originalmente, um historiador: "Hippocampus Minor and Man's Place in Nature: A Case Study in the Social Construction of Neuroanatomy", publicado em *Hippocampus*. Sim, no nosso mundo altamente especializado, cada região do cérebro tem um periódico dedicado ao seu próprio estudo!)

O debate surgiu no final da década de 1850 e manteve sua força pela década de 1860 adentro, encontrando-se em efervescência no momento em que Owen escreveu sua monografia sobre o gorila em 1865. Owen e Huxley trocaram golpes tanto por escrito quanto em aparições públicas, notadamente na mesma reunião da British Association em 1860 em que, segundo diz a lenda (e sem que haja sustentação nos fatos), Huxley também massacrou o bispo "Soapy Sam" Wilberforce em uma controvérsia inicial sobre o darwinismo (a discussão de fato ocorreu, mas sem que houvesse um vencedor indiscutível). O debate transbordou vigorosa e copiosamente para a cultura geral, uma vez que o público e a imprensa se deleitaram em assistir a dois dos maiores cientistas britânicos debatendo com aspereza uma questão de tamanha importância (a posição dos humanos na natureza) com base em argumentos sobre partes do cérebro desconhecidas por todos e dotadas de nomes tão extravagantes e divertidos como "hipocampo menor". Charles Kingsley, retratando o debate sobre o hipocampo em seu clássico infantil de 1863, *Os meninos aquáticos*, sublinhou o humor implícito na combinação desse palavreado anatômico impenetrável e arcano com uma questão de tamanha relevância dos pontos de vista conceitual e emocional. Kingsley escreve sobre o professor Ptthmllnsprts (Put-them-all-in-spirits),[2] sua paródia de Huxley:

> Ele sustentava teorias muito estranhas sobre uma série de coisas. Numa ocasião, na British Association, chegara mesmo a declarar que os macacos, assim como os homens, apresentavam hipopótamos maiores em seus cérebros. Essa era uma afirmação chocante, pois, se assim fosse, o que seria feito da fé, da esperança e da misericórdia de milhões de imortais? Você pode imaginar que há outras diferenças mais importantes entre você e um macaco, tais como a capacidade de falar, de construir máquinas, de distinguir o certo do errado, de fazer as suas orações e outras pequenas questões desse tipo; mas tudo isso não passa de uma fantasia de criança, meu caro. Não se pode confiar em coisa alguma, exceto no teste do grande hipopótamo.

Em 18 de maio de 1861, a revista *Punch*[3] publicou um relato bastante preciso dessa questão em versos burlescos, que começavam assim:

Então, Huxley e Owen
Armados de ardente rivalidade
E de pena e tinta, assumem suas posições:
É Cérebro contra Cérebro,
Até que um deles caia fulminado;
Caramba! Vai ser uma partida e tanto![4]

(2) Coloque-os-todos-em-solução-alcoólica. (N.T.)

(3) Revista semanal inglesa fundada em 1841, que publicava textos humorísticos e cartuns. (N.T.)

(4) "Then Huxley and Owen/ With rivalry glowing,/ With pen and ink rush to the scratch:/ Tis Brain versus Brain,/ Till one of them's slain;/ By Jove! it will be a good match!" (N.T.)

E de fato foi! As cartas pessoais dão uma idéia exata da animosidade. Huxley escreveu que iria "acertar em cheio aquele mentiroso impostor". Owen descreveu para um amigo uma das altercações públicas entre eles: "O professor Huxley prejudicou as discussões cuja finalidade é retificar as diferenças de opinião científica, acusando-me de falsidade em uma questão a respeito da qual eu e ele divergíamos. Até que ele retire essa acusação, tão publicamente quanto como a enunciou, devo continuar a crer que, ao acusar-me, ele não estava senão projetando seus próprios princípios e natureza mentirosos".

A narrativa "oficial" do debate pode ser resumida em um parágrafo: Huxley conduziu a controvérsia como um general disposto a ofuscar um inimigo mais velho. Com a participação de diversos colegas, ele coordenou o trabalho de dissecação dos cérebros de diferentes macacos, à procura das estruturas que Owen declarara exclusivas do cérebro humano. O próprio Huxley dedicou-se ao estudo do cérebro do macaco-aranha sul-americano, um primata "inferior" na escala tradicional. Eles também varreram toda a literatura em busca das distorções ou das citações seletivas feitas por Owen, assim como à procura de provas anteriores da existência das três estruturas em primatas não humanos. Para resumir, encontraram demonstrações abundantes da presença das três estruturas em diversos primatas. Segundo diz a lenda, Owen, ao final, calou-se e lambeu suas feridas.

As táticas de Owen sem dúvida o conduziram ao desastre. (Tanto Owen quanto Huxley provinham da classe média baixa, mas Owen caíra nas graças da classe alta, o que trouxe enormes benefícios práticos para ele, que recebera uma residência, livre de pagamento de aluguel, diretamente da rainha Vitória, e contava, desde o início da década de 1840, com uma pensão civil anual, tudo isso enquanto Huxley experimentava dificuldades financeiras e nutria em relação a ele uma inveja amarga. Nunca duvide da importância das diferenças de classe como um elemento decisivo na vida vitoriana.) Como um *nouveau arrivé* na classe alta, Owen sentia-se obrigado a obedecer às normas que observava ao seu redor, que incluíam, imperiosamente, uma atitude de pouco-caso em relação aos emergentes. Ele lutou por sua posição, e contra Huxley, mas sem o mesmo vigor e sem nem uma décima parte da organização explícita mobilizada por este último. Owen, em grande medida, limitou-se a produzir muxoxos de reprovação junto a seus amigos aristocratas e, desse modo, perdeu um terreno precioso.

As táticas de Owen evidentemente falharam, mas seriam seus argumentos, afinal, tão ruins? Não pretendo contradizer a versão usual — de que Huxley e sua falange encontraram as três estruturas nos cérebros dos primatas não humanos, contestando, dessa maneira, os critérios com que Owen demonstrava a exclusividade dos humanos. Mas será que Owen foi mesmo tão tolo e sua derrota, tão completa? Acredito que não. Gostaria de levantar duas questões para contrabalançar o debate, e parcialmente em defesa de Owen — a primeira delas bem discutida por Rupke e outros e a segunda (até onde sei), ainda não abordada pela literatura.

A primeira questão diz respeito ao modo como Owen reagiu à descoberta das três estruturas nos macacos, feita por Huxley e companhia. Teria ele simplesmente se recusado a admitir esses achados? Teria sofrido em silêncio? Na verdade, Owen respondeu de maneira potencialmente correta. Ele argumentara durante anos (embora houvesse, de maneira oportuna, omitido essa afirmação em diversas publicações durante o auge do debate sobre o hipocampo) que virtualmente todo traço dos humanos tinha uma expressão homóloga em seus parentes mais próximos, os chimpanzés e os gorilas. (Owen cunhara o termo *homologia* no final da década de 1840 para identificar traços de origem anatômica idêntica em criaturas diferentes, qualquer que fosse o grau de divergência funcional entre eles — as asas dos morcegos e as patas dianteiras dos cavalos, por exemplo. Atualmente falamos em homologia em relação aos descendentes evolutivos de um ancestral comum.) Mas o reconhecimento da homologia não requer a aplicação do mesmo termo para o traço relevante em dois organismos distintos, pois a divergência funcional poderia autorizar, com legitimidade, o emprego de um termo diferente. Por exemplo, o fato de que chamamos a pata dianteira do morcego de asa não nos obriga a afirmar que todos os mamíferos têm asas simplesmente em função de que todos eles carregam homólogos dos ossos da pata anterior do morcego.

Owen invocou uma versão furtiva desse argumento terminológico para escapar sorrateiramente a sua derrota — mas é preciso ao menos creditar a ele a validade técnica de sua afirmação. Na monografia de 1865 sobre o gorila, ele admite que as três estruturas existem nos macacos, mas num estado tão rudimentar e numa forma tão diferente daquela encontrada nos humanos, que todas elas devem receber uma denominação diferente — do mesmo modo como não dizemos que os cavalos têm asas. Dessa maneira, ainda é possível afirmar que os macacos não têm um lobo posterior, um corno posterior e um hipocampo menor — muito embora possuam homólogos de todas essas estruturas humanas!

Owen começa por admitir uma homologia generalizada: "No gorila [...] o homólogo de cada órgão e de quase todas as partes nomeadas na anatomia humana está presente". Ele passa a discutir então de que modo o cérebro de um gorila poderia ser transformado, do ponto de vista topológico, num cérebro humano, admitindo ao final, quase com indiferença, que as três estruturas já existem nos gorilas!

> [...] expandindo o cérebro em todas as direções e, em especial, na direção posterior para além do cerebelo, de modo a definir um lobo "posterior" ou "pós-cerebelar". [...] estendendo a principal cavidade cerebral, ou "ventrículo lateral" [...] para trás [...] na forma de um "corno posterior" [...] com proeminências correspondendo [...] ao "hipocampo menor"; os prenúncios ou homólogos incipientes dos quais somente a cavidade e a região estão presentes no macacos superiores.

Eu poderia aceitar a redefinição de Owen como inteligente e honrosa, não fosse por dois problemas. Primeiro, ele dá a entender que não é o caso de se atribuir o mesmo nome aos três traços representados nos macacos, uma vez que eles se mostram tão pouco desenvolvidos. Mas Huxley e seus colegas haviam demonstrado que alguns macacos desenvolvem esses traços com a mesma força com que eles se expressam no homem. Segundo, se Owen assumira essa posição desde sempre, então poderíamos acusar Huxley de falta de sutileza. Mas, na verdade, Owen não começara por admitir a presença dos três traços nos macacos, afirmando apenas que seu desenvolvimento mais marcante no homem requeria um termo diferente. Ele havia efetivamente negado que as estruturas existissem *de qualquer modo* nos macacos. Owen escreveu na sua conferência de 1859:

> O desenvolvimento posterior [do cérebro] é tão marcado que os estudiosos da antropotomia descreveram essa região, e a nomearam, como um "terceiro lobo"; ele é peculiar e partilhado pelo gênero *Homo*: igualmente peculiares são o "corno posterior do ventrículo lateral" e o "hipocampo menor", que caracterizam o lobo posterior de cada hemisfério. Poderes mentais especiais estão associados a essa forma superior do cérebro [...]. Sou levado a considerar o gênero *Homo* não apenas como o representante de uma ordem distinta, mas como uma subclasse distinta dos mamíferos.

Penso, particularmente nesse contexto de conclusão focal, que "peculiar" significa "único" — e que Owen realmente modificou sua posição fundamental por meio de uma manobra verbal. Esse exemplo mostra que uma parcela da desconfiança e da raiva de Huxley era legítima.

Mas a segunda questão, negligenciada de antemão em nossa extensa literatura, de fato corrobora um aspecto importante do argumento de Owen — e um aspecto que tem como conseqüência uma distorção presente na nossa realidade atual. Huxley estava inteiramente certo ao demonstrar que as três estruturas existiam em outros macacos, mas sua principal formulação da hipótese da continuidade evolutiva entre os macacos e os homens, apresentada de maneira mais explícita em *Man's Place in Nature* (1863), se baseia em dois argumentos incorretos (um deles tão ardiloso quanto a tentativa posterior de Owen de salvar a própria pele), e ambos refutados de modo claro por Owen em sua monografia de 1865 sobre o gorila.

Man's Place in Nature representa a mais forte versão defensável da transição evolutiva gradual e suave entre os macacos e os homens. Huxley reconhece o hiato indiscutível no tamanho do cérebro, considerando o fato de que os humanos, que têm o corpo menor, apresentam um cérebro três vezes maior que o dos gorilas, cujo corpo é muito mais pesado. Mas, acertadamente, ele interpreta essa disparidade como um abismo de natureza apenas quantitativa, uma vez que todas as partes do cérebro são homólogas nos macacos e nos homens. Outra vez corretamente, argumenta que uma *quantidade* diferente de cérebro não constitui necessariamente a explicação para o verdadeiro abismo na *qualidade* das operações mentais, acrescentando que uma tal proposição equivaleria a confundir correlação com causalidade. Talvez, Huxley afirma, a superioridade cognitiva do homem resida em alguma diferença não identificada de função celular ou microarquitetônica, e não somente na disparidade de volume cerebral.

Huxley, a seguir, apresenta seus dois argumentos interligados. Primeiro, ele martela, com força bruta, traço após traço, seu argumento-chave em favor da continuidade: o hiato entre os macacos inferiores e o chimpanzé ou o gorila é muito maior do que o intervalo correspondente entre esses macacos "superiores" e os humanos — de maneira que nos encontramos apenas um pequeno passo à frente na seqüência de macacos:

> Qualquer parte que seja do tecido animal — quaisquer que sejam as séries de músculos, ou as vísceras selecionadas para comparação —, o resultado seria o mesmo — os macacos inferiores e o gorila se mostrariam mais diferentes entre si do que o gorila e o homem [...]. As diferenças estruturais entre o homem e os macacos superiores são de menor valor do que aquelas observadas entre os macacos inferiores e os superiores.

Mas o argumento de Huxley parece inválido e até um pouco interesseiro no contexto que ele e Owen partilhavam: a crença de que os grupos aparentados deveriam ser classificados numa escala desde os inferiores até os superiores. (A refutação atual desse esquema é, naturalmente, irrelevante para a nossa análise da estrutura lógica dos argumentos de Huxley e de Owen.) Owen contestou a afirmação de Huxley, e com razão, apontando que ele efetuara uma falsa comparação entre coisas essencialmente desiguais — alhos com bugalhos, como se diz. O intervalo entre o gorila e o homem corresponde a um passo, enquanto o hiato entre os primatas "inferiores" e os chimpanzés e gorilas abarca um grande número de passos intermediários omitidos. Se eu tentasse reduzir ao mínimo a distância entre os degraus 50 e 51 de uma série, afirmando que a separação entre o degrau 1 e o degrau 50 é ainda maior, você, com razão, ridicularizaria meu argumento, dizendo: "Pare de trapacear e faça as comparações apropriadas. Fale-me sobre a distância entre 49 e 50 em comparação com a distância entre 50 e 51. Um degrau deve ser comparado com outro degrau, e não com a série inteira!". Se o intervalo entre o gorila e o homem excedesse a distância entre quaisquer dois primatas adjacentes, então, nesse caso seria possível considerar os humanos como algo especial. Owen escreve:

> Passando [...] à comparação do cérebro do gorila com aquele de outros quadrúmanos [macacos], discernimos a importância e a significação da diferença muito maior existente entre o mais elevado dos macacos e o menos elevado dos homens, em comparação com a diferença observada entre quaisquer dois gêneros de quadrúmanos [...]. Dos [gorilas] aos lêmures [o primata "mais inferior" no esquema de Owen], a diferença de desenvolvimento cerebral observada em qualquer intervalo da série descendente é insignificante, comparada ao aumento importante e abrupto no desenvolvimento cerebral que se encontra ao se comparar o cérebro do gorila com aquele dos humanos mais inferiores.

Acredito que Huxley tenha percebido a fragilidade de seu argumento, pois ele acrescentou uma segunda alegação supostamente decisiva para dar sustentação à primeira: a distância entre o gorila e o homem médio pode ser grande, mas se ordenarmos toda a variação humana numa classificação hierárquica das raças, desde o "mais baixo" negro até o "mais elevado" caucasiano, então esse espaço diminui, pois o intervalo entre o gorila e o humano mais inferior revela-se menor que o intervalo entre o menos evoluído e o mais evoluído dentre os *Homo sapiens*. (Peço que o leitor compreenda que estou empregando os termos do próprio Huxley e me referindo a idéias que eram consensuais, em sua época, na restrita comunidade de cientistas — ou seja, homens brancos das classes privilegiadas.) Huxley escreveu:

> A diferença no peso do cérebro entre os humanos mais evoluídos e os menos evoluídos é ainda maior, tanto em termos relativos quanto em termos absolutos, do que aquela entre o homem mais inferior e o macaco mais evoluído [...]. Assim, mesmo em relação à importante questão da capacidade craniana, os homens diferem mais largamente um do outro do que o fazem em relação aos macacos.

Não acredito que Huxley, um homem com idéias raciais liberais para os padrões de sua época, desenvolvesse esse argumento com a intenção de atacar grupos inteiros de seres humanos. O que ele pretendia era tapar um buraco em seu argumento central em favor da continuidade evolutiva, descobrindo algum modo de preencher o espaço constrangedoramente grande, em termos de capacidade craniana, entre o gorila e o homem mediano.

Nosso mundo complexo, esse vale de lágrimas, é cheio de ironias. Do mesmo modo como coisas ruins acontecem às pessoas boas, gente respeitável também desenvolve afirmações falaciosas e moralmente duvidosas para sustentar boas teorias. Huxley ficou do lado dos anjos: ele tentou fazer avançar a causa da evolução humana documentando a continuidade do homem em relação a seus parentes animais mais próximos. Encerrou sua argumentação com um floreado em prosa magnífico, descrevendo a extensa variação de *design* no interior da ordem dos primatas, desde o inferior lêmure até o nosso próprio e grandioso ser:

> Talvez nenhuma ordem de mamíferos se nos apresente com uma série de gradações tão extraordinária como essa — conduzindo-nos imperceptivelmente desde o pináculo da criação animal até as criaturas que não se distanciam mais do que um passo, ao que parece, daquele que é o mais inferior, o menor e o menos inteligente dos mamíferos placentários. É como se a própria natureza tivesse previsto a arrogância do homem e, com severidade romana, tivesse providenciado para que seu intelecto, por meio de seus próprios triunfos, desse proeminência aos escravos, advertindo o conquistador de que ele não é nada além de pó.

Entretanto, e qualquer que tenha sido sua boa intenção geral, Huxley desenvolveu um argumento tosco, inflexível e sem dúvida alguma racista, que ordenava todos os humanos ao longo de uma linha de valor crescente e explicitamente situava os negros africanos a meio caminho, na melhor das hipóteses, entre os gorilas e os brancos europeus. O erro de Huxley originou-se de um profundo equívoco em seu raciocínio evolucionista — o viés progressivista que produz uma equivalência entre a evolução e o avanço linear. Ele assumiu que a evolução deve proceder por uma série de passos ascendentes e considerou que não seria possível defender a evolução humana a menos que pudesse demonstrar a existência dessa ordenação linear entre os humanos modernos. Ao assumir isso, Huxley cometeu um erro ainda mais profundo, baseado numa clássica premissa falsa: a crença na continuidade em relação à causa, que impede de reconhecer que fenômenos semelhantes na superfície, em escalas diferentes, podem ter causas distintas.

Sim, os humanos diferem dos macacos e, é claro, os humanos são diferentes entre si. Mas esses fatos não implicam que as variações entre os humanos modernos sejam uma espécie de microcosmo em relação às diferenças maiores entre os humanos e outras espécies — embora Huxley presumisse essa continuidade quando distribuiu as variações raciais humanas ao longo da mesma escala em que se colocavam as diferenças entre as espécies de primatas. As raças humanas não são substitutos para os degraus intermediários entre os macacos ancestrais e os humanos modernos. Elas representam uma escala inteiramente distinta de variação contemporânea no interior de uma única espécie biológica. Não há razão alguma para se classificar a variação numa espécie ao longo de uma escala de valores nem para se interpretar essa diversidade contemporânea como um fenômeno especialmente afim às manifestações da nossa derivação evolutiva. Obviamente, a evolução prevê que o hiato entre os macacos ancestrais e os humanos modernos seja superável, mas as formas transicionais são as espécies extintas do registro fóssil, e não as raças modernas. Além disso, dado que as raças modernas são tão jovens (como hoje sabemos), nossas diferenças não têm efetivamente valor algum em termos evolutivos. Nenhuma raça humana é, *in toto*, mais semelhante ao macaco do que outra. Somos todos variedades recentemente derivadas do estoque humano comum, o *Homo sapiens*.

E quanto ao medíocre, mal-intencionado, conservador e antediluviano Richard Owen? Ele deu uma olhada no argumento racista de Huxley e o acertou em cheio, e pelas razões precisas. Admito que Owen, ao refutar o argumento de Huxley, não se encontrava a serviço do igualitarismo racial. Sei também que ele partilhava todos os preconceitos de Huxley em termos de classificação racial e da existência de formas superiores e inferiores de vida humana. Na obra de Owen, pode-se encontrar aqui e ali toda uma série de indícios da perspectiva racista que ele e Huxley compartilhavam. Em 1859, ele afirmou que o chimpanzé está "mais próximo da espécie humana do que qualquer outro animal mamífero conhecido, em particular no que diz respeito às formas inferiores, ou negras". E depois, nesse mesmo trabalho: "Nas raças inferiores, não instruídas e incivilizadas, o cérebro é um tanto menor do que nas raças superiores, mais civilizadas e cultivadas". Na monografia de 1865 sobre o gorila, ele combina todos os preconceitos comuns numa só sentença, ao afirmar que os crânios masculinos devem ser tomados como padrão, e que tanto os crânios das mulheres como os das raças inferiores (identificadas, de acordo com a convenção, como etíopes, ou dos negros africanos, e papuas, ou dos negros melanésios) encontram-se abaixo desse padrão: "Se o naturalista [...] abandonasse seu parâmetro adequado, a saber, a condição média do cérebro no sexo masculino, e tomasse o cérebro de uma mulher da variedade inferior papua ou etíope [...]".

Sei também que Owen refutou o argumento racista de Huxley com o propósito de defender a posição exclusiva do homem em oposição à hipótese da continuidade entre as espécies, e não por algum motivo social ou político que pudéssemos reverenciar hoje em dia. No entanto, é preciso separar as intenções de suas conseqüências (e grande parte da complexidade fascinante e da ambigüidade moral nas nossas vidas nasce da aguda disparidade, tantas vezes presente, entre os nossos objetivos e os efeitos secundários e, no entanto, inevitáveis, das atitudes que tomamos a serviço desses objetivos — oponha-se à caça, por uma questão de princípio, e os veados, em número excessivo, comerão as flores de seu jardim). Assim, o que aprovo é a conclusão do argumento de Owen, qualquer que fosse seu objetivo.

Além do mais, nesse caso em particular, a refutação por Owen de um argumento racista não é um resultado acidental de uma afirmação produzida inteiramente por outras razões. Owen sabia bem o que estava fazendo — pois citou de maneira direta as poucas fontes igualitárias disponíveis em sua época e explicitou sua proposta de melhoria racial (embora não a serviço da igualdade — uma escolha que, lamentavelmente, não existia no quadro de referência intelectual de Owen).

Ao considerar que a variação racial humana é pequena em extensão e permanece inteiramente encerrada no interior de uma espécie indivisível — em outras palavras, que ela é um fenômeno distinto do hiato entre as espécies —, Owen refutou a segunda alegação crucial de Huxley, a de que a distância entre os macacos superiores e os homens inferiores não ultrapassava o espaço que separa os homens superiores e os inferiores. Na passagem mais importante a esse respeito, ele escreve:

> A amplitude das diferenças na proporção do cérebro [...] nas diferentes variedades do gênero humano é pequena e tem intervalos graduais tão sutis que assinala de modo admirável a unidade da família humana.

Mas a sentença mais importante ocorre duas páginas antes:

> Ainda que em muitos casos o cérebro do negro seja inferior ao do europeu, observei indivíduos da raça negra nos quais o cérebro era tão grande quanto o cérebro médio dos caucasianos. Eu estou de acordo com o grande fisiologista de Heidelberg que registrou observações semelhantes e relacionou com esse achado sobre o desenvolvimento cerebral o fato de que não houve campo da atividade intelectual na qual indivíduos da raça negra pura não tivessem se sobressaído.

Owen então acrescenta uma nota de rodapé interessante:

> Em junho de 1864, a Universidade de Oxford merecidamente conferiu o grau de Doutor da Divindade ao bispo Crowther, um membro da raça negra pura do Oeste da África, que foi levado de sua terra natal como escravo e recapturado durante a travessia. Recordo com prazer os esclarecimentos que recebi nas minhas conversas com esse cavalheiro culto e sagaz.

(Samuel Adjai Crowther, 1812-91, foi capturado de um navio de escravos por um navio de guerra britânico em 1822 e retornou como homem livre a Serra Leoa. Batizado em 1825, ele freqüentou escolas missionárias na África e mais tarde viajou para a Inglaterra, onde foi ordenado em 1842 e consagrado em 1864. Então serviu como bispo do território Níger, onde fez uma tradução da Bíblia para o idioma ioruba.)

Para os nossos irrelevantes padrões modernos, essa passagem com certeza parece impregnada de paternalismo, mas deveríamos reverenciar a decência de Owen numa época em que boa parte de seus colegas jamais se dignaria a travar relações sociais com um homem negro. As palavras mais reveladoras de Owen, contudo, referem-se ao "grande fisiologista de Heidelberg" — pois aqui podemos apreender suas alianças pouco convencionais. Friedrich Tiedemann, professor de anatomia em Heidelberg, foi o único igualitário genuíno entre os cientistas eminentes da Europa no início do século XIX. Ele mediu os crânios de todas as raças e escreveu diversos tratados sobre a reputada igualdade intelectual de todos os povos, submetendo um importante artigo em inglês ao *Philosophical Transactions of the Royal Society* em 1836, o documento citado por Owen. Se Owen menciona Tiedemann explicitamente, podemos confiar que ele escolheu refutar o argumento sobre as raças de Huxley, pelo menos em parte, por meio da defesa da capacidade e do alto desempenho intelectuais de todos os grupos humanos.

De 1859 até a sua morte em 1870, Charles Dickens publicou um semanário de literatura e de atualidades intitulado *All the Year Around*. Dickens não escrevia cada texto pessoalmente, mas exercia um domínio editorial tão forte que a *Enciclopédia Britânica* traz a seguinte observação: "Ele assumia a responsabilidade por todas as opiniões (pois as contribuições eram anônimas) e, portanto, selecionava e retificava essas contribuições. Desse modo, as observações sobre os acontecimentos da época podem ser, de modo geral, interpretadas como a expressão de suas opiniões, quer ele as tivesse escrito ou não". Dickens publicou seu comentário mais importante sobre Darwin na edição de *All the Year Around* de 7 de julho de 1860. O último parágrafo registra:

> As pessoas tímidas, que intencionalmente cultivam certa inércia mental, e que adoram apegar-se a suas idéias preconcebidas, temendo olhar para um assunto de tamanha importância de uma perspectiva não autorizada e inusual, podem se sentir seguras de que, para as teorias, assim como para os seres organizados, há igualmente

uma Seleção Natural e uma Luta pela Vida. O mundo tem assistido a todo tipo de teoria nascer, viver sua época e cair no esquecimento.

A teoria de Owen foi esquecida; as visões de Huxley prevaleceram, não apenas em virtude de sua verdade essencial como também pelo fato de que ele obteve o direito de contar a história. Mas, num mundo tão complexo como o nosso, são as combinações que produzem as melhores soluções — e eu desejaria que tivéssemos preservado o argumento correto e bem fundamentado de Owen a respeito das raças, integrando-o de maneira adequada à perspectiva evolucionista de Huxley. Essa conjunção, se tivesse sido também incorporada às ações políticas e sociais, poderia ter poupado a história humana de uma boa parcela dos piores horrores do século passado. Ainda é preciso que lutemos para construir de maneira engenhosa essa combinação, um conto de dois mundos — pois, ao fazê-lo, poderíamos transformar o "pior dos tempos" no "melhor dos tempos", uma "era da insensatez" numa "era da sabedoria" e uma "época de escuridão" numa "época luminosa".[5]

(5) Gould faz uma alusão à abertura de *Um conto de duas cidades* [A Tale of Two Cities]: "It was the best of times, it was the worst of times, it was the age of wisdom, it was the age of foolishness, it was the epoch of belief, it was the epoch of incredulity, it was the season of Light, it was the season of Darkness...". (N.T.)

7

O PÔNEI DO SR. SOPHIA

Se uma carteira roubada é uma ninharia em comparação com a perda de um bom nome, como devemos julgar o costume, felizmente cada vez mais em desuso, de nos dirigirmos a uma mulher casada pelo nome de seu marido? É possível que eu tenha sido um feminista incipiente desde o berço, mas me lembro de perguntar aos meus botões, quando ainda era muito pequeno, por que razão minha mãe, Eleanor, freqüentemente recebia cartas endereçadas a uma tal de sra. Leonard Gould.

Entre as diversas formas de reparação possíveis, o ato inverter os papéis em circunstâncias favoráveis é com certeza um dos mais interessantes. Samuel Gridley Howe (1801-76) realizou um bom trabalho como educador de cegos, mas lembro-me da satisfação que senti, certa vez, ao identificá-lo como o sr. Julia Ward Howe, em reconhecimento à sua esposa, mais famosa, autora de "O Hino da Batalha da República".

Quase nunca se vê essa inversão entre os cientistas casados, dada a virtual exclusão das mulheres antes da geração atual. Mme. Curie figura entre os principais cientistas de todos os tempos, mas seu marido, Pierre, não foi nenhum incompetente e deve, portanto, continuar a ser chamado de Pierre, em vez de sr. Marie. Mas conheço um casal de cientistas sujeito a essa estratégia de inversão para juntar uma esposa eminente e um marido obscuro — e me sinto um tanto solidário com o sr. Sophia, pois ele foi um paleontólogo e, por direito próprio, um cientista danado de bom (embora tenha sido esquecido).

O *Dictionary of Scientific Biography* inicia o verbete sobre Sophia Kovalevsky (1850-91) descrevendo-a como "a mulher mais importante no campo da matemática antes do século XX". Ela estudou fora de seu país, pois não era permitido às mulheres graduar-se nas universidades na Rússia. Em Berlim, recebeu instrução de tutores durante quatro anos, uma vez que as mulheres não podiam freqüentar os cursos na universidade. Em 1875, conquistou seu doutorado *in absentia* pela Universidade de Göttingen na Alemanha. A despeito da reconhecida excelência de sua pesquisa, e simplesmente por pertencer ao sexo feminino, Kovalevsky não conseguiu uma ocupação acadêmica em lugar algum da Europa. Assim, retornou à Rússia — para uma vida de empregos ocasionais, empreendimentos comerciais malogrados e horas roubadas para o estudo da matemática. Em 1883, após a morte do sr. Sophia — retornaremos a ele em seguida —, ela voltou a pleitear um cargo docente, dessa vez com sucesso. Sophia desfrutou de muitos anos de trabalho produtivo como professora de matemática na Universidade de Estocolmo e morreu de gripe, seguida de pneumonia, aos 41 anos de idade, no apogeu de sua realização e de sua fama.

Sophia Kovalevsky publicou apenas dez artigos sobre matemática durante sua curta vida (ela tentou, com menos sucesso, uma carreira simultânea na literatura, escrevendo diversos romances, uma peça e um comentário crítico sobre George Eliot, que conhecera numa viagem à Inglaterra.) Mas esses trabalhos substanciais, a respeito de diferentes problemas em matemática, trouxeram-lhe significativo renome. Ela estudou a propagação da luz no meio cristalino, os anéis de Saturno e a rotação dos corpos rígidos ao redor de pontos fixos; escreveu ainda diversos artigos sobre problemas técnicos (que não vou alegar ter compreendido) no cálculo integral. Em 1888, ganhou o prêmio Boudin da Academia Francesa de Ciência por seu memorial sobre a rotação dos corpos rígidos (que levava adiante o trabalho de seus predecessores franceses

Poisson e Lagrange). Os membros do júri ficaram tão impressionados com sua pesquisa que elevaram o valor do prêmio de 3 mil para 5 mil francos como modo de expressar sua admiração.

Vladimir Onufrievich Kovalevsky (1842-83) — o sr. Sophia — entrou na vida de sua esposa de uma maneira nada romântica, e acima de tudo prática, que é parte integrante do enredo sobre a carreira de Sophia. Na Rússia de meados do século XIX, as mulheres solteiras com inclinações intelectuais definhavam numa espécie de beco sem saída. Elas não podiam estudar nas universidades daquele país, e tampouco podiam viajar para o estrangeiro como pessoas independentes. Para escapar a essas amarras, as mulheres livres-pensadoras quase sempre arranjavam casamentos de conveniência com homens de convicções semelhantes. O casal, tecnicamente unido pelo matrimônio, podia então viajar para estudar num outro país. Sophia casou-se com Vladimir para obter a emancipação e o direito de viajar. Os recém-casados partiram então para a Alemanha, para viver em casas separadas e estudar em cidades diferentes.

Sophia e Vladimir pertenciam à cultura dos livres-pensadores russos que, em tempos pré-revolucionários, deu nome a uma das poucas palavras em inglês com etimologia russa — *intelligentsia*. Os homens e as mulheres da *intelligentsia* tendiam ao radicalismo em política, à boêmia como estilo de vida (em total contraste com o proclamado estilo ascético do bolchevismo que viria a seguir) e — de modo surpreendentemente contrastante com as versões do mesmo fenômeno na América e na Europa Ocidental — à fascinação pela ciência, bem como à crença no seu poder de transformar o mundo para melhor. Esses homens e mulheres tinham como ídolos os cientistas, mais do que os intelectuais da literatura ou da filosofia que tomavam a frente em movimentos semelhantes em outros países. Darwin, em particular, tornou-se seu ícone — e, por essa razão (e como uma curiosidade histórica raramente reconhecida ou bem compreendida), quase todos os intelectuais russos eram darwinistas, ao passo que, para frustração de Darwin, outros cientistas europeus, embora persuadidos da verdade da evolução desde *A origem das espécies*, tendiam a rejeitar o mecanismo da seleção natural que ele defendia.

Como um protótipo literário desse movimento devemos nomear o herói Bazarov, de *Pais e filhos*, publicado por Turguêniev em 1862, apenas três anos depois de *A origem das espécies*, de Darwin. Esse revolucionário niilista renega todas as leis, à exceção daquelas das ciências naturais. Quando não se encontra envolvido em estratagemas políticos, Bazarov disseca sapos, com o objetivo de aprimorar seu conhecimento e de assegurar seu equilíbrio. Vladimir e Sophia Kovalevsky não foram nem de longe tão pitorescos ou tão extremados em seus sentimentos e ações. Mas a vida deles decerto incluiu uma dose de aventura suficiente para merecer uma biografia em Hollywood. Fiquei particularmente perplexo com a conduta ardilosa de Vladimir no episódio em que ele, após a queda da Comuna de Paris em 1871, ajuda um prisioneiro e radical político (que era amante da irmã de Sophia) a escapar da França.

O casamento de Sophia e Vladimir começou como uma farsa, mas enquanto o mundo gira, os pássaros voam e as abelhas zumbem, as coisas nem sempre saem como planejadas. Diante do insucesso de Sophia em conseguir um emprego na Europa, e como Vladimir desejasse voltar à terra natal (onde poderia trabalhar como paleontólogo), eles retornaram à Rússia juntos. Eram muito afeiçoados um ao outro, e quando Vladimir demonstrou seu carinho especial por Sophia, que acabara de perder seu adorado pai, eles consumaram seu casamento e tiveram uma filha, que mais tarde formou-se em medicina, trabalhou como tradutora e tornou-se, ela própria, uma espécie de heroína de um sistema soviético marcadamente diferente.

A vida conjugal de Vladimir e Sophia foi sempre muito tensa, em grande medida por conta de suas próprias escolhas. Vladimir contava com algum dinheiro de família e Sophia recebeu uma boa herança após a morte do pai. Como nenhum dos dois encontrasse trabalho remunerado na ciência (e dado que o casal optara por um estilo de vida muito acima de suas posses), eles investiram seu dinheiro numa série de negócios imprudentes, a maior parte deles envolvendo bens imóveis e banhos públicos — e logo ficaram completamente falidos. Vladimir, então, num golpe de sorte (que ao final viria a selar sua ruína), conseguiu um emprego — com uma remuneração decente — como porta-voz de uma empresa que produzia nafta. Os irmãos Ragozin, donos da companhia, desejavam o prestígio dos graus acadêmicos de Vladimir, bem como suas reconhecidas habilidades verbais (resultantes, em parte, de seus esforços nos discursos de rua produzidos num passado político recente), para atrair clientes e investidores.

Vladimir passava a maior parte do tempo em viagens de negócio às cidades européias. Sophia, embora satisfeita com a renda que lhe propiciava algum tempo livre para o trabalho em matemática, mostrava-se cada vez mais frustrada com as ausências e as preocupações do marido — e um abismo cresceu entre eles. Finalmente, no início de 1881, Sophia se enfureceu e partiu para Berlim em busca de seus sonhos acadêmicos. Ela explicou numa carta a Vladimir:

> Você escreve, com razão, que mulher nenhuma jamais criou algo de importante, mas é justamente por isso que é tão essencial, enquanto ainda conto com energia e circunstâncias materiais razoáveis, que eu mostre se sou capaz de realizar alguma coisa ou se me falta inteligência para isso.

(A história de Vladimir e Sophia me deixou fascinado, e consultei todas as fontes que pude obter para escrever este ensaio — entre elas uma biografia suavizada escrita pela irmã de Sophia, um conjunto de documentos soviéticos ainda mais hagiográficos e uma ótima biografia recente, a fonte dessa citação e de muito mais, de autoria de Don H. Kennedy: *Little Sparrow: A Portrait of Sophia Kovalevsky* [O pequeno pardal: um retrato de Sophia Kovalevsky].)

Após uma série de cartas de partir o coração e alguns encontros visando a uma reconciliação, Sophia decidiu não retornar à Rússia, e o casal confiou sua filha aos cuidados do irmão mais famoso (e menos insolvente) de Vladimir, Alexander (o célebre embriologista que descobriu a relação entre os vertebrados e os aparentemente "inferiores" tunicados marinhos, também chamados urocordados).

E a tragédia previsível finalmente se desenrolou. Vladimir estivera mentalmente perturbado durante anos, e seus períodos de depressão se tornaram mais longos e mais profundos. A companhia de nafta faliu e os irmãos Ragozin, acusados de numerosas transações obscuras, enfrentaram uma série de processos judiciais. Vladimir, temendo ser julgado e desonrado (embora, ao que parece, fosse inocente e não estivesse oficialmente sob suspeita), cometeu suicídio em 15 de abril de 1883, enfiando um saco na cabeça e inalando clorofórmio. Ele escrevera pouco antes uma mensagem a seu irmão (sem, contudo, tê-la enviado) que funcionava como uma carta de despedida:

> Temo que o entristecerei muito, muitíssimo, mas depois de todas as nuvens que se juntaram de todos os lados sobre mim, essa era a única coisa a fazer. Tudo aquilo para que eu me preparei foi destruído por esse acontecimento e a vida tornou-se extremamente difícil [...]. Escreva a Sophia dizendo que não parei de pensar nela, no quanto eu estava errado em relação a ela e em como estraguei sua vida, que, não fosse por minha causa, teria sido brilhante e feliz.

Ao saber do ocorrido, Sophia ficou arrasada por uma mistura complexa de culpa e tristeza. Fechada em seu quarto, não admitia a entrada de ninguém e não comia nada. No quinto dia, perdeu a consciência. Foi então alimentada à força e colocada para dormir por seu médico. Dias depois, levantou-se, pediu lápis e papel e se pôs a trabalhar num problema matemático.

A carreira de Vladimir como paleontólogo foi breve e limitada, tanto em quantidade como no aparente alcance de sua produção. Ele trabalhou e estudou fora da Rússia de 1869 (o ano de seu casamento) a 1874, freqüentando cursos em diversas universidades alemãs, estudando os vertebrados fósseis em museus na Alemanha, na França, na Holanda e na Grã-Bretanha e coletando fósseis na França e na Itália. Escreveu seis artigos em três idiomas, nenhum deles na sua língua materna (algumas traduções russas foram lançadas posteriormente). Todos eles, publicados entre 1873 e 1877, tratavam da anatomia e da evolução dos dois grupos numerosos de mamíferos grandes, herbívoros e ungulados — os perissodátilos, ou os ungulados com dedos em número ímpar (representados hoje por um pequeno número de espécies vivas, os cavalos, os rinocerontes e as antas), e os artiodátilos, ou os ungulados com dedos em número par (o caso mais bem-sucedido entre todos os mamíferos de grande porte, que inclui o grupo altamente diverso dos bovinos e também os cervídeos, os antílopes, os carneiros, os bodes, os porcos, as girafas, os camelos e os hipopótamos).

No final da década de 1970, editei uma coleção fracassada de trinta volumes de reproduções em *fac-símile* da história da paleontologia. (Os livros eram fascinantes, mas a editora faliu — por outras razões, espero! — logo depois que a coleção foi lançada. Confesso que a maioria das cópias acabou na máquina picotadora.) Decidi coligir todos os artigos de Kovalevsky em um volume — seus artigos em alemão publicados no periódico *Palaentographica*, sua monografia em inglês, que T. H. Huxley apresentou para publicação nas *Philosophical Transactions of the Royal Society of London*, e seu famoso tratado sobre a evolução dos cavalos, editado em seu país nos *Mémoires de l'Academie Impériale des Sciences de St.-Pétersbourg* (em francês, com o objetivo de tornar o trabalho acessível a um grande número de leitores. Muitos países, hoje em dia — particularmente o Japão —, publicam os principais periódicos científicos em inglês, pela mesma razão). Os seis artigos resultaram num volume considerável, embora não muito robusto.

Uma produção tão exígua raramente resulta numa posição de destaque num campo como a paleontologia, quase sempre considerado (ainda que de maneira injusta) uma área devotada à descrição detalhada de minúcias. No entanto, ainda que Vladimir Kovalevsky possa ser virtualmente desconhecido para o mundo intelectual mais amplo (exceto como marido de uma famosa matemática e irmão de um embriologista de renome), ele é reconhecido no interior da minha pequena confraria como um inovador importante e um profissional especialmente meticuloso. Seus poucos artigos publicados criaram uma reputação que ultrapassa em muito seu peso literal. Por quinze anos tenho olhado com carinho para minha modesta edição da íntegra de seu trabalho.

Kovalevsky sempre conquistou o louvor de seus apreciadores. Darwin tinha seu trabalho em alta conta e escreveu uma carta tão elogiosa a respeito de uma de suas monografias sobre os cavalos, que os especialistas só poderiam ansiar pela leitura de outros trabalhos no mesmo (e rigoroso) estilo. (Darwin tinha a caligrafia mais abominável do mundo, um sério obstáculo para todos os historiadores da ciência. Algumas das mais importantes passagens de seus textos, e portanto da história do pensamento ocidental, ainda necessitam ser decifradas para satisfação geral. Mas ele escreveu a Kovalevsky numa letra perfeitamente clara — sem dúvida com muito esforço e em deferência a um homem que costumava trabalhar no alfabeto cirílico e poderia ter dificuldade em entender sua caligrafia. Resta saber por que razão Darwin não se deu conta de que também os ingleses tropeçariam nos seus garranchos habituais.)

Darwin tinha fortes razões para cultivar as boas graças de Kovalevsky. Antes de se casar com Sophia, Vladimir trabalhara como tradutor e editor de livros científicos. Ele traduziu para o russo ao menos três dos mais importantes trabalhos de Darwin — *The Variation of Animals and Plants Under Domestication* [A variação nos animais e plantas domésticos] (1868), *Descent of Man* [A descendência do homem] (1871) e *A expressão das emoções no homem e nos animais* (1872). Vladimir trabalhou de modo tão febril no livro de 1868 (o mais longo trabalho de Darwin) que a edição russa, a bem da verdade, foi lançada antes da versão inglesa "original", e representou, desse modo, a primeira publicação desse influente trabalho. Num outro episódio de suas memoráveis biografias, Vladimir e Sophia atravessaram as linhas prussianas, com destino a Paris, transportando em segurança as provas de *Descent of Man*, durante a guerra franco-prussiana de 1870.

A reputação de Kovalevsky permaneceu sólida na pequena comunidade dos paleontólogos especialistas em vertebrados. Nos primeiros anos deste século, Henry Fairfield Osborn, o mais importante pesquisador desse campo nos Estados Unidos, descreveu o trabalho de Kovalevsky como "a primeira tentativa de organizar um grupo extenso de mamíferos com base na teoria da descendência". Ele acrescentou em seguida:

> Se um aluno me pergunta de que modo deve estudar a paleontologia, o melhor que posso fazer é lhe indicar a leitura de *Versuch einer natürlichen Classification der fossilen Hufthiere* [Uma tentativa de classificação natural dos fósseis dos mamíferos ungulados — a publicação em alemão mais importante de Kovalevsky] [...] Esse trabalho consiste numa combinação exemplar entre a teoria e o estudo detalhado da forma e da função.

O paleontólogo belga Louis Dollo, a maior autoridade européia nesse campo, exaltou os méritos de Kovalevsky, descrevendo-o como "o primeiro a estudar sistematicamente os grandes problemas da paleontologia com base na evolução [...]. Nenhum paleontólogo antes dele conjugara um conhecimento tão íntimo de pormenores com uma amplitude tão grande de conceitos". Em seu principal trabalho (*La paléontologie éthologique*, 1909), Dollo propôs uma síntese heróica da história da paleontologia, retratando-a como um processo de avanço crescente, da insensatez à iluminação, em três estágios progressivos, cada um deles marcado por um protótipo: a "época fabulosa, ou empírica", centrada no extravagante trabalho do início do século XVIII do erudito suíço J. J. Scheuchzer, a "época morfológica, ou racional", caracterizada pela importante obra de Georges Cuvier no início do século XIX, e, por fim, a grandiosa "época transformista [evolucionista], ou definitiva", simbolizada pelo trabalho brilhante de Kovalevsky.

Podemos situar as razões da celebridade de Kovalevsky, e de seu lugar permanente na história das ciências naturais, por meio de duas explanações sucintas:

1. Kovalevsky foi o responsável pela primeira aplicação substancial da teoria evolucionista — mais precisamente a versão de Darwin, assentada na seleção natural — às linhagens dos organismos fósseis. (Outros haviam publicado interpretações evolucionistas baseadas em visões confusas e vagas sobre os mecanismos de mudança, mas Kovalevsky aplicou de maneira rigorosa a teoria da seleção natural, fundamentalmente procurando as correlações entre as alterações anatômicas e as mudanças no ambiente externo e, a seguir, desenvolvendo interpretações funcionais, ou adaptativas, das transformações evolutivas.) Além disso, Kovalevsky era um darwinista coerente numa época em que a grande maioria dos cientistas, embora convencidos da verdade da evolução pelos argumentos de Darwin, rejeitava a seleção natural como um mecanismo importante de mudança. (Na verdade, o compromisso de Kovalevsky não significa necessariamente uma compreensão maior ou uma capacidade de observação superior em relação aos fósseis, pois resultava em grande medida da autoridade que a *intelligentsia* russa atribuía a Darwin, conforme discutido anteriormente neste ensaio.)

Na sua monografia em inglês de 1874, Kovalevsky escreveu:

> A ampla aceitação da teoria de Darwin pelos pensadores naturalistas deu uma nova vida à pesquisa paleontológica; a investigação das formas fósseis foi elevada de um estudo meramente inquisitivo de fenômenos atribuídos a atos arbitrários da criação a uma investigação científica aprofundada das formas naturalmente aparentadas que têm uma relação direta com aquelas que hoje povoam o planeta.

A título de exemplo de seu foco na evolução como conseqüência da adaptação às mudanças ambientais, Kovalevsky argumenta, ainda na mesma monografia, que os cavalos desenvolveram seu único (e resistente) dedo para a vida nas planícies duras e secas (um ambiente novo que surgiu após a evolução das gramíneas no Mioceno), ao passo que os mamíferos dotados de casco que habitavam terrenos macios e pantanosos necessitavam de uma pata mais larga e, portanto, retiveram um número maior de dedos:

> Se os dedos laterais ainda se encontram preservados nos suídeos [porcos], isso se deve principalmente ao fato de que os suínos, em geral, vivem em lugares pantanosos e nas ribanceiras lamacentas dos rios, onde uma pata larga adquire grande importância, impedindo-os de afundar demasiadamente na lama. Mas, se por alguma mudança geológica o hábitat desses animais se convertesse num terreno seco graminoso, não há dúvida alguma de que eles facilmente perderiam seus dedos laterais como os paleoterídeos [os ancestrais dos cavalos, na visão de Kovalevsky] perderam os seus [...] transformando-se no cavalo monodáctilo [de um dedo].

2. Kovalevsky documentou a mais famosa das histórias evolutivas — a transformação do ancestral do cavalo, que apresentava corpo pequeno, múltiplos dedos e dentes de coroa curta, no cavalo moderno, de corpo grande, um único dedo e dentes longos. Além disso, Kovalevsky identificou, corretamente, pensamos ainda hoje, a base adaptativa primária dessa transformação — uma mudança ambiental em que a alimentação com brotos de plantas em florestas e brejos cedeu lugar à pastagem de grama e à corrida nos territórios abertos. Kovalevsky ligava essa transição à evolução das gramíneas no Mioceno, seguida do desenvolvimento de extensas planícies e savanas que deu origem a um novo hábitat pronto para a exploração. Ele explicou a redução do número de dedos como uma adaptação à corrida em terreno firme, e a evolução dos dentes de coroa alta como uma resposta às novas dietas de gramíneas rijas com alto teor de sílica, potencialmente erosiva para os dentes.

Thomas Henry Huxley trabalhara no mesmo problema e propusera uma seqüência evolutiva semelhante, mas Kovalevsky reuniu uma documentação tão mais extensa que o crédito original dessa história seminal foi atribuído ao cientista russo (com a bênção de Huxley). Kovalevsky e Huxley reconstruíram a seqüência

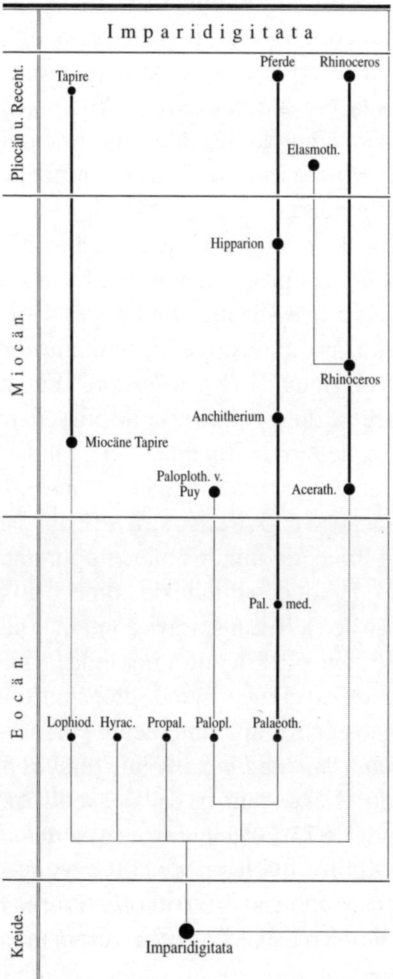

14. A monografia de Kovalevsky de 1876 apresentava uma transição gradual de quatro estágios na evolução do cavalo, tomando como base unicamente os fósseis europeus, desde o Paleotherium *até o* Pferde *(ou* Equus, *o cavalo moderno). O paleontólogo russo se equivocou, embora tenha apreendido corretamente o poder explicativo da teoria darwinista.*

evolutiva dos cavalos como uma série linear de quatro estágios sucessivos, todos com base nos fósseis europeus (ver a árvore evolutiva na página anterior, reproduzida da monografia de Kovalevsky publicada em alemão em 1876): do *Paleotherium* do Eoceno ao *Anchiterium* de três dedos do início do Mioceno, que evoluiu para o *Hipparion* do final do Mioceno, até chegar ao *Equus*, o cavalo moderno.

Kovalevsky não demonstrou apreensão alguma em relação à exatidão da seqüência proposta por ele. Escrevendo sobre a primeira etapa desse processo em sua monografia em inglês de 1874, afirmou: "Não há, na minha opinião, nenhuma dúvida razoável de que o cavalo se originou do *Paleotherium*". Ele mostrou-se igualmente seguro acerca do segundo estágio em seu tratado em francês de 1873: "No esqueleto do *Anchiterium* há indícios tão claros de que se trata de um gênero intermediário, transicional, que se a teoria da transmutação já não se encontrasse estabelecida de maneira tão sólida, ele forneceria um dos mais importantes pilares para a sua sustentação" (tradução minha do começo ao fim). Sua monografia em alemão de 1876 transpirava confiança na seqüência completa de quatro estágios: "Encontramos uma forma no alto Eoceno, que deve com certeza ser interpretada como um ancestral dos cavalos; e agora temos dados aparentemente persuasivos de que essa forma, o *Paleotherium medium*, evoluiu através do *Anchiterium* e do *Hipparion* do Mioceno até os cavalos modernos". A monografia em francês de 1873 fazia a mesma asserção de uma maneira mais sucinta e vigorosa: "Não pode haver nenhuma dúvida razoável de que as quatro formas — o *Paleotherium medium*, o *Anchiterium*, o *Hipparion* e o cavalo — configuram uma relação de descendência direta".

Eu acrescentaria um terceiro argumento, mais técnico e profissional (e que, por essa razão, não faz parte da reputação de Kovalevsky), para justificar seu prestígio entre os paleontólogos em exercício. Kovalevsky ganhou fama por sua atenção meticulosa aos detalhes descritivos. Mencionei os poucos comentários gerais presentes em suas publicações. A maior parte de seu texto fornece informação exaustiva sobre toda protuberância de cada um dos ossos e sobre o menor pedacinho de cada dente. Além disso, Kovalevsky não se entregou a um trabalho tão laborioso pelas razões impensadas e obsessivas que motivam muitos praticantes da paleontologia, mas explicitamente porque encarava esse nível de detalhamento como um pré-requisito para a documentação adequada de idéias tão grandiosas como a evolução, a seleção natural e a adaptação. Imediatamente depois da exaltação a Darwin em sua monografia em inglês (citada acima), e como uma desculpa para afirmações gerais tão floreadas, ele escreveu: "As observações precedentes devem ser tomadas somente como uma justificativa para os detalhes osteológicos um tanto minuciosos dos quais tive de me ocupar em minha descrição".

Kovalevsky iniciou seu tratado em francês de 1873 com a defesa mais explícita do empirismo pormenorizado como método científico. Ele afirma que foi capaz de comprovar a posição intermediária do *Anchiterium* somente em virtude do grande número de fósseis de que dispunha para suas análises:

> Eu logrei obter um material mais completo do que todos os meus predecessores. Uma monografia sobre o *Anchiterium* oferece agora, depois de todas as belas conquistas da teoria darwiniana, um encanto irresistível para todos os naturalistas evolucionistas.

Mas Kovalevsky, fiel a seu ideal primeiro de objetividade, nega, em seguida, que qualquer preferência *a priori* pela evolução pudesse ter influenciado suas interpretações. Na melhor tradição do Sargento Friday — "apenas os fatos, senhora"[1] —, ele afirma ter alcançado uma conclusão inescapável ao libertar sua mente de idéias preconcebidas e deixar que os fatos (isto é, os fósseis) falassem por si mesmos:

(1) Gould faz referência ao bordão empregado pelo sargento Joe Friday, personagem principal do seriado para a televisão *Dragnet*, produzido nos anos 1950 e estrelado por Jack Webb. (N.T.)

> Entretanto, não se deve supor que iniciei esse trabalho com um objetivo preconcebido. Ao contrário, interroguei o material de uma maneira imparcial e apresentei a resposta que os fósseis me forneceram.

Com essa afirmação jactante, chegamos à ironia extraordinária que faz com que o caso de Vladimir Kovalevsky se transforme, de uma história do passado, capaz de tocar os nossos mais profundos sentimentos, em uma lição de relevância central para a prática da ciência moderna. Kovalevsky desenvolveu um estudo de caso que permanece preeminente como um relato triunfante sobre a evolução documentado por meio do registro fóssil. (Existe algum museu paleontológico que *não* inclua uma "linha" evolutiva dos cavalos?) Ele expressou total confiança na sua seqüência dos quatro gêneros europeus. Conquistou sua reputação pelo cuidado insuperável na descrição detalhada e meticulosa. Desposou fortemente a doutrina clássica da objetividade total da observação e afirmou que os fósseis em si mesmos haviam ditado uma conclusão factual irrepreensível.

E, no entanto, Kovalevsky estava errado — por uma razão clara e interessante que não implica nenhum descrédito em relação a seu trabalho. Ele e Huxley consideravam a seqüência dos quatro fósseis europeus como uma linhagem ininterrupta de transformação direta — ou seja, como uma série de ancestrais e seus descendentes. Eles não se deram conta — nem poderiam, dado que essa informação não se encontrava disponível — de que os cavalos haviam surgido na América e migrado diversas vezes para a Europa. Os três "ancestrais" da seqüência de Kovalevsky — o *Paleotherium*, o *Anchiterium* e o europeu *Hipparion* — são todos ramos laterais que migraram para a Europa e foram extintos sem deixar descendentes em seu novo e periférico hábitat. (Como uma espécie de ironia histórica que viria a custar muito aos astecas e facilitar substancialmente as táticas sangrentas dos conquistadores, os cavalos então se extinguiram na América, tornando os descendentes do Velho Mundo, de uma outra migração, a fonte de todos os cavalos modernos.) Os quatro gêneros de Kovalevsky representavam de fato uma série temporal de estágios numa tendência, mas não — como ele proclamou com tanta segurança — uma seqüência direta de filiação. Ele havia, por assim dizer, tomado uma sucessão indireta entre o irmão do meu avô paterno, o irmão da minha mãe e eu como se ela fosse uma genealogia direta entre meu avô paterno, meu pai e eu.

O desfecho aconteceu de uma maneira interessante quando T. H. Huxley fez sua única viagem aos Estados Unidos para apresentar uma aula inaugural na abertura da Johns Hopkins University e para participar de uma série de outros eventos — entre eles uma conferência em Nova York sobre a evolução dos cavalos — que faziam parte da celebração do centenário dos Estados Unidos em 1876. Ele visitou o paleontólogo americano O. C. Marsh em Yale e, com grande empolgação, misturada a uma pitada de melancolia, viu fósseis transicionais admiráveis em número suficiente para se aperceber de que a América é que fora um solo procriador, ao passo que a Europa não passara de uma periferia. Marsh, posteriormente, escreveu sobre sua magnífica exibição:

> Huxley então me informou que se tratava de algo novo para ele, e acrescentou que os meus fatos demonstravam a evolução do cavalo para além de qualquer dúvida, indicando, pela primeira vez, a linhagem direta de um animal existente. Com o desprendimento que assinala a verdadeira grandeza, ele abriu mão de suas opiniões diante da nova verdade e aceitou minhas conclusões.

Huxley jogou fora sua conferência de Nova York e preparou às pressas uma nova versão.

Se a ciência, conforme o estereótipo proclama, operasse de fato como um processo automático de documentação objetiva, seria o caso de criticarmos Kovalevsky com severidade — pois ele propagandeou firmemente que suas conclusões eram derivadas dos dados e comprovadas por eles. Além disso, se as teorias se apóiam sobre exemplos decisivos, como um outro estereótipo sustenta, então não seria o caso de colocarmos a própria evolução em questão ao apagar os cavalos de Kovalevsky da corrida da vida? E isso não converte Kovalevsky em um pesadelo, em vez de um herói — um pedestal para os criacionistas, mais do que um estudioso notável da paleontologia evolutiva —, uma vez que seu erro ajudaria o inimigo?

Em vez de criticar Kovalevsky, devemos rejeitar esses estereótipos simplistas e dar a devida atenção à sabia declaração de Marsh sobre "o desprendimento que assinala a verdadeira grandeza". O único atributo universal das afirmações científicas reside na sua falibilidade potencial. Se uma afirmação não pode ser refutada, não pertence ao empreendimento da ciência. Um campo novo (como era o caso da paleontologia evolutiva no tempo de Kovalevsky) que trabalha com dados imperfeitos (o registro fóssil) apresenta-se especialmente sujeito a erros — e os bravos cientistas devem dar o melhor de si e assumir os riscos das conseqüências, confiantes de que a retificação de um equívoco (por mais embaraçosa que seja, do ponto de vista pessoal, para aquele que o perpetra) produz tanto esclarecimento quanto uma descoberta legítima.

Além do mais, as teorias realmente importantes e poderosas — e a da evolução ocupa uma posição de destaque entre elas — não se apóiam, nem poderiam fazê-lo, sobre observações isoladas. A evolução é uma inferência construída a partir de milhares de fontes independentes, e é a única estrutura conceitual capaz de formular um sentido unificado para essa infinidade de informações díspares. O fracasso de uma afirmação particular geralmente registra um erro local, e não a falência de uma teoria central. Kovalevsky incorretamente interpretou uma série de parentes colaterais como uma seqüência genealógica, mas a noção de genealogia em si mesma não se torna inválida em função disso. Se o irmão de seu pai é, por engano, identificado como o seu próprio pai, isso não faz de você um ser desprovido de raízes genealógicas e criado *de novo*. Você continua tendo um pai; ele apenas não foi determinado de maneira adequada.

Com essa história sobre o erro fecundo de Kovalevsky, vemonos diante do tema da relação entre fato e teoria na ciência, e também de um outro problema interessante, ligado ao primeiro, que é o fenômeno de se fazer uma descoberta correta pelas razões erradas. Teoria e fato são aspectos igualmente fortes e absolutamente interdependentes. Um deles não tem o menor sentido sem o outro. Necessitamos da teoria para organizar e interpretar os fatos e até mesmo para saber o que é que podemos ou devemos observar. E precisamos dos fatos para validar as teorias e lhes dar substância. Kovalevsky cometeu um engano altamente proveitoso e admirável. Ele apreendeu o poder explanatório de uma teoria nova e correta que viria a reformular toda a biologia — e almejou aplicar essa idéia a dados fundamentais, muito embora difíceis. Chegou a uma conclusão prematura cujo erro, apenas parcial, residia na identificação errônea de parentes colaterais como ancestrais diretos. Mas forneceu o primeiro exemplo poderoso de uma metodologia possível (as inferências sobre a adaptação, com base nas mudanças anatômicas observadas em seqüências paleontológicas) que, com dados mais adequados, é capaz de documentar e sustentar a mais importante teoria sujeita a comprovação com base no registro fóssil.

Para que não reste dúvida de que é possível acertar pelas razões erradas, consideremos o incidente central na vida intelectual do herói de Kovalevsky, Charles Darwin. Graças a seu costume obsessivo de registrar suas reflexões, podemos reconstruir as fontes do heureca de Darwin quando, no início de 1837, ele reconheceu a verdade da evolução. Ele se deu conta pela primeira vez de que se equivocara ao classificar boa parte dos pequenos pássaros das ilhas Galápagos em diversas famílias remotamente aparentadas. Todos eles, na realidade, eram tentilhões. Como era possível que ilhas adjacentes abrigassem espécies distintas de pássaros tão proximamente aparentados? Darwin descobriu em seguida que a inconfundível ema (um pássaro grande que não voa) que ele coletara no Sul da Patagônia pertencia a uma nova espécie (nomeada de *Rhea darwinii*, em sua homenagem, pelo seu consultor em ornitologia, John Gould). Por que razão, Darwin indagou a si mesmo, dois pássaros que são parentes próximos partilham territórios geográficos contíguos, a ema comum ao norte e a nova espécie de Darwin ao sul?

Darwin ponderou sobre esses dois exemplos de substituição geográfica entre pássaros modernos de parentesco próximo. Ele então produziu uma analogia brilhante: se os tentilhões e as emas substituem uns aos outros no espaço, será que a sucessão temporal não ocorreria igualmente em continuidade — isto é, por meio da evolução, e não da criação sucessiva? Darwin coletara fósseis de grandes mamíferos na América do Sul. Ele interpretava o gênero mais tarde chamado de *Macrauchenia* como um parente do guanaco moderno. Se as duas emas são parentes próximas e vivem em territórios geograficamente contíguos, então os dois animais semelhantes ao camelo, o extinto *Macrauchenia* e o guanaco moderno, que são temporalmente contíguos, devem também ser parentes próximos. Em outras palavras, a seqüência temporal deve provavelmente registrar uma transformação evolutiva. Eureca! Darwin anotou rapidamente esse *insight*-chave num caderno pessoal: "O mesmo tipo de relação que existe entre a ema comum e a nova espécie [*Rhea darwinii*] existe entre os guanacos extintos e os recentes; no primeiro caso, uma relação de posição, no segundo, uma relação temporal".

Que acontecimento prodigioso! Que momento crucial na história do pensamento! Contudo, Darwin baseou sua brilhante analogia e sua conclusão geral espantosamente correta num engano em relação aos detalhes — um equívoco que ele não poderia ter reconhecido, e que não afetou a validade de seu estalo maior. A América do Sul fora um continente-ilha durante dezenas de milhões de anos, até que o istmo do Panamá emergisse alguns milhões de anos atrás (ver capítulo 20). Diversas ordens independentes de mamíferos haviam se desenvolvido na América do Sul, embora muitas delas tivessem perecido em decorrência de mudanças climáticas e dos influxos de espécies da América do Norte após a formação do istmo. (O conjunto notável de sobreviventes, o grande grupo nativo da América do Sul, inclui os bichos-preguiça, os tatus e os tamanduás pertencentes à ordem única Edentata.)

Uma dessas ordens extintas e independentes, a ordem Litopterna, incluía criaturas curiosamente convergentes em relação a certos mamíferos não aparentados existentes em outros continentes. (No fenômeno evolutivo da convergência, grupos que guardam uma relação distante entre si desenvolvem formas similares, como resultado da adaptação independente a ambientes comuns. Os ictiossauros são répteis e os golfinhos são mamíferos — mas ambos se parecem com os peixes e funcionam como eles.) Um grupo de litopternas desenvolveu uma semelhança espantosa com os cavalos, incluindo uma perda de dedos paralela, culminando no *Thoatherium*, o litopterna de um dedo só! Outro grupo, representado pelo *Macrauchenia*, convergiu com os camelídeos do Novo Mundo. Dado que os camelos atravessaram, mais tarde, o istmo do Panamá e colonizaram a América do Sul (sobrevivendo hoje na forma de lhamas, guanacos e alpacas), não podemos culpar Darwin pela inferência de um laço genealógico entre os guanacos modernos e o *Macrauchenia* fóssil, que mostravam semelhança notável, embora não fossem aparentados. Richard Owen, o maior anatomista da Inglaterra, e amigo de Darwin nesses primeiros anos (ver capítulo 6), afirmara que existia uma ligação entre o *Macrauchenia* e os guanacos modernos.

Assim, nesse que é o momento mais grandioso da história da biologia, Darwin apreendeu a verdade da evolução ao estabelecer uma analogia brilhante com base em um erro factual grosseiro. As teorias raramente nascem como inferências pacientes impostas pelo acúmulo de fatos. Teorias são construções mentais potencializadas por aguilhoadas externas complexas (entre as quais se inclui, em casos idealizados, um empurrão poderoso por parte da realidade empírica). Mas esses cutucões incluem muitas vezes os sonhos, as reviravoltas do destino e os erros — do mesmo modo como às vezes obtemos explosões de energia a partir de alimentos ou de remédios que não têm nenhum valor objetivo ou duradouro. Grandes verdades podem emergir de pequenos erros. A evolução é palpitante, libertadora e correta. E o *Macrauchenia* é um litopterna. É o registro fóssil que fornece, em larga escala, as nossas melhores evidências diretas da evolução. E os cavalos fósseis europeus são parentes colaterais e não os ancestrais do moderno *Equus*.

Como escreveu a sra. Julia Ward Howe — o membro do casal que alcançou fama duradoura —, podemos obter inspiração de muitas fontes diferentes, "na beleza dos lírios" e também "onde as vinhas da ira estão guardadas" (para explorar todo o espectro botânico). Toda luz inspiradora pode indicar um caminho na escuridão da complexidade da natureza. "Eu li Sua sentença justa na obscuridade e na luz resplandecente. Sua verdade está a caminho."[2]

(2) Nesse parágrafo, Gould cita diversos fragmentos de *The battle hymn of the Republic*: "in the beauty of the lilies", "where the grapes of wrath are stored" e, finalmente, "I have read His righteous sentence by the dim and flaring lamps. His truth is marching on". (N.T.)

Parte III

A PRÉ-HISTÓRIA HUMANA

8

CONTRA A PAREDE

Somos, acima de tudo, um bando de contestadores, incapazes de chegar a um acordo a respeito do que quer que seja. Alexander Pope captou a essência de nossa discordância num dístico (embora a tecnologia moderna tenha adulterado a força de sua comparação):

Com os nossos julgamentos, dá-se o mesmo que com os nossos relógios de pulso,
Nenhum acompanha o outro e, no entanto, cada um acredita no seu.[1]

Quase todas as proclamações de unanimidade, portanto, exalam um cheiro duvidoso — presente nas situações em que há restrição à liberdade de escolha (as "eleições" nas nações ditatoriais de partido único) ou nas criações cômicas que visam sublinhar a realidade oposta (como no momento em que Ko-Ko, numa cena de *Mikado*, de Gilbert e Sullivan, lê um documento assinado pelo procurador-geral, pelo juiz da Suprema Corte, pelo presidente do Tribunal de Justiça, pelo juiz de carreira e pelo ministro da Justiça — e então declara: "Eu nunca vi semelhante consenso em relação a uma questão legal". Mas o documento fora endossado por um

(1) "Tis with our judgements as our watches, none/ Go just alike, yet each believes his own." (N.T.)

signatário apenas — uma vez que Pooh-Bah acumulava todos os títulos mencionados!).

Os paleontólogos provavelmente se aproximam da média dos grupos humanos em relação aos níveis de discordância entre os indivíduos (ao passo que os pesquisadores da pré-história do homem decerto ficam próximos do nível mais alto, uma vez que, nesse campo, há mais praticantes do que objetos de estudo, surgindo assim um alto grau de avidez e de luta pelo espaço). Contudo, há um objeto — e apenas um — que inspira uma unanimidade absoluta entre os estudiosos da vida antiga, ainda que seja mais por razões viscerais do que por motivos intelectuais. Todos nós, sem exceção, experimentamos um enorme sentimento de reverência e uma verdadeira fascinação diante das grandes pinturas nas cavernas feitas por nossos ancestrais nas regiões Sul e Central da Europa entre 30 mil e 10 mil anos atrás, aproximadamente.

Se essa admiração representa o nosso único consenso (que, a propósito, não se limita aos profissionais cientistas, mas é partilhado com cada membro da espécie *Homo sapiens*, por menor que seja sua curiosidade em relação ao nosso passado), eu peço ao leitor que não me julgue um Scrooge[2] ou um Grinch[3] por mencionar que o princípio lógico habitual por trás desse sentimento resulta de uma combinação de duas razões — uma delas correta, e a outra, a meu ver, absolutamente inválida. Não faço essa afirmação para sugerir que nosso encantamento deveria ser menor, mas para que possamos abrir mão de uma bagagem conceitual sem a qual ficaríamos liberados para melhor apreciar esse deslumbrante momento inaugural de nossa mais valorizada instituição.

A razão legítima reside no fato de que, ao olharmos para os exemplos mais brilhantes e vigorosos dessa arte, convencemo-nos de imediato de que estamos diante de um Michelangelo. Compara-

(2) Personagem de *Uma história de Natal*, de Charles Dickens (1843), caracterizado por sua mesquinhez. (N.T.)

(3) Personagem de *Como o Grinch roubou o Natal,* de Dr. Seuss (Theodor Geisel). (N.T.)

ções desse tipo parecem tão óbvias e tão justificáveis que se tornaram uma espécie de clichê para descrever a primeira reação de qualquer pessoa a uma parede de caverna pintada de maneira admirável. Por exemplo, ao comentar sua reação emocional diante da recém-descoberta caverna de Chauvet — a fonte de informações para a conclusão final deste ensaio —, um eminente especialista escreveu: "Olhando de perto as esplêndidas cabeças dos quatro cavalos, fui subitamente dominado pela emoção. Senti uma certeza profunda e clara de que a pintura à minha frente era obra de um dos grandes mestres, um Leonardo da Vinci do Solutreano, revelado a nós pela primeira vez. Foi ao mesmo tempo uma humilhação e uma grande alegria".

A razão equivocada é que esse sentimento nasce também de um raciocínio que se soma à nossa simples (e correta) admiração. Em poucas palavras, ficamos surpresos, ou até mesmo aturdidos, ao descobrir que uma pintura tão antiga pode mostrar tamanha sofisticação. Antigo deveria significar rudimentar — seja primitivo, em virtude da maior regressão evolutiva em direção a um passado simiesco, ou infantil, pela maior proximidade com os primeiros passos do nosso percurso em direção à modernidade. (Essas metáforas — de rusticidade animalesca ou de juventude balbuciante — provavelmente assumem pesos aproximadamente iguais na formação dos nossos preconceitos.) À medida que retrocedemos no tempo ao longo de nossa própria árvore evolutiva, seria de se esperar que encontrássemos ancestrais mais e mais longínquos, com capacidade mental cada vez menor. As primeiras expressões conhecidas de arte representacional deveriam, então, mostrar-se grosseiras e primitivas. Em vez disso, o que encontramos é o trabalho de uma espécie de Picasso primal — e ficamos emudecidos.

Este ensaio se dedica a rastrear a predominância dessa visão na obra de um dos maiores especialistas em arte nas cavernas do Paleolítico. Pretendo argumentar que essa equação do mais antigo ao mais rudimentar não somente viola as expectativas da teoria da evolução, quando interpretada da maneira correta, como também já foi refutada com base nas descobertas recentes em Chauvet e em outras localidades. Sugerirei então que a expectativa, mais adequada, de se encontrar um altíssimo grau de sofisticação nessas primeiras manifestações da arte deveria, na verdade, aumentar ainda mais a nossa capacidade de apreciá-las — pois substituímos a visão equivocada (ainda que heróica) do avanço contínuo pelo sentimento profundamente prazeroso de unidade com pessoas que, do ponto de vista biológico, eram exatamente como nós, embora vivessem em circunstâncias muito distantes, tanto temporal como culturalmente, da nossa vida atual.

(Não há nada mais ridículo que as demonstrações de sabedoria emitidas pelo zagueiro na segunda-feira de manhã, ou pelo motorista sentado no banco do passageiro — isto é, a atitude do não-participante que exclama, com autoridade: "Eu bem que avisei!". Este ensaio resvala perigosamente nessa vergonhosa modalidade. Sou, afinal de contas, um paleontólogo e um especialista em caracóis, e não um historiador da arte ou um estudioso da cultura humana. Que direito tenho, então, de criticar os esforços monumentais empreendidos durante toda uma vida pelo abade Henri Breuil e por André Leroi-Gourhan, os mais habilitados e prolíficos pesquisadores dedicados a esse campo de estudo? Em minha defesa, eu diria, em primeiro lugar, que na ciência os erros honrosos não devem ser vistos como fracassos, mas sim (e graças à quintessencial atividade da retificação) como sementes para o progresso. Nenhuma investigação nova e grandiosa se desenvolveu sem erro substancial, e a esse respeito é suficiente mencionar a famosa frase de Darwin: "Os fatos incorretos são altamente prejudiciais ao progresso da ciência, pois quase sempre resistem por um longo tempo; mas as visões incorretas, desde que sustentadas em alguma evidência, produzem pouco prejuízo, uma vez que todos se ocupam do prazer salutar de demonstrar sua inexatidão". Ao contrário de Marco Antônio, vim para elogiar Breuil e Leroi-Gourhan, e não para enterrá-los.[4] Em segundo lugar, o ponto de vista de um

(4) Alusão a *Júlio César*, de Shakespeare, Ato III, cena 2: "I come to bury Caesar, not to praise him". (N.T.)

campo aparentado pode muitas vezes iluminar uma disciplina adjacente demasiadamente presa aos seus próprios hábitos. Falo, portanto, da perspectiva de uma vizinha próxima, a teoria evolucionista, para indicar — como tantos fizeram antes de mim, e partindo dos mesmos princípios — que as expectativas convencionais não se confirmam no nosso estado de conhecimento atual sobre a evolução e, desse modo, representam preconceitos persistentes que talvez devam ser reavaliados e descartados.

A expressão geral "arte do período glacial" ou "paleolítica" (literalmente, da Antiga Idade da Pedra) foi aplicada à grande variedade de trabalhos — encontrada numa ampla extensão geográfica — pertencentes a duas categorias principais: os objetos pequenos e móveis geralmente denominados "portáteis" (por exemplo, as assim chamadas Vênus e as esculturas de cervos, cavalos e outros animais, em osso ou marfim, em discos, placas e cabos de lança), e as gravuras e pinturas nas paredes das cavernas (e, segundo descobertas recentes, também em alguns poucos sítios abertos), chamadas de "parietais". (Em latim, *paries* é muro. Se você pertence à minha geração, irá se lembrar, com diversão hoje em dia, mas, naquela época, com extrema frustração, das chamadas horas parietais nos alojamentos da faculdade, quando os membros do sexo oposto eram proibidos de permanecer no seu dormitório, sendo obrigados a retornar aos seus próprios aposentos.) A arte portátil européia se estende desde a Espanha até a Sibéria; a arte parietal foi encontrada principalmente na França e no Norte da Espanha, com alguns sítios na Itália e, possivelmente, outros ainda em localidades mais distantes. (Cavernas ornamentadas em outros gêneros, mas talvez de idade equivalente ou até mesmo mais antigas, foram descobertas em diversas regiões do mundo, da África à Austrália.)

As datações atuais das pinturas parietais com carbono-14 (com base no carvão vegetal) indicam um período que se estende de 32 410 anos A.P. (antes do presente),[5] em Chauvet, até 11 600 anos

(5) Na datação pelo carbono-14, a idade é determinada em anos "antes do presente" (A.P.), sendo o presente o ano de 1950. (N.T.)

A.P., em Le Portel. Esse intervalo de tempo corresponde à ocupação da Europa por nossa própria espécie, *Homo sapiens* (freqüentemente chamada, nessa forma, de "Cro-Magnon", em homenagem ao sítio francês onde seus restos foram encontrados pela primeira vez. É importante lembrar que os Cro-Magnon são pessoas como nós — tanto do ponto de vista da anatomia corporal como da arte parietal —, e não algum ancestral distante encurvado e grunhidor). Os habitantes da Europa imediatamente anteriores, os famosos homens de Neandertal, não produziam (até onde sabemos) nenhuma forma de arte representacional. Os homens de Neandertal se sobrepõem aos Cro-Magnon na Europa, provavelmente adentrando o período inicial da arte parietal produzida por estes últimos. Essa espantosa diferença cultural reforça a opinião de que os Neandertal e os Cro-Magnon representavam duas espécies distintas, embora aparentadas, e não os pontos terminais de um *continuum* evolutivo gradual. De acordo com essa visão, os Neandertal foram extintos, ao passo que os Cro-Magnon tiveram continuidade através de nós (ver capítulo 10).

Dois assuntos dominaram durante muito tempo a discussão teórica sobre a arte parietal: a sua função e a sua cronologia. Os dois maiores especialistas nesse campo — o abade Henri Breuil e André Leroi-Gourhan — diferiam profundamente em suas visões sobre a função, mas (o que de certa forma é paradoxal) concordavam em muitos pontos importantes em relação à cronologia.

Entre os diversos padres franceses que se tornaram estudiosos renomados da vida na Pré-História (num país onde tanto os compromissos intelectuais em geral quanto a tradição católica estimulam a harmonia entre os domínios da ciência e da religião — ver capítulo 14), Pierre Teilhard de Chardin foi com certeza aquele que conquistou maior fama, enquanto o abade Henri Breuil foi quem provavelmente fez o melhor trabalho. Breuil, um artista talentoso, passou quase sessenta anos copiando as figuras encontradas nas paredes das cavernas (numa época em que a fotografia produzia imagens insatisfatórias em condições subterrâneas) e, a seguir, cotejando os resultados em suas compilações de desenhos. Ele os decalcava diretamente das paredes das cavernas, sempre que possível, e com extrema atenção (os desenhos não são, em si mesmos, mais subjetivos que as fotografias). Mas, às vezes, ele tinha de trabalhar com métodos difíceis e indiretos. Não era possível, por exemplo, pressionar o papel contra o famoso teto pintado de Altamira, porque todo contato direto fazia com que o pigmento pastoso usado pelos artistas do Paleolítico se desprendesse. Desse modo, posicionado como Michelangelo sob o teto da capela Sistina, ele se deitava de costas, protegido por macios sacos preenchidos com samambaias, e, segurando o papel tão próximo do teto quanto possível, produzia seus esboços imperfeitos.

Porque Breuil desenhava os animais um a um, ele tendia a interpretar seu significado também dessa maneira — isto é, como elementos individuais, mais do que como constituintes de uma composição integrada. Sustentava que as pinturas funcionavam como uma espécie de "ritual mágico" para tornar a caça abundante (ao ser desenhada, ela se tornaria realidade) ou para garantir o sucesso no abate (os animais caçados são muitas vezes retratados com feridas ou furos de lanças). Breuil escreveu em seu caderno de anotações de 1952:

> Nesse momento, os homens sonhavam com a grande arte e, pela primeira vez, ofereciam aos seus contemporâneos, por meio da contemplação mística desses trabalhos, a certeza do sucesso nas suas expedições de caça e dos triunfos na luta contra os enormes paquidermes e animais herbívoros.

Na geração seguinte, André Leroi-Gourhan, diretor do Musée de l'Homme, em Paris, abordou a mesma questão a partir de uma perspectiva bastante diferente, visto que era membro "de carteirinha" de um dos mais importantes movimentos intelectuais do nosso século — o estruturalismo francês, personificado pelo trabalho do antropólogo Claude Lévi-Strauss. Essa forma de estruturalismo busca encontrar temas integradores e permanentes, fundados em divisões dicotômicas que possivelmente refletem a realidade da natureza, mas que assinalam, acima de tudo, o modo básico de operação da mente. Assim, separamos a natureza da cultura (o cru e o cozido, na terminologia de Lévi-Strauss), a luz da escuridão e, acima de tudo, o masculino do feminino.

Desse modo, Leroi-Gourhan viu em cada caverna uma composição integrada, um santuário no qual os números e as posições dos animais portavam um significado unificado no interior de um esquema determinado pela dualidade fundamental entre masculino e feminino. Cada animal foi interpretado como um símbolo, a partir de uma divisão primária na qual os cavalos eram símbolos do masculino, e os bisões, do feminino. Ele considerou que essa classificação sexual se aplicava também aos sinais abstratos e aos artefatos, relacionando as lanças (por exemplo) ao masculino, e os ferimentos ao feminino. Afirmou que a caverna em si mesma era fundamentalmente feminina, e requeria, desse modo, que os símbolos masculinos fossem posicionados e agrupados de maneira específica. Guiado por essa teoria, Leroi-Gourhan abordou cada caverna como uma unidade e coligiu extensas tabelas estatísticas com números e posições — em contraste máximo com a concentração de Breuil na análise individual dos animais. Leroi-Gourhan escreveu:

> A essência do sistema reside claramente na alternância, na complementaridade ou no antagonismo entre os valores masculinos e os femininos, e talvez se possa pensar num "culto à fertilidade". [...] Quase todas as religiões, primitivas ou desenvolvidas, envolvem em algum ponto a confrontação desses mesmos valores, quer elas façam referência a casais divinos, como Júpiter e Juno, ou a princípios como yang e yin. Resta pouca dúvida de que os homens do Paleolítico conheciam bem a divisão do mundo animal e humano em duas metades opositivas, ou de que supunham que a união dessas duas metades governasse a economia dos seres vivos [...]. Os homens do Paleolítico representavam nas cavernas as duas grandes categorias dos seres viventes, os símbolos correspondentes a masculino e feminino e os símbolos da morte que forneciam alento aos caçadores. Na área central da caverna, o sistema é expresso por grupos de símbolos

masculinos situados em torno das principais figuras femininas, ao passo que em outras partes do santuário encontramos exclusivamente representações masculinas, que constituíam, ao que tudo indica, os complementos da cavidade subterrânea em si.

E, no entanto, apesar de sua enorme diferença ideológica em relação à função e ao significado da arte nas cavernas, Breuil e Leroi-Gourhan estiveram de acordo em relação à segunda questão importante, a da cronologia. Certamente (e como veremos a seguir) esses dois grandes especialistas divergiram acerca de muitos detalhes, mas partilharam uma convicção resoluta e decisiva — uma espécie de crença central e inabalável — de que a cronologia da arte nas cavernas obrigatoriamente registra uma progressão, começando pelas manifestações grosseiras e simples e avançando em direção a modos de expressão cada vez mais apurados e sofisticados. Dessa forma, esses pesquisadores conseguiram assimilar os primórdios da história conhecida da arte representacional aos mitos e sagas clássicos da cultura ocidental — o nascimento do herói, seus primeiros passos vacilantes, o avanço até a maturidade, seu triunfo e soberania e, finalmente, sua trágica queda (pois tanto Breuil como Leroi-Gourhan incluíram um estágio final de degeneração depois que o gelo se retraiu e a caça se dispersou).

As razões pelas quais Breuil e Leroi-Gourham consideravam essa cronologia progressiva tão desejável são complexas. Não há dúvida de que, de modo geral, eles se encontravam presos a formas convencionais de raciocínio, tão profundas e tão automáticas em nossa cultura que dificilmente emergem até a superfície consciente onde poderiam ser questionadas. Mas há também uma importante razão técnica que conduziu os dois pesquisadores a essa expectativa. As camadas do sedimento quase sempre podem ser datadas por vários métodos, cujo emprego é usual nos dias de hoje. Mas uma caverna é um buraco no solo; como se pode especificar o número de anos de uma cavidade? (É possível determinar a idade das rochas que formam a parede de uma gruta, mas essa datação não mantém relação alguma com a idade da caverna como buraco.) De que maneira, então, se pode saber em que momento foi feita uma pintura pré-histórica ou uma gravação na parede de uma caverna? (Atualmente podemos datar os pigmentos por meio do carbono-14 e de outras técnicas, em particular o carvão vegetal utilizado para desenhar as linhas escuras, mas Breuil não tinha nenhum acesso a essas técnicas, e os métodos para o emprego do carbono-14 na época de Leroi-Gourhan requeriam uma quantidade tão grande de material que pinturas inteiras teriam sido sacrificadas — um procedimento que, corretamente, ninguém jamais aprovaria.)

A única esperança de se chegar a uma datação, por conseguinte, estava nas pinturas em si mesmas — na busca de um critério interno que permitisse ordenar essa forma de arte primordial numa seqüência cronológica. Breuil fez esforços substanciais para estabelecer essa ordenação com base nas superposições — isto é, estudando as pinturas que haviam sido feitas sobre outras pinturas mais antigas. Ele teve êxito, até certo ponto, mas os problemas técnicos mostraram-se demasiado resistentes a uma solução geral. Nem sempre é possível especificar a seqüência de sobreposições numa superfície essencialmente plana; além do mais, mesmo que isso fosse possível, a pintura que se encontra por cima poderia tanto ter sido executada no dia seguinte como mil anos depois daquela que se encontra embaixo dela. Leroi-Gourhan contrastou a facilidade de datação de objetos portáteis encontrados nos estratos com as dificuldades relativas às pinturas nas paredes das cavernas: "Uma rena gravada numa pequena placa, encontrada numa camada que produziu também centenas de sílices, é quase sempre fácil de datar, mas um mamute pintado na parede de uma caverna, um metro ou mais acima do solo, apresenta-se isolado de todos os vestígios cronológicos".

Os dois pesquisadores, portanto, voltaram-se para a técnica respeitável dos historiadores da arte de épocas posteriores — a análise dos estilos. Mas isso acarreta uma circularidade problemática, uma vez que é preciso que se conte com uma fonte de informações separada das pinturas em si. Podemos situar o estilo de Michelangelo no século XVI e o de Picasso em nosso próprio século porque dispomos de indicações independentes em relação às datas, obtidas a partir de um registro histórico conhecido. Mas não há nada, seja no domínio da lógica abstrata, seja inerente à própria pintura, que determine que o maneirismo tenha quatrocentos anos de idade e que o cubismo só poderia emergir muito mais tarde. Se não tivéssemos absolutamente nenhum outro dado exceto *O Juízo Final*, de Michelangelo, e *Guernica*, de Picasso — nenhum texto, nenhum contexto, nenhuma testemunha —, não poderíamos saber a ordenação temporal entre eles.

Num contexto de limitação de informações tão incomensurável — situação enfrentada por Breuil e por Leroi-Gourhan —, devemos tentar construir uma teoria da mudança estilística capaz de estabelecer uma seqüência cronológica por meio de evidências intrínsecas às pinturas em si mesmas. (Se pudéssemos afirmar, por exemplo, que o realismo deve preceder a abstração, seria possível situar Michelangelo antes de Picasso por critérios unicamente internos.) Não censuro esses pesquisadores pela busca de uma teoria dessa natureza — pois de que outro modo eles poderiam ter procedido, considerando-se as restrições que estavam em jogo? Mas fico intrigado com o fato de que tenham retornado de maneira tão fácil e acrítica — quase automaticamente, parece — à forma mais convencional de mitologia progressivista: uma cronologia ordenada do simples para o complexo, ou do rude para o sofisticado.

Posso entender melhor a atração de Breuil pelo mito do progresso. Ele era, afinal de contas, um fruto do recém-terminado século XIX — a grande era da crença suprema no avanço humano, especialmente nas nações do Ocidente que viviam o ápice da sua expansão imperial e industrial (as devastações produzidas pela Primeira Guerra Mundial puseram fim a essa ilusão para muitos, embora, ao que parece, não para Breuil.) Mas a anuência de Leroi-Gourhan é mais espantosa, uma vez que seu compromisso filosófico com o estruturalismo determinava que ele interpretasse o conjunto simbólico de cada caverna como a expressão de uma psique humana invariante, com seus contrastes dualistas de masculino e feminino, perigo e segurança, e assim por diante.

Na verdade, Leroi-Gourhan tratou diretamente dessa questão em diversas passagens interessantes de seu trabalho. Ele reconhece que o estruturalismo conduz a uma hipótese na qual a forma e a função das cavernas (como santuários) não mostram variação ao longo de toda a história da arte parietal paleolítica. Mas, levando em conta a constância da estrutura, ele argumenta em seguida, como poderíamos desvendar a cronologia exceto por meio da expectativa de que os estilos empregados para pintar os símbolos permanentes mudem de maneira sistemática ao longo do tempo? Um bisão pode representar sempre a metade feminina e ocupar invariavelmente a mesma posição no interior de uma caverna — mas os bisões podem ser mais bem retratados pelos artistas com o passar do tempo. Leroi-Gourhan escreve:

> O mesmo conteúdo persiste do início ao fim. A combinação entre as espécies animais e os sinais surge no período aurignaciano [o primeiro período da arte nas cavernas] e desaparece no magdaleniano [o último período]. Conseqüentemente, a uniformidade ideológica da arte na caverna exclui os indicadores que ela nos forneceria caso houvesse mudanças nos temas de base. No decorrer de um estudo estilístico, é possível discernir apenas variações na representação desse tema uniforme.

A arte parietal inclui um arranjo complexo de figuras e sinais. As figuras, na sua maioria, retratam os grandes mamíferos do período glacial na Europa (diferentes tipos de cervos, cavalos, bisões, mamutes, rinocerontes, leões e muitos outros), mas também encontramos ocasionalmente os humanos (e as mais freqüentes, e maravilhosas, impressões manuais, muitas vezes produzidas colocando-se a mão contra a parede e borrifando tinta à sua volta com algum tipo de *spray* paleolítico). Em outra categoria, à qual raramente se dá atenção, mas que com certeza ultrapassa em número (e talvez em importância, do ponto de vista da interpretação) as figuras de animais, uma ampla variedade de sinais e símbolos adorna as paredes — alguns deles identificáveis como pinturas de armas ou de partes do corpo (freqüentemente sexuais), outros como formas geométricas e outros, ainda, que permanecem um completo mistério.

Nas cronologias progressivistas de Breuil e Leroi-Gourhan, as figuras e os sinais mostram tendências superficialmente opostas. As figuras começam como esboços grosseiros e simples e progridem para um realismo mais maleável e complexo, obtido com a introdução de dimensionamento e de perspectiva. Os sinais, por outro lado, vão se tornando cada vez mais simples e simbólicos, com os desenhos reconhecíveis (de vulvas, por exemplo) evoluindo rumo a uma representação geométrica menos variável, mais abstrata e, muitas vezes, altamente simplificada. Leroi-Gorhan escreveu: "As figuras de animais [...] mostram um desenvolvimento que, no que diz respeito à forma, tende a uma análise cada vez mais precisa. A geometrização dos sinais, em contraste com o caráter realista das figuras de animais, é um dos aspectos interessantes da investigação sobre o significado dos desenhos".

Mas as transformações sofridas pelas figuras e pelos símbolos, que vão em direções aparentemente opostas, representam, na realidade — como Breuil e Leroi-Gourhan tantas vezes enfatizaram —, diferentes facetas de uma mesma tendência geral, a de uma cronologia que tem como base o progresso. Ao pintar as figuras, os artistas buscavam aperfeiçoar a representação dos próprios animais — e a suposta seqüência de estilos assinala seu aprimoramento contínuo. Mas, ao desenhar os sinais, os mesmos artistas tinham como objetivo desenvolver um sistema de símbolos — e os símbolos ganham universalidade e significado ao se tornarem mais abstratos e se reduzirem à essência geométrica. Afinal de contas — e a analogia não escapou a esses pesquisadores —, quase todos os alfabetos derivaram suas letras de pinturas ou de objetos simplificados (e o mesmo argumento se aplica com força ainda maior à evolução dos sistemas de caracteres como o do chinês).

Breuil inicialmente propôs, para as figuras, um sistema de cinco estágios organizados em uma seqüência única de realismo e complexidade crescentes (seus artigos dos primeiros anos do século XX são uma leitura fascinante). Mais tarde, ele desenvolveu sua famosa teoria dos dois ciclos sucessivos, cada um com uma história completa de progressão rumo a um apogeu, seguido de um declínio. (Breuil continuou a sustentar, a despeito das crescentes indicações em contrário, que o primeiro ciclo podia ser identificado pela "perspectiva distorcida" presente nos desenhos de animais — em que mais de um plano aparecia representado, como num bisão com o corpo visto de lado, mas com o rosto apontando para a frente.)

Os dois esquemas de Breuil não são tão diferentes quanto parecem à primeira vista — pois sua proposta inicial de uma seqüência de cinco passos incluía um período de decadência na metade dela. Fiquei particularmente chocado com os adjetivos que ele empregou ao detalhar esses estágios, indicativos da presença de um julgamento de valor numa descrição supostamente objetiva. Num antigo artigo de 1906, ele caracteriza os animais do Estágio 3 (que mais tarde se converteu no momento de declínio ao final do primeiro ciclo) como "de um desenho deplorável, mostrando uma desconcertante falta de proporção". Ele então exalta a recuperação do Estágio 4 da mesma maneira como se poderia descrever um artista da Renascença tentando recriar as glórias perdidas de uma Grécia antiga: "Os artistas buscavam redescobrir o modelo perdido no estágio precedente. Eles obtiveram esse resultado por meio da policromia [figuras de mais de uma cor]. Essas pinturas mostram-se tímidas, de início [...]". Breuil concluiu seu artigo afirmando: "A arte paleolítica, após um início quase infantil, rapidamente desenvolveu uma forma vívida de retratar as formas animais, mas não aperfeiçoou suas técnicas pictóricas até um momento bem posterior".

Leroi-Gourhan, em contraste, desenvolveu uma teoria de quatro estágios sucessivos numa série única. Mas a sua seqüência de progresso mal se distingue da que foi proposta por Breuil — embora nesta última a história se repetisse por duas vezes. Ambos os esquemas começam com animais imóveis entalhados de maneira rígida, em esboços imperfeitos e sem nenhuma coloração interior, e se modificam em direção a imagens cada vez mais precisas, mais ricamente coloridas, representadas com melhor perspectiva e com um grau de assimilação do movimento muito mais significativo. (Os últimos artistas, acreditava Leroi-Gourhan, atingiram um tal estado de perfeição que sua arte estagnou um pouco ao final, tornando-se um tanto acadêmica na reprodução da excelência alcançada.)

Mario Ruspoli, um discípulo de Leroi-Gourhan, produziu uma boa síntese da teoria em seu livro de 1986, *The Cave of Lascaux*: "Desde as primeiras imagens, tem-se a impressão de se estar na presença de um sistema refinado pelo tempo [...]. O desenvolvimento da arte parietal no Paleolítico pode ser resumido como 15 mil anos de aprendizagem seguidos de 8 mil anos de academicismo".

Leroi-Gourhan admitia a semelhança essencial entre sua visão e as teorias anteriores de Breuil. Após uma crítica detalhada (embora respeitosa) do trabalho de Breuil, e um compêndio extensivo de suas diferenças particulares, Leroi-Gourhan reconhece a similaridade fundamental entre eles no conceito comum de progresso, considerado a chave para uma cronologia da arte paleolítica:

> A teoria [...] é lógica e racional: a arte aparentemente começou com esboços simples, e então caminhou rumo a formas mais elaboradas para atingir a semelhança na representação, desenvolvendo, a seguir, a pintura policrômica ou bicrômica antes de, finalmente, entrar em decadência.

A hipótese progressivista de um realismo cada vez mais complexo e flexível na pintura paleolítica dominou o campo durante décadas. Escrevendo sobre a teoria de quatro estágios de Leroi-Gourhan, Brigitte e Gilles Delluc (no livro de Ruspoli citado acima) afirmam apenas: "A classificação foi rapidamente adotada por todos". E no entanto penso que todos hoje em dia se dão conta de que a hipótese do progressivismo na arte paleolítica não se sustenta.

A marcha em direção a um realismo maior e mais complexo não faz sentido algum do ponto de vista teórico, e foi empiricamente refutada, há pouco tempo, em Chauvet e em outras localidades.

Incerteza teórica. Não desejo fazer deste ensaio mais uma repetição do meu tema favorito de que a evolução darwiniana não deve ser interpretada como uma teoria do progresso, mas antes como um mecanismo visando a uma melhor adaptação às transformações no ambiente local — e também de que a insistência em reduzir a evolução a progresso representa o nosso impedimento cultural mais significativo para uma compreensão adequada dessa que foi a maior das revoluções biológicas na história do pensamento humano. Contudo, não posso deixar de chamar a atenção para o fato de que esse preconceito encontra-se subjacente à proposição e à aceitação imediatas de uma idéia tão flagrantemente improvável como a de progresso linear na história da arte parietal entre 30 mil e 10 mil anos atrás.

Mas por que motivo descrevo a hipótese progressivista de Breuil e Leroi-Gourhan como "flagrantemente improvável"? Afinal, os humanos evoluíram a partir de seus ancestrais simiescos, que tinham cérebros menores e capacidades mentais, artísticas e outras presumivelmente mais limitadas. Por que razão não deveria haver progresso ao longo do tempo?

A resposta a essa questão requer que ela seja examinada em uma escala apropriada. O período de 20 mil anos da arte parietal conhecida por nós não se estende até os nossos antepassados simiescos (em relação aos quais se poderia defender uma visão de avanço mental geral). A forma mais antiga dessa arte localiza-se claramente dentro dos limites da nossa espécie atual, *Homo sapiens*. (Pelas melhores estimativas, o *Homo sapiens* se desenvolveu na África em torno de 200 mil anos atrás, e provavelmente já havia migrado para o Levante[6] (se não para a Europa propriamente dita) há cerca de 90 mil anos.) Portanto, os pintores das primeiras

(6) O conjunto dos países do Mediterrâneo Oriental (Turquia, Síria, Egito) e a Ásia Menor. (N.T.)

formas de arte parietal estavam muito mais próximos, do ponto de vista temporal, das pessoas que vivem hoje do que do primeiro *Homo sapiens*.

Mas um crítico progressivista poderia ainda assim replicar: "Está bem, agora compreendo que estamos discutindo apenas um fragmento da história humana, e não a sua trajetória quase inteira desde a separação de um ancestral comum a nós e aos chimpanzés. Mas a tendência presente no todo deveria também se manifestar na história, mais curta, das espécies individuais, pois a evolução deveria caminhar de maneira lenta e estável rumo a níveis mais altos de funcionamento mental". Nisto reside o preconceito principal que subjaz nossa aceitação acrítica do paradigma progressivista para a história da arte. A idéia de que as primeiras formas de arte deveriam ser primitivas simplesmente parece "correta" para nós. "Mais distante no tempo" deveria significar "mais rudimentar em termos de habilidades mentais".

E aqui, penso, cometemos um erro elementar (mas profundo e disseminado). Fenômenos semelhantes na aparência, em escalas diferentes, não são automaticamente assimiláveis, e sim, muitas vezes (quase sempre, eu diria), profundamente distintos. Mudanças *entre* espécies numa seqüência evolutiva representam um fenômeno completamente diverso da variação (espacial ou temporal) *no interior* de uma mesma espécie. Os humanos têm cérebros maiores que seus ancestrais macacos; esses macacos têm cérebros maiores que os peixes que são seus ancestrais distantes. Esse aumento no volume do cérebro testemunha um ganho substancial na complexidade mental. Mas uma correlação entre tamanho do cérebro e inteligência entre as espécies não implica que a variação no tamanho do cérebro entre os humanos modernos também se correlacione com a inteligência. Na realidade, os adultos normais diferem no volume do cérebro em até mil centímetros cúbicos, e nenhuma correlação jamais foi encontrada entre esse tamanho e a inteligência (o cérebro humano médio ocupa aproximadamente 1300 centímetros cúbicos de volume).

Do mesmo modo, enquanto a evolução obviamente produz mudança entre uma espécie e a seguinte numa seqüência genealógica, a maioria das espécies individuais não se altera muito durante sua existência geológica. Espécies com muitos indivíduos, disseminadas e bem-sucedidas, tendem a ser especialmente estáveis. Os humanos entram nessa categoria, e o registro histórico sustenta essa predição. A forma corpórea do homem não se alterou de maneira significativa em 100 mil anos. Como afirmei anteriormente, os pintores das cavernas Cro-Magnon são como nós — e, nesse caso, por que motivo a capacidade mental deles deveria se mostrar diferente da nossa? Não costumamos pensar que o rei Tutancâmon ou Platão eram parvos, muito embora eles tenham vivido há muito tempo. Lembre-se que a distância de Platão aos pintores parietais abrange muito menos tempo que o intervalo que separa esses pintores do primeiro *Homo sapiens*.

Mas os defensores do progressivismo na arte parietal poderiam ainda recorrer a um argumento virtualmente promissor: a mudança cultural difere, e muito, da evolução biológica. Podemos admitir a estabilidade biológica e ainda esperar uma história cumulativa e progressiva em relação à arte ou às invenções. O caminho desde Jericó, ou de alguma forma tosca de agricultura, até a cidade de Nova York ou o grande mundo da internet, além de muito longo, foi também bastante íngreme.

O argumento é razoável, em princípio — mas, de novo, nossos conhecimentos sobre a cronologia se opõem a ele, na prática. Posso admitir que, caso surpreendêssemos a arte realmente no seu início, provavelmente não esperaríamos logo de imediato uma sofisticação completa. Mas o mais antigo exemplar de arte parietal que conhecemos, e que data de 30 mil anos atrás, situa-se claramente no interior dos limites da história do *Homo sapiens* na Europa — muito mais próxima de nós, hoje, do que da primeira invasão a partir da África. Não sei por que razão não foram encontrados indícios de arte em um momento anterior a esse (talvez apenas ainda não os tenhamos descoberto; talvez as pessoas tenham migrado para áreas com cavernas somente num período posterior). Duvido que Ugh, o primeiro orador Cro-Magnon, falasse numa entonação melodiosa. Mas certamente não consideramos Péricles pior do que Martin Luther King Jr. apenas porque ele viveu alguns poucos milhares de anos antes. Fídias não empalidece diante de Picasso, e nenhum compositor moderno leva a melhor sobre Bach simplesmente em virtude de residir no século XX. Lembre-se que o primeiro artista Cro-Magnon viveu há 30 mil anos, e portanto está mais próximo de Péricles e de Fídias do que de Ugh, o orador, ou de Ur, o primeiro entre os primeiros pintores. Então, por que motivo a arte parietal deveria ser em alguma medida mais primitiva do que a grande estátua de Atenas que um dia enfeitou o Partenon?

Como argumento final, cabe indagar: por que razão áreas tão distantes entre si quanto o Sul da Espanha, o Nordeste da França e o Sudeste da Itália atravessariam uma seqüência concomitante de estágios progressivos durante 20 mil anos? As variações regionais e individuais são capazes de fazer submergir as tendências gerais, mesmo hoje em dia, no mundo da aviação e da televisão. Por que supor que a evolução deveria implicar, diretamente, um avanço uniforme?

Uma crítica bem articulada nessa linha de argumentação pode ser encontrada no livro de Paul G. Bahn e Jean Vertut, *Images of the Ice Age*, publicado em 1988. (Fico satisfeito de que eles tenham considerado a teoria paleontológica do equilíbrio pontuado útil na construção de sua crítica.)

> O desenvolvimento da arte paleolítica provavelmente foi semelhante à evolução em si: não um caminho ou uma escada em linha reta, mas um percurso muito mais indireto — um crescimento complexo como o de um arbusto, com brotos paralelos e um grande número de ramificações. Não uma mudança lenta, gradual, mas um "equilíbrio pontuado", com lampejos de brilho ocasionais [...]. Cada período do Paleolítico Superior viu quase certamente a coexistência e a importância flutuante de diversos estilos e técnicas, [...] assim como uma grande heterogeneidade do ponto de vista do talento e da habilidade [...]. Em conseqüência disso, nem toda figura que parece "primitiva" ou "arcaica" é necessariamente antiga (Leroi-Gourhan admitiu de maneira explícita esse ponto de vista),

e é provável que uma parcela da arte mais remota no tempo se mostre bastante sofisticada.

Refutação empírica. Argumentos teóricos podem ser fascinantes, mas os bons e velhos fatos são sempre bem-vindos. Os esquemas lineares de Breuil e Leroi-Gourhan vinham se enfraquecendo havia muito anos, à medida que novas informações se acumulavam e velhas certezas se evaporavam. Mas foi um avanço técnico que de fato abriu as comportas. Graças ao novo método da datação pelo carbono-14 — chamado de AMS, ou Espectrometria com Acelerador de Massa — uma quantidade bem pequena de carvão é suficiente para a determinação da idade de uma pintura, e desse modo elas podem ser analisadas sem uma remoção significativa de material.

No final de 1994, três exploradores franceses descobriram um maravilhoso sítio novo, hoje chamado de Caverna de Chauvet. Os animais em Chauvet, em particular os magníficos cavalos e leões, estão à altura de qualquer outro exemplar da arte paleolítica em termos de sofisticação e exatidão. Mas a análise por meio do carbono-14, repetida muitas vezes e presumivelmente precisa, fornece datas que ultrapassam 30 mil anos — fazendo de Chauvet a mais antiga de todas as cavernas conhecidas que contêm arte parietal. Se a mais antiga de todas elas inclui justamente o melhor, então as nossas teorias prévias sobre o avanço linear devem capitular. Em seu epílogo a um livro deslumbrante sobre esse novo sítio, publicado em 1996, Jean Clottes, uma autoridade em arte paleolítica, escreve:

> A subdivisão da arte paleolítica em estilos sucessivos proposta por Leroi-Gourhan deve ser revista. Seu Estilo1, no qual a Caverna de Chauvet seria classificada, e que foi definido como arcaico, muito grosseiro e sem quaisquer representações murais definidas, obviamente já não se mostra adequado. Atualmente temos conhecimento de que técnicas sofisticadas para a arte parietal foram inventadas [...] num momento bastante inicial. A representação da perspectiva por meio de métodos variados, o uso generalizado de sombreamento, o contorno dos animais e a reprodução de movimentos e relevos, tudo

> isso data de mais de 30 milanos atrás [...]. Isso significa que os aurignacianos, que coexistiram com os últimos neandertal antes de tomar o seu lugar, mostravam capacidades artísticas idênticas às de seus sucessores. A arte não teve uma evolução linear a partir de inícios canhestros e imperfeitos, como se acreditou desde o trabalho do abade Henry Breuil.

Não devemos nos entristecer por abandonar a idéia de que nos encontramos no pináculo do progresso mental, sempre crescente, olhando lá de cima para os inícios incivilizados do passado. Consideremos, em vez disso, a grande satisfação em compreender que somos verdadeiramente irmãos dos primeiros artistas paleolíticos conhecidos. Não fosse pelos 30 mil anos adicionais, eu poderia ser um deles. Se essas pinturas nos dizem tanto, hoje em dia, é porque conhecemos as pessoas que as fizeram; são pessoas como nós.

Num famoso paradoxo, Francis Bacon escreveu: *antiquitas saeculi, juventus mundi* (ou, aproximadamente, "os velhos dias foram a juventude do mundo"). Em outras palavras, não é o caso de pensarmos no Paleolítico como um período de antigo primitivismo, mas como um momento de vigorosa juventude para a nossa espécie (ao passo que hoje em dia representamos provavelmente a sua respeitável velhice). A arte do Paleolítico registra o início de nossa própria era, e se sentimos uma união visceral com as pinturas de Chauvet é porque, como escreveu Wordsworth, "o menino é o pai do homem". Mas deveríamos também atentar para o primeiro verso de seu poema, citado com menos freqüência:

> *Eu sinto o coração bater mais forte*
> *Quando o arco-íris posso ver.*
> *Assim foi quando a vida começou,*
> *Assim é agora quando adulto sou.*[7]

(7) "My heart leaps up when I behold/ A rainbow in the sky;/ So was it when my life began;/ So is it now I am a man." (Tradução de Paulo Vizioli, *William Wordsworth, Poesia selecionada*, São Paulo, Edições Mandacaru, 1988). (N.T.)

Temos adorado o arco-íris, ininterruptamente, por mais de 30 mil anos. Esforçamo-nos em retratar a beleza e o poder da natureza ao longo de todas essas eras. A arte em Chauvet — e em Lascaux, e em Altamira, e numa centena de outros sítios — faz nosso coração bater mais forte porque vemos o nosso próprio começo nessas paredes, e sabemos que éramos, mesmo então, dignos de admiração.

9

UMA LIÇÃO DOS VELHOS MESTRES

O mais famoso texto literário que tem como tema uma corcova invoca uma questão vagamente relacionada à evolução. "No início dos tempos", diz Rudyard Kipling em seu *Histórias bem assim*, "quando o mundo ainda era totalmente novo e os animais estavam apenas começando a trabalhar para o Homem, havia um camelo que morava no meio de um Deserto Uivante porque não queria trabalhar." Quando o cavalo, o cão e o boi pediam que ele os ajudasse, o recalcitrante camelo, em vez de fazê-lo, limitava-se a resfolegar "Humph". Então, o mais poderoso de todos os djins que ali vivia, convertendo o enunciado em substância, colocou uma corcova nas costas do camelo como um castigo pelos três dias de trabalho que ele já desperdiçara. " 'Isso é proposital', disse o djim, 'e tudo porque você perdeu aqueles três dias. De hoje em diante você será capaz de trabalhar durante três dias sem comer, pois será capaz de viver do seu humph' ."[1]

Kipling se serve do camelo para fazer um sermão dirigido às crianças sobre as antiquadas virtudes do trabalho e os perigos da ociosidade — pois o poema que vem logo a seguir abandona o encanto da história em si, dando lugar a um pesado tratado moral escondido num "poema" bizarro:

A corcova do camelo é disforme e feia

(1) Kipling produz aqui um jogo de palavras baseado na semelhança entre as formas *humph* (onomatopéia) e *hump* (corcova). (N.T.)

Como no zoológico bem se pode ver
Mas ainda mais feia é a corcova que ganhamos
Por não termos nada para fazer.[2]

Penso que devemos um favor à natureza como forma de expiar essa exploração de um produto evolutivo que se desenvolveu sem a menor influência humana e, presumivelmente, muito antes de nosso próprio aparecimento. De maneira que também tenho uma história a contar sobre a corcova — mas uma história relativa a um outro animal, e com um propósito inteiramente diverso. Na versão de Kipling, o camelo desenvolve uma corcova para servir com diligência a um mestre humano. Em contrapartida, este ensaio conta a história de uma corcova cuja existência só nos foi revelada porque nossos antepassados nos deixaram, por meio da pintura, indícios desse traço anatômico, que não poderia ter sido descoberto de maneira nenhuma a partir do registro fóssil convencional. Espero que a natureza aceite essa troca: nós tiramos proveito de uma corcova bem conhecida para construir uma fábula moral de mérito duvidoso (a do camelo de Kipling), mas nossos ancestrais produzem uma reparação, deixando a única pista possível de uma corcova desconhecida (a do alce irlandês deste ensaio), que não fosse por isso desapareceria pelo gargalo da história adentro.

Sabemos que certos mamíferos, desde os camelos até Quasímodo, têm corcundas. Os cervídeos, entretanto, não apresentam esse traço anatômico — embora os cervos de corpo mais volumoso e chifres grandes (o alce, em particular) tendam a desenvolver uma larga área proeminente nas costas, na região dos ombros, onde as patas dianteiras se encontram com a coluna vertebral. Mas o cervo dotado dos maiores chifres de todos os tempos, o extinto (e incorretamente nomeado) alce irlandês, desenvolveu uma corcova bastante saliente — um fato maravilhoso do qual só pudemos tomar

(2) "The Camel's hump is an ugly lump/ Which well you may see at the Zoo;/ But uglier still is the hump we get/ from having too little to do." Tradução de Carlos Afonso Malferrari. (N.T.)

conhecimento porque artistas humanos pintaram esses cervos gigantescos nas paredes das cavernas. Por se tratar de tecido adiposo, uma corcova não se fossiliza.

O *Megaloceros giganteus*, chamado de alce irlandês, seguramente encabeça o *hit parade* dos cervos extintos. Num famoso dito espirituoso, Voltaire observou que o Sagrado Império Romano fora mal nomeado em todos os seus atributos — pois esse ajuntamento de terras, em grande parte germânicas, na Europa Central não era sagrado, nem romano, nem tampouco um império. Do mesmo modo, o alce irlandês não era exclusivamente irlandês, e tampouco um alce. Essa espécie viveu em climas temperados por toda a Europa e no Oeste da Ásia (com parentes próximos na Sibéria e na China), entre aproximadamente 400 mil e 10 600 A.P. (antes do presente), momento do último registro de sua presença na Irlanda. O epíteto "irlandês" deriva da quantidade notável e da excelente preservação de espécimes irlandeses, enterrados (e hermeticamente fechados) em sedimentos abaixo das camadas de turfa nos numerosos pântanos da ilha. No século XIX, toda uma indústria caseira se desenvolveu nessa localidade em torno da escavação desses espécimes e de sua venda para os museus e colecionadores do mundo inteiro — e vem daí sua identificação com a Irlanda. (Adrian M. Lister, num artigo escrito em 1994, fornece um resumo de praticamente todo o conhecimento acumulado sobre os alces irlandeses. Eu próprio me dediquei por muito tempo ao estudo dessa espécie, e publiquei a respeito dela alguns relatórios técnicos — ver meu artigo de 1974 citado na bibliografia — e também alguns artigos gerais, incluído o primeiro entre os ensaios que escrevi para esta série, que atualmente compreende oito volumes e mais de 250 ensaios.)

A denominação incorreta "alce" tem uma história mais complexa. Os primeiros cientistas acreditavam que os fósseis encontrados na Irlanda pudessem representar a mesma espécie que o *moose*[3] americano, pouco conhecido naquela época. Na Europa,

(3) Trata-se do alce americano (*Alces americanus*). (N.T.)

os *moose* são chamados de alces[4] — daí a confusão. De todo modo, uma vez que o *Megaloceros* não é um alce, essa nomeação coincidente não tem nenhum sentido. Neste ensaio, adotarei o termo empregado por todos os especialistas atuais no estudo desses fósseis, e farei referência ao *Megaloceros* como "cervo gigante".

Os cervos gigantes tinham corpos volumosos, quase tanto quanto os dos alces americanos modernos, embora sejam superados nesse quesito pelos fósseis de uma ou duas outras espécies de cervos. Mas os chifres do *Megaloceros* — a fonte da celebridade desse gênero — detêm todos os recordes no que diz respeito a tamanho e peso. Projetando-se da cabeça basicamente em ângulo reto em relação ao eixo do corpo, esses grandes chifres espalmados (de forma lamelar, e não na forma de um espeto) podiam alcançar uma extensão de até quatro metros de ponta a ponta, e um peso de 45 quilos. Anualmente, o cervo gigante macho perdia e voltava a desenvolver essas estruturas (as fêmeas não desenvolviam chifres), o que, levando-se em conta o dispêndio de energia requerido nesse processo, torna essa espécie ainda mais espantosa.

Uma vez que o foco deste ensaio é a interação dos nossos antepassados com os cervos gigantes, é interessante mencionar que a história da discussão científica sobre o *Megaloceros* sempre esteve centrada na questão do contato humano potencial com uma criatura tão bizarra e fascinante. Dois problemas dominaram a literatura mais antiga.

1. O CERVO GIGANTE, OU ALGUMA OUTRA ESPÉCIE, ENTROU REALMENTE EM EXTINÇÃO? No século XVIII, à medida que a abordagem classificatória de Lineu foi sistematizada e a ciência nascente da Geologia começou a revelar a antigüidade da Terra, um debate importante teve início entre os naturalistas europeus: seria possível que uma espécie inteira entrasse em extinção? Muitos naturalistas eminentes rejeitaram essa possibilidade, alguns deles valendo-se dos tradicionais argumentos criacionistas (pois, no caso de haver

(4) No Brasil também. No original, *elk*. (N.T.)

extinção, uma lacuna seria aberta num sistema de relações concebido por um Deus onisciente como um arranjo permanente e completo), e outros com base em raciocínios derivados das primeiras formas de pensamento evolucionista (no sistema de Lamarck, por exemplo, as espécies mantinham um grau de flexibilidade adaptativa suficiente para que jamais viessem a perecer, embora pudessem sofrer transformações em direção a estados superiores).

Mas se as espécies não morriam, onde então se encontrava o animal que, em eras passadas, deixara chifres tão magníficos sob a turfa dos pântanos irlandeses? Alguns cientistas acreditavam que as florestas inexploradas do Canadá ainda poderiam abrigar o cervo gigante, talvez na forma degenerada do alce americano de chifres menores. (Como mencionado anteriormente, essa conjectura levou à nomeação incorreta do cervo gigante como "alce irlandês".)

Esse debate se ramificou por um conjunto de caminhos secundários interessantes. No fronte político, um estadista em tempo integral e paleontólogo nas horas vagas de nome Thomas Jefferson vociferou contra a afirmação do célebre naturalista francês Georges Buffon de que todas as espécies americanas eram provavelmente versões menores e corrompidas das formas européias (incluído o alce americano, que seria, de acordo com essa hipótese, um cervo gigante decaído). Como seu *touché*, Jefferson escreveu um artigo sobre a garra fóssil de um leão gigante, seguramente maior do que qualquer contraparte do Velho Mundo. Infelizmente, a garra pertencia na verdade a um bicho-preguiça gigante — o que mostra, uma vez mais, que nem o patriotismo nem a moralidade deveriam ser sustentados com base nos fatos incertos da natureza.

No fronte artístico, o mais refinado pintor britânico de animais, George Stubbs, produziu um retrato de um alce americano macho, de um ano de idade, que pertencia ao duque de Richmond e fora o primeiro a chegar à Grã-Bretanha. Esse quadro, executado em 1770, mostra o jovem alce sobre um rochedo, com nuvens tempestuosas se juntando ao fundo, e um par de chifres adultos no chão, em primeiro plano. O quadro é bastante conhecido há muito tempo, mas as circunstâncias de sua composição só vieram à luz recentemente. A pin-

15. O retrato de um alce americano feito por Stubbs, como contribuição ao debate sobre a sobrevivência do alce irlandês na América.

tura foi encomendada pelo famoso médico anatomista escocês William Hunter, como parte de um projeto (nunca publicado) para determinar se o alce americano representaria ou não a mesma espécie que o fóssil do cervo gigante irlandês — e é em virtude disso que os chifres *adultos* foram retratados em primeiro plano! (Ver o artigo de 1983 de W. D. Ian Rolfe, citado na bibliografia.)

Os proponentes da extinção pouco a pouco ganharam terreno, uma vez que as explorações posteriores, entre elas a expedição de Lewis e Clark,[5] não encontraram nenhum *Megaloceros* vivo — ao mesmo tempo que o alce americano foi retirado da competição à medida que suas diferenças em relação ao cervo gigante foram se tor-

(5) Líderes de uma importante expedição que atravessou o território americano, em direção ao oeste, em 1805. Clark era secretário de Thomas Jefferson, então presidente dos Estados Unidos. (N.T.)

nando mais evidentes. Georges Cuvier, o principal anatomista da Europa e o fundador da paleontologia vertebrada moderna, forneceu uma decisão final em 1812, quando publicou suas *Recherches sur les ossemens fossiles* [Pesquisas sobre os ossos fósseis] em quatro volumes, demonstrando tanto o fato da extinção de modo geral quanto, em particular, o desaparecimento definitivo do cervo gigante. Expressando-se com sua força habitual, Cuvier escreveu a respeito deste último:

> Eis o mais famoso de todos os ruminantes fósseis, aquele que os naturalistas consideram, com unanimidade, desaparecido da Terra para sempre [...]. É certo que os chifres irlandeses não poderiam pertencer nem ao alce americano nem à rena [...]. Essa espécie [fóssil] não poderia ser confundida de modo algum com nenhum cervo grande [moderno] de nenhum continente.

2. OS HUMANOS INTERAGIRAM COM OS CERVOS GIGANTES EM ALGUM MOMENTO? Uma vez que o fato da extinção fora estabelecido, os cientistas passaram às tentativas de determinar em que momento e de que modo se dera a extinção. Aqueles que propunham que os cervos gigantes haviam em algum período interagido com a espécie humana sofreram um revés significativo nas localidades irlandesas consideradas fundamentais, uma vez que os humanos não alcançaram a Emerald Isle[6] (ou, ao menos, não deixaram ali ossos ou artefatos conhecidos para indicar sua presença) senão num momento bem posterior ao da morte do *Megaloceros*. Nossos primos Neandertal e, mais tarde, nossos ancestrais Cro-Magnon, certamente se sobrepõem aos cervos gigantes no tempo, mas, terão os humanos interagido com o *Megaloceros*, ou apenas partilhado território com eles, numa ignorância mútua, como os navios de Longfellow passando à noite?[7]

(6) A Irlanda. (N.T.)

(7) Referência aos versos de *Tales of a wayside inn* (parte 3): "Navios que passam à noite, e entre si se falam,/ Deixando ver um facho apenas, e uma voz distante na escuridão;/ Assim, no oceano da vida, também nós passamos e nos falamos,/

Os cervos gigantes são raros nos estratos fósseis da Europa continental. A partir dessa e de outras evidências, os paleontólogos inferem que essa espécie tenha vivido sempre como uma população pouco densa, provavelmente percebida pelos humanos apenas como um elemento secundário da fauna local. Alguns ossos de cervos gigantes haviam sido encontrados numa conjunção aparente com artefatos humanos, mas esses sinais permaneceram inconclusivos, já que o critério mais indiscutível — a representação dessa espécie pelos artistas do Paleolítico — não produzira, durante muito tempo, nenhum indício positivo. Num artigo fundamental publicado em 1949, G. F. Mitchell e H. M. Parkes escreveram: "Ao que tudo indica, é possível afirmar que não há representações do cervo gigante na arte parietal do Paleolítico".

A ciência tende a ser um empreendimento difícil, sutil e ambíguo, que pode ser enviesado por todas as formas de preconceito social e psíquico — embora seja com certeza conduzido, de modo geral, na direção de um entendimento cada vez melhor do mundo real "lá fora". Mas volta e meia somos recompensados por um achado simples, intocado e incontestável — e então podemos, simplesmente, comemorar. Em 1952, o primeiro indício incontestável de um *Megaloceros* foi encontrado na parede de uma caverna recém-descoberta — um presente de nossos ancestrais, e uma resposta positiva para a polêmica sobre a interação dos humanos com o cervo gigante. A caverna de Cougnac, no Sudoeste da França, produziu três pinturas do *Megaloceros*, dois machos e uma fêmea. Os cervídeos podem ser difíceis de se distinguir na arte parietal, uma vez que as pinturas são parcialmente simbólicas e as representações não são de todo realistas, e também em virtude de algumas espécies de cervos apresentarem diferenças um tanto sutis em relação às outras. Mas os chifres do *Megaloceros* são tão marcan-

---

Apenas um semblante e uma voz, e depois, trevas de novo, e um silêncio. (Ships that pass in the night, and speak each other in passing,/ Only a signal shown, and a distant voice in the darkness;/ So on the ocean of life, we pass and speak one another,/ Only a look and a voice, then darkness again and a silence.)" (N.T.)

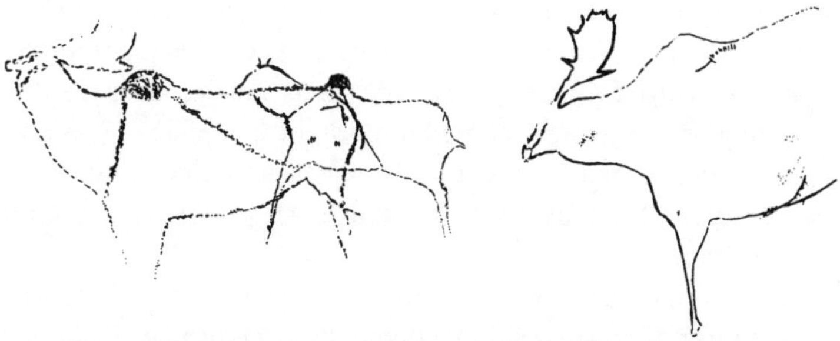

16. Megaloceros *descobertos na caverna de Cougnac, no Sudoeste da França.*

tes, e o segundo macho de Cougnac foi retratado de maneira tão cristalina, que sua identificação dificilmente poderia levantar dúvidas. Poucos cervos têm chifres espalmados ou em formato lamelar. O gamo, *Dama dama*, representa a única espécie que poderia de fato ser confundida com o *Megaloceros* — mas, nos chifres do gamo, os dentes (pontas) emergem da parte posterior da palma, ao passo que nos dos cervos gigantes os dentes se projetam da borda frontal. A pintura de Cougnac retrata nitidamente um grande chifre em formato de palma, com as pontas emergindo da borda anterior.

Um achado como esse é sem dúvida uma grande descoberta, mas as afirmações gerais requerem pelo menos dois. Quarenta e cinco anos após a abertura de Cougnac, os cervos gigantes permanecem raros na arte parietal — sustentando assim minha inferência anterior de que os *Megaloceros* foram uma espécie incomum na Europa da era glacial. Apenas quatro sítios contendo representações potenciais do *Megaloceros* foram identificados, e há somente uma segunda localidade que confirma de maneira satisfatória a descoberta de Cougnac. A caverna de Peche Merle, conhecida antes de Cougnac, contém uma figura esquemática de um provável cervo gigante — na verdade, pouco mais que um esboço grosseiro feito a dedo sobre a argila. O chifre realmente sugere que se trata do *Megaloceros*, mas eu não apostaria muito nisso — e ninguém o fazia antes que Cougnac confirmasse a presença do cervo gigante na arte parietal. A recém-descoberta caverna de Cosquer também contém dois prováveis cervos gigantes, mas, nesse caso, a identificação requer comparação com as pinturas de Cougnac — e as imagens de Cosquer por si mesmas não poderiam ter constituído um argumento forte em favor da presença do *Megaloceros* na pintura do Paleolítico.

Assim, há apenas um outro achado que de fato se qualifica como uma confirmação independente da descoberta de Cougnac, e como uma prova de que nossos ancestrais tiveram contato com o cervo gigante. A caverna de Chauvet, descoberta recentemente (ver ensaio anterior), contém dois cervos gigantes representados de maneira admirável. Nenhuma das pinturas inclui os inequívocos chifres, mas todos os outros traços, conhecidos com base nos ossos fósseis e nas pinturas de Cougnac, foram fielmente retratados, e a identificação parece sólida. (Os dois cervos foram interpretados como fêmeas, corretamente, ao que parece, mas me pergunto se um deles, ou mesmo os dois, não poderia ser um macho em processo de muda dos chifres, pois uma pequena projeção próxima aos ouvidos poderia representar os pedicelos — as bases protuberantes dos chifres perdidos, encontrados somente nos machos. De todo modo, a representação de apenas um dos sexos faz sentido na história natural, embora seja igualmente possível que essa decisão reflita tão-somente os propósitos simbólicos dos artistas. Em dois excelentes artigos publicados na década de 1980, o paleontólogo Anthony Barnosky demonstrou, com base nos sítios irlandeses, que os machos e as fêmeas viviam em bandos separados durante uma parte do ano — como muitas espécies de cervos fazem no presente.)

Para os paleontólogos, a arte nas cavernas fornece informações preciosas que vão muito além da mera comprovação da interação com os humanos ancestrais. Consideremos a frustrante limitação principal do registro fóssil convencional: temos de nos apoiar nos indícios constituídos pelos ossos e pelas demais partes duras passíveis de preservação. Grande parte do que é tão vital para o nosso entendimento — os formatos das partes moles, as cores, os sons, o comportamento — simplesmente não se fossiliza. Nosso campo depende fundamentalmente da inferência (muitas vezes dúbia ou até mesmo fantasiosa) a partir de um registro preservado que se mostra insignificante em relação à riqueza da natureza em sua totalidade. Por vezes, conseguimos extrair desse registro uma conclusão razoável: quando encontramos um dente de tubarão engastado numa concha de amonite, descobrimos um fato relativo à dieta dos peixes de outras eras. Mas muitas vezes não é possível fazer afirmação alguma. Por exemplo, não posso sequer imaginar de que modo poderíamos descobrir detalhes essenciais sobre a emergência da linguagem humana, uma vez que milênios se passaram entre sua invenção original e a codificação de algum sistema escrito passível de ser preservado no registro geológico. (Nesse contexto, devo confessar meu divertimento cruel, beirando a irritação, com o sucesso da "dinomação" nas exposições dos museus — os dinossauros robotizados que se movem e rugem. A fascinação do público por esses modelos concentra-se exatamente nesses traços — as cores, os sons, e as dobras e pregas das partes moles — que, como não poderia deixar de ser, permanecem inteiramente conjecturais.)

Os paleontólogos, portanto, dão extremo valor às raras circunstâncias geológicas que possibilitam a preservação ocasional das partes moles. Boa parte do nosso conhecimento mais crucial sobre a história da vida depende dessas preciosas "janelas" em relação à anatomia completa das criaturas do passado. Nunca teríamos chegado a apreender a extensão total da explosão cambriana se o Burgess Shale[8] não tivesse preservado as partes moles das espécies, além das suas conchas — uma vez que muitos desses animais mais antigos não desenvolveram nenhuma parte dura. Nunca

(8) Depósito do Cambriano médio, descoberto na Colúmbia Britânica (Canadá), contendo fósseis extraordinariamente preservados, entre eles diversas formas de corpo mole. Contém 140 espécies em 119 gêneros e catorze filos. Nenhum desses organismos existe atualmente. (N.T.)

teríamos identificado o *Archaeopteryx* como o primeiro pássaro se o calcário litográfico de Solnhofen não tivesse preservado as penas desse animal, assim como fez com seus ossos.

Todas essas "janelas" são resultado de condições geológicas raras, envolvendo, em geral, o soterramento rápido dos organismos em sedimentos de grãos muito finos nos quais estejam ausentes tanto o oxigênio quanto uma biota bacterial equilibrada capaz de decompor toda matéria mole e orgânica. (O sepultamento no âmbar produz o mesmo efeito.) Somente uma nova modalidade foi acrescentada pela complexidade da própria vida — um acréscimo que, para nossa infelicidade, se deu um pouco tardiamente e com um alcance um tanto limitado. Os artistas humanos representaram as partes moles (e, algumas vezes, até mesmo as cores) da fauna européia da era glacial — e nós, os seus descendentes, somos eternamente devedores em relação a eles pelo fato de terem nos propiciado essa janela inigualável em direção ao nosso passado.

Mesmo sem o auxílio da arte parietal, há mais possibilidades de fazer descobertas sobre os mamíferos da era glacial do que sobre a maioria das criaturas de um passado mais distante — uma vez que esqueletos mais completos e bem preservados desse período podem ser encontrados com freqüência, e também porque esses animais tendem a nos parecer familiares em virtude de sua afinidade mais próxima com as espécies vivas. Mas muitos traços importantes inevitavelmente permanecem obscuros quando os ossos constituem nossa única fonte de informações. Podemos, por exemplo, inferir a existência da tromba num elefante ou numa anta com base na forma peculiar de seus ossos nasais, mas não podemos saber muita coisa a respeito de seu tamanho, cor ou função. Do mesmo modo, os camelos fósseis são quase sempre desenhados sem as corcovas — não porque tenhamos algum motivo para pressupor a sua ausência, mas porque não podemos inferir sua presença provável somente a partir dos ossos.

Consideremos a questão mais importante em relação ao cervo gigante, impossível de responder com base apenas nos ossos. Nosso interesse nessa espécie esteve sempre focado nos chifres —

o que é bastante compreensível, dado o seu tamanho bizarro. Como era possível que um animal dotado de um crânio pesando pouco mais de dois quilos desenvolvesse até 45 quilos de chifres ano após ano? Toda estrutura de um tamanho tão exagerado requer obrigatoriamente um conjunto substancial de adaptações compensatórias em outras partes do corpo — e grande parte da discussão científica sobre o cervo gigante concentrou-se no redesenho necessário do resto do corpo para tornar possível a sustentação dos gigantescos chifres. Adrian Lister argumenta, por exemplo, que os ossos do maxilar inferior, de espessura extraordinária, podem atuar como uma fonte de armazenamento renovável de cálcio — como acontece em menor grau em algumas espécies modernas de cervos —, que pode ser, então, transferido para os chifres. Valerius Geist mostrou que chifres tão enormes impõem severas restrições à alimentação, pois somente umas poucas espécies de plantas são capazes de assegurar minerais suficientes no intervalo de tempo exigido. Geist inferiu que apenas os salgueiros se mostrariam adequados, e então descobriu resíduos de salgueiro presos entre os dentes dos fósseis de cervos gigantes!

Mas a maioria das adaptações compensatórias desempenha a função mais essencial de sustentação do ponto de vista biomecânico. Por exemplo, o topo do crânio do cervo gigante tem uma espessura fora do comum, e as primeiras vértebras do pescoço mostram-se excepcionalmente fortes e com uma largura notável (como é necessário para a inserção dos grandes músculos e ligamentos que suportam a cabeça). Mais dignos de nota ainda, conforme se vê na figura desenhada pelo grande anatomista britânico Richard Owen (ver p. 235), são os processos espinhosos das primeiras vértebras dorsais (na região dos ombros), que se projetam bem acima da coluna. No seu *History of British Fossil Mammals and Birds*, publicado em 1846, Owen mencionou pela primeira vez a existência e a importância dessas projeções como adaptações compensatórias para os enormes chifres:

Há treze vértebras dorsais, e as anteriores chamam a atenção pelo comprimento dos processos espinhosos que dão fixação aos ligamentos elásticos que sustentam a cabeça: os da terceira, quarta e quinta vértebras dorsais chegam a uma altura de trinta centímetros.

Estudos recentes confirmaram o *insight* de Owen sobre a importância fundamental desses processos nas vértebras dorsais. Uma estrutura-chave, apropriadamente nomeada de *ligamentum nuchae* (ou ligamento do pescoço), sustenta o pescoço no cervo moderno (e em outros mamíferos), ao ligar-se tanto ao occipício (parte de trás) do crânio quanto às primeiras vértebras cervicais (do pescoço) na região da cabeça, estendendo-se, então, para trás, até se inserir nos espinhos das vértebras dorsais na região do ombro. Quanto mais fortes as vértebras do pescoço e mais longos os processos espinhosos das vértebras dorsais, mais poderoso é o ligamento — e tanto melhor para a sustentação da volumosa cabeça. Todas essas estruturas, o que não é surpreendente, assumem grande tamanho no cervo gigante! (Sobre a forma e a função do *ligamentum nuchae*, ver o artigo de 1985, listado na bibliografia, de N. J. Dimery, R. McN. Alexander e K. A. Deyst.)

Os longos espinhos dorsais do cervo gigante deixam suas marcas no formato de seu corpo — mas que marcas seriam essas e qual função desempenhariam em relação ao comportamento do animal? Outros cervídeos grandes e animais aparentados também possuem processos espinhosos dorsais alongados e, conseqüentemente, apresentam toda uma área proeminente próxima à região do ombro — como no caso do alce moderno e do bisão.

Mas de que maneira esses processos, de altura ainda maior no cervo gigante, influenciam a forma externa de seu corpo? As reconstruções clássicas do cervo gigante têm ignorado inteiramente essa questão e retratado esse animal com as costas retas (o que constitui um erro evidente) ou, outras vezes, representado um abaulamento alongado e pouco saliente nas costas, semelhante ao que se pode ver no alce moderno. Por exemplo, a pintura-"padrão" de Charles R. Knight, o mais refinado e influente dos artistas que retrataram a vida pré-histórica, lança mão do "modelo do alce" e desenha no cervo gigante uma saliência extensa mas completamente indistinta.

A esta altura, vemo-nos totalmente paralisados, visto que não é possível esclarecer essa questão tomando como base apenas os ossos. E assim teríamos permanecido para sempre — não fosse por um presente decisivo de nossos ancestrais artistas. Os cervos gigantes de Cougnac e Chauvet — dois machos e uma fêmea em Cougnac e, ao que tudo indica, duas fêmeas em Chauvet — nos revelam muitos fatos que não poderíamos ter descoberto a partir das evidências paleontológicas padrão. Suas faces são delgadas e pontudas como as da maioria dos cervos, e não largas e carnudas como se apresentam no alce. Os machos têm pescoços largos e poderosos. Como quase todos os cervos, os *Megaloceros* sustentavam a cabeça em posição baixa e alinhada com a coluna dorsal, e não elevada acima das costas (com o pescoço virtualmente em ângulo reto em relação ao corpo) como em muitas reconstruções, incluída a de Owen em 1846, reproduzida aqui.

Mas há um traço de todas essas pinturas que se destaca como um achado inesperado (e uma surpresa maravilhosa) — e todos os comentadores na literatura enfatizaram essa descoberta. Os artistas do Paleolítico desenharam todos os cervos gigantes, tanto os machos como as fêmeas, com uma corcova grande, distinta, bem delimitada e proeminente — e não apenas como um abaulamento difuso e indefinido resultante do alongamento dos espinhos dorsais. (Essa corcova nítida e singular, revelada pela primeira vez em Cougnac, tornou-se, desde então, o critério para a identificação do cervo gigante na arte das cavernas. As figuras mal preservadas de Cosquer só podem ser reconhecidas como cervos gigantes em função da corcova. Em Chauvet, as duas magníficas pinturas poderiam ser identificadas por outros traços, mas, dado que os animais em questão são provavelmente fêmeas, desprovidas, portanto, de chifres, é a corcova que indica com clareza de que espécie se trata.)

Além disso, a corcova exibia cores e marcas características que definem a aparência do animal (e que também jamais teriam chegado ao nosso conhecimento a partir dos dados convencionais constituídos pelos fósseis). Em todos os casos em que há marcas na parte interna do desenho, a corcova é apresentada numa cor escura — na forma de uma surpreendente bolha preta nitidamente delineada cobrindo toda a corcova, no caso dos dois animais de Cougnac, e, nas pinturas de Chauvet, como uma mancha preta mais difusa, embora igualmente extensa, na primeira fêmea, e como uma borda espessa e acentuada no segundo animal. (Os artistas do Paleolítico desenharam apenas o contorno do macho grande de Cougnac, sem marcas no interior do desenho — presumivelmente uma decisão estilística, e não uma representação realista. Reconheço, é claro, que os traços comuns a essas pinturas podem representar uma convenção artística ou, no mínimo, uma ênfase ou um exagero em relação à aparência da corcova, mais do que a realidade mensurável da natureza. Mas por que eles desenhariam uma corcova tão perceptível se não existisse corcova alguma — especialmente se levarmos em conta que os artistas do Paleolítico representaram o bisão, o alce e as renas de maneira bastante precisa, isto é, com os abaulamentos extensos e indistintos que em geral recobrem os processos espinhosos dorsais nos herbívoros de grande porte?)

A corcova concentra ainda outras inscrições de significado incerto — é provável que se trate de linhas coloridas, de dobras da pele ou ainda de delimitações entre regiões em que a pelagem do animal exibia diferenças na cor, no comprimento ou na forma dos pêlos. O fato é que os quatro animais que apresentam traços no interior do desenho mostram uma linha proeminente a partir da corcova, estendendo-se numa grande diagonal ao longo de todo o flanco, até chegar às patas traseiras. Em três deles, uma outra linha corre na direção oposta, numa diagonal desde a borda dianteira da corcova até o peito, terminando exatamente num ponto logo acima das patas dianteiras. Por fim, um dos animais de Chauvet ostenta uma grande estria preta diagonal atravessando todo o pescoço, enquanto um macho de Cougnac apresenta uma linha colorida na mesma posição.

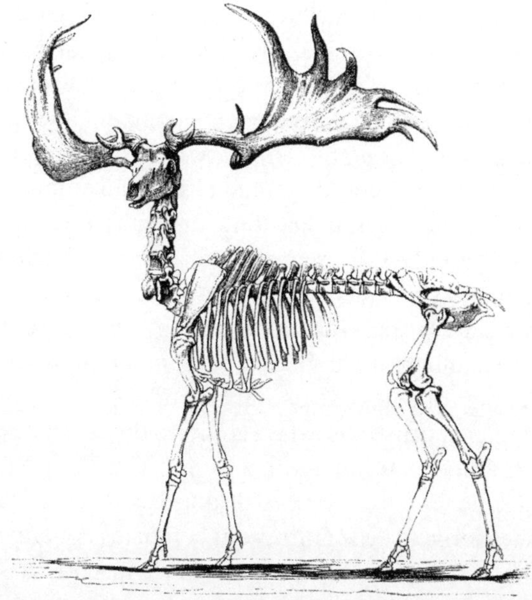

17. O esqueleto de um alce irlandês, na reconstrução feita por Richard Owen, em 1846.

A corcova se eleva na região das costas que se estende sobre os espinhos dorsais. Essa "condição preexistente", os longos processos espinhosos que fixam o ligamento necessário à sustentação da pesada cabeça, com certeza fornece um substrato para a evolução de uma discreta corcunda. Mas é certo também que a corcova do cervo gigante transformou-se em algo mais que a expressão passiva do esqueleto embaixo dela — pois esta requereria somente aquela área saliente extensa e indefinida desenvolvida por muitas outras espécies que apresentam espinhos dorsais aumentados. A corcova do cervo gigante, com sua forma exagerada e nítida, e com seu realçamento ostensivo por meio da cor (e das linhas diagonais que se irradiam em ambas as direções), provavelmente representa um produto particular da evolução. Mas, por que razão?

Não é possível responder a essa questão com segurança, mas a comparação com os parentes vivos do cervo gigante sugere que uma de suas funções principais esteja ligada à sinalização e à exibição que acompanham a atividade de competição reprodutiva, considerada essencial no modelo darwiniano. Em meu trabalho anterior, sugeri que o cervo gigante talvez não empregasse seus chifres no combate propriamente dito, mas sim para proclamar seu *status* e para entregar-se a uma competição caracterizada mais pelo posicionamento simbólico do corpo do que pela luta explícita e lesiva. Em resumo, e para dizê-lo de maneira um tanto crua, os chifres maiores ganham no blefe e asseguram um número maior de copulações para aqueles que os apresentam.

Atualmente, penso que estava equivocado ao fazer essa sugestão. O trabalho posterior realizado por Tim Clutton-Brock e Andrew Kitchener me convenceu de que é quase certo que os cervos gigantes usavam seus chifres em combates concretos. Mas a luta pelo sucesso reprodutivo entre os cervos machos (assim como entre outros grandes mamíferos) também envolve rituais, posturas e exibições substanciais — e sem dúvida os chifres são empregados como um dos elementos principais dessa rotina. Os cervos fazem poses, urram e caminham com exuberância antes do acasalamento efetivo. Eles executam, com freqüência, uma "marcha paralela" que lhes permite observar a extensão corporal total e a compleição física de um rival — e todo traço capaz de acentuar a impressão de poder, ferocidade ou magnitude ajuda a estabelecer uma posição de dominância. Estou de acordo com Kitchener e também com Lister em relação à hipótese de que a corcova grande e de colorido vistoso funcionaria especialmente bem como um dispositivo de intimidação e como uma marca de poder potencial. Kitchener afirma que "o alce irlandês [cervo gigante] provavelmente avaliava seus oponentes em uma marcha paralela que enfatizava a maciça corcova no ombro e, desse modo, sinalizava o tamanho corporal e a habilidade virtual para a luta". Lister acrescenta que "a corcova dorsal proeminente e de cor escura faria parte da exibição da *gestalt*".

Não acredito que a ostentação relacionada à luta esgote a questão da função da corcova no cervo gigante — pela razão simples de que as fêmeas aparentemente desenvolviam uma corcova igualmente saliente, embora, pelo que se pode supor, elas não lutassem. A propósito, a corcova da fêmea é indicativa de que as funções dessa parte do corpo ultrapassam a mera expressão dos processos espinhosos dorsais — pois os espinhos das fêmeas, desprovidas de chifres, são muito mais curtos que os dos machos, ao passo que sua corcova não parece menor do que a versão masculina! Forma e força semelhantes nos dois sexos sugerem que a corcova funcionava também como um sinal geral visando ao reconhecimento pelos outros membros da espécie ou a outros propósitos ainda desconhecidos e insuspeitados.

Seja como for, o formato inconfundível e o funcionamento particular da corcova do cervo gigante fornecem uma extraordinária ilustração para um princípio fundamental na teoria evolucionista. Devemos presumir que a corcova não surgiu originalmente "para" os propósitos finais de exibição e reconhecimento. É provável que essa estrutura constituísse, de início, uma conseqüência simples e passiva dos espinhos dorsais subjacentes, eles próprios desenvolvidos para a função muito diferente, e obviamente essencial, de sustentar uma cabeça com chifres extremamente pesados — pois todos os grandes mamíferos com espinhos dorsais necessitam desenvolver (e desenvolvem) uma área protuberante extensa, ainda que indistinta, na região das costas localizada sobre esses espinhos. Mas, na maioria dos mamíferos, essa estrutura pouco nítida não sofre uma transformação substancial. A região abaulada no dorso permanece como uma conseqüência passiva dos processos espinhosos, e pode não servir a nenhuma função em si mesma. Contudo, por alguma razão desconhecida, os cervos gigantes transformaram de maneira ativa essa conseqüência passiva preexistente numa corcova marcante e proeminente com funções adaptativas complexas.

Portanto, as estruturas que surgem de início como efeitos colaterais de uma adaptação primária (a região saliente nas costas como uma expressão necessária dos espinhos dorsais ali presentes) podem, mais tarde, ser "cooptadas" para um papel especial vital em relação ao sucesso evolutivo do animal. Grande parte da fascinação, das reviravoltas e da imprevisibilidade da evolução reside nesse princípio da cooptação de estruturas inicialmente desenvolvidas para outros propósitos, ou mesmo sem propósito algum. As penas que evoluem como dispositivos termorregulatórios em pequenos dinossauros corredores são cooptadas para o vôo nos pássaros. Os cérebros que se desenvolvem sabe-se lá para que necessidade dos nossos ancestrais australopitecos nas savanas africanas são cooptados depois, pelos homens de Cro-Magnon, para expressão e utilização artísticas — e assim (e somente em virtude disso) essa outra estrutura cooptada — a corcova do cervo gigante — chega ao nosso conhecimento!

A corcova do *Megaloceros* pode despertar nossa curiosidade como uma ilustração desse importante princípio geral. No entanto, não desejo sugerir que seja este o motivo principal para a fascinação por esse calombo nas costas — ainda que considere o princípio da cooptação um tema precioso (ressaltado nos meus próprios escritos técnicos), e por mais que o percurso desde os pequenos fatos até as afirmações gerais constitua a marca registrada destes ensaios. Afinal de contas, o princípio da cooptação encontra-se bem estabelecido e bem ilustrado há muitos anos. Certamente, outro bom exemplo nunca é demais — em especial quando se trata de uma estrutura tão surpreendente, numa espécie tão fascinante. Mas não rompemos com nenhuma base teórica por meio dessa ilustração.

Vou sugerir, em vez disso, que a corcova do cervo gigante deveria ser apreciada acima de tudo por uma outra razão, muito diferente — como um elemento da história natural que tem um valor indizível, pelo simples fato de ter existido um dia, e porque nunca teríamos tomado conhecimento de sua fascinante existência se nossos ancestrais não nos tivessem legado esses belos testemunhos visuais.

Mesmo na ausência de observação efetiva, é muitas vezes possível inferir a existência (e a forma) de fenômenos simples regulados por leis naturais. Conhecemos a história dos eclipses solares nos últimos milhares de anos, muito embora uma boa parte deles não tenha jamais sido registrada pelo homem. Mas, em relação aos elementos complexos da história natural, únicos e exclusivos na sua glória detalhada e incomparável, e que dependem fundamentalmente de uma série imprevisível e contingente de estados históricos precedentes, não há como tomar conhecimento de sua existência a menos que os registros insignificantes e, *grosso modo*, imperfeitos da história nos leguem indicações diretas sobre eles. Todo elemento da história natural é ao mesmo tempo um prazer para os olhos e um instrumento para o nosso esclarecimento potencial. Mas a vasta maioria deles se perdeu para sempre no poço sem fundo do insucesso da história em produzir alguma forma de registro de sua existência. E uma perda, seja em que momento for, é uma perda para sempre.

Você pode retrucar: "E daí? Estamos, ainda assim, cercados por uma infinidade de elementos. Além disso, não é possível saber tudo!". Mas minha voracidade é insaciável e minha curiosidade, infinita. Cada perda se converte num caso de suprema tragédia — pois algo que um dia existiu jamais será conhecido por nós. A corcova do cervo gigante — como um elemento não fossilizável da anatomia — teria caído no redemoinho da história perdida. Mas nossos ancestrais proporcionaram uma restituição magnífica, pela qual deveríamos sentir uma intensa alegria. Todo novo elemento pode nos ensinar algo. Todo objeto inesperado é belo em si mesmo. Todo resgate da grande máquina picotadora da história é — e não sei de que outro modo dizê-lo — um ato sagrado de salvação de um fragmento da totalidade.

Nunca conheceremos o pintor do Paleolítico que recuperou esse fato precioso — a corcova do cervo gigante — e o assegurou para nós, seus gratos descendentes. Para essa pessoa anônima, tudo que posso dizer é: "Você é um homem melhor do que eu...". Pois eu posso apenas descrever e interpretar, mas você resgatou um elemento legítimo e verdadeiro da beleza da Terra.

10

NOSSA EXTRAORDINÁRIA UNIDADE

Um engano verdadeiramente estúpido é muitas vezes o início de um caminho para o conhecimento. Minha última experiência em relação a esse fenômeno trivial felizmente ocorreu (e foi corrigida!) em total privacidade — de modo que posso escapar ao constrangimento, pois ninguém precisa ficar sabendo dela! *The Herald*, o principal jornal do Zimbábue, publicou um anúncio do governo em sua edição de 14 de janeiro de 1997: *Licença para cachorros e ciclos*. A taxa anual, eles noticiavam, era de vinte dólares zimbabueanos (aproximadamente dois dólares americanos) para uma bicicleta e de trinta para um triciclo. Eu ri sozinho do absurdo gritante de se cobrar uma taxa maior para um brinquedo de criança do que para um utensílio adulto — um divertimento sem dúvida matizado (é preciso reconhecer) por um racismo residual e inconsciente, tão arraigado na nossa cultura que nem mesmo os brancos de razoável boa vontade conseguem extinguir inteiramente suas marcas: aqueles africanos primitivos devem ter retrocedido no tempo! Mas o motivo de piada não era outro senão eu mesmo — pois logo me lembrei que os triciclos locais são os veículos de três rodas movidos a força humana que operam como táxis para distâncias curtas ou servem para o transporte de artigos pesados, e que são utilizados em muitas localidades fora do mundo ocidental. Esses robustos triciclos adultos são maiores que uma bicicleta e geram mais renda do que elas — o que justifica que sejam taxados com uma importância mais alta.

Esse exemplo de uma das falácias mais freqüentes do raciocínio humano — a elevação a um estatuto universal de uma crença local, limitada e virtualmente falsa, sustentada por um indivíduo ou cultura — não causou nenhum dano e não durou mais que alguns poucos minutos. Mas outros casos mais potentes e de maior penetração atuam muitas vezes como os principais impedimentos ao progresso do conhecimento científico. A questão maior por trás de minha escorregadela em relação às bicicletas e aos triciclos — a pressuposição de que a história humana progride numa seqüência linear de aprimoramento (com os africanos atrás dos europeus) — talvez seja o mais nocivo e disseminado de todos os erros culturalmente enraizados que são promovidos, de maneira injustificada, à condição de verdade universal.

Há pouco tempo, numa viagem extenuante feita no intervalo entre dois ensaios mensais, encontrei um impressionante exemplo disso. Visitei, pela primeira vez, as ruínas magníficas das grandes cidades maias de Chichen Itza e Uxmal. Entre as diversas peculiaridades apresentadas por essa antiga e complexa civilização mesoamericana, destaca-se o problema da decifração de sua escrita. A cultura maia atingiu seu apogeu na segunda metade do nosso primeiro milênio, e então desmoronou misteriosamente entre o nono e o décimo séculos d.C. (Diversos ressurgimentos ocorreram depois disso, numa miscigenação parcial com outros grupos mesoamericanos — de tal maneira que populações maias, falantes de línguas maias, ainda habitam a Guatemala, a península de Yucatán e as áreas circunvizinhas. Mas o conhecimento do sistema de escrita clássico, assim como de grande parte de seu sofisticado saber nos campos da astronomia e do cálculo, não sobreviveu às invasões européias.)

Os conquistadores espanhóis destruíram a maioria dos livros maias (escritos em papel feito de casca de árvore e dobrados como sanfonas) — e apenas quatro manuscritos escaparam. Mas a escrita maia aparece em centenas de monólitos grandiosos erguidos originalmente como placas cerimoniais defronte das principais construções, bem como em numerosas inscrições nos muros, nas estátuas e em vasos de cerâmica. A recente decifração dessa escrita — uma mistura de símbolos para as sílabas e para palavras inteiras (e, desse modo, conceitualmente semelhante aos hieróglifos egípcios, embora as duas escritas tenham sido inventadas de maneira independente) — constitui uma das mais importantes realizações científicas do século XX.

Podemos nos alegrar diante desse sucesso e da surpreendente reinterpretação da história maia que ele possibilitou, mas devemos também nos perguntar sobre o que o retardou por tanto tempo — pois, como aponta Michael D. Coe em seu recente e aclamado livro *Breaking the Maya Code* [Decifrando o código maia], os instrumentos e os dados necessários para a solução desse enigma já se encontravam potencialmente disponíveis desde o início das investigações científicas sobre os maias na metade do século XIX.

As razões são complexas e múltiplas, e entre elas está a destruição cruel e sistemática dos documentos maias pelos primeiros colonizadores espanhóis. Contudo, Coe demonstra que o velho erro de atribuir à história humana um progresso linear desempenhou um papel igualmente essencial. Dado que os maias viveram seu apogeu muito tempo atrás (quando a Europa era ainda um lugar remoto e atrasado) e que pertenciam a um grupo étnico que muitos estudiosos de ascendência européia consideravam inferior, diversos especialistas importantes em cultura maia simplesmente se recusaram a acreditar que aquelas inscrições pudessem consistir numa linguagem escrita completa. A escrita maia, argumentavam eles, provavelmente equivalia a um conjunto de rabiscos pictóricos grosseiros de pessoas limitadas que, a despeito de suas surpreendentes e consideráveis realizações em arquitetura e astronomia, jamais poderiam dominar toda a complexidade das inscrições lingüísticas.

Coe menciona, por exemplo, um pesquisador da cultura maia que, em 1935, censurou os esforços iniciais empreendidos por Benjamim Lee Whorf, um importante lingüista da última geração. Whorf atribuíra corretamente valor fonético aos glifos maias, mas seu crítico replicava que esses símbolos podiam, na melhor das hipóteses, representar um "embrião" de escrita — figuras incipientes com conteúdo informativo limitado, e não sentenças completas. Invocando esse pressuposto progressivista e linear (além de racista), o crítico de Whorf escreveu:

> E. B. Tylor afirmou há muito tempo que a escrita demarcava a diferença entre a civilização e a barbárie [...]. O fato é que nenhuma raça nativa da América possuía uma escrita completa e, portanto, nenhuma delas atingira a civilização, de acordo com a definição de Tylor.

Coe mostra também de que modo o "hiperevolucionismo" de Sylvanus Morley, a autoridade dominante em cultura maia na primeira metade do nosso século, constituiu um outro obstáculo para a decifração dessa escrita que era em grande parte fonética e se mostrava perfeitamente estruturada. Coe escreve:

> Sylvanus Morley [...] propôs que os sistemas de escrita haviam progredido dos sistemas pictográficos para os ideográficos (mencionando o chinês como o sistema ideográfico *par excellence*, uma vez que nele, de acordo com Morley, cada signo representa uma idéia), e então para os fonéticos.

Uma vez que Morley considerava os maias mais primitivos que os chineses — e, desse modo, julgava que sua escrita pertencia, em grande medida, ao estágio pictográfico —, ele não poderia mesmo ter chegado a decifrar esse sistema predominantemente fonético!

Partindo de meu engano pessoal a respeito de uma nação moderna, passei a um erro grave que durante muito tempo retardou a explicação sobre uma cultura inteira que conta com uma longa história. Permitam-me agora avançar um passo além, para discutir os obstáculos que a expectativa de linearidade impõe a nosso entendimento da evolução humana como um todo.

Podemos falar com legitimidade de "tendências gerais" na evolução humana. Dificilmente poderíamos duvidar que o aumento no tamanho do cérebro representa ao mesmo tempo uma tendência essencial e um elemento central em relação à extraordinária história de como a nossa espécie se expandiu e se tornou dominante. Essa afirmativa, entretanto, não necessariamente implica que a história humana — desde a nossa separação, entre 6 e 8 milhões de anos atrás, de um ancestral comum que gerou também os nossos primos chimpanzés e os gorilas, até o nosso elevado estado atual — deva ser interpretada como uma série linear de avanços em poder cerebral. Essa tendência geral não implica também que todos os indivíduos ou grupos que não "seguiram o programa" constituiriam ramos laterais relegados à extinção, num inevitável *cul-de-sac*, ou beco sem saída.

Diferentes caminhos e mecanismos podem conduzir do cérebro inicialmente pequeno à nossa atual condição "mais pesada em cima". Para mencionar a perspectiva evolutiva mais radical entre as posições alternativas à visão linear — um ponto de vista extremo e equivocado, com certeza, mas que fornece tanto *insight* quanto a igualmente incorreta hipótese linear —, suponhamos que uma espécie ancestral A, com um volume cerebral médio de trezentos centímetros cúbicos, tenha gerado cinco novas espécies, todas elas num intervalo de tempo curto e crucial, entre aproximadamente 2,2 e 2 milhões de anos atrás. Essas cinco espécies emergem com diferentes volumes cerebrais médios — B com quinhentos, C com setecentos, D com novecentos, E com 1 100 e F com 1 300 centímetros cúbicos — e esses números não se modificam durante toda a sua existência geológica. Todas elas (A e as cinco espécies descendentes) vivem durante 2 milhões de anos sem sofrer novas transformações. (É até mesmo possível que venham a entrar em competição direta, pois cada uma pode habitar um continente diferente — em conseqüência da rápida disseminação da espécie A pelo mundo e de sua evolução igualmente veloz para as formas B, C, D, E e F em cinco regiões separadas.) Finalmente, todas essas espécies, à exceção de F, são extintas. Chamamos F de *Homo sapiens*.

Nas duas hipóteses extremas, os ancestrais humanos começaram com trezentos e chegaram aos 1 300 centímetros cúbicos de volume cerebral. Os dois esquemas invocam a metáfora da luta e da persistência — uma lenta escalada, na visão linear tradicional, e o sucesso em resistir a todas as adversidades, na alternativa que chamaremos de "poda do arbusto". As duas visões são certamente equivocadas nas suas concepções excludentes. Por que motivo, então, tendemos a simpatizar com o esquema linear, e a nos sentir confortáveis em relação a ele, ao passo que vemos a alternativa da "poda do arbusto" como um *nonsense* risível e inexplicável, com certeza introduzido por mim apenas para satisfazer algum capricho perverso e pessoal?

Pretendo argumentar que as duas visões exprimem verdades parciais importantes, e que temos favorecido a visão linear sobretudo em obediência ao viés cultural depreciador que ilustrei no início deste ensaio. Pretendo demonstrar também que a história das idéias sobre a evolução humana no século XX pode ser resumida pelo crescente fortalecimento da hipótese da "formação e poda do arbusto" — e pelo recuo da visão linear — levando a um equilíbrio adequado entre elas. Mostrarei ainda que uma nova descoberta, anunciada em dezembro de 1996 (e que me inspirou a escrever este ensaio), fornece um apoio substancial e inesperado à hipótese de que a conformação arbustiva constitui a condição habitual da linhagem humana. (No restante deste ensaio, farei referência aos dois modos de pensamento como concepção "linear" e concepção "arbustiforme" das tendências evolutivas.)

Meu colega e amigo Niles Eldredge chamou-as de "visão táxica" e "visão transformacional". Na primeira, a evolução "baseia-se na produção de muitas espécies distintas" (os grupos de organismos que recebem denominação formal, como as espécies e os gêneros, são chamados de *taxa*).[1] Na segunda, ela é "impulsionada pelas vantagens inerentes a certos traços" (cérebros grandes, por exemplo) na competição entre indivíduos diferentes no interior de um mesmo grupo. A diferença mais significativa entre as duas abordagens reside naquilo que se considera o "motor"

(1) Forma plural de *taxon*, que significa "unidade taxonômica". (N.T.)

principal na produção das tendências. Na teoria táxica ou arbustiforme, as transformações evolutivas requerem uma produção substancial de espécies independentes, pois a mudança ocorrida numa linhagem depende da sobrevivência diferencial entre essas espécies e da proliferação posterior de algumas delas, em contraposição à extinção das outras. Na teoria linear ou transformacional, as mudanças não demandam uma ramificação de espécies, pois as modificações se originam do sucesso competitivo dos traços favoráveis numa espécie única que progride gradualmente. (É claro que os defensores da visão linear não negam que as linhagens podem também produzir novas espécies por ramificação, mas eles tendem a fazer uma distinção entre o transmissor da mudança e os ramos laterais condenados à extinção. Em outras palavras, para o cientista que assume o ponto de vista da transformação linear, a produção de numerosas espécies não contribui para as principais tendências progressivas da história da vida.) Ernst Mayr, o decano dos evolucionistas americanos e um forte defensor do ponto de vista de que a formação copiosa de novas espécies é um ingrediente central das mudanças evolutivas, expressou bem esse contraste ao afirmar:

> Sinto que é o próprio processo de criação de numerosas espécies que leva ao progresso evolutivo. No que diz respeito à evolução, as espécies são comparáveis às mutações. Elas também são necessárias ao progresso evolutivo, muito embora apenas uma entre muitas mutações leve a uma melhoria significativa do genótipo [...]. Levando-se isso em consideração, parece então que a multiplicação prodigiosa das espécies é um pré-requisito para o progresso evolutivo [...]. Sem a especiação, não haveria diversificação alguma no mundo orgânico, nenhuma propagação adaptativa e pouquíssimo progresso evolutivo. As espécies, então, são a pedra fundamental da evolução.

Até recentemente, entretanto, a visão linear dominou fortemente o pensamento tradicional sobre a evolução humana. A idéia banalizada de "elo perdido", por exemplo, pressupõe a linearidade — pois os elos são os pontos de junção numa seqüência. Arbustos evolutivos poderiam se mostrar perfurados, em decorrência de todas as ausências e incertezas impostas pela pobreza de nosso registro fóssil, mas jamais apresentariam um "elo perdido" único e essencial.

A visão linear, além disso, não se limita a expressar a aceitação passiva ou irrefletida de um viés não questionado. A idéia da coexistência entre diversas espécies de hominídeos foi ativamente contestada, atacada e até mesmo estigmatizada, como um exemplo de mau raciocínio biológico. Na década de 1960, quando eu era estudante, a idéia conhecida como "hipótese da espécie única" ainda desfrutava de um apoio substancial, e provavelmente majoritário, entre os estudiosos da evolução humana. De acordo com essa teoria, apenas uma espécie de hominídeos poderia, em princípio, ocupar uma região em cada momento. Assim, levando-se em conta que quase toda a história da evolução da nossa espécie se desenrolou no continente africano, as mudanças ocorridas se originam presumivelmente de uma transformação linear, com uma única espécie (ao longo de todo o processo) se aperfeiçoando passo a passo rumo ao estágio final. Defensores dessa hipótese citavam (citavam mal, eu diria) o princípio ecológico de que apenas uma espécie pode ocupar um "nicho" — ou ambiente adequado à subsistência. Os besouros têm nichos "estreitos", de modo que diversas espécies podem viver numa área — algumas nos troncos das árvores, outras no topo, outras no chão. Mas os hominídeos, com sua invenção única, a "cultura" (não importa quão primitiva, de início), ocupam um nicho tão "amplo" que nenhuma localidade poderia abrigar mais que uma espécie ao mesmo tempo.

A principal fonte de referência em antropologia física nessa época (*Human Evolution*, de C. L. Brace e M. F. Ashley Montagu, 1977, editado pela primeira vez em 1965) sustentava que "é mais realista situar os fósseis conhecidos numa relação evolutiva linear". Os autores especificavam quatro estágios seqüenciais nesse processo — o australopiteco, o pitecantropo, o homem de Neandertal e o homem moderno — e o justificavam por meio da "hipótese da espécie única". Eles afirmaram:

> A cultura, como um dos principais meios de adaptação, não tem paralelo no mundo dos organismos vivos e, para todos os efeitos importantes, pode ser considerada como um nicho ecológico em si mesmo — o nicho ecológico cultural. Há um princípio evolutivo baseado na lógica da eficiência que afirma que, a longo prazo, dois organismos não podem ocupar o mesmo nicho ecológico, pois, finalmente, um suplantará o outro e tomará para si a posse do nicho em questão. Aplicado aos primatas, isso significa que não é possível que duas formas ocupem o nicho ecológico cultural por período algum.

C. Loring Brace, um dos autores do texto, continuou a resistir à visão arbustiforme da evolução dos hominídeos. Na edição de 1991 de seu texto popular *The Stages of Human Evolution*, Brace reconhece apenas um ramo lateral em toda a história da evolução — e ele chama essa importante linhagem, a dos australopitecos robustos, de "pequeno ramo"!

> Meu próprio ponto de vista, no entanto, é representado pelo arranjo final unilinear, onde os australopitecos evoluíram para os pitecantropos, que, por sua vez, evoluíram para os homens de Neandertal em todo o inabitado Velho Mundo, e estes finalmente se transformaram nas várias populações modernas existentes hoje em dia. Deixei de fora o pequeno ramo australopiteco que se tornou hiper-robusto e foi extinto [...] apenas para produzir uma versão mais eficiente da minha visão geral.

Brace rejeita a idéia de que duas (ou mais) espécies humanas possam ter interagido em um dado lugar. Ele chega até mesmo a cunhar a expressão "catastrofismo hominídeo" para estigmatizar a teoria (atualmente defendida pela maioria dos paleontólogos, em particular no que diz respeito à substituição do homem de Neandertal pelo homem moderno na Europa) de que uma transição entre as espécies pudesse se originar com a imigração de espécies mais tardias de uma outra região (seguida pela extinção local dos habitantes originais), em vez de resultar da transformação evolutiva linear. Escreve Brace:

O resultado é notavelmente semelhante ao cenário apresentado pelo catastrofismo de Cuvier no início do século XIX, que via a mudança como um fenômeno que ocorre subitamente, por razões impossíveis de determinar, e longe da região sob exame. A forma nova, que se dissemina por meio da migração, torna-se então predominante até a mudança repentina seguinte.

Entretanto, de todas as modificações no pensamento sobre a evolução humana que tiveram lugar durante a minha vida profissional, nenhuma mostrou-se mais transformadora ou produziu implicações de alcance tão amplo quanto a crescente documentação do desenho arbustiforme presente ao longo de quase toda a história dos hominídeos. Nossa realidade atual, em que há apenas uma espécie humana espalhada por todo o globo, representa uma exceção, e não a norma — e fomos enganados por nosso péssimo hábito de fazer generalizações com base num presente transitório e contingente.

É possível resumir essa mudança fundamental de uma visão linear para uma concepção arbustiforme da nossa história evolutiva em cinco descobertas e argumentos cronológicos, apresentando as notícias mais recentes como o último argumento.

1. DOIS RAMOS DE AUSTRALOPITECOS. Na década de 1920, quando os cientistas sul-africanos descreveram o *Australopithecus*, o ancestral do nosso próprio gênero *Homo*, designaram dois ramos ou espécies principais, o *Australopithecus africanus* e o *A. robustus* (conhecidos na literatura posterior como as formas delgada e robusta do australopiteco). Pode-se dizer, portanto, que a visão arbustiforme desfrutou desde o início de algum suporte no que diz respeito ao nosso passado mais remoto. Mas os proponentes da hipótese da espécie única consideravam que essas duas denominações diferentes haviam sido dadas, inadvertidamente, aos machos e às fêmeas da mesma espécie, ou ainda (como na passagem de Brace citada acima), interpretavam a linhagem robusta como um ramo lateral insignificante e condenado, provavelmente levado à extinção pelos nossos antepassados superiores, os delgados.

Em 1959, no entanto, Mary Leakey encontrou um espécime-chave com traços robustos tão pronunciados que a hipótese da variação sexual no interior de uma mesma espécie passou a ser vista como uma explicação implausível para diferenças de tamanha amplitude. A provável coexistência de duas linhas de australopitecos já não podia ser negada — e a versão mais pura da hipótese da espécie única encontrou seu fim. (Mary Leakey originalmente chamou esse crânio de *Zinjanthropus*; hoje em dia, essa forma é em geral considerada um ramo separado, chamado de espécie hiper-robusta, ou *Australopithecus boisei*.)

2. Coexistência entre o Australopiteco e o Homo. Os adeptos da posição linear podiam, ainda assim, adotar uma solução alternativa. Eles podiam atribuir pouco valor aos australopitecos robustos (e aos hiper-robustos), tomando-os como um insignificante beco sem saída, interpretar os delgados como os ancestrais lineares do nosso próprio gênero *Homo* e então aplicar a hipótese da espécie única somente a este último, traçando uma linha desde o *Homo erectus* (os homens de "Java" e de "Pequim", nos textos antigos), passando pelo Neandertal e chegando até o nosso estado atual. Mas, na metade da década de 1970, Richard Leakey (o filho de Mary) encontrou espécimes hiper-robustos nos mesmos estratos que haviam produzido os ossos do *Homo erectus* africano (que às vezes é chamado de *Homo ergaster*, mas apresenta pouca diferença em relação ao *Homo erectus* da Indonésia e da China). Seria impensável abarcar uma variação tão extensa no interior dos limites de uma única espécie. Se o mais extremo dos australopitecos robustos coexistiu com os membros mais avançados dos nossos próprios ancestrais, então a velha linha do progresso se transformara num arbusto indiscutivelmente ramificado.

3. A abundância de espécies africanas no período entre 3 milhões e 2 milhões de anos atrás. Dois ramos são suficientes para destruir a teoria linear, mas não chegam a constituir um

arbusto muito impressionante. Nos vinte anos decorridos desde a descoberta por Richard Leakey da inegável coexistência entre essas duas espécies, novas pesquisas sobre a história dos hominídeos vêm demonstrando um número cada vez maior de ramificações. Para resumir um conjunto substancial de pesquisas elegantes numa afirmação bem sintética, não há evidências da existência de mais de uma espécie no período mais remoto entre 3 milhões e mais de 4 milhões de anos atrás. (Em relação à maior parte desse intervalo, conhecemos apenas o *Australopithecus afarensis*, a famosa "Lucy" da nossa literatura popular.) No entanto, no período entre 3 milhões e 2 milhões de anos atrás (e sobretudo durante o último meio milhão de anos desse intervalo), uma virtual explosão de espécies de hominídeos teve lugar em ambos os ramos principais do arbusto — ou seja, tanto no interior do gênero ancestral *Australopithecus* quanto no gênero derivado *Homo*. O gráfico que se segue, apresentado no livro recente de Donald Johanson e Blake Edgar, *From Lucy to Language*, mostra a coexistência de até seis espécies de hominídeos durante esse período, três delas no interior do nosso gênero *Homo*.

4. O DESENHO ARBUSTIFORME NA HISTÓRIA HUMANA MAIS RECENTE: O DEBATE SOBRE OS NEANDERTAL. A primazia da visão linear custa a morrer. Creio que todos os maiores especialistas no assunto admitem atualmente uma ramificação substancial e a coexistência de diversas espécies na África durante os primórdios da história hominídea, mas uma versão da antiga concepção linear ainda persiste como uma teoria popular (embora, a meu ver, perdendo força) sobre a história humana nos últimos milhões de anos, especialmente em relação à origem do *Homo sapiens*. Esse debate tem aparecido com destaque na imprensa (e tem sido abordado em diversos destes ensaios) como um conflito entre a teoria "multirregional" e a teoria da "origem africana" do homem moderno. O multirregionalismo provavelmente será lembrado como o último pilar da visão linear. Nesse modelo, toda evolução hominídea

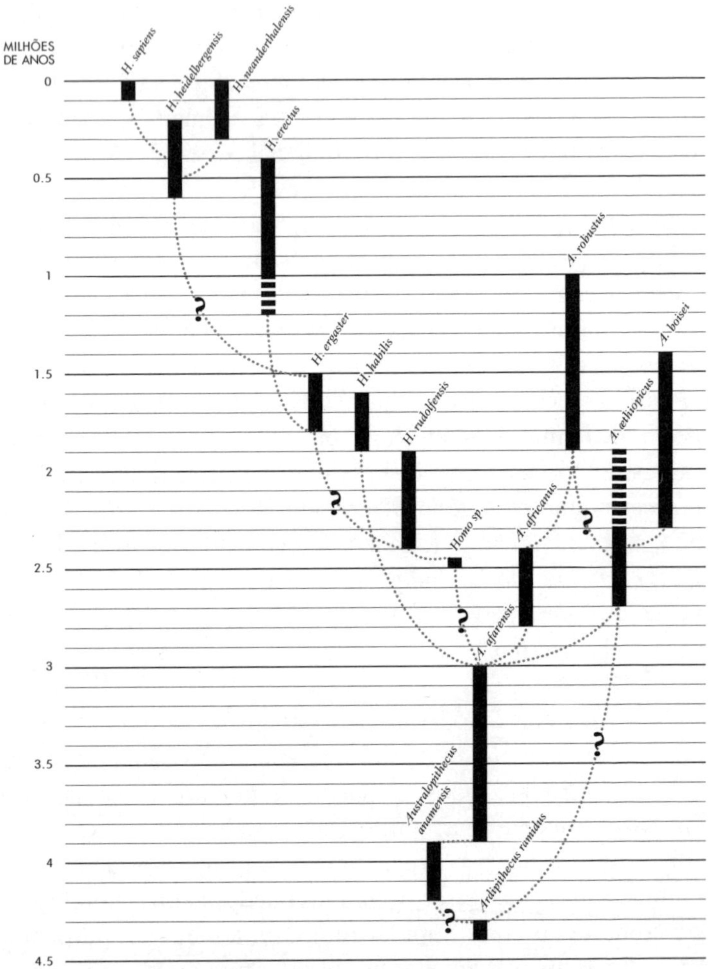

18. O "arbusto ramificado" da história evolutiva humana: entre 2,5 milhões e 1,5 milhão de anos atrás, e também durante os últimos 500 mil anos, diversas espécies de hominídeos coexistiram.

ocorre na África (de maneira consideravelmente ramificada, admite-se), até o aparecimento do *Homo erectus*. Essa espécie então se dissemina por todos os continentes do Velho Mundo entre

1,5 e 2 milhões de anos atrás. As três principais populações de *Homo erectus*, na África, na Europa e na Ásia, evoluem então em paralelo (estimuladas por um índice baixo de migração e, conseqüentemente, por um índice igualmente baixo de mistura entre os três grupos) rumo ao *Homo sapiens*. Essa idéia representa uma versão radical da linearidade — uma vez que todos os subgrupos no interior de uma única espécie evoluem numa mesma direção ideal (um cérebro maior). Na Europa, por exemplo, o *Homo erectus* evolui para o homem de Neandertal, e este, por sua vez, se transforma no *Homo sapiens* — uma espécie a cada momento, mas num movimento continuamente ascendente.

A alternativa da origem africana pode ser mais bem entendida como um versão particular da perspectiva arbustiforme. O *Homo erectus* desloca-se para os três continentes do Velho Mundo. O *Homo sapiens* surge como um ramo (visão arbustiforme) de uma dessas populações, e não como um ponto terminal numa tendência universal. Ele então se dissemina numa segunda diáspora a partir de seu lugar de origem, a África, presumivelmente (de acordo com os dados genéticos e paleontológicos). Mas o *Homo erectus* (ou os seus descendentes) já habita a Europa e a Ásia — de modo que o *Homo sapiens* africano chega a esses continentes como uma segunda espécie humana (coexistência arbustiforme novamente) e, ao final, suplanta a forma original. Nessa concepção ramificada, o homem de Neandertal e o moderno *Homo sapiens* são espécies humanas separadas (e potencialmente coexistentes), e não o antes e o depois de uma única transformação linear — pois o homem de Neandertal se ramificou a partir do *Homo erectus* europeu (ou de seus descendentes), ao passo que os antepassados dos europeus modernos chegaram da África após sua origem independente a partir das populações africanas de *Homo erectus*.

Na minha interpretação, e como se encontra resumido em outros trabalhos (talvez da melhor maneira no livro recente de C. Stringer e R. McKie, *African Exodus: The Origin of Modern Humanity*, o equilíbrio dos achados recentes pende fortemente (talvez de maneira conclusiva) para a visão da origem africana e, portanto, para a predominância da ramificação arbustiforme sobre a linearidade como um tema central na evolução humana. (A propósito, esse novo e emergente consenso coincide exatamente com a visão que Brace rejeitou e chamou, com tanto desdém, de "catastrofismo hominídeo" — a idéia de que o *Homo sapiens* veio da África numa segunda onda migratória e tomou o lugar do homem de Neandertal, em vez da única reconstrução que Brace considerava "evolucionista", isto é, a passagem linear do Neandertal para os humanos modernos. Na realidade, as duas visões são coerentes com uma perspectiva evolucionista. Os dados contingentes e empíricos da história propriamente dita, e não preferências teóricas [carregadas com uma gama complexa de tendências inconscientes], é que devem decidir a questão.)

5. OUTRAS RAMIFICAÇÕES NA HISTÓRIA HUMANA MAIS RECENTE: OS NOVOS DADOS COLHIDOS NA ÁSIA. Se o homem de Neandertal e o *Homo sapiens* coexistiram como espécies independentes na Europa, refutando assim a visão linear, o que terá se passado no Leste da Ásia, onde Dubois fez a primeira descoberta do *Homo erectus* na década de 1890 e onde essa espécie ancestral desfrutou de um longo e propagado sucesso? Na visão multirregional, as populações asiáticas de *Homo erectus* evoluíram diretamente para os grupos asiáticos modernos de *Homo sapiens*. Na alternativa arbustiforme, o *Homo sapiens* chegou à Ásia (vindo da África, em última análise) como uma segunda onda migratória, e pode ter coexistido por certo período com o *Homo erectus* asiático ou com os seus descendentes. A maneira óbvia de testar essas duas hipóteses requer que se encontre um registro fóssil indicativo de um estado intermediário entre as duas espécies ou da coexistência entre elas durante o período crucial da transição de uma para a outra. Mas esses dados decisivos não se encontravam disponíveis, uma vez que os mais jovens *Homo erectus* asiáticos conhecidos (da China) variam entre 290 mil e 420 mil anos de idade, ao passo que os espécimes mais antigos de *Homo sapiens* asiáticos têm apenas 40 mil anos de idade. Assim, não contávamos com indício algum em relação aos decisivos anos intermediários.

Eugene Dubois descobriu o primeiro *Homo erectus* em Java no início da década de 1890 — e esses espécimes, de Trinil, permanecem como os mais famosos representantes indonésios dessa espécie. Mas, no início da década de 1930, geólogos holandeses descobriram um conjunto de doze calvários (os crânios, sem o esqueleto facial e o maxilar superior) hominídeos em Ngandong, uma localidade próxima, às margens do rio Solo. Esses espécimes — conhecidos na literatura mais antiga como "homem de Solo" ou, às vezes, como "*Homo soloensis*" — engendraram um debate longo e substancial sobre a sua identidade, mas um consenso atual os considera membros da espécie descoberta por Dubois, o *Homo erectus*.

No entanto, embora os antropólogos tivessem finalmente chegado a um consenso sobre a identidade dos espécimes de Solo, sua idade permanecia desconhecida. Essa questão crucial pode ter sido solucionada — e de uma maneira surpreendente — num artigo publicado na edição de 13 de dezembro de 1996 da revista *Science*: "O último *Homo erectus* de Java: contemporaneidade potencial com o *Homo sapiens* no Sudeste asiático", de autoria de C. C. Swisher III, W. J. Rink, S. C. Anton, H. P. Schwarcz, G. H. Curtis, A. Suprijo e Widiasmoro (sim, o nome do último autor está completo; a maioria dos indonésios, como o dirigente anterior Suharto ou o antigo líder Sukarno, usa apenas um nome). Os curadores dos calvários de Solo não permitiram que esses autores usassem o material original para datação (uma vez que os métodos destruiriam parcialmente os espécimes). Então Swisher e seus colegas coletaram dentes de bovídeos (bovinos e seus parentes) de dois sítios no mesmo estrato que produzira os calvários hominídeos. Eles aplicaram duas técnicas independentes de datação radiométrica e chegaram à mesma conclusão inesperada — tão gratificante para os fãs da visão arbustiforme — de que os espécimes hominídeos de Solo viveram entre 27 mil e 53 mil anos atrás. Se essas conclusões resistirem a novas e cuidadosas pesquisas, saberemos então que o *Homo erectus* não se transformou nos humanos modernos na Ásia — pois as duas espécies coexistiram como entidades independentes aproximadamente 40 mil anos atrás.

Além disso, e passando à afirmação geral que inspirou este ensaio, se considerarmos o planeta inteiro, há 40 mil anos, observaremos um arbusto que se ramifica em três espécies humanas coexistentes — o *Homo neanderthalensis* na Europa, o sobrevivente *Homo erectus*, na Ásia, e o *Homo sapiens*, prosseguindo na sua inexorável disseminação por todo o mundo habitável. Essa coleção de três pode não se equiparar à riqueza do arbusto africano de uma meia dúzia de espécies há mais ou menos 2 milhões de anos, mas a conclusão de que três espécies humanas ainda coexistiam há não mais que 30 a 40 mil anos requer uma importante reavaliação do pensamento tradicional. O mundo moderno representa a exceção, e não a regra. Apenas uma espécie humana habita o nosso planeta atualmente, mas a maior parte da história hominídea caracterizou-se pela multiplicidade, e não pela unidade.

Tomei como foco neste ensaio uma de nossas principais tendências inconscientes — a preferência persistente pela visão da história como uma seqüência linear e progressiva —, que com tanta freqüência bloqueia nossas interpretações da evolução e da história da vida na Terra. Mas deveríamos também reconhecer essa outra inclinação, bastante mais "familiar" ou óbvia — nossa tendência a interpretar uma situação corrente confortável e bem conhecida como uma lei geral, mais do que como uma exceção potencial. Essa posição conta também com um nome presunçoso na história da ciência — o *uniformitarianismo*, ou a utilização do presente como uma chave em relação ao passado.

Muitos especialistas (inclusive este que vos escreve, num primeiro artigo publicado em 1965) chamaram a atenção para o fato de que o uniformitarianismo é um termo complexo com múltiplos significados, alguns deles legítimos, outros potencialmente enganosos e sem dúvida restritivos. Se com o uso desse termo pretendemos dizer somente que consideraremos as leis da natureza como invariantes no espaço e no tempo, então estamos apenas articulando uma pressuposição geral e uma regra do raciocínio científico. Mas se, erroneamente, estendermos essa afirmação aos *fenômenos* correntes (e não às *leis* universais) — e argumentarmos, por exemplo, que os continentes devem necessariamente se mostrar separados porque hoje em dia os oceanos dividem as nossas maiores extensões de terra, ou que a extinção em massa produzida pelo bombardeamento meteórico não pode ocorrer porque esse evento nunca foi testemunhado no decorrer do curto intervalo da história humana de que se tem registro —, então certamente estaremos indo longe demais. O repertório de causas e fenômenos observados no momento atual não esgota obrigatoriamente o universo das possibilidades do passado.

No caso específico de que trata este ensaio, estaremos redonda e seriamente enganados se extrapolarmos uma realidade atual para uma situação geral na história da evolução humana. A maior parte da história hominídea assumiu a forma de um arbusto, às vezes significativamente ramificado, de espécies coexistentes. A condição presente da humanidade como uma espécie única, disseminada por todo o planeta, é decididamente uma exceção.

Mas se os tempos modernos estão desnorteados,[2] por que não fazer o melhor uso possível disso? Minha última visita à África foi há mais de dez anos e essa viagem (que incluiu conferências em Nairobi e um trabalho de campo com Richard Leakey no lago Turkana) levou a algumas reflexões que culminaram num ensaio intitulado "A igualdade humana é um fato contingente da história". Argumentei que a circunstância acidental e espantosamente recente de uma ancestralidade comum para todos os humanos modernos tornara as chamadas raças efetivamente iguais no tocante às suas capacidades biológicas (ao mesmo tempo que, com certeza, os indivíduos no interior de todos os grupos diferem muito uns dos outros).

Não pude evitar um retorno a esse tema à medida que eu inspecionava muitos locais onde se podia ver a esperança, a decep-

(2) Gould faz uma alusão ao texto de Shakespeare: "The time is out of joint" (*Hamlet*, Ato I, cena 5). (N.T.)

ção e a luta humanas no Quênia, em Malawi e no Zimbábue. (Fui à África como um encarregado da Fundação Rockfeller, e visitamos muitos de seus projetos sociais, médicos e agrícolas — entre eles uma clínica para tratamento de prostitutas contaminadas por doenças sexualmente transmissíveis, num dos lugares mais pobres de Nairobi, e uma série de projetos para melhoria da produção do milho em aldeias assustadoramente pobres em Malawi.)

O momento mais memorável dessa viagem foi uma longa manhã que passamos conversando com mulheres fazendeiras de uma pequena aldeia malawiana. Tivemos tempo suficiente para examinar suas condições de vida em profundidade e para ouvir e observar com muita atenção. Minha mente perambulou por muitos assuntos, mas a todo momento eu retornava ao mesmo tema. Eu não seria capaz de imaginar uma diferença mais significativa entre duas comunidades no nosso planeta — um professor sênior da Ivy League[3] americana e uma fazendeira malawiana iletrada, de 25 anos de idade, com cinco filhos (o maior deles já com onze anos) e uma renda familiar anual de aproximadamente oitenta dólares. E, no entanto, seu riso e suas expressões faciais, seus gestos, suas esperanças, seus medos, sonhos e paixões não se mostravam nem um pouco diferentes dos meus. É possível entender o argumento da unidade humana num sentido puramente intelectual e científico, mas até que esse conhecimento possa ganhar substância como uma experiência visceral, não se pode verdadeiramente compreendê-lo em seu sentido mais profundo, o da compaixão.

Se nossos tempos atuais são singulares na substituição da riqueza arbustiforme da maior parte da história humana por uma unidade biológica inédita subjacente à nossa fascinante diversidade cultural, por que então não tirar vantagem desta dádiva? Nem ao menos tivemos essa opção durante a maior parte de nossa ocupação da Terra, mas agora nós a temos.

(3) Associação entre as oito universidades americanas de maior prestígio, situadas no Nordeste dos Estados Unidos. (N.T.)

Por que, então, temos fracassado, muito mais do que alcançado algum êxito, em relação a essa oportunidade tão salutar oferecida por nossa condição de espécie única? Nós somos capazes de fazê-lo, por certo que somos! Por que não experimentar a igualdade? Por que não a irmandade?

Parte IV

SOBRE A HISTÓRIA E A TOLERÂNCIA

11

UM CERION PARA CRISTÓVÃO

Se a China tivesse incentivado, em vez de ter intencionalmente suprimido, a tecnologia do transporte e da navegação oceânicos, o tema principal da segunda metade do nosso milênio bem poderia ter sido a expansão em direção ao leste, ao invés de em direção ao oeste, rumo ao Novo Mundo. Podemos apenas especular sobre quais seriam as conseqüências, talvez muito diferentes, dessa história alternativa e irrealizada. Teriam os marinheiros asiáticos trilhado o caminho da conquista no mesmo sentido que os ocidentais? Teria sua ligação mais próxima, do ponto de vista étnico, com os americanos nativos (migrados da Ásia) representado alguma diferença na maneira como estes últimos foram tratados? No mínimo, suponho, um autor moderno de um livro editado na costa leste dos Estados Unidos escreveria este capítulo numa língua americana nativa ou em alguma derivação do mandarim.

Mas a China não navegou rumo ao leste, de modo que Cristóvão Colombo partiu em direção ao oeste, ávido por encontrar o ouro de Catai[1] e as cortes do grande Khan, descritos por seu conterrâneo Marco Polo, que viajara por outros meios e na direção oposta. E Colombo encontrou um mundo inteiro no meio do caminho, bloqueando sua passagem.

Não consigo imaginar nenhum outro episódio histórico mais espantoso ou mais repleto de glória e de horror do que a conquista

(1) A China. (N.T.)

da América pelo Ocidente. Uma vez que não podemos desfazer um evento de tal magnitude, nem explicá-lo como mera conseqüência inevitável das leis da natureza, só nos resta relatar os eventos tal como ocorreram, apreender seus padrões e procurar compreendê-los. Quando narrativas densas como essa se convertem num método fundamental de análise, os pormenores assumem uma importância extraordinária. Desse modo, o momento inicial simbólico passa a despertar atenção e fascinação especiais. Vamos, assim, retomar uma questão antiga e não resolvida: qual foi o lugar em que Colombo reuniu os dois hemisférios em 12 de outubro de 1942?

Cercado por indícios de que havia terra nas proximidades, e enfrentando uma tripulação à beira de uma rebelião, Colombo sabia que era preciso alcançar logo seu objetivo ou, caso contrário, retornar. Então, às duas horas da manhã do dia 12 de outubro, Rodrigo de Triana, o marinheiro que fazia a sentinela, avistou um penhasco branco sob a luz da lua e gritou as palavras que transformariam a história humana: "*Tierra! Tierra!*". Mas que terra era essa que Colombo encontrou e explorou ao chegar?

Por que motivo essa questão seria difícil de responder? Por que não se trata, simplesmente, de examinar o diário de bordo de Colombo, traçar sua rota, procurar pelos artefatos locais ou consultar os registros das primeiras pessoas encontradas? Por uma série de razões, tanto gerais como particulares, nenhum desses caminhos óbvios produz uma resposta clara. Sabemos que Colombo desembarcou em algum lugar nas Bahamas, ou no arquipélago vizinho de Turks e Caicos. Sabemos também que a população taino local chamava esse lugar de Guanahaní — e que Colombo, ajoelhando-se em agradecimento e declarando os direitos dos monarcas da Espanha, rebatizou a ilha de San Salvador. Mas as Bahamas incluem mais de setecentas ilhas, e um grande número delas oferece atracadouros apropriados para embarcações como as de Colombo. Onde terá ele desembarcado ao chegar?

A arte da navegação, na época de Colombo, era por demais imprecisa, e não nos fornece uma ajuda substancial. (Além disso,

Colombo subestimara significativamente o diâmetro da Terra, o que lhe permitiu acreditar que havia percorrido todo o caminho até a Ásia.) Os navegadores do século XV não eram capazes de determinar a longitude de maneira precisa, o que tornava impossível que situassem com exatidão sua posição no mar. Colombo fazia uso dos dois principais métodos então disponíveis. A latitude podia ser determinada (embora com dificuldade, num navio em movimento) pela observação da altitude da estrela Polar (a Estrela do Norte) ou do Sol, ao meio-dia. Essa observação possibilitava que um navio navegasse a determinada latitude, e então seguisse exatamente para leste ou para oeste, conforme se desejasse. (Colombo, na verdade, era um navegador celestial sofrível, e recorria com pouca freqüência ao cálculo das latitudes. Num incidente famoso, ele cometeu um erro de cálculo de cerca de vinte graus, em virtude de haver confundido um outro corpo celeste com a estrela Polar.)

No outro método tradicional, chamado de navegação estimada,[2] utiliza-se uma bússola e, com base no cálculo da velocidade do navio e do tempo transcorrido, assinala-se num gráfico a direção e a distância percorrida. É desnecessário dizer que a navegação estimada não é muito rigorosa — especialmente quando os ventos e as correntes dificultam a determinação da velocidade e os marinheiros medem o tempo virando uma ampulheta a cada meia hora (como era o caso nos navios de Colombo)! Colombo, segundo a opinião geral, era um navegador extremamente habilidoso e dominava bem o uso desse método, o qual, ainda assim, não possibilita uma reconstrução precisa de sua rota.

Enfrentamos ainda o problema da escassez de documentos. O livro de bordo original de Colombo, presenteado à rainha Isabel, desapareceu. Colombo recebeu uma cópia desse livro antes de sua segunda viagem, mas esta também se perdeu. Bartolomé de Las Casas, o padre dominicano que falou em favor da gentileza dos nativos, produziu uma cópia da segunda versão feita por Colombo

(2) No original, *dead reckoning*. (N.T.)

— e nosso conhecimento atual deriva desse documento. Desse modo, o texto "primário" de que nos utilizamos vem a ser uma cópia da cópia, e as incertezas, portanto, prevalecem em relação a todos os pontos essenciais.

A melhor fonte de dados possível — os artefatos e os registros produzidos por uma linhagem contínua de habitantes originais — não existe, e por uma outra razão que igualmente motiva este ensaio. No primeiro caso de genocídio no Novo Mundo perpetrado pelo Velho Mundo, os conquistadores espanhóis extinguiram a população nativa das Bahamas num período de vinte anos de contato, apesar da (ou antes, é possível dizer com tristeza, possibilitados pela) hospitalidade cordial e confiante que os pacíficos tainos demonstraram em relação a Colombo.

Uma vez que há tão poucos dados capazes de restringir nossas especulações, virtualmente todas as principais ilhas das Bahamas foram apresentadas como San Salvador, isto é, como o local do primeiro desembarque de Colombo. (As ilhas Turks e Caicos, logo ali ao sudeste das Bahamas, formam uma entidade politicamente separada. Elas são, no entanto, geográfica e ecologicamente contínuas em relação às Bahamas, e portanto também fazem parte dessa discussão.) Entre os principais candidatos estão a ilha Watling, a ilha Cat, Mayaguana, Samana Cay, Grand Turk e muitas das ilhas Caicos. A ilha Cat esteve de início numa posição de vantagem, e chegou mesmo a ser reconhecida como San Salvador, assumindo essa denominação. Mas, em 1926, o governo das Bahamas, persuadido por um consenso crescente, transferiu essa designação para a ilha Watling — o local considerado mais provável, e portador do nome dado por Colombo desde então.

Duas fontes de dados falam em favor da hipótese de que Watling seja San Salvador: a correspondência em tamanho e em topografia com as descrições razoavelmente detalhadas do diário de Colombo (segundo a cópia de Las Casas dá a conhecer) e o rastreamento náutico da rota de Colombo durante o restante de sua primeira viagem, de San Salvador a outras ilhas das Bahamas e, finalmente, a Cuba e a Hispaniola. A causa "semi-oficial" defendida por Samuel Eliot Morison, em seu clássico de 1942, *Admiral of the Oceam Sea* [Almirante dos mares oceânicos], permanece como a expressão-padrão dessa hipótese.

Durante os últimos vinte anos, a arqueologia proporcionou uma terceira fonte de dados a partir das escavações feitas por Charles A. Hoffman e outros pesquisadores em Long Bay, bem próximo ao suposto lugar do primeiro desembarque. (Uma boa descrição desse trabalho de pesquisa, e de virtualmente todas as questões relacionadas a esse desembarque, pode ser encontrada nos *Proceedings of the 1986 San Salvador Conference on Columbus and His World*, editados por Donald T. Gerace e publicados pela Bahamian Field Station em San Salvador.) Juntamente com cerâmicas nativas e outros artefatos tainos, foi encontrada uma série de objetos europeus, todos coerentes com a manufatura espanhola da época e bastante plausíveis como objetos de troca — contas de vidro, fivelas de metal, anzóis e pregos. Uma descoberta superou todas as outras em importância: uma única moeda espanhola, de baixo valor, conhecida como *blanca* — o "trocado"-padrão da época, e com certeza a moeda mais comum em circulação entre os homens de Colombo. Além disso, essa *blanca* em particular foi emitida somente no período entre 1471 e 1474, e nenhuma moeda similar, feita de cobre, foi cunhada novamente antes de 1497.

Obviamente, esses achados não possibilitam uma identificação indiscutível, e por duas razões: Colombo visitou diversas outras ilhas das Bahamas nessa viagem, e os tainos locais se movimentavam livremente entre as ilhas adjacentes. De fato, três dias depois de seu primeiro desembarque, outra vez em mar aberto, Colombo encontrou um taino em uma canoa, carregando algumas contas e *blancas* recebidas numa troca em San Salvador.

Ainda assim, e levando-se em conta todas as evidências, os achados arqueológicos corroboram a idéia comum de que a ilha Watling seja de fato o local que Colombo chamou de San Salvador. No entanto, tudo que mencionei até agora diz respeito aos sinais e artefatos europeus. Não seriam igualmente bem-vindos alguns

19. A construção de monumentos nos locais prováveis do desembarque de Colombo constituiu uma espécie de indústria artesanal em San Salvador por mais de um século. O autor aparece ao lado de cada um dos três marcos encontrados na ilha: o do Chicago Herald *em Crab Cay (à esquerda), a contribuição japonesa (no centro) e a cruz "oficial" em Long Bay (à direita).*

dados sólidos relativos ao outro lado da história, e capazes de fortalecer essa identificação? Digamos, por exemplo, um objeto característico da história (natural ou cultural) dessa localidade.

Não pretendo exagerar sobre o grau de incerteza que ainda subsiste em relação a esse debate. A maioria dos especialistas parece satisfeita com a hipótese de que o primeiro desembarque de Colombo ocorreu na ilha que o governo das Bahamas chama hoje de San Salvador. Entretanto, diversos opositores obstinados e bem informados continuam a defender com gosto suas alternativas, e o debate, ainda em aberto, permanece vívido. Recentemente passei uma semana em San Salvador, onde examinei com atenção todos os dados relevantes e visitei os sítios em questão. Não encontrei nenhuma razão para a insatisfação com a visão convencional. Contudo, ainda que seja apenas porque preferimos ter certeza quase absoluta de um fato a considerá-lo altamente provável, escrevo este ensaio para declarar que eu verdadeiramente poderia solucionar toda dúvida restante sobre essa questão se ao menos o bom almirante tivesse acrescentado um pequeno gesto às manobras usuais de beijar o chão, louvar a Deus, levantar a bandeira, declarar soberania e fazer comércio com os habitantes locais. Se Cristóvão Colombo tivesse simplesmente apanhado (e etiquetado apropriadamente, é claro) uma única concha do meu animal favorito, o caracol *Cerion* — e são tão comuns que ele provavelmente se ajoelhou sobre um deles, de todo modo! —, eu poderia saber com certeza em que lugar ele desembarcou.

Ninguém consegue ser objetivo a respeito de seus próprios filhos, mas o *Cerion* constitui realmente uma maravilha da natureza e um modelo exemplar da evolução, por uma razão particular que pode ser bem ilustrada por sua utilidade potencial na identificação de San Salvador. Em relação a sua concha, o *Cerion* pode ser o mais multiforme caracol do mundo — e os evolucionistas logram bons resultados na presença da variação, o resultado e a matéria bruta da mudança biológica. O *Cerion* varia em tamanho desde os anões de cinco milímetros até o gigantes com mais de setenta milímetros de comprimento (para aqueles presos aos velhos e bons costumes, 25,4 milímetros formam uma polegada) —, e em formato, desde o cilindro com o diâmetro de um lápis até o tamanho das bolas de golfe.

Os naturalistas nomearam mais de seiscentas espécies nos dois principais centros geográficos do *Cerion* em Cuba e nas Bahamas. Boa parte dessas denominações não tem validade do ponto de vista técnico, pois os membros das respectivas populações podem se misturar entre si, mas as designações, de todo modo, registram uma realidade biológica espantosa — o fato de que muitas populações locais do *Cerion* desenvolveram conchas com formas únicas e claramente reconhecíveis. Em particular, quase toda ilha das Bahamas pode ser identificada por um tipo característico de *Cerion*. Assim, mostre-me uma concha e eu quase sempre serei capaz de dizer onde foi que você passou suas últimas férias.

As espécies marinhas, em contraste, geralmente mantêm populações muito maiores e mais contínuas. Padrões de variação mais grosseiros excluem toda possibilidade de identificação realmente precisa do litoral das ilhas (nas Bahamas) com base nos formatos ou tamanhos particulares dos moluscos, caramujos, corais

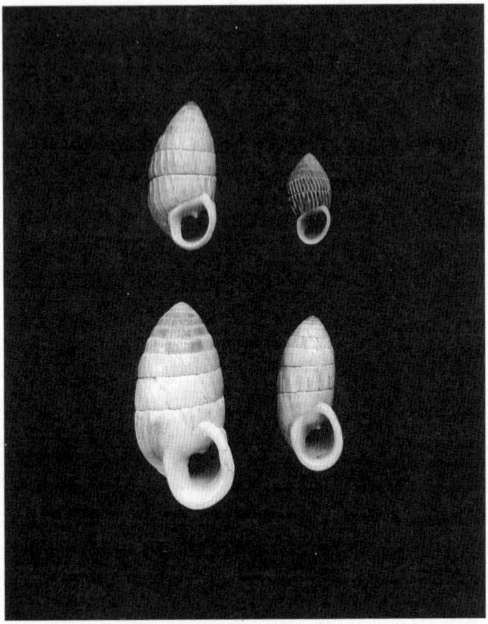

20. Os caracóis Cerion *das Bahamas variam amplamente. Uma espécie da costa a barlavento de San Salvador (no alto, à esquerda) contrasta com outra (no alto, à direita) a sotavento da mesma ilha — o provável lugar de desembarque de Colombo. Outras formas características são as de Mayaguana (embaixo, à esquerda) e as do arquipélago de Turks e Caicos (embaixo, à direita).*

ou outras formas oceânicas. As espécies terrestres, portanto, oferecem nossa única esperança real de distinção entre as ilhas por meio de seus habitantes biológicos singulares. Cada uma das ilhas nas Bahamas pode abrigar um inseto endêmico, ou talvez uma planta, mas o *Cerion* certamente proporciona o melhor indicador biológico para a especificação de localidades particulares. Insetos e plantas são menos característicos e mais difíceis de preservar; mas se Colombo tivesse apenas enfiado um *Cerion* quase indestrutível dentro do bolso de seu colete, da confiável bainha de sua espada ou da velha bolsa onde carregava seu equipamento, então saberíamos com certeza. Além do mais, o *Cerion* deve ter sido o primeiro objeto zoológico terrestre a entrar no campo de visão de Colombo no Novo Mundo (a menos que um lagarto tenha se atirado sobre seu caminho ou um mosquito tenha sugado sua primeira dose de sangue caucasiano) — embora eu não possa garantir que o almirante dos mares oceânicos tenha tido olhos para enxergar nessa escala. Pois o *Cerion* vive, em grandes populações, exatamente na costa. Como se costuma dizer, é impossível não vê-los. E todos os lugares onde supostamente se poderia atracar em San Salvador exibem populações enormes e óbvias do meu caracol preferido.

Enquanto estava em San Salvador, numa conferência bianual sobre geologia caribenha na Bahamian Field Station, gazeteei o bastante para fazer uma pesquisa sobre o *Cerion* local. San Salvador abriga duas espécies principais de *Cerion* — uma delas grande, robusta, de concha esbranquiçada e pontuda na parte superior, que é encontrada nos promontórios a barlavento na costa leste; e uma outra, menor, mais cheia de nervuras, de concha amarronzada e com a parte superior em formato de barril, que é encontrada ao longo de toda a costa oeste a sotavento (e na maior parte do interior da ilha). Uma única concha de cada uma das formas pode ser claramente diferenciada das *Cerion* características de todos os outros locais prováveis para o desembarque inicial de Colombo.

O *Cerion piratarum*, a espécie de Mayaguana, pertence ao mesmo grupo básico do *Cerion* da costa leste de San Salvador, mas distingue-se bem deste último porque sua concha é maior, mais branca e tem um formato inteiramente diferente. Do mesmo modo, o *Cerion regina* das ilhas Turks e Caicos pertence à mesma divisão geral no interior dos *Cerion*, mas não poderia ser confundida com a espécie de San Salvador. Samana Cay, talvez a principal localidade alternativa para o desembarque a despontar nos últimos anos, também abriga um *Cerion* grande e característico, facilmente diferenciável de todos os outros que vivem em San Salvador. Como única exceção possível, devo confessar que não fui capaz, com base em um único espécime, de separar de maneira inequívoca a espécie da costa leste a barlavento de San Salvador do *Cerion fordii*, uma espécie restrita a algumas pequenas regiões da ilha Cat.

Contudo, Colombo desembarcou quase certamente na costa oeste a sotavento de San Salvador, e o *Cerion*, nesse lugar, não se confunde com nenhuma espécie local de algum outro ponto provável de desembarque. (O *Cerion eximium*, a espécie da costa oeste a barlavento da ilha Cat, tem a concha mais longa, mais lisa e mais fina, e sua coloração é mais heterogênea do que a forma a sotavento de San Salvador.)

Os monumentos erigidos nos supostos locais de desembarque constituíram uma espécie de indústria artesanal em San Salvador durante mais de um século. Três marcos principais adornam a ilha atualmente, cada um deles localizado em meio a uma grande população de *Cerion* (e todos mostrados nas fotografias anteriores). O *Chicago Herald* construiu o primeiro monumento em 1891, antecipando as celebrações do quadringentésimo aniversário do desembarque de Colombo e a grande exposição em Chicago, dedicada ao descobridor, realizada um ano depois, em 1893. Esse monumento, construído em grande parte de pedras exóticas e mostrando um globo de pedra calcária no interior da base de um obelisco, encontra-se corroído pela erosão num promontório de Crab Cay, quase totalmente inacessível (situado a uma caminhada de três quilômetros desde a trilha mais próxima, ao longo de uma bela praia, mas, em seguida, exigindo que os visitantes enfrentem uma subida estreita e traiçoeira). O monumento foi erguido em meio a uma das mais densas populações de *Cerion* em San Salvador. Não acredito que alguém hoje em dia apostasse nesse local a barlavento e repleto de rochedos como um lugar concebível para o desembarque (embora o rochedo íngreme pudesse ter produzido o reflexo da luz da lua que possibilitou que Rodrigo avistasse a terra pela primeira vez) — e, no entanto, o monumento diz: "Neste lugar Cristóvão Colombo pôs o pé pela primeira vez no solo do Novo Mundo. Erigido por *The Chicago Herald*. Junho, 1891".

Os dois outros monumentos estão separados por dois ou três quilômetros de distância em locais de desembarque mais plausíveis na costa oeste a sotavento — ambos no meio de populações extensas de *Cerion* característicos dessa região. O segundo monumento, localizado ao lado de um obelisco anterior construído por um iatista em 1951, antecipa o quinto centenário de 1992 e celebra uma viagem japonesa de redescoberta e de esperança:

> Em outubro de 1991, uma réplica do Santa Maria — construída pela fundação Nau Santa Maria do Japão — desembarcou aqui em sua viagem de Barcelona, na Espanha, a Kobe, no Japão. Viemos prestar homenagem a Colombo e sua tripulação e trazer nossa mensagem de esperança de uma grande harmonia no futuro: a harmonia entre os homens e as nações, entre o homem e o meio ambiente, e entre a Terra e o universo.
>
> Haruo Yamamoto
> CAPITÃO, NAU SANTA MARIA

A placa no monumento "oficial", uma cruz erigida em 1954 em Long Bay, próxima à escavação que recuperou a moeda do final do século XV, diz simplesmente: "Neste lugar ou próximo a ele, Cristóvão Colombo desembarcou em 12 de outubro de 1492. Almirante Samuel Eliot Morison, USNR". A base contém também uma mensagem de união entre os povos:

> Cerimônias religiosas e uma missa de Natal foram compartilhadas por todas as igrejas em 25 de dezembro de 1956. Americanos e índios participaram de um culto conjunto simbolizando a fé, o amor e unidade entre todas as nações e pela paz na Terra.

E então chegamos ao ponto crucial de toda a tensão, de todo o triunfo e tragédia, de todo o drama dessa grandiosa narrativa histórica — por mais que ela se encontre iluminada ou suavizada por uma anedota lateral sobre um caracol terrestre com características marcantes. Não é o caso de nos lamuriarmos. Colombo descortinou um novo mundo e desencadeou um processo que alterou a história humana de um modo permanente e fundamental. Ele era um navegador brilhante e corajoso, e suas realizações merecem todas as mensagens de esperança e coragem proclamadas em uníssono pelos monumentos de San Salvador. As mensagens são, portanto, "verdadeiras", nesse sentido estrito — mas ao mesmo tempo são também parciais e, desse modo, enganadoras.

Enquanto lia o diário de bordo de Colombo, eu vibrava com seus feitos, mas, ao mesmo tempo, experimentava também ondas de indignação em relação a dois temas persistentes que não são nunca mencionados nas placas cerimoniais, mas que ainda assim estabelecem os caminhos da história posterior. Em primeiro lugar, a cobiça de Colombo pelo ouro e seu propósito quase exclusivo de encontrar a moeda que justificaria seu esforço e toda a exploração futura. Em San Salvador, ele reparou nos pequenos anéis de ouro no nariz de alguns nativos taino e indagou com persistência sobre o lugar de onde ele vinha. Ele percorreu ilha após ilha, procurando pelas minas de ouro e imaginando que logo encontraria a lendária ilha dourada de Cipango (Japão) ou as ricas cortes do grande Khan em Catai (China). À medida que visitava caciques (chefes locais) mais e mais poderosos, via uma quantidade cada vez maior de ouro, mas sem jamais encontrar sua fonte e tampouco (obviamente) as civilizações ricas e míticas do Leste da Ásia. Por fim, e com desdobramentos trágicos para a população nativa, ele descobriu uma fonte de ouro em Hispaniola — e seus compatriotas construíram as minas que levariam à escravização e ao genocídio dos tainos e ao absoluto despovoamento das Bahamas.

Em 13 de outubro de 1492, seu segundo dia no Novo Mundo, Colombo já começara suas inquirições, escrevendo em seu diário: "E por meio de sinais eu pude compreender que, indo para o sul ou circundando as ilhas nessa direção, havia um rei que possuía vasos cheios de ouro, e em grande quantidade". Numa passagem clássica, Samuel Eliot Morison escreve:

> Todo o restante de sua primeira viagem consistiu, de fato, numa procura pelo ouro e por Cipango, Catai e o Grande Khan; mas ouro, acima de tudo. Em tudo mais ele poderia fracassar, mas era preciso levar ouro para casa de modo a dar provas de que *la empresa* fora um sucesso.

Nas Bahamas, seus guias taino falavam de uma grande ilha nas proximidades chamada Colba (Cuba) — mas Colombo ouviu "China", e partiu em busca de ouro. Em Cuba, ele ouviu rumores sobre a existência de ouro no interior da ilha em Cubanacan (que significa a região média de Cuba) —, mas ouviu *El Gran Can*, e pensou que logo chegaria à corte imperial. No litoral de Hispaniola, dois dias antes do Natal, Colombo foi informado da presença de ouro em Cibao (o nome local para a região central de Hispaniola) — e ele ouviu Cipango, ou Japão. Mas, dessa feita, seus conterrâneos encontrariam sua recompensa.

Em segundo lugar, Colombo elogiava a gentileza e a hospitalidade dos tainos. Ele não teria se saído tão bem sem o auxílio entusiástico por parte desses nativos. No entanto, seu comentário incide apenas sobre a facilidade de dominação dessa população e sobre a compulsão em servir que eles demonstravam, não fazendo nenhuma menção a um sentimento de gratidão ou de apreço por eles. Nas suas primeiras anotações, precisamente no dia 12 de outubro, em seguida a seu encontro inicial e à primeira troca de objetos com os tainos de San Salvador, Colombo escreveu:

> Eu dei a alguns deles umas boinas vermelhas, e a outros algumas fieiras de contas de vidro, que eles penduraram no pescoço, e muitas outras coisas de pequeno valor, que muito os agradaram; eles ficaram tão amigos que isso nos pareceu um prodígio; e mais tarde vieram nadando até os barcos [...] e nos trouxeram papagaios e meadas de algodão e flechas e muitas outras coisas [...] tudo o que tinham, e de boa vontade.

Colombo fez então uma observação de importância prática:

> Eles não portam armas, nem têm conhecimento sobre elas; pois eu mostrei-lhes espadas e eles as seguraram pela lâmina e se cortaram devido a sua ignorância. Eles também não possuem ferro.

E Colombo extraiu de tudo isso uma conclusão sobre a dominação, e não sobre a igualdade:

> Eles provavelmente dariam criados de boa qualidade, pois observo que repetem prontamente tudo o que é dito a eles; e acredito que seria fácil transformá-los em cristãos, pois me pareceu que não têm religião alguma. Eu, louvado seja Deus, levarei seis deles para Suas Altezas, ao partir, para que eles aprendam a falar.

Dois dias depois, ele fez observações mais explícitas sobre a escravização desses nativos: "Eles têm pouca habilidade em relação às armas [...]. Com cinqüenta homens seria possível subjugar todos eles e levá-los a fazer tudo o que se desejasse". E, em Hispaniola, quase ao fim de sua viagem, Colombo expôs com absoluta clareza um plano de escravização: "Eles não contam com armas e se mostram tão desprotegidos e tão covardes que cem deles não enfrentariam três; assim, eles se prestam a cumprir ordens e a trabalhar, a semear e a fazer tudo o mais que seja necessário".

E a história então se desenrolou de acordo com a sugestão do Almirante. As minas e as terras da Nova Espanha necessitavam de mão-de-obra, e os habitantes locais, que Colombo chamou de "índios", na crença equivocada de que ele chegara ao Leste da Ásia, tornaram-se servos e escravos, uma vez que não podiam oferecer resistência à tecnologia espanhola das espadas e da pólvora. Quando os nativos de Hispaniola morreram em conseqüência de doenças, do trabalho excessivo, da crueldade e (sem dúvida) de tristeza, os governantes espanhóis autorizaram uma "colheita" de mão-de-obra nas localidades vizinhas. E eles então se voltaram para o lugar de chegada de Colombo — as ilhas Bahamas, pequenos pedaços de terra com bons ancoradouros e pessoas desarmadas sem lugar algum para se esconder. No seu clássico livro *The Early Spanish Main* [Os primórdios do continente espanhol], C. O. Sauer escreve:

> Sabia-se que a Jamaica era populosa [...]. Entretanto, seu tamanho e suas trilhas de terreno difícil teriam demandado expedições bem

organizadas para arrebanhar nativos em grande quantidade. Cuba, grande e menos bem conhecida, exigiria um esforço ainda maior. As Lucaias [Bahamas], por outro lado, eram uma porção de pequenas ilhas, sem proteção alguma que não a fuga para uma ilha vizinha, e sabia-se que seu povo não tinha malícia. Esses seriam os mais fáceis de capturar.

A partir de 1509, em grande parte sob o comando de Ponce de León, o tenente-governador de Porto Rico, os navios espanhóis começaram a capturar os tainos das Bahamas para trabalhar como escravos em Hispaniola e nas ilhas vizinhas. Os conquistadores foram rápidos e radicais em seu horrendo trabalho. As estimativas variam, mas dezenas de milhares de tainos podem ter sido escravizados dessa maneira. Quando a população das Bahamas começou a declinar, o preço por cabeça subiu de cinco para 150 pesos de ouro. Por volta de 1512, apenas vinte anos após o primeiro contato com Colombo, não restava um só representante dos tainos nas Bahamas. (Eles também não sobreviveram por muito tempo nas minas da Nova Espanha — e os conquistadores logo passaram a importar os africanos para "substituir" os tainos, dando início, assim, a outro dos capítulos mais vergonhosos na história do Novo Mundo.) Todos aprendemos na escola que Ponce de León descobriu a Flórida em 1513, no decorrer de sua busca heróica e romântica da Fonte da Juventude. Pode ser, em parte. Mas Ponce de León, o principal responsável pela destruição dos tainos, partira com o principal objetivo de encontrar uma nova fonte de escravos para além das já completamente despovoadas ilhas Bahamas.

Bartolomé de Las Casas (1474-1566) começou sua vida adulta como soldado, e seguiu para Hispaniola em 1502. Ele participou da conquista de Cuba e recebeu uma *encomienda* (uma concessão de terra da Coroa, com índios escravos). Mas Las Casas reviu seus princípios e tornou-se padre. Em 1514, pronunciou um sermão contra a escravidão e os maus-tratos infligidos à população nativa e devolveu seus servos índios para o governador. Em 1515, ele retornou à Espanha para defender, diante da corte, um tratamento mais humano dos americanos nativos. Mais tarde, ingressou na ordem dominicana e, no curso de uma vida longa e ativa escrevendo tratados e viajando entre a Espanha e o Novo Mundo, ele se tornou um defensor apaixonado e convincente dos direitos dos primeiros habitantes do Novo Mundo.

O mesmo Las Casas copiou o diário de bordo de Colombo para utilizá-lo como uma fonte para os seus escritos históricos. Ao examinar o papel de Colombo na história da conquista e da servidão dos índios, Las Casas mencionou seu trágico início, afirmando que a história teria se desenrolado de outra maneira se a decência tivesse sido capaz de vencer a ganância. Las Casas discute explicitamente as passagens do diário de Colombo citadas anteriormente neste ensaio:

> Observem aqui que a bondade natural, simples e dócil e a condição humilde dos índios, assim como sua falta de armas ou de proteção, levaram os espanhóis à insolência de considerá-los de pouco valor e de impor a eles as tarefas mais cruéis que podiam, fartando-se com sua opressão e destruição. E é certo que aqui o Almirante [Colombo] falou mais do que deveria, e que as idéias que ele concebeu e anunciou foram o início dos maus-tratos que depois infligiu aos nativos.

O resultado final disso foi que, em uma das maiores e mais cruéis ironias da história, os primeiros habitantes que os europeus encontraram no Novo Mundo tornaram-se também as primeiras vítimas do genocídio ocidental. Como uma conseqüência minúscula disso, nenhuma continuidade histórica pôde ser mantida de modo a preservar uma inscrição ou registro humanos do primeiro desembarque de Colombo — e é por isso que necessitamos recorrer a uma fábula sobre um caracol como uma maneira hipotética (ainda que de sucesso garantido) de resolver esse quebra-cabeça a respeito do momento inicial da história moderna de um hemisfério.

San Salvador permaneceu inabitada por quase trezentos anos (não obstante as lendas sobre os transitórios desembarques de navios piratas) — até que os legalistas ingleses, fugindo da Revolução Americana, estabelecessem plantações nessa localidade e importassem escravos de origem africana. Os descendentes desses escravos construíram a segunda cultura de San Salvador, hoje uma cultura vigorosa.

Podemos suavizar a velha afirmação de que um segundo ciclo histórico quase sempre repete uma tragédia inicial como uma farsa derivada. Limitemo-nos a observar que as repetições dos acontecimentos tendem a ser mais brandas. Na esteira de Colombo, a primeira cultura de San Salvador foi destruída da maneira mais cruelmente literal que se pode imaginar. E hoje os braços longos de Colombo ameaçam a segunda — não com a morte, dessa vez, mas com sua assimilação à insipidez das corporações internacionais. A maior parte das ilhas da região externa das Bahamas permanece largamente inexplorada pelo turismo moderno e pela cultura dos *resorts*, mas a idéia de que foi nesse local que Colombo atracou pela primeira vez funciona como um chamariz para atrair as pessoas a San Salvador. Depois de um século de pequenas hospedarias que combinavam bem com a cultura local, o Club Med acaba de construir ali um estabelecimento grandioso, capaz de transformar a pequena ilha num *playground* espalhafatoso.

Mas não devemos desanimar, pois, em muitos casos, há forças que resistem à homogeneização. Darei aqui dois exemplos disso. Em relação ao primeiro, observe-se o humor do *Homo sapiens*. Há um pequeno estabelecimento na estrada principal de San Salvador que se chama "Primeiro e Último Tragos do Ed" — porque as pessoas tendem a parar ali na ida e na volta de uma taberna maior e mais popular um pouco adiante nessa mesma estrada. Mas uma nova placa enfeita agora o lugar — "Club Ed", é claro!

Como segundo exemplo, ainda que apenas por seu valor simbólico, consideremos a tenacidade do *Cerion*. O Club Med e seus clones podem um dia encobrir a ilha, varrendo os vestígios da cultura local e transformando o lugar num moderno reino da fantasia, sem raízes e mais sujeito (além de literalmente mais rentável) à exploração. Mas o *Cerion* permanecerá, resoluto, como um indicador da singularidade de San Salvador. A menos que a ilha inteira seja pavimentada, limpada e bem cuidada, o *Cerion* continuará a existir. Vigoroso e indestrutível, ele não representa ameaça alguma à agricultura ou à ocupação urbana, e portanto costuma passar ao largo (e abaixo) dos olhos humanos. Além disso, ele habita os ambientes costeiros, de vegetação raquítica, que são menos atraentes para a utilização humana.

O *Cerion* sobreviverá, proporcionando uma conexão ininterrupta com Colombo e com os habitantes tainos originais. Qualquer um entre os milhares de caracóis apinhados em redor do monumento a Colombo em Crab Cay pode ser o tataraneto do tataraneto de um *Cerion* que voltou seus olhos para a *Pinta* — e conjecturou sobre o futuro naquele estilo pouco objetivo, próprio dos caracóis — no momento em que Rodrigo de Triana gritou "*Tierra!*" pela primeira vez e transformou para sempre a história da humanidade.

12

O DODÔ NA CORRIDA DE COMITÊ

A maioria das pessoas da minha família judia imigrante se orgulhava de sua suposta assimilação (quase sempre mais forte na sua imaginação do que na realidade), zombando dos "novatos" que ainda se aferravam aos velhos costumes e linguajares. Mas me lembro bem da cadência do iídiche, salpicado em doses generosas no inglês de forte sotaque num vasto repertório de piadas e histórias, e também falado como língua materna pelos recalcitrantes. Em 1993, a última falante nativa do iídiche na minha família morreu. Tinha cem anos de idade.

Quando porções tão valiosas da diversidade natural ou humana desaparecem como presenças vivas e ativas, assumimos um interesse especial — às vezes beirando o protecionismo zeloso em relação aos fragmentos mais ínfimos — pela preservação dos artefatos "fósseis" dessa vitalidade extinta. E quando a descoberta de um vestígio desse tipo nos atinge como uma surpresa agradável e inteiramente acidental, sentimo-nos duplamente afortunados com essa dádiva concedida, sem que tenhamos procurado ou esperado por ela, por um mundo normalmente muito descuidado. Dois exemplos recentes e pessoais tocaram meu coração, mais do que minha massa cinzenta, e conduziram meu pensamento para o tema geral da extinção e da preservação.

Descobri, erguendo-se entre os prédios da East Broadway, no Lower East Side de Nova York, uma construção de dez andares com algumas letras hebraicas em relevo (e em metal enferrujado) dispostas ao longo do último andar. (O primeiro *raysh* já caiu totalmente, mas ainda é possível reconhecer a silhueta do *r* hebraico que ficou marcada embaixo dele.) Logo percebi que se tratava não de uma palavra em hebraico, mas em iídiche, quando comecei a soletrar: *fay, alef, raysh... Farvarts*, ou "*Forward*". Eu encontrara o antigo lar do mais importante jornal iídiche de uma imprensa outrora vibrante. Muitos dos meus parentes compravam esse jornal diariamente, e eu conhecia de perto tanto a compaixão autêntica quanto o sentimentalismo afetado dessa publicação que parecia quase orgânica em intensidade — com suas campanhas por justiça social nos ambientes de trabalho pesado e com o seu *Bintel Brief* (ou amontoado de letras), a seção de conselhos, recheada de cartas de pessoas se lamentando pelos costumes modernos dos filhos. Fiquei extremamente feliz por saber que o local sobrevivera de maneira reconhecível, ainda que o jornal acabe um dia por perecer. (*The Forward*, atualmente publicado numa região mais ao norte de Manhattan, sobrevive sob a forma alterada de edições semanais em inglês e em russo — mas a circulação da edição em iídiche vem diminuindo continuamente, à medida que vão morrendo os últimos falantes dessa língua.)

Alguns dias depois, fui ao cinema assistir *Independence Day*, o grande sucesso interplanetário do verão de 1996. (Até mesmo o mais comprometido dos intelectuais não consegue viver puramente da dieta das refilmagens de Jane Austen.) Eu nunca havia reparado nessa casa de espetáculos pouco atraente na esquina da Segunda Avenida com a rua 12. Mas, ao entrar, dei de cara com a surpreendente, ainda que desbotada, beleza de seu interior, com os maravilhosos e multicoloridos mosaicos em estilo mourisco. O megafilme ocupava a maior sala desse *multiplex* — o antigo salão principal do edifício original. Ali, os mosaicos resplandeciam num padrão particularmente suntuoso. Quando o filme começou e as naves alienígenas pairaram sobre as nossas cidades, olhei para cima e notei os ladrilhos escuros arranjados em um enorme desenho oval no centro do teto — imitando, de maneira misteriosa e quase exata — embora, é claro, não intencional — os discos voadores na tela. E então percebi que, no centro desse desenho, havia uma estrela-de-davi!

Independence Day me levara até o mais refinado dos memoriais sobreviventes de uma outra grande instituição da minha cultura ancestral: um teatro iídiche. Eu nunca me dera conta de que algum edifício do velho "*Rialto iídiche*" na Segunda Avenida ainda subsistia de uma forma identificável, e me lembrei dos meus parentes tecendo reminiscências sobre a qualidade de um rei Lear iídiche ou sobre a harmonia dos velhos musicais encenados nessa língua. Mais tarde vim a descobrir que eu estivera no Louis N. Jafee Art Theater, que foi construído em 1925 e apresentou espetáculos em iídiche até 1945, com um breve reflorescimento entre 1961 e 1965. Pude apenas pensar num verso favorito de Wordsworth: "Glorioso nascimento é a aurora/ No entanto, claro está... que desta terra um esplendor se foi embora".[1]

Se encaramos esses detalhes da diversidade como elementos gloriosos e de grande valor — e não como ninharias supérfluas refletindo as essências platônicas —, o trabalho da preservação converte-se, então, numa das mais nobres vocações que alguém pode assumir durante uma vida de trabalho. Não vou discorrer sobre o lado feliz da preservação — a recuperação da força vital de instituições moribundas que não fosse isso estariam condenadas (embora as pessoas que sigam essa inclinação sejam duplamente abençoadas). Pretendo, sim, focalizar aquilo que muitos consideram um exercício notável de frustração, o trabalho ideal para os estóicos, e a encarnação de numerosos provérbios dos quais o melhor representante é aquele que fala em fechar a porta do estábulo depois que o cavalo fugiu em disparada: a compilação diligente e a preservação meticulosa de restos — quase sempre exíguos, parciais e insignificantes — de pessoas, culturas, espécies e lugares que desapareceram para sempre.

(1) "The sunshine is a glorious birth/ But yet I know... that there hath passed away a glory from the earth." (Tradução de Paulo Vizioli, in *William Wordsworth, Poesia selecionada*, São Paulo, Edições Mandacaru, 1988). (N.T.)

No campo da história natural, as pessoas que se ocupam da preservação desses artefatos trabalham em museus e levam o título de curadores, ou responsáveis (literalmente "cuidadores") por uma coleção. Os curadores em geral não desfrutam de um grande prestígio (ou de um alto salário), em boa parte porque nós, injustamente, não damos grande valor às suas incumbências, entre elas a tarefa de recuperação destacada neste ensaio. Desdenhamos a importância da preservação, atribuindo a ela uma melancolia inefável ou uma impotência que beira o risível (um bico de ave numa gaveta, em vez de 10 mil pássaros de plumagem magnífica entoando seu lindo canto no bosque), o que considero muito injusto, por uma série de razões.

Nunca encontrei um curador que não preferisse se ocupar da tarefa mais alegre de trazer um vestígio de volta à vida. Quase todo mundo nesse ramo de trabalho daria tudo pelo último espécime prenhe de um dodô. Mas não devíamos admirar a pessoa que, diante de uma realidade desoladora, para além de todo controle ou responsabilidade pessoal, empenha-se com bravura para resgatar tudo o que seja possível, em vez de se recolher ao retiro mais próximo para chorar ou fazer acusações?

E o que é mais importante, a nobreza da preservação resulta da natureza da própria história. Não precisamos nos martirizar porque não dispomos de espécimes de quartzo cambriano da Flórida ou porque não podemos fotografar um arco-íris jurássico. Esses objetos simples, formados diretamente pelas leis imutáveis da natureza, não variam de maneira interessante de um momento a outro ou de um lugar a outro. Mas os objetos complexos da história, imprevisíveis, em princípio, e produzidos uma única vez em toda a sua glória detalhada e ímpar, estão fadados a desaparecer por completo do conhecimento humano a menos que preservemos um registro de sua existência concreta. Milhões de espécies viveram e pereceram sem deixar um único sinal fóssil de sua residência na Terra. E jamais travaremos contato com eles — uma idéia triste para um paleontólogo com um desejo insaciável de apreender toda a riqueza do passado da vida. Para conhecer um fenômeno físico, necessitamos entender as leis que governam a sua geração. Para conhecer uma entidade histórica, precisamos preservar um registro dela. Abençoados sejam aqueles que registram e colecionam (ver capítulo 9 sobre um caso comovente e extraordinário de preservação).

Desejo refletir sobre o papel do curador — um papel heróico e de grande importância — na preservação dos mais ínfimos registros relativos a três perdas inaugurais de importância simbólica especial: a extinção do primeiro grande mamífero terrestre em 1799; a eliminação, na década de 1680, do primeiro animal levado à morte (em tempos históricos) pelo homem; e o genocídio do primeiro grupo humano pelos ocidentais do Novo Mundo, que foi encontrado em 1492 e já havia sido eliminado por volta de 1508.

Há dois traços comuns a esses casos que me intrigam e que revelam algo importante sobre a psicologia humana e sobre os julgamentos preconceituosos da vida ocidental. O primeiro é que apenas um resto insignificante pôde ser resgatado em cada um deles, e todos os preservadores renomados tomam esse infortúnio como um símbolo da insensatez dessas perdas. Segundo, numa contradição um tanto quanto curiosa, todos os grandes comentadores descrevem as criaturas perdidas de maneira pejorativa, como se elas tivessem sido condenadas à morte em razão de suas próprias inadequações — e como se se desejasse, com isso, expiar toda a culpa pela rapacidade que, afinal de contas, foi o que tornou a preservação necessária! Será que temos de culpar as vítimas porque não podemos suportar a conclusão verdadeira de que os eventos nocivos não precisavam realmente ter ocorrido? É provável que a inadequação leve à condenação final, mas isso não justifica a difamação.

Em 1799, um caçador sul-africano abateu o último *blaauwbock*, ou antílope azul (*Hippotragus leucopaheus*). Essa espécie, já reduzida a uma população diminuta vivendo em uma pequena área, não chamou a atenção dos europeus antes de 1719 e só foi descrita formalmente em 1766. A cultura ocidental com certeza produziu o golpe de misericórdia, mas o *blaauwbock* já estava condenado pelo próprio curso da natureza, puramente, ou talvez também pela deterioração do hábitat que resultou da introdução do carneiro doméstico na região pelos africanos nativos em torno de 400 d.C. A brevidade desse período de contato e a raridade do animal levaram ao desaparecimento quase completo de qualquer registro palpável. Apenas quatro espécimes montados sobrevivem nos museus — os "quatro antílopes do apocalipse" do meu ensaio anterior dedicado a essa história (reproduzido num volume anterior de ensaios, *Dinossauro no palheiro*). Todos os comentadores invocaram a exigüidade absoluta dos restos preservados como um símbolo da conclusão moral dessa história em particular, e de outras histórias semelhantes.

A primeira extinção causada pelo homem de que se tem registro tornou-se um símbolo quase automático, universalmente conhecido e presente em todas as modalidades de comunicação — como conceito, como representação figurativa e até lingüisticamente. "Morto como um prego" [2] faz referência apenas à imobilidade, pois o prego não é algo que permite abrir e fechar. Mas "morto como um dodô" [3] significa absolutamente morto, morto para sempre.

Nas ilhas Mascarenhas — Maurício, Reunião e Rodriguez — localizadas a leste de Madagáscar, no oceano Índico, muitas espécies de pássaros desapareceram como resultado direto ou indireto da atividade humana. Mas aquela que é o protótipo e a tataravó de todas as extinções também ocorreu nessa localidade, com a morte de todas as espécies de uma família singular de pombos que não voavam — o solitário da ilha Rodriguez, visto pela última vez na década de 1790; o solitário da ilha Reunião (provavelmente um parente mais próximo do dodô), desaparecido por volta de 1746; e o célebre dodô da ilha Maurício, encontrado pela última vez no início da década de 1680 e quase certamente extinto antes de 1690.

Embora os navegadores portugueses tenham alcançado as ilhas Mascarenhas, antes desabitadas, no início do século XVI,

(2) No original, "Dead as a doornail". (N.T.)

(3) No original, "Dead as a dodo". (N.T.)

21. De Memoir of the Dodo [Monografia sobre o dodô] (Didus Ineptus), *de Richard Owen, Londres, 1866.*

nenhuma menção ao dodô foi encontrada antes do relato da expedição holandesa de Jacob Cornelius van Neck, que retornou à Holanda em 1599. O botânico Carolus Clusius fez a primeira descrição científica desse pássaro em 1605, depois de observar a pata de um dodô na casa do anatomista Peter Paauw, um amigo seu.

Os volumosos dodôs pesavam mais de vinte quilos. Uma plumagem cinza-azulada cobria seu corpo quadrado e de pernas curtas, em cujo topo se alojava uma cabeça avantajada, sem penas, com um bico grande de ponta bem recurvada. As asas eram pequenas e, ao que tudo indica, inúteis (pelo menos no que diz respeito a qualquer forma de vôo). Os dodôs punham apenas um ovo de cada vez, em ninhos construídos no chão.

Que presa poderia revelar-se mais fácil do que um pesado pombo gigante incapaz de voar? Os marinheiros holandeses não apreciaram sua carne e chamaram o dodô, originalmente, de *Walgvogel*, ou pássaro nauseabundo. Mas certos pedaços do dodô, desde que bem preparados, tinham sabor suficientemente aceitável — e os responsáveis pelos suprimentos do navio não podiam se dar ao luxo de desprezar um estoque (vivo) de carne tão copioso e gratuito. Ainda assim, provavelmente não foi a captura para o consumo pelo homem o que selou o destino do dodô, pois sua extinção ocorreu sobretudo pelos efeitos indiretos da perturbação humana. Os primeiros navegadores trouxeram porcos e macacos para as ilhas Mascarenhas, e ambos se multiplicaram de maneira prodigiosa. Ao que tudo indica, as duas espécies se regalaram com os ovos do dodô, alcançados com facilidade nos ninhos desprotegidos no chão — e muitos naturalistas atribuem um número maior de mortes à chegada desses animais do que à ação humana direta. De todo modo, passados os primeiros anos da década de 1680, ninguém jamais voltou a ver um dodô vivo na ilha Maurício. Em 1693, o explorador francês Leguat, que passou vários meses no local, empenhou-se na procura dos dodôs e não encontrou nenhum.

Os dodôs ilustram particularmente bem meus dois princípios conflitantes: a lamentação pela exigüidade dos restos preservados e a acusação da vítima, que é descrita, em grande medida, e em função de sua inadequação, como responsável pela própria morte. O contato humano com os dodôs pode ter durado menos que um século, mas esses animais eram abundantes no local, e foram bem documentados. Nesse contexto, é espantoso que tão poucos registros tenham sobrevivido como um testemunho desse protótipo de todas as extinções. Há diversas pinturas e desenhos do século XVI, alguns deles executados na Europa e, ao que parece, a partir do modelo vivo. Não há prova absoluta de que dodôs vivos tenham um dia chegado aos países do Ocidente, mas fortes indicações circunstanciais sugerem que nove ou dez pássaros podem ter sido levados à Holanda, dois à Inglaterra, um a Gênova, dois (aparentemente) à Índia, e, possivelmente, que um espécime de dodô tenha chegado até mesmo ao Japão. H. E. Strickland, autor da clássica monografia de 1848 sobre o pássaro, comentou a precariedade dos dados:

> Possuímos apenas as descrições grosseiras de viajantes que não eram cientistas, três ou quatro pinturas a óleo, e uns poucos fragmentos ósseos espalhados, que sobreviveram a duzentos anos de negligência. O paleontólogo em muitos casos conta com dados muito melhores para a determinação das características zoológicas de espécies que pereceram incontáveis anos atrás.

Uns poucos esqueletos parciais e muitos ossos dispersos, a maioria escavados em pântanos na ilha Maurício depois de 1850, adornam atualmente os nossos museus. Mas trata-se de um número surpreendentemente pequeno de fragmentos, levando-se em conta que estamos falando de um pássaro que o homem encontrou vivo.

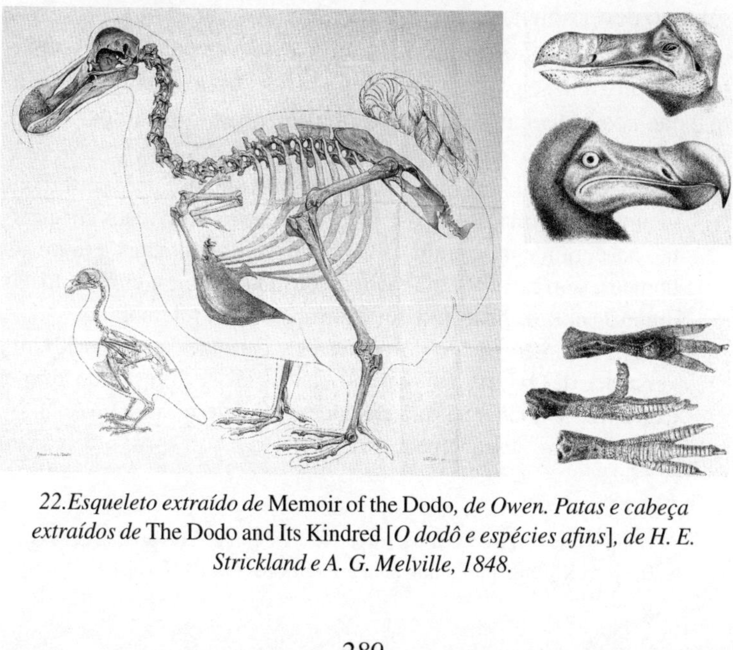

22. *Esqueleto extraído de* Memoir of the Dodo, *de Owen. Patas e cabeça extraídos de* The Dodo and Its Kindred [*O dodô e espécies afins*], *de H. E. Strickland e A. G. Melville, 1848.*

Há um crânio em Copenhague e um pedaço de bico em Praga. De carne e osso, não há mais que uma pata preservada no British Museum e uma cabeça e uma pata em Oxford. Que legado insignificante para um animal que ocupa um lugar tão central nas nossas lendas e na nossa história!

A história do último dodô é especialmente dolorosa. Um espécime completo, empalhado, fazia parte da coleção de John Tradescant, fomentador do primeiro importante museu inglês de história natural. Tradescant legou sua coleção a Elias Ashmole, que então fundou o Ashmolean Museum na Universidade de Oxford. Ali, os espécimes definharam e apodreceram até que, em 1755, os diretores do museu destinaram ao fogo o "ÚLTIMO DOS DODÔ" (para citar as palavras de Strickland em maiúsculas, como ele próprio as empregou). Um astuto curador conseguiu salvar a cabeça e uma pata — virtualmente o único dado em carne e osso existente em relação ao primeiro animal levado à extinção pelos humanos modernos. Quase um século mais tarde, o grande geólogo Charles Lyell descreveu esse sacrilégio em palavras impregnadas de dor, e expressando o dever solene de todos os verdadeiros curadores: preservar os restos quando não se pode recuperar a vida, e conservar os registros quando não se pode sequer manter os restos a salvo — a fim de que não nos esqueçamos, a fim de que não nos esqueçamos:[4]

> Há quem se queixe de que as inscrições nos túmulos não transmitem nenhuma informação geral, exceto a de que os indivíduos em questão nasceram e morreram — acidentes que acontecem a todos os homens, sem exceção. Mas a morte de uma espécie é um evento tão digno de nota na história natural que merece ser relembrado; e não é com pouco interesse que descobrimos, a partir dos arquivos da Universidade de Oxford, o dia e o ano exatos em que os restos do último espécime de dodô, que fora abandonado à deterioração no Ashmolean Museum, desapareceu.

(4) Gould cita o verso "lest we forget, lest we forget", do poema *Recessional*, de Rudyard Kipling, publicado pela primeira vez em 1897. (N.T.)

Strickland usou o mesmo argumento para justificar o tempo e o dinheiro despendidos na publicação de uma monografia sobre "o primeiro caso comprovado de extinção de espécies orgânicas por meio da ação humana". Nos dias atuais, em que a extinção causada pelo homem mostra-se tão acelerada, seria bom que prestássemos atenção a suas palavras proféticas:

> Não podemos assistir sem pesar à extinção do último indivíduo de raça alguma de seres orgânicos, cujos progenitores colonizaram a Terra pré-adâmica [...]. O progresso do homem na civilização, assim como seu crescimento numérico, estende continuamente o domínio geográfico da Arte, abrindo trincheiras nos territórios da natureza. Em conseqüência, o zoólogo ou o botânico das eras futuras terá um campo muito mais estreito para suas pesquisas do que aquele de que desfrutamos no presente. É dever do naturalista, portanto, preservar para o tesouro da ciência o conhecimento desses organismos antigos e em vias de desaparecimento quando não for possível preservar suas vidas, de tal forma que a nossa compreensão sobre as maravilhas da existência animal e vegetal não sofra prejuízo com as perdas que a criação orgânica parece destinada a sofrer.

Ainda assim, a despeito de todas essas manifestações de pesar e de firmeza, poucos naturalistas se pronunciaram a favor do dodô enquanto ele vivia, ou mesmo depois, quando a teoria demandava uma razão lógica para a sua extinção e a "acusação da vítima" parecia um caminho mais fácil do que o reconhecimento de que a tragédia em questão poderia ter sido evitada. Nenhuma outra criatura foi tão ridicularizada e denegrida. Com certeza o dodô não era uma criatura graciosa segundo os nossos padrões convencionais de beleza. Ele era desajeitado, novamente pelos nossos critérios inadequados — uma criatura bamboleante, incapaz de voar e condenada a construir ninhos em terreno aberto. Mas não fomos ensinados a enxergar para além das aparências evidentes? Não poderíamos, nas palavras do grande anatomista inglês Richard Owen, defender "a beleza de sua feiúra"?

Mas, ao contrário, não fizemos nada, exceto escarnecer e estigmatizar. As diferentes teorias sobre a etimologia do dodô concordam somente em um ponto: seja qual for sua derivação, a intenção era certamente pejorativa. Alguns atribuem *dodô* à palavra portuguesa "bobo" (o que é improvável, uma vez que os poucos navegadores portugueses que foram às ilhas Mascarenhas jamais fizeram menção aos dodôs). Outros derivam esse termo de *dodoor*, uma palavra holandesa que quer dizer "preguiçoso". A maior parte das fontes do século XVII menciona alguma variante ortográfica de *dodaers* — o nome geralmente usado pelos marinheiros holandeses, que significa, aproximadamente, "traseiro gordo". Além disso, os nomes científicos oficiais também não demonstram maior *gentilesse*. Lineu chamava a espécie de *Didus ineptus* — *Didus* como uma latinização de *dodô*, e *ineptus* por motivos óbvios. Os ornitólogos modernos usam com freqüência a denominação anterior *Raphus*, proposta pelo naturalista Moehring como uma tradução para o latim do holandês *reet*, um termo vulgar para "nádega".

Desde o princípio, enquanto o dodô ainda vivia em prosperidade na ilha Maurício, as descrições européias destilavam desprezo. Em 1658, por exemplo, antes mesmo do desfecho final, o naturalista Bontius deu início à tradição de culpar a vítima, vinculando as deficiências do dodô à facilidade de capturá-lo: "Ele tem uma cabeça grande, desagradável [...]. É um pássaro vagaroso e estúpido, que se torna uma presa fácil para os caçadores".

Depois de 1690 o coro do menosprezo só aumentou, pois desse momento em diante o dodô podia ser responsabilizado por seu destino singular. Consideremos a descrição produzida em meados do século XVIII pelo árbitro supremo do bom gosto na ciência, o eminente naturalista Georges Buffon, mais lembrado na cultura geral hoje em dia por seu lema "*le style c'est l'homme même*" (o estilo é o próprio homem). Buffon, como é mencionado no capítulo 20, considerava o bicho-preguiça o protótipo da feiúra e da inadequação entre os animais. Desse modo, ao descrever o dodô como o bicho-preguiça entre os pássaros, Buffon não poderia ter sido mais claro ou mordaz:

> O corpo é maciço e quase cúbico; ele mal se sustenta sobre as duas patas gordas e curtas. A cabeça é tão fora do comum que se poderia tomá-la por uma criação fantasiosa de um pintor de figuras grotescas. Situada sobre um pescoço grosso e papudo, ela consiste quase inteiramente num enorme bico [...]. Tudo isso resulta numa aparência estúpida e esfomeada [...]. Sua conformação pesada, que em geral pressupõe força nos animais, produz, nesse caso, somente letargia [...]. O dodô representa, entre os pássaros, o mesmo que o bicho-preguiça entre os mamíferos: poder-se-ia dizer que esse pássaro é feito de matéria bruta e inativa, onde as moléculas vitais são demasiadamente escassas. Ele tem asas, mas as asas são curtas e fracas demais para erguê-lo nos ares. Ele tem uma cauda, mas a cauda é desproporcional e fora do lugar. Poder-se-ia tomá-lo por uma tartaruga ornada com uma capa de pássaro — e a natureza, ao destinar a ele enfeites tão inúteis, quase revela um desejo de acrescentar ao seu volume uma série de empecilhos, uma deselegância [*gaucherie*, no original francês, que é quase uma palavra do inglês hoje em dia e que se refere literalmente ao canhotismo] na movimentação da massa inerte, e de dar à criatura um desenho corpulento e pesado que parece ainda mais chocante quando nos damos conta de que se trata de um pássaro.

É interessante que apenas H. E. Strickland, o estudioso mais assíduo do dodô e autor da monografia sobre ele, tenha falado favoravelmente a respeito do pássaro em seu tratado de 1848. Podemos desdenhar essa criatura pelos nossos próprios padrões, pois até mesmo Strickland admitiu que "devemos imaginar um pássaro compacto e desajeitado, deselegante na sua forma e com um vagaroso movimento bamboleante". Mas quem somos nós para julgar, se Deus criou cada animal com os traços mais adequados para seu próprio modo de vida?

Devemos ser cautelosos em atribuir imperfeição a esses organismos anômalos, não importa quão deficientes eles possam ser em relação às complicadas estruturas que tanto admiramos em outras criaturas. Cada animal e planta recebeu sua organização peculiar não com a finalidade de excitar a admiração por parte de outros seres, mas de sustentar sua própria existência. Sua perfeição, portanto, não consiste no número ou na complexidade de seus órgãos, mas na adaptação de toda sua estrutura às circunstâncias externas nas quais ele está destinado a viver. E desse ponto de vista veremos que toda categoria da criação orgânica é igualmente perfeita.

Mas, o que é ainda mais interessante, Strickland sentia, ainda assim, que deveria encontrar uma explicação lógica para a extinção do dodô que se sustentasse na inevitabilidade desse processo, e não numa espoliação contingente que poderia ter sido impedida. Ele então argumentou que as espécies, assim como os indivíduos, atravessam um ciclo determinado de nascimento, maturação e morte — e que os humanos, desse modo, não fizeram senão precipitar um fim inescapável:

> Com efeito, parece altamente provável que a morte seja uma lei da natureza no que diz respeito às espécies, assim como em relação ao indivíduo. Mas essa tendência interna à extinção é em ambos os casos sujeita à antecipação por meio de causas violentas ou acidentais. Numerosos agentes externos afetaram a distribuição da vida orgânica em vários períodos, e um deles operou exclusivamente durante a nossa época existente, a saber, a ação do homem.

Richard Owen, o mais refinado anatomista da Inglaterra, não permitiu que Strickland levasse adiante essa conversa-fiada. Em sua própria monografia de 1866 sobre o dodô, Owen reafirmou, em termos absolutos, a inferioridade inerente a esse animal. Mencionando a adequação do nome proposto por Lineu, Owen escreveu:

> O cérebro é extraordinariamente pequeno nessa espécie de *Didus*, e se isso for interpretado como um índice da inteligência do animal, este pode ser adequadamente nomeado de *ineptus*.

A seguir, Owen atribuiu a degeneração do dodô a uma vida fácil na ilha Maurício, um lugar livre de predadores e competidores:

Não haveria nada na condição contemporânea da fauna mauriciana para ameaçar ou de algum modo desenvolver as capacidades do dodô. Uma vez que se trata de um pássaro monogâmico (como muitas outras espécies de pombos), nem mesmo o alvoroço de um combate sazonal ou pré-nupcial está presente nesse caso. Pode-se supor com segurança que esse pássaro se alimente e se reproduza de uma maneira preguiçosa, estúpida, sem a necessidade ou o estímulo para algum crescimento do cérebro que seja proporcional ao incremento gradativo do volume corporal.

Owen então atacou especificamente a idéia de adequação universal e de perfeição local proposta por Strickland, mencionando as teorias de dois grandes naturalistas franceses, Buffon e Lamarck, para sustentar sua visão de degeneração genuína:

> O dodô ilustra a idéia, formulada por Buffon, de que as espécies se originam pelo afastamento, por degeneração, de um tipo original mais perfeito; e as conseqüências conhecidas do desuso de um órgão de locomoção e do uso extra de outro indicam a natureza das causas secundárias que podem ter operado na criação dessa espécie de pássaro, em conformidade com a concepção filosófica de Lamarck.

Finalmente, Owen disparou sua última salva: o simples fato da extinção, por si mesma e *tout court*, não encerraria a questão da inadequação?

> Não obstante, a verdade, como a compreendemos ou sentimos, deve ser revelada. O *Didus ineptus*, em decorrência de sua estrutura degenerada ou imperfeita, não importa de que modo ela tenha sido adquirida, pereceu.

O mesmo ocorreu com o primeiro grupo humano encontrado pelos europeus no Novo Mundo — também em ilhas —, que definhou rapidamente em conseqüência da ganância, da exploração e do poder da espada. O ensaio anterior conta a triste história dos tainos das Bahamas, encontrados por Colombo em 12 de outubro de

1492 — e exterminados, depois de removidos e empregados à força como mão-de-obra em Hispaniola, antes de 1508. Colombo fez elogios à aparência física dessa população, descrevendo sua elevada estatura e sua aparência atraente — "suas formas são muito bem-proporcionadas, seus corpos graciosos e seus traços elegantes", como ele escreveu em seu diário de bordo. Contudo, Colombo também fez observações sobre a facilidade de sua exploração potencial: "Eles não portam armas, nem têm conhecimento sobre elas [...]. Eles não possuem ferro [...]. Com cinqüenta homens se poderia subjugar todos eles e levá-los a fazer tudo o que se desejasse". Colombo não coletou nenhum material nas Bahamas — nem mesmo o único exemplar de *Cerion* que teria solucionado a controvérsia sobre o seu lugar de desembarque (ver capítulo 11) —, de maneira que a posteridade não contou com legado algum dos nativos das Bahamas, além de um registro verbal.

Durante a década de 1880, o mundo ocidental, que experimentava o auge da expansão colonial e ainda não se deixava abalar pela exploração (e até mesmo pelo genocídio) dos povos "inferiores" de outras culturas, deu início aos preparativos para as comemorações do quadrigentésimo aniversário do desembarque de Colombo. Na mesma época, um de meus cientistas favoritos, o último dos alunos de Louis Agassiz, visitou as Bahamas com o objetivo de pesquisar a anatomia e a embriologia dos invertebrados marinhos. Como um homem de horizontes mais amplos, W. K. Brooks, professor de zoologia na Johns Hopkins University, voltou sua atenção para outros aspectos da história natural local. Ele refletiu sobre o destino dos habitantes originais e descobriu que não havia registro algum dos restos anatômicos dessa população. Ao buscar informações sobre isso, ele soube que alguns esqueletos haviam sido resgatados nas cavernas, mas nunca haviam sido adequadamente descritos. Brooks conseguiu a cooperação dos colecionadores locais e estudou os fragmentos irrisórios dessa cultura complexa e vibrante encontrada originalmente pelos europeus. Brooks publicou seus resultados, a única pesquisa antropológica realizada por ele, em um artigo técnico para os *Memoirs of the National Academy of*

Sciences (1889) e em um artigo voltado paro o público não especializado publicado na *Popular Science Monthly* no mesmo ano.

Neste último, Brooks começa por estabelecer uma ligação com as celebrações do descobrimento da América que se aproximavam, e lamenta com veemência a destruição brutal e completa de toda herança cultura das Bahamas originais, da qual nem sequer um objeto palpável sobreviveu, e cujo legado se limita a uma palavra desencarnada!

> Em três anos o mundo se unirá na celebração do quadrigentésimo aniversário daquilo que, do nosso ponto de vista, é o maior e o mais importante evento da história, o desembarque de Colombo. Mas, dada a nossa consciência de seu profundo significado, será que não corremos o risco de esquecer que os espanhóis descobriram a América da mesma maneira que os piratas descobrem um navio com uma tripulação indefesa? [...]. [Eles] encontraram as Bahamas habitadas por uma população próspera e feliz [...]. Doze anos depois, cada um dos indivíduos dessa população de mais de 40 mil homens, mulheres e crianças havia perecido numa terra estranha sob as chibatadas do feitor de escravos. A raça foi apagada da face da Terra, e a única impressão deixada na nossa civilização por aqueles que a saudaram pela primeira vez neste continente é uma palavra que, juntamente com o exuberante artigo que ela designa, se espalhou por todo o planeta. [Eles] nos deram a *hammock*[5] e essa única palavra lucaiana é tudo o que restou deles.

(Algumas outras palavras, incluindo *tabaco*, derivam do mesmo grupo lingüístico. Mas Colombo encontrou o tabaco pela primeira vez em Hispaniola, ao passo que *hammock* entrou nas línguas ocidentais como uma contribuição exclusivamente das Bahamas.)

Seguindo a linha geral que constitui o tema deste ensaio, Brooks então focalizou em particular a trágica e extrema precarie-

(5) *Hammock* significa "rede". O termo em inglês se originou de *hamaca*, do espanhol caribenho. (N.T.)

dade dos restos dessa cultura, e expressou sua satisfação pessoal na empreitada de resgatá-los:

> Todos os traços de sua existência foram eliminados quase totalmente pelos conquistadores [...]. Os espanhóis não tinham tempo nem inclinação para o estudo da antropologia, e suas anotações a esmo nos fornecem pouco ou nenhum entendimento acerca dos povos que eles dizimaram, de tal maneira que me senti imensamente satisfeito quando obtive, nas Bahamas [...]. o material para um estudo satisfatório sobre as características anatômicas dessa população.

Mas, a seguir, uma vez mais aderindo ao procedimento-padrão, Brooks entremeou suas descrições anatômicas objetivas com manifestações de menosprezo — como a sugerir que os nativos das Bahamas tinham sido condenados por sua própria inferioridade inerente. Ele encontrou, ou supôs ter encontrado, dois sinais disso nessa população. Primeiro, afirmou a existência de uma similaridade entre as raças primitivas e os mamíferos inferiores: "Certas variações nos crânios humanos, que são exceções no homem, mas normais em certos outros mamíferos, ocorrem com mais freqüência nas raças selvagens do que nas raças civilizadas". Então, a despeito do tamanho reduzido de sua amostragem, Brooks alegou haver confirmado esse princípio:

> Os quatro crânios lucaianos, entretanto, apresentam dois casos, ou 50%, de ossos tríquetros na sutura lambdóide, e como não há razão para se atribuir nenhuma importância morfológica a essa peculiaridade, parece provável que as raças selvagens ou primitivas sejam mais variáveis ou irregulares em relação às características osteológicas do que as raças civilizadas.

Em segundo lugar, Brooks descreveu como "bestiais" uma série de traços anatômicos que observou nos crânios estudados, embora ao mesmo tempo confirmasse, em termos gerais, a impressão de Colombo quanto à boa estatura e à forma bem-proporcionada desses nativos (ver capítulo 11). Ele escreveu com maior imparcialidade em seu artigo técnico: "Os ligamentos musculares no occipital e na mandíbula e a grande saliência no arco superciliar [sobrancelha] dão a esses crânios uma expressão bestial e indicam que seus possuidores devem ter sido homens de musculatura invulgar". Mas, em seu artigo voltado para o público leigo, essas afirmações expressaram mais fervor e preconceito:

> Eles tinham as mandíbulas protuberantes, o pescoço vigoroso e os músculos mandibulares de verdadeiros selvagens, e os contornos de seus crânios não mostram nada da suavidade e da delicadeza característica das raças humanas mais civilizadas e dóceis.

Confesso que tenho dificuldade em conciliar esses dois temas invariantes e contraditórios da literatura mais antiga sobre a preservação dos restos de nossas depredações iniciais: de um lado, o fervor e a grandeza da recuperação, até mesmo dos fragmentos mais simples, de outro, a depreciação das criaturas preservadas e a atribuição de sua extinção às suas supostas inadequações — pois, por que razão deveríamos lutar com tanto zelo para preservar os ineptos? E, ainda assim, não tenho dúvidas sobre os sentimentos genuínos de realização científica e de satisfação moral — e certamente os respeito — que desempenharam um papel na recuperação desses artefatos (às vezes insignificantes) como as únicas recordações possíveis. W. K. Brooks expressou muito bem essa dimensão psicológica ao escrever sobre a inspiração proporcionada pelos objetos genuínos, no lugar de réplicas ou de meras palavras:

> Não há tanto interesse intrínseco em alguns poucos fragmentos de ossos humanos, mas o crânio lucaiano [nativo das Bahamas] que se encontra sobre a minha mesa enquanto escrevo transmite uma força e um sentido vívido de realidade à história que conhecemos [...] e evoca o drama das Bahamas, em todos os seus detalhes, com uma clareza assustadora.

23. *Desenho de John Tenniel extraído de* Aventuras de Alice no País das Maravilhas, *de Lewis Carroll, 1865.*

Quanto à tendência à depreciação, penso que necessitamos de novos conceitos e metáforas para substituir as idéias falsas e limitantes, embora confortadoras, de que o progresso é algo previsível na história da vida (com a perda triste, porém inevitável, das criaturas inferiores) e de que é possível apreender a causalidade de todos os eventos importantes. Felizmente, pode-se encontrar uma ilustração maravilhosa e uma oportunidade de revermos esse ponto de vista na aparição literária mais famosa do dodô.

Lewis Carroll enxergava a si mesmo como um homem desengonçado e, portanto, se identificava fortemente com o dodô. No terceiro capítulo de *Alice no País das Maravilhas*, quando todos os personagens estão absolutamente ensopados, irrompe uma longa e clamorosa discussão sobre a melhor maneira de eles se secarem. O dodô, ao final, sugere uma solução. "Proponho", diz ele, "que o conclave seja suspenso, para a imediata adoção de medidas mais operacionais." "Não existe nada melhor para nos secarmos", continua o dodô, "que uma corrida de comitê." Dito isso, o dodô desenha uma pista circular e distribui os participantes ao acaso em pontos de partida ao longo dela:

> Não havia um sinal como "Um, dois, três e já!", uma vez que todos começavam a correr quando bem quisessem e paravam também quando sentissem vontade, de maneira que não era nada fácil saber quando a corrida havia chegado ao fim. No entanto, quando todos já tinham corrido cerca de meia hora e se encontravam totalmente enxutos outra vez, o dodô subitamente proclamou: "A corrida terminou!".

Os participantes, intrigados, indagam: "Mas quem ganhou a corrida?".

> Essa pergunta o dodô não soube responder sem antes pensar um bocado. Ele ficou de pé longo tempo, com um dedo apoiado sobre a fronte (a posição em que Shakespeare é geralmente retratado), enquanto os demais aguardavam em silêncio. Finalmente, o dodô exclamou "Todos venceram, e todos devem receber prêmios".

Suspeito que a vida transcorre mais como uma corrida de comitê do que como uma corrida linear, com a vitória inevitável dos corajosos, fortes e espertos. Se pudéssemos de fato abraçar e compreender essa metáfora, conseguiríamos até mesmo adotar uma posição mais adequada para examinar as conseqüências morais das ações humanas, como sugerido pelo sábio dodô de Lewis Carroll: sem julgamentos de superioridade ou de inferioridade entre os participantes, sem ganhadores ou perdedores, e fazendo uso da cooperação para alcançar objetivos comuns que premiassem a todos. (Ninguém deseja uma corrida de comitê para todas as atividades humanas, é claro. Algumas pessoas têm mais talento para tocar piano ou bater um *home run*[6] — e isso merece reconhecimento e recompensa. Mas quando falamos sobre o valor intrínseco e essencial de uma vida humana, o juiz de uma corrida de comitê revela-se o mais sábio dos homens.)

E finalmente, falando sobre raças, não nos esqueçamos da mais famosa declaração de nossa literatura sobre a humildade salutar — e até mesmo sobre a liberdade decorrente — que poderíamos obter ao admitir que o universo não respeita as nossas preferências e quase sempre opera por caminhos fortuitos em relação às nossas expectativas e intenções. A morte do dodô realmente não faz sentido em termos morais e não precisava ter ocorrido. Se reconhecermos a contingência dos eventos concretos, poderemos até mesmo aprender a evitar a recorrência de resultados indesejáveis. Pois o pregador do Livro de Eclesiastes escreveu: "Vi ainda debaixo do sol que não é dos ligeiros o prêmio, nem dos valentes a vitória [...] porém tudo depende do tempo e do acaso".[7]

(6) No beisebol, é a jogada máxima de um atacante, que arremessa a bola fora dos limites do campo e conquista o direito de percorrer um circuito completo pelas quatro bases sem o risco de ser eliminado. (N.T.)

(7) Eclesiastes, 9:11. (N.T.)

13

A DIETA DE WORMS E A DEFENESTRAÇÃO DE PRAGA

Certa vez, numa aposta, comi uma formiga (coberta de chocolate). Não tenho lembranças terríveis dessa experiência, mas também não alimento nenhum desejo ardente de repeti-la. Por isso, imagino a dor do pobre Martinho Lutero quando, num momento decisivo de sua carreira, em abril de 1521, teve de se submeter, durante dez dias, à Dieta de Worms[1] (engolida com o auxílio de uma boa quantidade de vinho, pelo que dizem os textos).

Sou um colecionador por natureza, e há mais espaço nas minhas gavetas mentais para fatos e frases do que os gabinetes propriamente ditos têm para as espécies. Reservo uma prateleira do crânio para as frases mais engraçadas ou eufônicas da história. "A Dieta de Worms" permanece como meu espécime campeão, mas concedo o segundo lugar a uma outra frase com D que faz parte da história européia: "A Defenestração de Praga" em 1618 — o disparador "oficial" da Guerra dos Trinta Anos, que foi um dos conflitos mais extensos, horrendos e sem sentido da cultura ocidental.

Dado que não acredito em experiências vicárias, sou capaz de atravessar grandes (até mesmo absurdas) distâncias para pisar exatamente em determinado local ou para tocar com a mão um ponto preciso em certa parede. Eu poderia ter escrito *Vida maravilhosa*

(1) Gould produz um jogo de palavras com a expressão "*Diet of Worms*" e seu duplo sentido: "dieta de minhocas" e "Dieta (ou Assembléia) de Worms". (N.T.)

sem uma visita a Burgess Shale, mas que sacrilégio! A fonte de fósseis de Walcott é um território sagrado, situado ao fim de uma trilha de pouco mais de seis quilômetros a partir da estrada principal.

Por essa razão, aceitei um convite recente para uma conferência em Heidelberg com a condição de que meus anfitriões me levassem até Worms, cidade que se situa nas proximidades e que foi o cenário da Dieta. (Três anos antes, em Praga, eu havia pisado na praça em que aqueles corpos aterrissaram, um dia, depois de terem sido lançados de uma janela no andar superior.) Agora, concluídas as peregrinações às fontes das duas expressões que cativaram minha imaginação no curso de história da Europa ministrado pela sra. Ponti no quinto ano, posso refletir de maneira mais formal sobre o doloroso tema comum a essas duas histórias iniciadas com D — a nossa maldita tendência tribal a formar agrupamentos, a lutar, a ver (quase sempre com a maior das convicções) os nossos oponentes como vermes e a tentar eliminar suas doutrinas (pela censura e pela fogueira) ou até mesmo a sua própria existência (pelo genocídio). A Dieta de Worms e a Defenestração de Praga assinalam dois eventos fundamentais na triste cronologia de ódio e carnificina que acompanha um acontecimento central na história do Ocidente (que não deixa de ter, ao mesmo tempo, um componente de grandeza) — a divisão do cristianismo "universal" nas facções católica e protestante.

A Dieta , ou corpo dirigente, do Sagrado Império Romano reuniu-se na grande cidade medieval de Worms, na Renânia, em 1521, com a missão de exigir que Martinho Lutero se retratasse. (Os textos alemães chamam a Dieta de *Reichstag*. Além disso, minhoca, em alemão, se escreve com "u", e não com "o", como no inglês. Portanto, *Reichstag zu Worms*, no idioma original, não produz nenhum impacto culinário.)

Na escola, aprendi a versão heróica do episódio em que Lutero se apresenta à Dieta de Worms. Esse relato (até onde sei, e pelo que pude confirmar lendo uma série de biografias recentes) é razoavelmente exato no que diz respeito aos fatos — e é portanto "verdadeiro" nesse sentido crucial. Ao mesmo tempo, ele é espantosa-

24. Martinho Lutero defendendo-se perante Carlos V, governante do Sagrado Império Romano, na Dieta de Worms, em abril de 1521.

mente parcial e incompleto, e, por essa razão, distorcido em relação a outros aspectos igualmente importantes. Lutero, excomungado pelo papa Leão X em janeiro de 1521, chegou a Worms sob salvo-conduto imperial para justificar ou renegar sua apostasia diante do católico militante Carlos V. Herdeiro da dinastia dos Habsburgo da Europa Central e da Espanha e neto de Fernando e Isabel, reis da Espanha e patronos de Cristóvão Colombo, Carlos V fora eleito recentemente (aos 21 anos de idade) governante do Sagrado Império Romano.

Lutero, com apoio substancial em todas as classes da população local, inclusive de seu mais poderoso protetor, Frederico o Sábio, o eleitor[2] da Saxônia, compareceu perante Carlos e a Dieta Imperial no dia 17 de abril. Indagado sobre se se retrataria em relação ao conteúdo de seus livros, Lutero solicitou algum tempo para

(2) Príncipe ou bispo que participava da eleição do imperador, na Alemanha antiga. (N.T.)

refletir (e, sem dúvida, para preparar um discurso retumbante). O imperador concedeu-lhe um recesso de um dia e Lutero retornou em 18 de abril para fazer sua mais famosa proferição.

Falando primeiramente em alemão e a seguir em latim, Lutero argumentou que não podia repudiar seu trabalho a menos que se pudesse provar, pelas Escrituras ou pela lógica, que ele estava errado. Segundo uma das versões possíveis (os relatos variam), ele encerrou seu discurso com uma das mais famosas declarações da história ocidental: *Hier stehe ich; ich kann nicht anders; Gott helfe mir; Amen* — Aqui estou eu. Não posso agir de outro modo. Que Deus me proteja. Amém.

Confrontados com a intransigência de Lutero, o imperador e os demais membros da Dieta publicaram o Decreto de Worms em 8 de maio. Mas esse documento, banindo a obra de Lutero e ordenando sua detenção, não pôde ser executado, em virtude do forte apoio local de que Lutero gozava. Por essa razão, ele "escapou", sob a proteção de Frederico, para o castelo de Wartburg, onde realizou a tradução do Novo Testamento para o alemão.

Trata-se de uma história excitante, que invoca alguns dos temas mais sublimes das tradições liberais e intelectuais do Ocidente: a liberdade de pensamento, a bravura pessoal contra a autoridade e a força de um homem com uma idéia grandiosa diante de um poder secular em desagregação. Mas, cave-se um pouquinho mais fundo, abaixo do nível manifesto da hagiografia e do moralismo dos tempos escolares, e desembocaremos num pântano de intolerância e destruição de todos os lados. Arranhe-se a superfície de idéias tão elevadas como "justificação pela fé" e encontraremos um mundo onde toda idéia importante é transformada num instrumento político na busca da ordem social ou numa ferramenta das lutas pelo poder travadas entre os papas distantes e os príncipes locais. Consideremos um parágrafo de cunho prático no Decreto de Worms, acrescido, no seu final, de uma metáfora sobre as dietas no moderno sentido culinário:

> Todos os livros de Lutero devem ser universalmente banidos e proibidos, e ainda queimados [...]. Com essa ordem, seguimos os louváveis costumes e leis dos bons cristãos de antigamente, que faziam com que os livros hereges, como os arianos, priscilianos, nestorianos, eutiquianos e outros, fossem queimados e aniquilados, juntamente com todas as idéias neles contidas, fossem elas boas ou más. Trata-se de um procedimento adequado, pois, se não nos é permitido comer carne contendo uma única gota de veneno devido ao perigo de infecção corporal, então é certo que deveríamos excluir toda doutrina (mesmo que ela seja boa) que contenha em si o veneno da heresia e do erro, que infecta e corrompe e destrói, sob o disfarce da caridade, tudo o que há de bom.

Essas palavras parecem gélidas o suficiente quando limitadas à destruição de documentos. Mas a aniquilação foi quase sempre estendida aos inventores das heterodoxias, levando também ao genocídio de seus seguidores. Dentre os primeiros hereges mencionados acima, Prisciliano, bispo de Ávila, na Espanha, condenado por feitiçaria e por imoralidade, foi executado pelo imperador romano Maximus no ano 385. Os albigenses, que vieram mais tarde, tiveram um destino ainda pior. Essa comunidade asceta do Sul da França atemorizou o papa e outras autoridades com suas idéias sobre a corrupção dos chefes clericais e seculares. Em 1209, o papa Inocêncio III instigou uma cruzada contra eles — num exemplo, entre muitos outros, da aniquilação de cristãos por outros cristãos —, e a guerra que se seguiu efetivamente destruiu a civilização provençal do Sul da França. Com uma operação de limpeza durante as décadas seguintes, a Inquisição extirpou, por meio do genocídio, essa doutrina indesejável. Horrível, mas eficiente. A *Enciclopédia Britânica* afirma de modo bastante claro: "É extremamente difícil formar uma idéia precisa sobre as doutrinas albigenses, dado que o conhecimento que se tem sobre elas no presente provém dos relatos de seus oponentes".

Caso Lutero e outros reformadores tivessem promovido suas novas versões do cristianismo em nome do amor, da tolerância e do respeito, talvez eu pudesse aceitar a versão heróica segundo a qual o progresso na história é inspirado por alguns poucos indivíduos de visão mais ampla. Mas Lutero podia ser tão dogmático, irreconciliável e cruel quanto seus oponentes — e quando sua gente assumiu os domínios do poder, as velhas táticas do banimento, da queima de livros e dos assassinatos doutrinais tiveram prosseguimento. Lutero, por exemplo, mostrara, de início, pouca animosidade em relação aos judeus, pois esperava que suas próprias reformas, ao eliminar os abusos papais, pudessem levar à conversão deste povo. Mas quando as esperanças de Lutero se enfraqueceram, sua causticidade se voltou contra eles. Num panfleto de 1543, intitulado *Sobre os judeus e suas mentiras*, ele recomendou que estes fossem deportados para a Palestina, que todas as sinagogas e livros judaicos (incluída a Bíblia) fossem queimados, e que as atividades exercidas por eles fossem limitadas à agricultura.

Na sua mais terrível recomendação (na véspera de um momento presumivelmente feliz de sua vida pessoal, seu casamento com Katherine von Bora), Lutero defendeu o massacre indiscriminado dos camponeses alemães, cuja rebelião fora reprimida pouco antes com grande brutalidade. Lutero tinha suas razões e frustrações, com certeza. Ele jamais encorajara a insurreição contra a autoridade secular, ainda que alguns dos grupos camponeses mais moderados tivessem usado seus ensinamentos como justificativa. Além disso, a facção militante dos camponeses tinha sido comandada por seu amargo inimigo teológico, Thomas Müntzer. Os conservadores políticos, como Lutero, têm sempre uma posição pouco clara (ainda que seja para salvar a própria pele) sobre as insurreições da imensa e indisciplinada massa de pessoas desfavorecidas, mas as sugestões de genocídio feitas por ele em *Contra as hordas salteadoras e assassinas dos camponeses*, seu tratado de 1525, me provocam arrepios, em especial se levarmos em conta que, supostamente, trata-se de um homem devoto a Deus (ainda que leigo):

> Se o camponês participa abertamente de uma rebelião, ele está fora da lei de Deus [...]. A rebelião espalha em nosso país uma onda de

> assassinatos e de atos de crueldade, produz viúvas e órfãos e vira tudo de cabeça pra baixo, como num grande desastre. *Portanto, todo aquele que puder fazê-lo, deve lutar, matar e apunhalar, secreta ou abertamente*, lembrando que nada pode ser mais venenoso, nocivo ou perverso que uma rebelião. Nesse caso, ocorre o mesmo que com um cachorro louco. Se não o atacarmos, ele nos atacará, e também à toda a nação [itálicos meus].

A aristocracia vitoriosa seguiu as instruções de Lutero, e as estimativas do número de mortes (a maioria delas infligidas aos rebeldes que já haviam se rendido e que, portanto, não representavam uma ameaça imediata) chegam a 100 mil.

Histórias dolorosas de assassinatos em massa perpetrados por facções diferentes de uma causa presumivelmente comum assombram a história humana. Não penso que os cristãos sejam piores do que outras pessoas a esse respeito. Ocorre apenas que conhecemos melhor esses episódios, considerados decisivos em relação a uma cultura partilhada pela grande maioria dos leitores deste livro. Não me refiro às execuções isoladas, mas aos massacres em grande escala, nem sempre conhecidos no presente, e por duas razões sinistras. Primeiro, os Hitlers do passado não dispunham da tecnologia necessária para matar 6 milhões de pessoas em alguns poucos anos (embora provavelmente tivessem o desejo de fazê-lo), de maneira que a destruição, ainda que radical, era mais localizada. Segundo, as culturas antigas que foram suprimidas contavam com um número menor de pessoas, vivendo em áreas mais confinadas e publicando pouca ou nenhuma documentação. Um estilo mais antigo de genocídio podia, portanto, ser devastadoramente total e eficaz, varrendo por completo toda memória de uma vibrante população.

Mencionei acima a cruzada albigense. Em 1204, a Quarta Cruzada, depois de fracassar na tentativa de chegar à Palestina (através do Egito) para conquistar a Terra Santa, saqueou a capital cristã bizantina de Constantinopla, causando mais destruição à população e à arte locais do que os "infiéis" otomanos o fizeram quando os cristãos finalmente perderam o governo da cidade em 1453. A separação da Europa nas facções protestante e católica forneceu oportunidade para novos episódios de destruição divisora — e o legado de Lutero seguramente inclui tanto a luz como a escuridão. O que nos leva à Guerra dos Trinta Anos e à Defenestração de Praga.

Atirar pessoas pela janela é um gesto que conta com uma longa herança nessa bela cidade — um verdadeiro Escândalo na Boêmia[3] por assim dizer. Em cada um dos principais incidentes, com exceção do último, os rebeldes protestantes (ou seus precursores) arremessaram os católicos entrincheirados para fora de suas fortalezas. A Defenestração "oficial" (com D maiúsculo) ocorreu em 1618. Os protestantes locais, enfurecidos pela revogação pelo rei Ferdinando II das promessas de liberdade religiosa que ele próprio fizera, tomaram de ataque o castelo Hradčcany e atiraram três membros católicos do Conselho pela janela em direção ao fosso. (Diz a lenda que eles se levantaram e se retiraram, humilhados, mas sem maiores ferimentos, graças à boa sorte ou à boa pontaria de seus adversários — uma vez que aterrissaram sobre um grande e macio monte de estrume.)

Os rebeldes de 1618 haviam deliberadamente representado mais uma vez um incidente do passado que contava com uma longa história da qual eles se orgulhavam. (A propósito, uma janela, em latim, é uma *fenestra* — de modo que *defenestração* é simplesmente uma palavra extravagante que significa atirar alguma coisa para fora dessa abertura.) A memória de Jan Hus, reformador religioso da Boêmia queimado por heresia em 1415 e considerado um precursor pelos protestantes que vieram mais tarde, inspirou a defenestração inicial de Praga em 1419. Um exército hussita (caso você simpatize com eles) ou uma turba (em caso contrário) tomou de assalto o edifício do Conselho Municipal e atirou pela janela três cônsules e sete cidadãos comuns (alguns deles em direção à morte, dado que, dessa vez, nenhum monte de estrume serviu como almo-

(3) Título de uma história de Sherlock Holmes, de Arthur Conan Doyle, coligida em *As aventuras de Sherlock Holmes* (1892).

fada, amortecendo essas quedas), e o governo da Boêmia passou às mãos dos hussitas durante certo período. Um outro episódio de defenestração, ainda que pouco conhecido, ocorreu em 1483. O rei Vladislav restaurara o domínio católico, o que levou um outro bando dissidente de hussitas a atirar pela janela o prefeito católico.

Os leitores um pouco mais velhos do que eu se lembrarão do epílogo trágico dessa seqüência. Jan Masaryk, filho de Thomas Masaryk, o fundador da República Checa, continuou a servir como o único ministro não comunista do governo marionete do pós-guerra. Em 10 de março de 1948 seu corpo foi encontrado no pátio do palácio Czernin. Ele morrera ao cair de uma janela catorze metros acima. Teria ele se atirado, num ato suicida (e consciente da ironia desse gesto em relação à história de seu país), ou sido assassinado? O mistério nunca foi resolvido.

O triunfo protestante após a defenestração oficial durou apenas dois anos e terminou em uma nova exibição de assassinatos e destruição. Com o apoio dos poderosos Habsburgo, os católicos se reagruparam e derrotaram definitivamente os protestantes na batalha da Montanha Branca em 8 de novembro de 1620. O que se viu a seguir, em Praga, foram semanas de pilhagem e devastação. Alguns meses mais tarde, 27 representantes da nobreza e outros cidadãos foram torturados e executados na praça da Cidade Velha. Os vitoriosos penduraram doze cabeças empaladas em ganchos de ferro na Torre da Ponte como um sinal de advertência.

A Guerra dos Trinta Anos que se seguiu à Defenestração não pode ser reduzida a uma luta dicotômica entre católicos e protestantes — mas essa divisão essencial determinou em grande medida a disposição e o fanatismo da controvérsia (pois parece muito mais razoável matar os "apóstatas" do que os meros compatriotas pecadores). Grande parte da Europa Central encontrava-se em ruínas, uma vez que os exércitos mercenários de vários potentados devastavam tudo que encontravam em seu caminho pelo interior, incendiando, extorquindo e saqueando à medida que avançavam. As batalhas dos protestantes contra os católicos também não tiveram fim com o Tratado da Vestfália em 1648. O castelo de Heidelberg, admiravelmente iluminado, à noite, transforma a cidade inteira num palco romântico para *The student prince*.[4] Mas nenhuma construção medieval foi preservada nessa cidade e o castelo encontra-se em ruínas, em conseqüência de uma outra guerra entre os cristãos, desastrosa para ambos os lados — que teve início quando o eleitor da Renânia-Palatinado (com Heidelberg como seu centro), que era protestante, morreu sem deixar herdeiros e a França católica reivindicou o território com a alegação de que a irmã dele desposara Felipe de Orléans, irmão de Luís XIV.

Quando as coisas parecem ir mal, ainda podem piorar bastante. Trata-se de um princípio da história humana, um tanto cínico, mas também exato, infelizmente. Se os cristãos se mostravam capazes de massacrar uns aos outros com tanto gosto e ferocidade, o que poderiam então esperar os verdadeiros intrusos? — pois a eliminação dos não-cristãos pareceria a eles um gesto muito mais justificável. Para esse capítulo final sobre as atrocidades do homem, voltamo-nos para o teste mais óbvio: o destino das comunidades judaicas na Europa medieval e renascentista à época dos conselhos e defenestrações.

Os povoados judeus persistiram durante mil anos na Renânia. Todas as cidades que visitei — Worms, Speyer e Rotemburgo — conservam memoriais da perseguição e da destruição dessas comunidades. Na saída, panfletos longos e informativos sobre a história dos judeus são vendidos aos turistas, para que não nos esqueçamos. Pode-se quase sentir uma tentativa consciente e louvável de expiar aquilo que não pode ser desfeito — uma longa história de intolerância coroada pelas lembranças ainda recentes da última cena brutal e inteiramente eficaz (pelo menos do ponto de vista local) representada pela "solução final".

Gershom ben Judah, conhecido como a "luz do exílio", dirigia a academia rabínica de Mainz no final do século X, antes que o primeiro milênio da era cristã tivesse terminado. Seu discípulo

(4) Opereta em que o herói abre mão do seu amor dos tempos de estudante por razões de Estado. Texto de Dorothy Donnally, baseado em *Old Heidelberg*, de Rudolf Bleichman, e música de Sigmund Romberg. (N.T.)

mais famoso, o grande talmudista Rashi, estudou em Worms por volta de 1060. O seguidor mais notável de Rashi, Meir Ben Baruch (conhecido pelos judeus devotos por seu acrônimo, o Maharam), chefiou a comunidade judaica em Rotemburgo, hoje a mais bem preservada de todas as cidades medievais, totalmente cercada por seus muros e contando com um fluxo transbordante de turistas. Em 1286, o imperador Rodolfo I suprimiu a liberdade política dos judeus e instituiu impostos especiais para fazer com que essa população desprezada se tornasse *servi camerae* (ou servos do tesouro). O rabino Meir tentou levar um grupo de judeus para a Palestina, mas foi preso e confinado em um forte na Alsácia. Seu povo levantou uma enorme soma para resgatá-lo, mas Meir recusou (e morreu na prisão), pois sabia que a compra de sua liberdade apenas encorajaria o imperador a capturar outros rabinos para obter mais dinheiro. Catorze anos depois, um mercador judeu em Worms pagou pelo resgate do corpo do grande rabino. Seu túmulo e aquele do comerciante ocupam lugares adjacentes no cemitério de Worms. Seguindo um antigo costume, visitantes e residentes judeus (na maioria emigrados da Rússia) ainda escrevem suas preces e pedidos em pedaços de papel e os colocam sob pequenas pedras em cima do túmulo do Maharam.

Após o exílio de Meir, os judeus de Rotemburgo foram expulsos para um gueto fora dos muros da cidade, e depois disso, em 1520, banidos totalmente e para sempre. Apenas o pequeno salão de danças permaneceu (porque foi convertido num asilo para os cristãos), com umas poucas lápides em hebraico erigidas no muro do jardim.

A comunidade judaica da Worms de Lutero sobreviveu por mais tempo, mas de modo igualmente precário. Em 1096, os soldados da Primeira Cruzada passaram por Worms e devastaram o bairro judeu. Em 1349, quase todos os judeus de Worms foram assassinados sob a falsa acusação de que haviam causado a peste, envenenando os poços. Em 1938, na infame *Kristallnacht*, a sinagoga foi incendiada e destruída. Mais de mil judeus de Worms pereceram no

Holocausto. A sinagoga reconstruída funciona hoje como a peça central de um museu e memorial do povo judeu, mas não mais como um local para serviços religiosos, uma vez que nenhuma comunidade judaica ativa existe atualmente nessa cidade.

Duas placas no muro da sinagoga registram uma história de esperança e de desespero. A primeira, erigida logo após a Segunda Guerra Mundial, traz os nomes dos cidadãos judeus presumivelmente mortos no Holocausto. Felizmente, uma parte dessas pessoas tinha sobrevivido (em campos de refugiados), sem que os autores da placa o soubessem. Seus nomes gravados no bronze, em relevo, foram retirados da lista, fazendo surgir vitoriosos espaços em branco. Mas os registros posteriores do Holocausto documentaram um número maior de mortes, e esses nomes ornamentam a segunda placa — e seu número ultrapassa em muito os nomes apagados do primeiro memorial.

Ironicamente, apenas o cemitério judeu sobreviveu intacto, graças a um artifício (de acordo com a tradição local) do arquivista da cidade, um cristão genuíno que tinha grande respeito pelas tradições judaicas. Himmler expressara um interesse passageiro pelo cemitério durante uma visita antes da guerra. Quando, mais tarde, os nazistas locais ordenaram a destruição do cemitério (localizado do outro lado da cidade, para além de seus muros), o arquivista exagerou na importância do comentário casual de Himmler, transformando-o numa ordem explícita para que ele fosse preservado. As cautelosas autoridades locais nunca checaram a informação em Berlim — e um lugar destinado aos mortos permanece como o único sobrevivente incólume de um milênio de existência de uma das mais distintas comunidades judaicas da Europa.

Caso você esteja se perguntando por que razão decidi reproduzir esses relatos sobre o lado negro da história humana em um ensaio sobre biologia evolutiva, esclareço que pretendo dar um andamento mais otimista, e também darwiniano, ao restante dele. Os humanos são capazes de uma grandeza impressionante — e, ao mesmo tempo, de um horror espantoso: o discurso emocionante de Lutero na Dieta de Worms e os massacres organizados;

a magnífica arquitetura barroca de Praga e as suas numerosas defenestrações. Desfrutamos da grandeza com uma satisfação simples, mas contemplamos o horror com angústia e perplexidade — e sentimos uma necessidade febril de explicar de que maneira criaturas capazes de tanta decência podem também promover semelhante iniqüidade por vontade própria (e com tamanha tranqüilidade e convicção).

Mas será que perpetramos a escuridão "por vontade própria"? A mais popular de todas as explicações para nossa capacidade genocida afirma que sua origem lastimável está na evolução — o que representaria uma escapatória definitiva da nossa responsabilidade moral. Talvez tenhamos desenvolvido essas capacidades como adaptações antigas que hoje, no mundo moderno, se tornaram desvirtuadas. O genocídio atual pode ser uma triste herança de comportamentos que se originaram como vantagens adaptativas durante nossa construção ancestral em pequenos bandos de caçadores e coletadores nas savanas da África. O mecanismo descrito por Darwin, afinal de contas, encoraja apenas o sucesso reprodutivo dos indivíduos, e não o sonho moral da solidariedade humana entre todos os membros da espécie. Talvez os traços que levam ao extermínio deliberado da época presente — a xenofobia e a excomunhão dos intrusos, vistos como subumanos e por essa razão submetidos à aniquilação — tenham se tornado proeminentes durante nossa evolução inicial porque favoreciam a sobrevivência em sociedades diminutas e não tecnológicas baseadas nas relações de consangüinidade, e também o sustento em um mundo de recursos limitados funcionando sob a lei do matar-ou-morrer.

Um grupo desprovido de xenofobia e despreparado para matar certamente sucumbiria a outros grupos repletos de genes que os tornassem propensos a produzir essa classificação e essa destruição. Os chimpanzés, nossos parentes mais próximos, se organizam em bandos e matam sistematicamente os membros dos grupos adjacentes. Talvez sejamos igualmente programados para agir dessa maneira. Numa dada época da história humana, essas predisposições terríveis favoreceram a sobrevivência de grupos cujo único arsenal de defesa eram os dentes e as pedras. Num mundo de bombas nucleares, essas heranças inalteradas (e talvez inalteráveis) podem resultar na nossa destruição (ou, pelo menos, propagar nossas tragédias) — mas não podemos ser responsabilizados por essas falhas morais. Nossos execráveis genes nos converteram em criaturas da noite.

Na superfície, esse bálsamo parece muito atraente para nossa consciência coletiva, mas ele não passa de um subterfúgio baseado em raciocínios profundamente falaciosos. (Pode ser que a tendência a raciocinar por meio dessas falácias represente nosso verdadeiro legado evolutivo — mas essa é uma especulação que fica para outro momento.) Digamos que nossa espécie conta com uma capacidade biológica para classificar os humanos em duas categorias excludentes, aqueles pertencentes ao seu próprio grupo e os intrusos, que não podem ser incluídos na "irmandade" e devem ser massacrados. Mas a que esse argumento pode nos conduzir em relação ao discurso moral moderno, ou mesmo à observação social? Essa afirmação é totalmente vazia e desprovida de poder explicativo. Não ganhamos nada ao especular sobre a origem evolutiva da nossa potencialidade para o genocídio. Já sabemos que possuímos essa capacidade, dado que a história humana nos fornece tantos exemplos de sua atualização.

Para que uma especulação envolvendo o conceito de evolução seja proveitosa, ela deve ser capaz de sugerir algo que ainda não sabemos — se descobríssemos, por exemplo, que o genocídio é uma imposição biológica determinada por certos genes, ou até mesmo que uma propensão absoluta, mais do que a mera capacidade, regula a nossa potencialidade assassina. Mas os fatos empíricos da história humana falam contra a hipótese de determinação e favorecem apenas a idéia de potencialidade. Para cada caso de genocídio há numerosos incidentes de benevolência social; para cada bando assassino há igualmente um clã pacífico. O genocídio ganha maior destaque em razão de seu valor maior como "notícia" — e por sua eficácia devastadora (quando um clã pacífico desaparece e os assassinos assumem o controle da mídia). Mas se tanto a escuridão quanto a luz figuram entre os nossos atributos, e se ambas as tendências operam com tanta freqüência na história humana, então não chegamos absolutamente a lugar algum ao conjecturarmos sobre a possibilidade de que uma ou outra (ou, provavelmente, as duas) façam parte da nossa herança darwiniana de adaptações evolutivas. Na melhor das hipóteses, a biologia talvez nos ajude a delimitar as circunstâncias ambientais que tendem a induzir um comportamento em vez do outro.

Para mencionar o exemplo mais discutido na imprensa da "ciência popular", numerosos livros e artigos pregam que a psicologia evolutiva descobriu as bases biológicas das diferenças de comportamento entre os sexos. As mulheres produzem apenas uns poucos óvulos e têm de despender muitos anos de suas vidas gerando os embriões no seu corpo e criando os bebês que nascem desse processo. Os homens, por outro lado, produzem, de uma vez só, milhões de minúsculos espermatozóides, e não precisam investir nada mais numa progênie do que o esforço de uma ejaculação. Portanto, prossegue esse argumento, no que diz respeito ao grande objetivo darwiniano de transmissão de um número maior de genes para as futuras gerações, as mulheres se comportarão de maneira a encorajar o investimento masculino após a fecundação (a proteção, a alimentação, o bem-estar econômico e os cuidados subseqüentes em relação à criança), ao passo que o homem prefere sair perambulando de imediato à caça de outras parceiras numa busca incessante pela disseminação máxima de seus genes. Todo o léxico restante dessa psicologia popular decorre dessa dicotomia básica assentada nos propósitos evolutivos. Agora sabemos por que os homens cometem estupros, desejam ardentemente o poder, dominam o universo da política, têm casos extraconjugais e abandonam as famílias com os filhos pequenos — e por que as mulheres são recatadas, adoram cuidar de seus filhos e mostram preferência pelas profissões que envolvem o cuidado de outras pessoas.

Talvez eu tenha caricaturado essa posição — mas acredito que não, pois tomei como base um número substancial de artigos. Para dizer a verdade, eu nem mesmo acho que o argumento básico esteja errado. Essas diferenças nas estratégias comportamentais fazem sentido em termos darwinianos, à luz da disparidade estrutural entre a reprodução no homem e na mulher. Mas essa leitura não poderia ser mais profundamente equivocada, pelo mesmo motivo que apontei acima quando discuti a falácia das explicações biológicas para o genocídio. Os homens não são programados geneticamente para maximizar o número de parceiras nem as mulheres são devotadas à monogamia pela mesma razão. Em relação a isso, pode-se apenas falar em capacidades, e não em condições necessárias ou mesmo em tendências determinantes. Portanto, não é a nossa biologia que nos faz agir assim. Além do mais, nossa semelhança do ponto de vista genético poderia facilmente anular essas inclinações divergentes. Todo homem que tenha amado profundamente o seu filho — o que inclui a maioria dos pais, acredito eu (e, por acaso, escrevo este ensaio no Dia dos Pais) — sabe bem que canto da sereia advindo de genes ou hormônios particulares pode superar essa propensão para cuidar de uma criança, que é algo que partilhamos com sua mãe.

Como último argumento, quando levamos em conta as diferenças essenciais entre a evolução biológica e a mudança cultural, do ponto de vista do arranjo estrutural e da causação desses dois fenômenos — e quando reconhecemos que as peculiaridades em estilo cultural implicam flexibilidade, e não determinação —, podemos compreender ainda melhor por que razão o genocídio (a despeito de toda capacidade biológica subjacente) não pode ser explicado em termos evolutivos. No que diz respeito à estrutura, a evolução biológica é uma árvore topológica — um processo que envolve separação e divergência. Uma nova espécie, surgindo como uma linhagem independente, se diferencia para sempre de todas as outras linhagens, do ponto de vista genético, e daí em diante se desenvolve num caminho particular. A mudança cultural, por outro lado, define-se virtualmente pelas possibilidades de combinação entre tradições diferentes — assim como Marco Polo trouxe o macarrão da China e eu sou falante do inglês como língua "nativa". A maleabilidade de nossas características peculiares se origina desse entrelaçamento constante.

Quanto à diferença fundamental em termos de causação, a evolução biológica é mendeliana. Os organismos podem transmitir somente seus genes (mas não a herança de seus esforços) como contribuição material para as gerações futuras. Mas a mudança cultural é lamarckiana, dado que transmitimos diretamente para as gerações futuras os frutos da sabedoria e da inventividade que alcançamos — sob a forma de livros, manuais de instrução, instrumentos e construções. Novamente, esse estilo lamarckiano confere à mudança cultural uma rapidez, uma instabilidade e uma flexibilidade que a evolução darwiniana não pode demonstrar.

Em 1525, milhares de camponeses alemães foram assassinados (com a aprovação de Lutero) ao mesmo tempo que Michelangelo trabalhava na capela Medici. Em 1618, alguns homens foram atirados do alto das janelas em Praga, enquanto Rubens pintava algumas telas magníficas. A catedral de Canterbury é a mais refinada construção gótica da Inglaterra, e é também o local do assassinato de Becket. Os dois lados dessa dicotomia representam nossa humanidade desenvolvida e comum. Qual dos dois, finalmente, escolheremos? Quanto ao caminho potencial para o genocídio e a destruição, assumamos a seguinte posição. Não é preciso ser assim. Podemos agir de outro modo.

Parte V

FATOS E TEORIAS EVOLUCIONISTAS

14

MAGISTÉRIOS QUE NÃO SE SOBREPÕEM

Lugares incongruentes quase sempre inspiram histórias anômalas. No início de 1984, passei várias noites no Vaticano, hospedado num hotel construído para padres em viagem. Enquanto eu ponderava sobre problemas tão enigmáticos quanto a finalidade do bidê existente em cada banheiro, e ansiava por algo diferente de geléia de ameixa no meu pão no café-da-manhã (por que razão a cesta continha centenas de pacotes do mesmo sabor ameixa e nem um sequer de morango, por exemplo?), encontrei mais uma entre as inúmeras questões que se originam dos contrastes culturais que tornam a vida tão vasta e interessante. Nossa turma (presente em Roma para participar de um encontro sobre o inverno nuclear, patrocinado pela Academia Pontifical de Ciências) dividia o hotel com um grupo de padres jesuítas franceses e italianos que eram também cientistas profissionais. Um dia, no almoço, os padres me chamaram à sua mesa e me fizeram uma pergunta curiosa sobre algo que os vinha perturbando. O que significava toda aquela conversa sobre o "criacionismo científico" que estava acontecendo nos Estados Unidos? Um dos padres indagou: "A evolução se encontra mesmo em apuros? E, nesse caso, qual é exatamente o problema? Sempre me ensinaram que não há conflito doutrinal algum entre a evolução e a fé católica, e os dados a favor da evolução me parecem não apenas plenamente satisfatórios como também esmagadores. Será que deixei escapar alguma coisa?".

Um animado pastiche de conversação em francês, italiano e inglês seguiu-se então por cerca de meia hora, mas todos os padres pareceram tranqüilizados pelo teor geral da minha resposta — "A evolução não enfrenta problema intelectual algum. Nenhum argumento novo foi oferecido. O criacionismo representa um fenômeno local da história sociocultural americana — uma faísca (que infelizmente está mais próxima de um raio de luz, hoje em dia) do movimento dos protestantes fundamentalistas que acreditam que cada palavra da Bíblia deve ser entendida como uma verdade literal, não importa de que afirmação se trate". Nós todos partimos, satisfeitos, mas eu com certeza me senti perturbado pela anomalia do meu papel, como um judeu agnóstico reassegurando a um grupo de padres que a evolução permanecia não apenas verdadeira como também inteiramente coerente com a crença religiosa.

Outra história nos mesmos moldes. Com freqüência me perguntam se no meu trabalho como professor em Harvard deparo com o criacionismo como uma questão vívida entre meus alunos de graduação. Costumo responder que somente numa ocasião, em trinta anos de ensino, experimentei um incidente desse tipo. Um aluno do primeiro ano, bastante honesto e sério, veio ao meu escritório com uma pergunta que claramente o vinha perturbando. Ele me disse: "Sou um cristão devoto e nunca tive motivo algum para duvidar da evolução, uma idéia que me parece palpitante e também bem documentada. Mas meu companheiro de quarto, um evangélico prosélito, tem insistido com enorme vigor que eu não posso ser ao mesmo tempo um verdadeiro cristão e um evolucionista. Responda-me, então, se é possível que alguém acredite tanto em Deus quanto na evolução". Novamente, engoli em seco, cumpri meu dever intelectual e o tranqüilizei de que a evolução era não apenas verdadeira, mas também inteiramente compatível com a fé cristã — uma posição que sustento com sinceridade, mas ainda assim uma situação curiosa para um judeu agnóstico.

Essas duas narrativas ilustram uma questão fundamental, muitas vezes não reconhecida, embora absolutamente central para a compreensão do *status* e do impacto da potente doutrina fundamentalista conhecida pelo oxímoro de "criacionismo científico", expressão cunhada pelo próprio movimento. Essa doutrina sustenta que tudo aquilo que se encontra escrito na Bíblia é literalmente verdade, que todos os organismos foram criados durante seis dias de 24 horas, que a Terra tem apenas uns poucos milhares de anos e que a teoria da evolução, portanto, é necessariamente incorreta. Na realidade, o criacionismo não opõe ciência a religião (como minhas narrativas de abertura indicam), dado que tal conflito não existe. Ele também não levanta questão intelectual alguma que já não se encontre estabelecida acerca da natureza da biologia ou da história da vida. O criacionismo é um movimento localizado e paroquial, que se mostra poderoso somente nos Estados Unidos (considerando-se as nações ocidentais) e que prevalece apenas entre os poucos setores do protestantismo americano que escolheram ler a Bíblia como um documento absolutamente isento de erros no que diz respeito a todos os detalhes.

Não duvido que ocasionalmente se pudesse encontrar uma freira que preferisse ensinar o criacionismo na sua aula de biologia numa escola católica ou um rabino que fizesse o mesmo em sua *yeshiva*,[1] mas o criacionismo baseado no literalismo bíblico faz pouco sentido tanto para os católicos como para os judeus, uma vez que nenhuma dessas religiões mantém uma ampla tradição de leitura da Bíblia como um documento literal, mas antes como uma literatura assentada no uso da metáfora e da alegoria (componentes essenciais de toda boa escrita), exigindo, portanto, que os textos sejam interpretados para que se possa chegar à sua compreensão adequada. A maioria dos grupos protestantes, é claro, assume a mesma posição — a despeito de sua facção fundamentalista.

O argumento que acabo de delinear por meio de histórias pessoais e de afirmações gerais representa a posição convencional de todas as maiores religiões ocidentais (e da ciência ocidental) hoje em dia. (Não posso falar das religiões do Oriente, em virtude de

(1) Escola para o estudo das escrituras judaicas, onde os rabinos são formados. (N.T.)

minha ignorância sobre o assunto, embora suspeite que a mesma atitude prevaleceria na maioria dos casos.) A *ausência de conflito* entre ciência e religião resulta da *ausência de sobreposição* entre seus respectivos domínios de conhecimento profissional — no caso da ciência, a constituição empírica do universo, e no que diz respeito à religião, a busca dos valores éticos apropriados e do significado espiritual nas nossas vidas. A sabedoria, a meu ver, requer extensiva atenção a ambos os domínios — pois há um grande livro que diz não apenas que a verdade pode nos libertar, mas também que para vivermos em harmonia ideal com os nossos pares é necessário que aprendamos a praticar a justiça, a apreciar a misericórdia e a caminhar com humildade.[2]

Levando em conta essa posição-"padrão", fiquei fortemente intrigado com uma declaração publicada pelo papa João Paulo II em 22 de outubro de 1996, dirigida à Academia Pontifical de Ciências, a mesma organização que havia patrocinado minha viagem anterior ao Vaticano. Nesse documento, intitulado "A verdade não pode contradizer a verdade", o papa defendia tanto os fatos a favor da evolução quanto a harmonia entre essa teoria e a doutrina religiosa católica. Os jornais do mundo inteiro responderam com manchetes na primeira página, como em *The New York Times* de 25 de outubro: "O papa sustenta o apoio da Igreja à visão científica da evolução".

Hoje sei que existem "dias fracos em notícias" e reconheço que não havia nenhum fato competindo fortemente pelas manchetes naquele momento em particular. Ainda assim, não pude deixar de ficar espantado com toda a atenção dedicada à declaração do papa (ao mesmo tempo que me sentia estranhamente satisfeito, é evidente, pois precisamos de todo o espaço na mídia de qualidade que pudermos obter, em especial quando se trata de fontes estrangeiras respeitadas). A Igreja Católica não se opõe à evolução, e não tem nenhuma razão para fazê-lo. Por que motivo, então, o papa

(2) Alusão ao texto bíblico em Miquéias, 6:8. "Ele te declarou, ó homem, o que é bom; e que é que o Senhor pede de ti, senão que pratiques a justiça e ames a misericórdia e andes humildemente com o teu Deus?". (N.T.)

emitira tal declaração? E por que a imprensa reagira com uma orgia de coberturas de primeira página pelo mundo afora?

Só pude concluir, de início, e incorretamente, como logo vim a descobrir, que os jornalistas do mundo todo conheciam muito mal a relação entre ciência e religião, e deviam estar, desse modo, dedicando uma atenção injustificada a um comentário papal de pouca importância. Talvez a maioria das pessoas realmente pense que existe uma guerra entre ciência e religião, e que não pode haver acordo entre a evolução e a crença em Deus. Nesse contexto, a admissão pelo papa da legitimidade da evolução poderia com efeito ser considerada uma notícia da maior relevância — um equivalente moderno de uma história que jamais ocorreu, mas que teria ocasionado o maior estardalhaço jornalístico do ano 1640: O papa Urbano VIII libera do encarceramento seu mais famoso prisioneiro e humildemente se desculpa: "Sinto muito, senhor Galileu [...] o Sol, ahn..., é mesmo o centro do universo".

Mas então descobri que o destaque dado à cobertura dessa declaração do papa sobre a evolução não fora um erro dos jornalistas não católicos anglófonos. O próprio Vaticano noticiara essa declaração como um acontecimento importante. E os jornais italianos haviam estampado manchetes ainda maiores, e publicado notícias ainda mais longas. O conservador *Il Giornale*, por exemplo, gritou de seu cabeçalho: "O papa diz que podemos descender dos macacos".

Com toda certeza, eu devia estar louco. Algo novo e surpreendente tinha de estar escondido na declaração papal para causar todo aquele rebuliço — especialmente considerando-se que a minha impressão inicial (como mais tarde pude verificar) estava correta, ou seja, que a Igreja Católica valoriza o estudo científico, não vê a ciência como uma ameaça à religião em geral ou à doutrina católica em particular, e reconhece, desde há muito, não apenas a legitimidade da evolução como um campo de estudos, mas também a harmonia potencial entre as conclusões evolucionistas e a fé católica.

Como um antigo eleitor de Tip O'Neill,[3] sei que "a política é sempre local" — e que o Vaticano com certeza tem suas próprias razões internas, completamente obscuras para mim, para atribuir toda essa importância ao apoio do papa à evolução. Mesmo assim, concluí que algum elemento-chave importante me escapara, e me senti bastante frustrado. Então me lembrei da regra primordial da vida intelectual: quando intrigado, nunca é demais consultar os documentos originais — um princípio bastante simples e evidente que, no entanto, desapareceu por completo de grandes setores da experiência americana.

Eu sabia que a primeira declaração papal sobre o assunto fora feita pelo papa Pio XII (que não era um dos meus personagens favoritos da história do século XX, para dizer o mínimo), numa encíclica de 1950 intitulada *Humani Generis*. Eu tinha conhecimento do conteúdo essencial de sua mensagem: os católicos poderiam acreditar no que quer que a ciência determinasse sobre a evolução do corpo humano, desde que aceitassem que, em algum momento de sua escolha, Deus infundira a alma no interior dessa criatura. Sabia também que esse argumento não representava problema algum — pois, quaisquer que sejam minhas crenças pessoais a respeito da alma, a ciência com certeza não pode tocar tal objeto, e portanto não se vê ameaçada por nenhuma posição teológica a respeito de uma questão que é legítima e intrinsecamente de ordem religiosa. O papa Pio XII, em outras palavras, reconhecera e respeitara os domínios independentes da ciência e da teologia. Assim, eu me encontrava totalmente de acordo em relação à *Humani Generis* — mas nunca fizera uma leitura completa desse documento (o que, nos tempos que correm, não chega a ser um impedimento para a emissão de uma opinião).

Parti em busca dos textos relevantes e, entre os diversos lugares em que se poderia obtê-los, logo os encontrei na internet. (É

(3) Thomas O'Neill, lendário congressista do Partido Democrata dos Estados Unidos. (N.T.)

público e notório que o papa encontra-se *on-line*, mas um ludita[4] como eu, não. Então, precisei da ajuda de um internauta mais perito do que eu para pescar esses documentos. Adoro a quebra dos estereótipos implicada nessa constatação de que a religião pode ser tão moderna e um cientista, tão quadrado.) Tendo agora lido na íntegra a *Humani Generis* de 1950 e o pronunciamento de outubro de 1996 feito pelo papa João Paulo II, finalmente compreendo por que motivo a declaração recente parece tão nova, reveladora e merecedora de todas aquelas manchetes. E a mensagem não poderia ser mais bem-vinda para os evolucionistas e para os amigos tanto da ciência como da religião.

A *Humani Generis* discorre sobre o *Magisterium* (ou Autoridade de Ensino) da Igreja — uma palavra que não implica a idéia de majestade ou de reverência, mas sim a de ensino, pois *magister* quer dizer "professor" em latim. Podemos, penso, adotar essa palavra e esse conceito para expressar a questão central deste ensaio, bem como na solução, fundamentada em certo princípio, para o suposto "conflito" ou "embate" entre ciência e religião. Nenhum conflito desse tipo deveria existir, uma vez que cada assunto tem um magistério legítimo, ou um domínio de autoridade de ensino — e esses magistérios não se sobrepõem (princípio que eu gostaria de designar como NOMA, ou "*non-overlapping magisteria*"). A rede da ciência cobre o domínio empírico, perguntando-se do que é feito o universo (fato) e por que razão ele funciona dessa maneira (teoria). A rede da religião se estende sobre questões relativas aos valores morais. Esses dois magistérios não se superpõem e também não abarcam todas as indagações (consideremos, para começar, o magistério da arte, com suas questões sobre a beleza). Para citar os clichês usuais, estabelecemos que idade têm as pedras, enquanto a

(4) Grupo de pessoas do Norte da Inglaterra que, no período entre 1812 e 1818, fazia protestos contra o desemprego na região, destruindo o maquinário das indústrias. A partir daí, o termo passou a ser empregado em relação a todo aquele que se opõe à inovação tecnológica. (N.T.)

religião cuida de "*the rock of ages*";[5] nós estudamos como vai indo o céu, eles determinam como se vai para o céu.

Essa resolução permaneceria absolutamente nítida e clara se os dois magistérios não conflitantes da ciência e da religião se encontrassem distantes, separados entre si por uma extensa terra-de-ninguém. Mas, na realidade, os dois magistérios colidem um com o outro, interpenetrando-se de modos bastante complexos. Muitas das questões mais profundas formuladas pelo homem convocam aspectos de ambos os magistérios para solucionar faces diferentes de uma mesma questão — e a escolha de qual seria o domínio legítimo para respondê-la pode se mostrar bastante complexa e difícil. Para citar apenas duas questões abrangentes que envolvem fatos evolutivos e argumentos morais: uma vez que a evolução fez de nós as únicas criaturas do planeta com um nível de consciência avançado, quais são as responsabilidades que desse modo se impõem sobre as nossas relações com as outras espécies? O que os nossos laços genealógicos com outros organismos implicam em relação ao significado da vida humana?

A *Humani Generis* (1950) de Pio XII, um documento tradicionalista escrito por um homem profundamente conservador, se opõe a todos os "ismos" e ceticismos que vieram na esteira da Segunda Guerra Mundial e alimentaram o esforço de reconstrução da decência humana depois das cinzas do Holocausto. A encíclica carrega o subtítulo "sobre as opiniões falsas que ameaçam corroer as fundações da doutrina católica" e começa por declarar que essa religião se encontra cercada por inimigos:

> A dissensão e os equívocos do gênero humano em questões religiosas e morais têm sido sempre motivo de intensa dor para todas as pessoas de boa vontade, mas principalmente para os filhos leais e since-

(5) Trata-se de um jogo de palavras intraduzível, em que se contrapõem "*age of rocks*" (a idade das pedras) e "*rock of ages*", expressão que faz referência a Jesus Cristo e a um hino religioso composto pelo calvinista Augustus Montague Toplady. (N.T.)

ros da Igreja, e continua a ser, especialmente hoje em dia, quando vemos combatidos até os próprios princípios da cultura cristã.

Com severidade, Pio censura, um após outro, todos os inimigos externos da Igreja: o panteísmo, o existencialismo, o materialismo dialético, o historicismo e, é claro, o comunismo, principalmente. Ele observa, então, com tristeza, que membros bem-intencionados da própria Igreja caíram num perigoso relativismo — "um pacifismo e um igualitarismo teológico no qual todos os pontos de vista são considerados válidos" —, de modo a poder incluir aqueles que aspiram a abraçar a religião cristã mas não desejam aceitar o magistério católico em particular.

Falando como um conservador entre os conservadores, Pio lamenta:

> Novidades desse tipo já produziram seus frutos mortais em quase todos os braços da teologia [...]. Alguns põem em discussão se os anjos são pessoas, e se a matéria difere essencialmente do espírito [...]. Outros chegam mesmo a dizer que a doutrina da Transubstanciação, baseada como está no conceito filosófico, já antiquado, de substância, deve ser corrigida, de maneira que a Presença Real de Cristo na Santíssima Eucaristia se reduza a mero simbolismo.

Ao mencionar a evolução pela primeira vez, Pio censura a extensão inadequada desse termo entre os zelosos defensores dos execrados "ismos":

> Alguns admitem, sem discrição ou prudência, o sistema evolucionista [...] pretendendo que se possa estendê-lo à origem de todas as coisas [...]. Dessa hipótese se valem os comunistas para defender e propagar seu materialismo dialético e arrancar das almas toda noção de Deus.

Pio apresenta sua declaração mais importante sobre a evolução quase ao final da encíclica, nos parágrafos 35 a 37. Ele aceita a concepção usual dos magistérios que não se sobrepõem (NOMA) e começa por reconhecer que a evolução se encontra em uma área difícil, onde os dois domínios exercem forte pressão um sobre o outro: "Resta-nos agora dizer algo a respeito de algumas questões que, muito embora pertençam às ciências que se costuma chamar de positivas, se entrelaçam mais ou menos com as verdades da fé cristã".[6]

Pio formula em seguida as bem conhecidas palavras que permitem aos católicos admitir a evolução do corpo humano (uma questão factual sob o magistério da ciência), desde que eles aceitem a criação divina e a infusão da alma (uma noção teológica sob o magistério da religião).

> O Magistério da Igreja não proíbe que nas investigações e disputas entre homens doutos de ambos os campos se trate da doutrina evolucionista, que busca a origem do corpo humano em matéria viva e preexistente — contanto que se retenha a idéia, sustentada pela fé católica, de que as almas são diretamente criadas por Deus.

Até este ponto, eu não encontrara nada de surpreendente na *Humani Generis*, nem algo que amenizasse minha perplexidade em relação à novidade atribuída à declaração do papa João Paulo. Mas prossegui na leitura e me dei conta de que Pio dissera mais

(6) É interessante observar que a mensagem principal desses parágrafos não diz respeito à evolução em geral, mas reside na refutação de uma doutrina que Pio chama de "poligenismo", isto é, a idéia de que a espécie humana descende de múltiplos pais – pois ele considera essa idéia incompatível com a doutrina do pecado original "que emana de um pecado realmente cometido por um Adão individual e que, através da genealogia, é transmitido a todos os seres humanos e é em cada um como o seu próprio pecado". Nesse caso, é possível que Pio esteja transgredindo o princípio NOMA – mas não tenho condições de julgar, uma vez que não compreendo suficientemente os detalhes da teologia católica e, desse modo, não saberia dizer até que ponto essa afirmação deve ser interpretada simbolicamente. Se Pio está de fato argumentando que não podemos aceitar a teoria de que todos os humanos modernos derivam de uma população ancestral, e não de um único indivíduo ancestral (um fato potencial) porque essa idéia colocaria em questão a doutrina do pecado original (uma construção teológica), então ele assume uma postura inadequada ao permitir que o magistério da religião determine uma conclusão que caberia ao magistério da ciência.

sobre a evolução, algo que eu jamais vira mencionado antes e que efetivamente tornava a declaração de João Paulo muito mais interessante. Em poucas palavras, Pio proclamava com energia que, embora a evolução pudesse em princípio ser legítima, a teoria não fora de fato comprovada e talvez estivesse totalmente incorreta. Fica-se com a forte impressão, além disso, de que Pio torcia fortemente por sua refutação.

Logo em seguida à última citação, Pio nos faz recomendações acerca do estudo apropriado da evolução:

> Entretanto, isso deve ser feito de modo que as razões de uma e outra opinião, isto é, dos que defendem ou impugnam tal teoria, sejam ponderadas e julgadas com a devida seriedade, moderação e comedimento [...]. Alguns, entretanto, ultrapassam com temerária audácia essa liberdade de discussão, agindo como se a própria origem do corpo humano a partir da matéria viva e preexistente fosse já certa e absolutamente comprovada pelos indícios até agora encontrados e pelos raciocínios neles baseados, e como se nada houvesse nas fontes da revelação divina que exigisse a máxima moderação e cautela nessa matéria.

Em resumo, Pio aceita de modo geral o princípio NOMA dos magistérios não conflitantes, permitindo que os católicos acolham a hipótese da evolução, com a condição de que reconheçam a introdução divina da alma. Mas, a seguir, como um (santo) pai, ele oferece aos cientistas alguns conselhos sobre a posição da evolução como conceito científico: a idéia não se encontra ainda comprovada e é preciso que todos vocês sejam especialmente cautelosos, dado que a evolução levanta muitas questões problemáticas bem na fronteira do meu magistério. É possível ler essa segunda afirmação de duas maneiras bastante diferentes: ou como uma incursão gratuita num magistério que não é o seu, ou como a perspectiva obsequiosa de um forasteiro inteligente e preocupado. Como um homem de boa vontade, e no interesse da conciliação, me contento em abraçar a última interpretação.

De todo modo, é essa segunda declaração, raramente mencionada (de que a evolução não foi comprovada e é um tanto perigosa) — e não o primeiro e conhecido argumento para o princípio NOMA (os católicos podem aceitar a evolução do corpo desde que admitam a criação da alma) —, que define a novidade e o interesse das afirmações recentes de João Paulo.

João Paulo começa resumindo a encíclica mais antiga de Pio, de 1950, e reafirmando, em particular, o princípio NOMA — nada de novo aqui, e sem razão alguma para uma publicidade extensiva:

> Em sua encíclica *Humani Generis* (1950), meu predecessor Pio XII já havia afirmado não haver oposição entre a evolução e a doutrina da fé a respeito do homem e de sua vocação.

Para enfatizar o poder do NOMA, João Paulo formula um problema potencial e uma resolução eficiente: como é possível reconciliarmos a afirmação feita pela ciência em relação à continuidade física na evolução humana com a insistência do catolicismo de que a alma deve ser introduzida no momento da infusão divina?

> Com o homem, encontramo-nos então diante de uma diferença de ordem ontológica, diante de um salto ontológico, poder-se-ia dizer. Mas supor tal descontinuidade não significa ir de encontro à continuidade física que parece ser o principal argumento da pesquisa sobre a evolução no campo da física e da química? A consideração do método empregado nos vários ramos do saber torna possível harmonizar dois pontos de vista que pareceriam inconciliáveis. As ciências da observação descrevem e medem as múltiplas manifestações da vida de modo cada vez mais preciso e as inscrevem na linha do tempo. O momento de passagem para o espiritual não é objeto de uma observação desse tipo.

A novidade e o valor de notícia da declaração de João Paulo reside, antes, na sua profunda revisão da segunda afirmação de Pio, poucas vezes citada, de que a evolução, ainda que em princípio concebível e conciliável com a religião, não conta com evidências persuasivas suficientes em seu apoio, podendo até mesmo ser falsa. João Paulo afirma — e só posso dizer amém e obrigado por reconhecer — que o meio século transcorrido entre o exame empreendido por Pio das ruínas da Segunda Guerra Mundial e o seu próprio pontificado às vésperas de um novo milênio testemunhou um crescimento tão substancial dessas evidências e um refinamento teórico de tal vulto que a evolução já não pode ser motivo de dúvida para as pessoas de boa vontade e de intelecto aguçado:

> Pio XII acrescentou [...] que essa opinião [a evolução] não deveria ser adotada como se se tratasse de uma doutrina certa e comprovada [...]. Hoje, quase meio século após a publicação da encíclica, novas informações levam ao reconhecimento da teoria da evolução como algo mais do que uma hipótese.[7] É, com efeito, notável que esta teoria se tenha imposto de maneira progressiva ao espírito do pesquisador, depois de uma série de descobertas feitas nas diversas disciplinas do saber. A convergência, que não foi perseguida e tampouco fabricada, dos resultados de trabalhos conduzidos independentemente, constitui por si mesma um argumento significativo em favor dessa teoria.

(7) Essa passagem, aqui traduzida de maneira correta, fornece um exemplo fascinante das sutilezas e das ambigüidades inerentes à versão de um texto de uma língua para outra. A tradução pode ser a mais difícil de todas as artes, e as alterações de significado (que por vezes levam à guerra) muitas vezes ocorrem por razões perfeitamente compreensíveis. O papa publicou sua declaração original em francês, onde essa frase era "[...] *de nouvelles connaissances conduisent à reconnaitre dans la théorie de l'evolution plus qu'une hypothèse*". *L'Osservatore Romano*, o jornal oficial do Vaticano, traduziu essa passagem como: "novas informações levaram ao reconhecimento de mais de uma hipótese na teoria da evolução" [*new knowledge has led to the recognition of more than one hypothesis in the theory of evolution*]. Essa versão (obviamente, dado que se tratava do texto oficial divulgado pelo Vaticano) apareceu então em todos os comentários em inglês, inclusive na versão original deste ensaio.

Incluí a tradução original, mas fiquei profundamente intrigado. Por que razão o papa falaria de *diversas* hipóteses no quadro da teoria evolucionista? Eu não tinha como solucionar essa charada, e então assumi que o papa provavelmente sucumbira à falsa impressão (um equívoco relativamente comum) de que, embora a evolução tivesse sido documentada para além de toda dúvida razoável, a sele-

Em conclusão, Pio reconhecera com relutância que a evolução era uma hipótese legítima, acrescentando que sua sustentação era ainda precária e que a hipótese era potencialmente (como ele decerto esperava) incorreta. João Paulo, cerca de cinqüenta anos mais tarde, reafirma a legitimidade da evolução à luz do princípio NOMA — nenhuma novidade até aqui —, mas acrescenta a seguir que evidências e teorização adicionais haviam estabelecido a realidade da evolução para além de toda dúvida razoável. Os cristãos sinceros devem agora aceitar a evolução não apenas como uma possibilidade plausível, mas como um fato efetivamente comprovado. Em outras palavras, a opinião católica oficial sobre a evolução mudou de "diga que não é verdade, mas podemos lidar com

---

ção natural caíra sob suspeita como seu mecanismo primário, enquanto outras alternativas teriam ganho proeminência.

Outros teólogos e cientistas ficaram igualmente intrigados, e isso levou a investigações e, finalmente, à conclusão de que se tratava de um erro de tradução (como muitos de nós teriam percebido de imediato se tivessem visto o original francês ou mesmo tido conhecimento de que o documento fora lançado em francês). O problema reside na ambigüidade ocasionada pelo duplo significado do artigo indefinido em francês – uma vez que *un* (e *une*, a forma feminina) pode significar "*a*" [no sentido de algum – N.T.] ou "*one*" [no sentido de um único – N.T.]. Com certeza o papa pretendera dizer que a teoria da evolução se tornara então forte o suficiente para representar "mais que uma hipótese" ["more than *a* hypothesis"] (*plus qu'une hypothèse*), mas o Vaticano originalmente interpretou *une* como "*one*" e produziu a tradução quase oposta: "mais de uma hipótese" ["more than *one* hypothesis"]. *Caveat emptor.*

Sou grato a aproximadamente uma dúzia de correspondentes por apontarem esse erro, e ao Vaticano, por reconhecê-lo. Sou especialmente grato a Boyce Rensberger, um dos mais perspicazes jornalistas americanos em relação aos temas evolucionistas, e a David M. Byers, diretor-executivo do Comitê sobre Ciências e Valores Humanos da Conferência Nacional de Bispos Católicos. Byers reafirma o princípio NOMA ao me escrever: "Obrigado por seu artigo recente [...] Ele capta de modo admirável a relação entre ciência e religião que o Comitê dos Bispos Católicos procura promover e realizar. O texto da declaração papal de outubro de 1996 a partir do qual você estava trabalhando contém um erro de tradução numa frase-chave; a tradução correta sustenta sua tese com força ainda maior".

isso caso seja necessário" (a visão relutante de Pio em 1950) para o tom totalmente acolhedor das palavras de João Paulo: "sua verdade foi comprovada; sempre celebramos os fatos da natureza e estamos ansiosos pelas interessantes discussões a respeito de suas implicações teológicas". Trata-se de boas novas, e embora eu represente o magistério da ciência, recebo com alegria o apoio do líder principal do outro grande magistério de nossa complexa existência, evocando a sabedoria do rei Salomão: "Como água fresca para uma alma sedenta, assim são as boas novas de um país distante" (Provérbios, 25:25).

Assim como a religião tem de carregar a cruz dos seus membros linha-dura, tenho alguns colegas cientistas, entre eles alguns que ocupam posições de destaque e, desse modo, exercem influência por meio de seus escritos, que vêem com pesar essa relação amigável entre os diferentes magistérios. Para pessoas como eu — cientistas agnósticos que dão boas-vindas e celebram essa aproximação e, em especial, a última declaração do papa — eles dizem: "Vamos lá, seja honesto; você sabe que a religião é vazia, supersticiosa, uma tapeação antiquada. Esse alarido de boas-vindas é apenas porque a religião é muito poderosa e devemos ser diplomáticos para conquistar o apoio do público em relação à ciência". Não penso que muitos cientistas sustentem essa visão, mas essa posição me enche de indignação — e, portanto, encerro este ensaio com uma declaração pessoal sobre a religião, como um testemunho do que vejo como um consenso virtual entre os cientistas sensatos (que apóiam o princípio NOMA tão firmemente quanto o papa).

Não sou, pessoalmente, um crente ou um homem religioso, no sentido do compromisso ou da prática institucionais. Mas tenho grande respeito pela religião, assunto que sempre me fascinou, para além de quase todos os outros (com algumas exceções, como a evolução e a paleontologia). Grande parte dessa fascinação reside no assombroso paradoxo histórico de que a religião organizada promoveu, ao longo de toda a história ocidental, os mais indizíveis horrores e também os mais comoventes exemplos da generosidade humana diante do perigo pessoal. (O mal, penso, está na confluência ocasional da religião com o poder secular. Se a Igreja Católica patrocinou sua cota de horrores, das Inquisições aos massacres, foi porque essa instituição deteve grande poder secular durante tanto tempo da história ocidental. Quando o meu povo exerceu esse poder, por um intervalo mais breve, nos tempos do Velho Testamento, cometemos atrocidades semelhantes com os mesmos argumentos lógicos.)

Acredito, de todo o coração, em um pacto respeitoso, e até mesmo afetuoso, entre os nossos magistérios — acredito, em suma, no princípio NOMA. Ele representa uma posição que se fundamenta em valores morais e intelectuais, e não uma solução meramente diplomática. Esse princípio é justo em relação a ambas as partes. Se a religião não pode ditar a natureza das conclusões factuais que pertencem, corretamente, ao magistério da ciência, então os cientistas não podem reivindicar uma compreensão superior em relação à verdade moral com base em seu conhecimento mais profundo da constituição empírica do mundo. Essa humildade recíproca conduz a importantes conseqüências práticas em um mundo de paixões tão diversas.

A religião é demasiado importante, e para um número grande demais de pessoas, e não se pode repudiar ou depreciar o conforto que tanta gente ainda procura na teologia. Pessoalmente, posso, por exemplo, suspeitar que a insistência do papa na infusão divina da alma represente um calmante para os nossos temores, um artifício para manter uma crença na superioridade do homem, quando criatura alguma, nesse nosso mundo evolutivo, detém uma posição privilegiada. Mas sei também que as questões relativas à alma encontram-se fora do magistério da ciência. Meu mundo não pode comprovar nem refutar essa idéia, e o conceito de alma não pode ameaçar ou produzir impacto no meu domínio. E ainda que não possa aceitar a visão católica sobre as almas, respeito o valor metafórico desse conceito porque ele estabelece os fundamentos da discussão moral e porque expressa aquilo que mais valorizamos em relação à potencialidade humana: nossa decência, nosso zelo e todos os conflitos éticos e intelectuais que a evolução da consciência nos impôs.

Como posição moral (e, desse modo, não como uma dedução a partir do meu conhecimento sobre os fatos da natureza), prefiro o "banho frio" representado pela visão de que a natureza pode ser verdadeiramente "cruel" e "indiferente" — nos termos absolutamente inadequados do nosso discurso ético —, uma vez que ela não existe em nossa função, não sabia que viríamos (afinal de contas, não passamos de uma espécie intrometida que surgiu no mais recente momento geológico) e não se importa nem um pouco conosco (falando metaforicamente). A meu ver, essa posição, longe de ser desanimadora, é libertadora, porque nos permite conduzir o discurso moral — e nada poderia ser mais importante — em nossos próprios termos, livres da ilusão de que seria possível interpretar a verdade, passivamente, a partir dos fatos da natureza.

Mas reconheço que, para muitas pessoas, essa posição parece assustadora, e que uma visão mais espiritual da natureza (reconhecendo os fatos da evolução, mas ainda assim procurando, no magistério da religião, um significado intrínseco para esses fatos) continua a ter um apelo generalizado. Admiro, por exemplo, os conflitos de um leitor que escreveu ao *New York Times* em 3 de novembro de 1996 para declarar sua dor, assim como seu apoio às afirmativas de João Paulo:

> A aceitação da evolução pelo papa João Paulo II acende a dúvida em meu coração. O problema da dor e do sofrimento em um mundo criado por um Deus que é todo amor e luz é suficientemente difícil de suportar, até mesmo para um criacionista. Mas aqueles que assumem essa visão podem, pelo menos, dizer que a criação original, tendo vindo da mão de Deus, era boa, harmoniosa, inocente e delicada. O que se pode dizer da evolução, ainda que se trate de uma teoria espiritual da evolução? A dor e o sofrimento, a crueldade estúpida e o terror são os meios da criação. O motor da evolução é o ranger dos dentes predadores sobre a carne e os ossos das presas aos gritos [...].

Se a evolução é verdadeira, minha fé tem mares ainda mais tempestuosos a navegar.

Não concordo com esse homem, mas poderia ter com ele uma extraordinária discussão. Eu investiria com a teoria "banho frio"; ele defenderia (presumivelmente) o tema do significado espiritual inerente à natureza, por mais opacos que sejam seus sinais. Mas sairíamos ambos instruídos e satisfeitos com uma melhor compreensão dessas questões profundas e, em última análise, irrespondíveis. Aqui, acredito, reside a força maior e a importância do princípio NOMA, ou da não-sobreposição dos magistérios da ciência e da religião. Esse princípio permite — na realidade, impõe — a perspectiva do discurso respeitoso, em que ambos os magistérios fornecem conhecimentos que levam a um objetivo comum, o saber. Se os seres humanos têm o direito de reivindicar um privilégio especial, este reside no fato de que somos as únicas criaturas capazes de ponderar e de debater. O papa João Paulo II certamente me recordaria de que seu magistério sempre reconheceu essa qualidade única e exclusiva do homem, pois o Evangelho Segundo São João se inicia com a afirmação de que *in principio erat verbum* — no princípio era o Verbo.

15

A LEI DE BOYLE E OS DETALHES DE DARWIN

Duas cenas em Florença ilustram de modo admirável quanto as revoluções científicas têm o poder de transformar a nossa visão sobre a geometria da existência. Na magnífica catedral de Santa Maria del Fiore encontra-se uma pintura de Michellino, artista do século XV. Intitulada *Dante e seu poema* (ou seja, *A divina comédia*), ela retrata o universo inteiro num único quadro. A Terra, simbolizada pela cidade de Florença, ocupa a posição central. Dante encontra-se no meio da tela, e, à sua esquerda, o magnífico domo da catedral feito por Brunelleschi (um anacronismo, por certo, pois Dante morreu em 1321 e Brunelleschi construiu o grande domo somente um século mais tarde). À direita de Dante, as almas dos condenados descem em direção ao inferno, enquanto aquelas destinadas à salvação final sobem lentamente a espiral do purgatório. Os sete semicírculos no alto representam os sete planetas do sistema ptolemaico centrado na Terra (os cinco planetas visíveis, além do Sol e da Lua). O reino mais longínquo das estrelas fixas ocupa os cantos superiores.

Se fizermos uma curta caminhada até a igreja franciscana de Santa Croce, encontraremos o túmulo de Galileu. Este é retratado olhando para o alto, na direção do espaço celeste que ele próprio expandiu, segurando um telescópio na mão direita. Sua mão esquerda encobre a pequena e insignificante esfera da Terra. Em apenas dois séculos (Galileu morreu em 1642), a Terra passara de um planeta grande ocupando a posição dominante e central num universo limitado e subserviente à condição periférica de um pedaço de pedra suspenso no meio de uma vastidão incomensurável.

Numa famosa declaração, Sigmund Freud argumentou que as revoluções científicas não alcançam sua completude no momento em que as pessoas aceitam a reconstrução física da realidade que delas decorre, mas apenas quando chegam igualmente a reconhecer o rebaixamento do lugar ocupado pelo homem que advém dessa revisão radical do universo. Freud afirmou que todas as revoluções científicas importantes partilham a irônica propriedade de depor o homem de cada um dos pedestais onde ele anteriormente se colocava, senhor de si, exalando confiança a respeito de seu elevado prestígio cósmico. Desse modo, todas as grandes revoluções destroem pedestais — e inspiram resistência, pela razão óbvia de que é somente com amarga relutância que chegamos a admitir esses rebaixamentos. Como os exemplos principais dessas feridas narcísicas, Freud identificou as revoluções de Copérnico e Galileu, em relação à natureza dos céus, e a de Darwin, no que diz respeito ao *status* da vida humana. Infelizmente, a revolução de Darwin permanece incompleta até os dias de hoje, uma vez que enviesamos suas conclusões de modo a preservar nosso pedestal de arrogância, interpretando esse processo, de maneira incorreta, como uma acumulação previsível de aperfeiçoamentos conduzindo evidentemente ao seu apogeu, ou seja, à aparição tardia da inteligência humana.

Embora ainda tenhamos que nos reconciliar com Darwin, a primeira revolução, referente ao realinhamento cósmico, conquistou rapidamente a aceitação pública. Em 1633, Galileu compareceu diante da Inquisição em Roma e, sob ameaças de tortura e morte, repudiou solene e oficialmente sua crença no sistema copernicano centrado no Sol. Galileu passou o resto da vida aprisionado em sua propriedade em Arcetri, nas proximidades de Florença, onde morreu em 1642. No mesmo ano, Robert Boyle, um adolescente abastado que a essa altura fazia sua *grand tour* pela Europa e que logo viria a se tornar, merecidamente, um celebrado cientista nos campos da física e da química, visitou Florença e leu o *Diálogo sobre os dois máximos sistemas do mundo*, de Galileu — precisamente no momento em que seu mestre se encontrava à morte em Arcetri, perto dali.

Em 1688, já numa idade avançada, Robert Boyle escreveu um famoso tratado sobre a ciência e a religião intitulado *A disquisition about the final causes of natural things: wherein it is inquir'd, whether, and (if at all) Withwhat cautions, a naturalist should admit them?* [Uma reflexão sobre as causas finais dos fenômenos naturais: na qual se indaga se um naturalista deve admiti-las, e com quais precauções]. Nesse trabalho, apenas duas gerações depois da morte de Galileu, Boyle demonstra que as implicações da cosmologia de Copérnico, devastadoras em relação ao pedestal em que o homem se colocara antes disso, já se encontravam articuladas e aceitas, completando assim a primeira revolução no sentido crucial formulado por Freud. (Esse detalhamento cronológico assume grande importância, pois se poderia afirmar que Galileu alcançou o triunfo, enquanto Darwin ainda permanece no limbo, simplesmente porque a destruição de pedestais leva séculos e Galileu saiu duzentos anos à frente. Mas se aquele pedestal foi partido em pedaços ainda no decorrer do século vivido pelo próprio Galileu, só podemos concluir que já tivemos tempo mais que suficiente em relação a Darwin — e que nosso fracasso em destruir esse segundo pedestal provavelmente assinala a sua maior durabilidade em nossas psiques resistentes.)

Boyle indaga se a existência e o movimento regular do Sol e da Lua fornecem indícios do poder criativo e da ação benevolente de Deus. Ele começa ridicularizando aqueles que defendem o antigo sistema geocêntrico com base no argumento de que todo o universo foi feito por Deus em benefício do homem:

> Não me atrevo a imitar a audácia daqueles que afirmam que o Sol e a Lua, bem como todas as estrelas e outros corpos celestiais, foram feitos exclusivamente para o uso humano; [...] como no argumento de que é necessário que o Sol e outros vastos globos de luz se encontrem em movimentação perpétua para lançar luz sobre a Terra; em virtude de que é mais conveniente para o homem, imaginam eles, que esses corpos distantes, e não a Terra, que é sua habitação, se mantenham em movimento.

Em seguida, Boyle invoca de modo mais direto o pedestal destroçado ao argumentar que Deus não criaria algo tão gigantesco como o Sol para iluminar um corpo tão diminuto e irrelevante como a Terra:

> Mas, considerando os fatos como meros naturalistas, não parece muito provável que tão Sábio Agente tivesse feito esses corpos vastos, como o Sol e as estrelas fixas — em especial se presumirmos que eles se movem com aquela rapidez inconcebível que os astrônomos comuns corretamente lhes atribuem — somente ou acima de tudo para iluminar um pequeno globo que, sem exagero, não é mais que um ponto, em comparação com o espaço imenso compreendido pelo que denominamos céu.

Não se poderia esperar que Boyle, escrevendo (afinal de contas) 150 anos antes de Darwin, investisse contra o segundo pedestal ou mesmo questionasse de algum modo a visão criacionista da vida. Este ensaio é dedicado à demonstração de que a visão particular de Boyle sobre a teologia natural[1] proporciona uma compreensão esclarecedora em relação às tradições históricas (marcadamente inglesas) que tornam o pedestal darwiniano tão resistente à demolição. Mostrarei a seguir que o radicalismo filosófico de Darwin pode ser mais bem compreendido quando interpretamos a teoria da seleção natural como um ataque direto e proposital à religião natural de Boyle.

Robert Boyle (1627-91), filho do primeiro conde de Cork, pertencia a uma família anglo-irlandesa nobre e abastada. Depois de estudar em Eton e viver no exterior por muitos anos, ele passou sua década mais produtiva do ponto de vista científico em Oxford (1656-68), onde construiu uma bomba de ar e realizou seus experimentos mais importantes sobre as propriedades dos gases. (Sua realização mais famosa, a Lei de Boyle, afirma que numa temperatura

(1) Filosofia que procura vincular o estudo dos fenômenos naturais à idéia de Divina Providência, salientando que a harmonia e a ordem na natureza são indícios do desígnio de Deus. (N.T.)

constante a pressão de determinada quantidade de gás varia inversamente ao seu volume.) Em seu mais importante trabalho, *Sceptical Chemist* (1661), Boyle criticou a perspectiva aristotélica dos quatro elementos (terra, ar, fogo e água) e desenvolveu uma importante teoria corpuscular da matéria. (Ele não chegou a postular outros tipos de elementos básicos, como aqueles maís tarde validados e estabelecidos na tabela periódica, mas argumentou que as propriedades das diferentes substâncias resultavam da variação no movimento e na organização de suas partículas primárias.)

Boyle mudou-se definitivamente para Londres em 1668, onde deu continuidade a seu trabalho organizacional como um dos fundadores da Royal Society (ainda hoje a instituição científica mais importante do Reino Unido) e envolveu-se com muitas outras causas a que dava grande importância. (Foi, por exemplo, o diretor da Sociedade para a Propagação do Evangelho na Nova Inglaterra.)

Na ciência, o prestígio de Boyle esteve apoiado em sua defesa rigorosa do mecanicismo e na recusa das formas e essências aristotélicas. O *Dictionary of Scientific Biography* descreve sua filosofia fundamental nos seguintes termos:

> Boyle acreditava profundamente na necessidade de estabelecer uma teoria mecanicista da matéria, de base empírica, e na possibilidade de formular uma química científica, racional, teórica [...]. Ele foi lembrado por muito tempo como "o restaurador da filosofia mecânica" na Inglaterra [...]. O que mais importava para Boyle era destruir todas as formas de qualidade aristotélicas [...] e substituí-las por explicações mecânicas, racionais, em relação àquilo que ele descrevia como "os dois princípios mais importantes e universais, a matéria e o movimento".

Mas Boyle combinava sua devoção à ciência com um outro interesse apaixonado e determinante — sua fé protestante ortodoxa e seu compromisso incansável com a causa da religião. De todos os cientistas na órbita de Newton, ele era o mais convencional e o mais sinceramente devoto. Além disso, Boyle não considerava a religião um assunto meramente privado. Ele escreveu sobre teologia na mesma proporção em que escreveu sobre ciência e compôs diversos tratados a respeito da relação potencialmente harmoniosa entre essas duas disciplinas, incluído o trabalho analisado neste ensaio.

Essa afirmação pode parecer contraditória se aceitarmos a visão equivocada, mas sustentada com freqüência, de que toda religião deve ser inerentemente mística, ao passo que os componentes do mecanicismo na ciência, presumivelmente, são antagônicos em relação à idéia de uma realidade superior. Mas a visão de Deus assumida por Boyle, e em grande medida partilhada por Newton e pela maioria dos cientistas que eram seus contemporâneos, casava habilidosamente mecanicismo e religião num sistema coerente que conferia um prestígio mais elevado a ambos. O Deus de Boyle representa um habilidoso mestre relojoeiro que, desde o princípio, criou o universo com suas leis naturais sintonizadas e planejadas com tanta perfeição que todo o curso da história futura pôde se desenrolar sem a necessidade de novas intervenções miraculosas (embora nem Boyle nem Newton pretendessem limitar as ações de Deus às Suas decisões iniciais, e certamente atribuíssem a Ele o direito de interpor um milagre ou dois de vez em quando, sempre que Sua sabedoria inefável assim decidisse). Boyle escreveu:

> O mais sábio e poderoso Autor da Natureza, cuja visão aguçada é capaz de penetrar todo o universo e inspecionar todas as suas partes de uma só vez, ajustou, no início dos tempos, as coisas corpóreas num sistema, e estabeleceu entre elas as leis de movimento do modo como ele julgava apropriado ao criar o mundo. E em virtude de sua vasta e ilimitada inteligência, empregada desde o início, ele foi capaz não apenas de ver o estado presente das coisas que criara, como também de antecipar todos os seus efeitos [...]. Essa doutrina não é incoerente com a crença no milagre verdadeiro, pois supõe a manutenção do curso comum e determinado da natureza, sem negar de modo algum que o mais livre e poderoso Autor da Natureza seja capaz, sempre que julgar adequado, de suspender, alterar ou contradizer essas leis do movimento, que ele sozinho de início estabeleceu.

Dado que as leis invariantes de Deus podem ser descobertas e estudadas pela ciência, e uma vez que a onipotência divina apresenta-se de maneira mais explícita nessas regularidades da natureza, a glória de Deus pode ser apreendida empiricamente, tornando-se assim a ciência uma criada da religião, e de modo algum sua adversária.

A obra *Disquisition About the Final Causes of Natural Things*, escrita por Boyle em 1688, embora raramente consultada hoje em dia (e sem dúvida desconhecida de quase todos os cientistas praticantes), permanece como a afirmação clássica dessa abordagem inglesa da teologia natural. O livro de Boyle deu início a uma tradição que culminou em um dos livros mais influentes do século XIX, *Natural Theology*, de William Paley, de 1802, e desmoronou com a publicação de *A origem das espécies* de Darwin, em 1859. Como peça central nessa tradição, Boyle e seus colegas propuseram e desenvolveram o chamado argumento do desígnio — a tentativa de identificar as causas finais na natureza como provas da existência de Deus e de Seus atributos de poder supremo e benevolência infinita. (Paley deu ao seu trabalho o subtítulo *Evidências da existência da deidade e dos seus atributos, coletadas a partir dos fenômenos observáveis na natureza*.)

Para que possamos compreender o poder (e a falácia central) desse argumento, é preciso recuperar uma terminologia esquecida que possibilitará explicar a noção de "causa última" à luz da famosa análise de Aristóteles. (Boyle se importava pouco com a física de Aristóteles, mas seguiu a explicação tradicional do mestre em relação às categorias da causalidade.) Aristóteles propôs que a causalidade incluía quatro componentes distintos, ilustrados na clássica "parábola da casa". A matéria-prima da construção constitui sua "causa material", pois a casa será diferente (como os três porquinhos logo descobriram) se a construção for de palha, de madeira ou de pedra. O pedreiro que efetivamente a constrói opera como a sua "causa eficiente". A planta da casa representa apenas um plano no papel e nada faz para construí-la diretamente. Mas, sem um projeto, nunca chegaríamos além de uma pilha de pedras, de tal modo que a planta da casa deve ser entendida como sua "causa formal". Finalmente, sem uma intenção deliberada, ninguém jamais se daria ao trabalho de construir uma casa, de maneira que o desejo do proprietário de viver nela constitui sua "causa final" (não "final" no sentido cronológico de "vir por último", mas no sentido literal, em latim, de finalidade ou propósito).

Numa das mais notáveis mudanças na definição de ciência ocorrida entre a época de Boyle e a nossa, o significado que hoje atribuímos ao conceito de causalidade sofreu uma transformação substancial. Ainda hoje admitiríamos o caráter vital do material e dos fatores formais, mas já não escolheríamos chamá-los de "causas". A revolução mecânica desencadeada por Boyle e sua geração foi tão absolutamente bem-sucedida que os atos de construção e de manipulação propriamente ditos, chamados de causas "eficientes" por Aristóteles, consagraram-se como a única definição aceitável de causalidade. Ao mesmo tempo, e em conseqüência disso, a noção de finalidade, ou causa final, foi banida da ciência. Já não acreditamos que os objetos inorgânicos têm finalidades deliberadas, definidas seja em termos humanos seja em outros termos. Quanto aos organismos, é certo que reconhecemos neles certa idéia de finalidade, mas no sentido idiomático de que os bons projetos têm funções (sim, os olhos se desenvolveram para ver) — mas atualmente interpretamos essas funções como produtos da causa eficiente da seleção natural, e não como intenções conscientes dos próprios organismos ou de uma divindade criadora.

Mas as causas finais permaneceram ortodoxas (na ciência, assim como na religião) durante a época de Boyle, e ele escreveu seu tratado de 1688 para circunscrever o domínio adequado das causas finais e para avaliar os indícios de sua ação. O interessante é que Boyle formula o problema ao estilo "Cachinhos Dourados", identificando uma classe de objetos como pequenos demais, uma outra como grandes demais e uma terceira categoria como a dos objetos que apresentam o tamanho exato. Ao definir o bom *design* dos organismos como "exato", Boyle vinculou firmemente a noção venerável de causa final à biologia, e desse modo plantou

V. Lawrence 95

sua defesa natural da religião no fenômeno que a revolução de Darwin mais tarde identificaria simplesmente como um produto da causa eficiente. O argumento de Boyle — de que o bom desenho orgânico implica um propósito benevolente no cosmos — fornece um conforto e um apelo ao qual não fomos capazes de renunciar. Assim conseguimos manter de pé o pedestal que Darwin deveria ter destruído, e distorcemos a interpretação da evolução, atribuindo intenções previsíveis à mudança orgânica (em vez de considerá-la fortuitamente contingente), desse modo convertendo o mecanismo de Darwin num falso argumento que visa ao mesmo lenitivo que o Deus de Boyle um dia nos proporcionou.

Boyle inicia sua argumentação afirmando que duas escolas de pensamento filosófico negam, por razões opostas, a existência de causas finais passíveis de determinação — os epicuristas, que acreditam que os objetos materiais são construídos pelo acaso, e os cartesianos, que consideram que a sabedoria de Deus é de tal modo inescrutável que os simples mortais jamais chegariam a discernir suas verdadeiras intenções:

> Epicuro e a maioria de seus seguidores banem a consideração das finalidades das coisas [causas finais] porque, sendo o mundo, de acordo com eles, produzido ao acaso, não se pode supor que finalidade alguma para coisa alguma tenha sido planejada. E, ao contrário, o senhor Des Cartes, e quase todos os que seguem seu pensamento, supõe que todos os propósitos de Deus em relação às coisas corpóreas são tão sublimes que seria uma presunção do homem julgar que sua razão pode chegar a descobri-las. De modo que, de acordo com essas facções opostas, é impertinente da nossa parte buscar as causas finais ou presunçoso julgar que possamos encontrá-las.

Boyle então aplica sua abordagem Cachinhos Dourados para indagar qual seria a classe de objetos naturais capaz de revelar causas finais indicadoras de uma criação divina onisciente e amorosa. Na categoria Mamãe Urso das coisas "pequenas demais", Boyle situa os objetos inorgânicos no nosso planeta — os "inanimados no mundo sublunar", na sua terminologia. As rochas e a água são tão simples em sua composição que poderiam ser formadas ao acaso (e, desse modo, estariam sujeitas às objeções epicuristas à noção de causas finais) ou construídas diretamente pelas leis constantes e simples da natureza. (É certo que foi Deus quem estabeleceu essas leis, mas os objetos construídos por meio de forças físicas determinadas pelas leis da natureza, em vez de criados por Deus, não exibem diretamente os propósitos divinos.) Boyle escreveu:

> Quanto aos corpos inanimados, como as pedras, os metais etc. [...] a maioria deles mostra estruturas tão simples e pouco elaboradas que não parece absurdo pensar que diferentes encontros e colisões de fragmentos da matéria universal podem num momento ou noutro tê-los produzido, uma vez que vemos em algumas cristalizações e sublimações químicas de minerais e soluções metalinas, e em alguns outros fenômenos em que os movimentos não parecem ser particularmente guiados e dirigidos por uma Causa Inteligente, que corpos de estruturas variadas como aqueles podem ser freqüentemente produzidos.

Na categoria Papai Urso das coisas "grandes demais", Boyle situa os objetos compactos e inorgânicos do cosmo — o nosso Sol, os planetas e as estrelas. Eles são demasiadamente vastos, distantes e inefáveis. Deus provavelmente os criou, mas não para nós (lembre-se que Galileu e companhia já haviam destruído o primeiro pedestal). Esses corpos, portanto, não podem exibir causas finais satisfatórias capazes de reconfortar ou esclarecer os seres humanos. As estrelas e os planetas caem presas da alegação cartesiana de que os propósitos de Deus são por demais enigmáticos para o entendimento humano. As estrelas exaltam a grandiosidade de Deus, mas não sua generosidade — e causas finais adequadas devem manifestar tanto a existência de Deus quanto a sua benevolência: "O modo cartesiano de considerar o mundo de fato demonstra muito corretamente a grandeza do poder de Deus, mas, à diferença da visão que defendo, não é apropriado para manifestar sua sabedoria e beneficência".

O que, então, deverá ocupar a categoria Bebê Urso de objetos "do tamanho exato" — "a visão que defendo", nas palavras do próprio Boyle? Ele propõe que os animais e as plantas constituem as evidências adequadas das causas finais comprobatórias da existência e da bondade de Deus. Primeiro, em contraste com a simplicidade da categoria Mamãe Urso dos objetos inorgânicos, os animais são suficientemente complexos para exigir um criador direto:

> Se admitimos que o acaso, ou outra coisa qualquer, sem a condução de uma causa sábia e totalmente orquestradora, é capaz de produzir uma pedra finamente modelada ou uma substância metálica [...] há outras que requerem um número tão grande de causas conspiradoras simultâneas e uma série tão contínua de movimentos e operações que é absolutamente improvável que pudessem ser produzidas sem a direção de um agente racional, sábio e poderoso [...]. Eu nunca vi uma produção inanimada da natureza, ou, como se diz, do acaso, cuja concepção fosse comparável ao mais insignificante membro do mais desprezível animal.

Em segundo lugar, em oposição à grandeza inefável das estrelas e planetas da categoria Papai Urso, os órgãos dos animais são familiares o bastante para revelar seus propósitos e, portanto, para mostrar a intenção de seu criador: "Não posso senão pensar", escreve Boyle, "que as situações dos corpos celestiais decididamente não proporcionam argumentos tão claros e irrefutáveis da sabedoria e do desígnio do criador do mundo, como o fazem os corpos dos animais e das plantas".

Eu adoraria dispor do espaço necessário para explicar as alegações detalhadas e inteligentes (mas também exageradas e, em última análise, inválidas) de Boyle em favor do *design* e da utilidade perfeitos de cada órgão e de cada função dos organismos. Em vez disso, discutirei apenas o modo como esse argumento clássico da existência e da benevolência de Deus reforça o pedestal que parecemos tão relutantes em quebrar (para concluir a revolução de Darwin) — pois se a biosfera opera como uma máquina bem lubrificada da construção divina, e se suas finalidades devem ser traduzidas em termos de sua serventia para os seres humanos (a mais perfeita das criaturas de Deus), então a teologia natural corrobora nossa posição dominante e nosso direito a governar. Uma última vez, nas palavras de Boyle:

> O globo terrestre e suas produções [...] e especialmente as plantas e os animais com os quais ele se encontra suprido, [...] parece ter sido projetado para o uso e o benefício do homem, que tem, portanto, o direito de fazer uso de tantos deles quanto ele se mostre capaz de dominar [...]. Assim, o nobre profeta tinha razão em exclamar: Que variedade, senhor, nas Tuas obras! Todas com sabedoria as fizeste![2]

Quando Darwin, deliberadamente, desencadeou uma revolução nas atitudes humanas sobre o *status* e a história das plantas e dos animais, ele não refutou a premissa de Boyle de que os organismos são bem projetados — e de que sua excelência anatômica e funcional constitui o problema fundamental que a história natural deve solucionar. Darwin afirma, no prefácio de *A origem das espécies*, que os fatos da taxonomia, da embriologia, da paleontologia e da biogeografia seriam suficientes para comprovar a operação da evolução, acrescentando, porém, que não poderíamos nos dar por contentes até que tivéssemos explicado "essa perfeição da estrutura e da co-adaptação que tão justificadamente desperta nossa admiração".

Mas Darwin, em seguida, vira Boyle e Paley de cabeça para baixo, ao aceitar sua premissa (a excelência do *design* orgânico) e, ao mesmo tempo, inverter a sua explicação. No lugar de uma divindade benevolente produzindo os organismos expressamente para os intentos mais elevados (com a utilidade para os humanos como a mais soberana das intenções divinas), Darwin postulou um processo mecanicista chamado de seleção natural (uma causa eficiente). Além do mais, e em oposição às tradições mais antigas, a causa de Darwin não opera em entidades "superiores" como as es-

(2) Salmos, 104:24. (N.T.)

pécies e os ecossistemas, mas apenas nos organismos em luta pelo sucesso reprodutivo pessoal — e nada além disso! Exatamente aqueles traços da natureza que Boyle e Payle haviam interpretado como provas da existência e da bondade de Deus — o desenho excelente dos organismos e a harmonia dos ecossistemas — converteram-se, para Darwin, em efeitos colaterais ou seqüelas de um processo desprovido de um desígnio maior, e que opera diretamente em benefício apenas dos organismos individuais!

Em contraste com Boyle, Darwin não tinha nenhum interesse permanente pela teologia formal. Mas devemos nos perguntar o que ele pensava sobre as implicações maiores da evolução e da seleção natural em relação ao *status* do homem. Em outras palavras, até que ponto Darwin desejava explicitamente pôr abaixo o pedestal que (no sentido freudiano) serviu de obstáculo à conclusão de sua revolução? Quão longe ele pretendia chegar ao desmontar a visão tradicional de Boyle acerca da posição dominante do homem (ou, ao menos, de sua superioridade) num mundo judiciosamente construído?

Dado que Darwin não escreveu livros sobre essas questões filosóficas, temos de recorrer a sua correspondência e a suas anotações pessoais. Uma famosa carta, muitíssimo bem escrita, destaca-se como um documento particularmente revelador — uma prova de que Darwin nutria aspirações revolucionárias no sentido descrito por Freud. O mais famoso colega americano de Darwin, o botanista Asa Gray, que trabalhava em Harvard, leu o recém-publicado *A origem das espécies* com alegria e, ao mesmo tempo, com tristeza. Numa carta sincera e bastante comovente, Gray respondeu a Darwin que podia aceitar a seleção natural como uma causa eficiente da mudança evolutiva, mas, como um teísta convicto, não podia abandonar a crença (impossível de comprovar) de que Deus revelara algum propósito superior ao construir uma natureza que funcionasse de acordo com aquele princípio. Darwin, numa carta admirável escrita em 22 de maio de 1860, respondeu com compaixão, mas manifestou também sua profunda dúvida em relação a esse tradicional conforto:

> Em relação ao aspecto teológico da questão. Este é sempre doloroso para mim. Sinto-me confuso. Não tive a intenção de escrever um trabalho ateísta. Mas reconheço que não consigo ver de modo tão claro quanto os outros fazem, e como eu próprio gostaria, as provas do desígnio e da beneficência em toda a nossa volta. Parece-me que há miséria demais no mundo. Não consigo me convencer de que um Deus onipotente e benévolo tenha deliberadamente criado as *Ichneumonidae*[3] com a intenção expressa de que estas buscassem seu alimento no interior do corpo das lagartas vivas, ou de que o gato devesse se divertir com os camundongos.

Darwin então formulou a frase-chave sobre o desígnio e a intencionalidade na história da vida — a meu ver, uma das "grandes citações" dos anais do pensamento ocidental:

> Por outro lado, não posso me contentar de modo algum ao ver esse maravilhoso universo, e especialmente a natureza do homem, e concluir que tudo é resultado da força bruta. Estou inclinado a olhar para as coisas como o resultado de leis planejadas, com os pormenores, sejam eles bons ou maus, deixados à ação do que podemos chamar de acaso.

Chegamos agora ao ponto crucial na elucidação da visão de Darwin a respeito dessa que é a mais fundamental de todas as questões. Ele aceita a idéia de uma previsibilidade que tem o caráter de lei, talvez até mesmo com algum propósito subjacente (em alguma acepção teológica mal definida), no que diz respeito aos princípios de base. Mas Darwin, ao mesmo tempo, mantém seu martelo pronto para atingir o pedestal em relação àquilo que descreve como "os detalhes": estes são deixados "à ação do que podemos chamar de acaso". Por meio destas palavras, escolhidas com cautela, e dos exemplos descritos, estou convencido de que Darwin pretendia se

(3) Família de vespas que colocam seus ovos em lagartas hospedeiras, após paralisá-las com uma ferroada em um gânglio nervoso. A lagarta é devorada viva pelas larvas da vespa, que se nutrem de sua gordura e de seus fluidos corporais. (N.T.)

referir àquilo que hoje chamamos de contingência (ou seja, a imprevisibilidade que resulta da extrema complexidade das seqüências históricas), mais do que a "acaso" no sentido de "lance dos dados". (Essa distinção não poderia ser mais essencial, uma vez que o acaso puro impede toda explicação em relação às particularidades, ao passo que a contingência, ao mesmo tempo que nega que as predições possam ser feitas com segurança num primeiro momento, afirma a possibilidade de explicação uma vez que uma história em particular tenha se desenrolado. A contingência representa a modalidade de conhecimento do historiador; o acaso puro implica que as particularidades não podem ser explicadas de modo algum.)

Agora nos encontramos frente a frente com outro problema do tipo Cachinhos Dourados. Darwin propõe um domínio convencional de generalidades e uma esfera revolucionária de particularidades. Mas qual desses fatores fala mais alto na história da vida? Será que as particularidades representam apenas umas poucas protuberâncias e reentrâncias insignificantes numa bola que rola de acordo com leis fixas de movimento, talvez estabelecidas com um propósito determinado? Ou os particularidades formam montanhas e sulcos tão altos e tão profundos que o curso da bola obrigatoriamente resulta dessas irregularidades controladoras? Os particulares, afinal, se encontram na pequena cama da Mamãe Urso ou no colchão *king-size* do Papai Urso (peço desculpas pelas implicações sexistas dessas categorias, mas recuso-me a escrever histórias para dormir politicamente corretas — pela razão simples de que é preciso reconhecer os tristes legados da história)?

A continuação engenhosa do argumento que Darwin dirige a Gray indica que ele situa as particularidades no campo "grande demais" do Papai Urso — isto é, considerando-as numerosas e poderosas demais para legitimar o ponto de vista tradicional e confortável de que a dominação humana constitui um fenômeno previsível. Ele introduz sorrateiramente o papel dominante da contingência com uma série de três exemplos, os dois primeiros indiscutíveis e o terceiro mais desafiador, ainda que bastante plausível uma vez que se aceitem os dois primeiros.

Exemplo um: "O raio mata um homem, seja este bom ou mau, em decorrência da ação excessivamente complexa das leis naturais". Até aí, tudo bem. Sem discussão. O evento não foi aleatório. O raio atingiu um local em particular em função de princípios físicos, mas ninguém diria que o homem se encontrava nesse lugar deliberadamente. Sua morte é contingente e imprevisível.

Exemplo dois: se admitimos a contingência em relação às mortes, por que não em relação aos nascimentos também? "Uma criança (que pode vir a ser um idiota) nasce pela ação de leis ainda mais complexas." Novamente, se pudéssemos compreender melhor a embriologia, saberíamos por que razão (num sentido físico) a criança veio ao mundo com uma deficiência mental severa. Mas isso nos levaria a argumentar que um Deus beneficente planejou esse resultado particular e trágico ao estabelecer princípios evidentes de desenvolvimento embriológico? Esse evento particular deve ser interpretado como uma contingência sem significado do ponto de vista moral.

Exemplo três: a extensão evolutiva. A evolução é igualmente um processo de nascimento e morte — das espécies e populações, neste caso. Se os casos individuais de nascimento (a criança deficiente) e morte (o homem morto pelo raio) são contingentes, então por que não estender a mesma análise também ao nascimento e à morte das espécies — pois as espécies são os indivíduos biológicos das escalas de tempo geológico. E, uma vez que o *Homo sapiens* não é senão uma espécie entre muitas, por que deveria nosso nascimento (e morte potencial) ser interpretado como algo mais do que uma outra contingência? "[...] e eu não vejo razão alguma pela qual um homem, ou um outro animal, não poderia ter sido originariamente produzido por outras leis."

Meu professor de teatro no colegial me disse certa vez que a mais famosa direção de cena em inglês ocorre no Ato III, cena 3 de *Conto de inverno* de Shakespeare, onde o bardo escreve, após o longo solilóquio de Antígono: "Sai, perseguido por um urso". Esperemos que o conforto equivocado, nocivo e tradicional do progresso evolutivo e da supremacia humana possa finalmente sair de cena — enquanto o Papai Urso, fortalecido pelo peso dominante do universo da contingência, deixa cair seu martelo sobre o pedestal que Robert Boyle sistematizou, William Paley tratou como relíquia e Charles Darwin despojou de significado.

16

UMA LONGA HISTÓRIA

Como estudioso interessado em poltronas e torres de marfim, começo com duas lendas espantosamente semelhantes sobre o ato de se ficar de pé em espetáculos concebidos para se assistir sentado. Na versão erudita, a platéia se levanta quando soam os acordes de abertura do Coro do Aleluia e assim permanece ao longo de toda a peça. (Os cantores de coral — e eu sou um deles — adoram esse ritual, pois assim obtemos a nossa única garantia de que seremos ovacionados de pé. O intervalo depois da segunda parte do *Messias* de Handel vem logo em seguida a esse magnífico coro.) No principal exemplo desse fenômeno na cultura popular — a esticada da sétima rodada —, milhares de torcedores se levantam no momento em que seu time faz a defesa na sétima rodada de uma partida de beisebol. (Esse efeito beira o incompreensível. Ninguém produz aviso algum, e de repente uma multidão indisciplinada se comporta, por um instante, como uma entidade. Um número incontável de pais já tirou vantagem desse ritual, dizendo aos seus filhos ingênuos levados a uma partida de beisebol pela primeira vez na vida: "Eu posso fazer o público todo me obedecer" — e então emite a ordem apropriada um segundo antes da resposta previsível. Quem, quando criança, não foi algum dia enganado dessa maneira, não se viu levado a obedecer por acreditar que "o papai vê tudo"?)

Embora os nomes e os lugares sejam muito diferentes, empregamos exatamente a mesma (e, sem dúvida, inverídica) história para explicar cada um desses rituais. Um monarca inglês (alguém entre Jorge II e Jorge IV, dependendo da versão preferida) ficou tão emocionado com a majestosa música de Handel que se levantou em sua homenagem — e, desde então, as platéias vêm repetindo esse gesto. Um presidente americano (William Howard Taft, por unanimidade) levantou-se durante uma partida de beisebol para esticar as pernas, e todo mundo se pôs de pé em deferência a sua posição hierárquica.

Adoro essas histórias porque, ao estabelecer motivações razoavelmente justificadas para esses rituais, elas expressam de maneira admirável um tema fundamental da explicação histórica — o de que as conseqüências de importância substancial são quase sempre desencadeadas por fatos triviais cujo propósito era totalmente outro. Em outras palavras, a finalidade observada no momento presente não tem qualquer relação necessária com a origem histórica do acontecimento. Sabe-se lá por que razão o bom rei Jorge seja-ele-qual-for resolveu se levantar. Talvez ele pensasse que já era a hora do intervalo. Pode ser que estivesse entediado ou desejasse sair para fumar. Quanto a Taft, é provável que tenha planejado sair antes do final do jogo (algumas versões chegam mesmo a contar a história dessa maneira). Alguma vez um presidente assistiu a uma partida inteira? Mas pensemos na conseqüência agregada desde então — milhões e milhões de pessoas se levantando nesse momento fixado de antemão. Zilhões de joules de energia despendida. Toda sorte de tradições justapostas como efeitos secundários, uma vez que pessoas que jamais ousariam cantar fora do chuveiro, por exemplo, exclamam com sofreguidão "*Take me out to the ballgame*".[1] E tudo isso porque um dia um rei ou um presidente tentou se esgueirar antes da hora, ou dar uma fugidinha até o banheiro. Conseqüências substanciais que têm origem em fatos absolutamente insignificantes.

(1) Verso (e título) de uma conhecida canção escrita por Jack Norworth em 1908. Tradicionalmente, ela é cantada no momento em que o público se levanta na sétima rodada de um jogo de beisebol. É considerada a segunda canção mais cantada nos EUA, perdendo apenas para o Hino Nacional. (N.T.)

Levanto este tópico porque recentemente me dei conta de que a principal "história-padrão", a ilustração clássica preferida dos manuais sobre a evolução darwiniana, originou-se da mesma maneira — como um exemplo enraizado e onipresente sustentado pelo peso que se atribui a uma tradição histórica que simplesmente não existe. Há alguns anos fiz um levantamento nos livros escolares de biologia. Todos eles — sem nenhuma exceção — iniciavam o capítulo sobre a evolução discutindo a teoria da herança dos caracteres adquiridos, para, em seguida, apresentar a teoria de Darwin sobre a seleção natural como uma alternativa preferível. Todos os textos empregavam o mesmo exemplo para ilustrar a superioridade de Darwin — o pescoço da girafa.

A girafa, afirmam eles, desenvolveu seu longo pescoço para poder alcançar e comer as folhas nos topos das acácias, obtendo, dessa maneira, acesso a uma fonte estável de alimento que não se encontrava disponível a nenhum outro mamífero. Lamarck, prosseguem os textos, explicava a evolução do pescoço comprido argumentando que a girafa se esticava continuamente durante sua vida, alongava o pescoço nesse processo, e então transmitia essa vantagem para sua prole por meio da herança dessas modificações.

Essa idéia adorável pode ser uma encarnação da virtude cardeal do esforço recompensado, mas a hereditariedade, pobres de nós, não opera dessa maneira. Um pescoço esticado durante toda uma vida não é capaz de produzir uma alteração nos genes que determinam seu comprimento — e os descendentes, portanto, não colhem os frutos do empenho dos pais. Desse modo, damos preferência à alternativa de Darwin, consistente com a natureza mendeliana da hereditariedade, de que as girafas que fortuitamente apresentam pescoços mais compridos (numa população que mostra uma ampla variação individual em relação a esse traço anatômico) tenderão a gerar descendentes com maior capacidade de sobrevivência. Sua prole herdará a propensão genética dos pais para uma altura mais elevada. Esse lento processo, que continua ao longo de inúmeras gerações, pode levar ao aumento estável do comprimento do pescoço, desde que os ambientes locais continuem a favorecer os animais que contam com melhores condições de alcançar aquelas suculentas folhas que se encontram no ponto mais alto das árvores.

Quase sempre simbolizamos os movimentos e as crenças por meio de ícones portadores de um significado claro que se sustentam sobre histórias culturais compartilhadas. Desse modo, os americanos podem proclamar sua filiação política ostentando um broche com um burro ou um elefante. Mais especificamente, e entre os burros, um botão mostrando nada mais que um saxofone identificava os "Amigos do Bill" na campanha presidencial do sr. Clinton, assim como um broche com a figura de um sapato furado (evocando uma famosa foto de um candidato cansado) um dia agregou os correligionários de Adlai Stevenson.[2] De maneira semelhante, o mais alto dos mamíferos, esticando seu pescoço até lá em cima, simboliza a evolução, e em particular o mecanismo da seleção natural descrito por Darwin. Quando Francis Hitching, recentemente, escreveu um livro iconoclasta, a favor da evolução, mas contra o darwinismo, escolheu como título *The Neck of the Giraffe* [O pescoço da girafa] — embora seu texto mal fizesse menção a essa criatura.

Seria de se esperar que uma história repetida com tamanha freqüência tivesse como origem uma base sólida e mostrasse uma sustentação forte e elegante ao longo de toda a sua construção. Em resumo, esse que é o mais familiar de todos os exemplos deveria, como faz a cabeça de seu personagem principal, elevar-se acima de tudo mais, suportado por um instrumento tão flexível e bem desenhado quanto "o pescoço da girafa". Ou, para evocar a segunda imagem da minha sentença de abertura, e citando o mais magnífico

(2) Adlai Stevenson foi duas vezes candidato à presidência pelo Partido Democrata, e perdeu as duas eleições para o general Eisenhower. Num episódio conhecido durante a campanha de 1952, o fotógrafo de um jornal tirou uma foto de Stevenson em que se podia ver um grande furo na sola de seu sapato. "É melhor ter um furo no sapato do que na cabeça", comentou ele na ocasião, e o sapato furado tornou-se um símbolo de sua campanha. (N.T.)

de todos os poemas de amor (chamado, com propriedade, de "Cântico dos cânticos"): "Teu pescoço, uma torre de marfim [...] tens o talhe da palmeira".[3]

Se, em vez disso, seguíssemos de volta os rastros desse exemplo onipresente até os primeiros fragmentos de especulação e não descobríssemos fundamento algum, ou, ainda, encontrássemos apenas um engraçado pontinho de origem equivalente a um rei querendo ir ao banheiro, então aprenderíamos duas lições de potencial importância: primeiro, que a repetição de uma história não necessariamente se correlaciona com o seu valor de verdade, e que mesmo as certezas mais pias devem ser periodicamente reexaminadas até os seus fundamentos; e segundo, que a relevância e a finalidade atuais de um fenômeno não nos fornecem nenhuma compreensão em particular sobre as circunstâncias de sua origem histórica.

Quando nos voltamos para as presumíveis fontes originais das explicações evolucionistas concorrentes em relação ao longo pescoço da girafa, ou não encontramos absolutamente nada ou, no máximo, encontramos apenas as mais exíguas conjecturas especulativas. É claro que a extensão de um texto escrito não é obrigatoriamente proporcional a sua importância. O velho e tagarela Polônio, num raro momento de clareza, nos alertou de que "a concisão é a alma do argumento"[4] (e então pôs imediatamente a perder sua sábia observação com uma torrente de palavras vagas sobre a loucura de Hamlet). Muitas das mais famosas histórias da Bíblia não são mais longas do que um verso ou dois, ao passo que as listas de leis e de genealogias se estendem por páginas.

A despeito disso, a extensão deve guardar ao menos uma relação aproximada com a profundidade de significado intuída. Poucos autores escreveriam capítulos inteiros a respeito de questões consideradas triviais para, em seguida, dedicar apenas umas poucas linhas ao seu tema mais valioso — pela razão simples de que

(3) O cântico dos cânticos de Salomão, 7:4-7. (N.T.)

(4) *Hamlet*, de Shakespeare, Ato II, cena 2: "brevity is the soul of wit". Tradução de Millôr Fernandes. (N.T.)

isso não permitiria aos leitores atribuir-lhes a devida importância. Estou certo de que os autores do Velho Testamento confeririam maior significado às suas genealogias e leis — os fundamentos da ordem e do poder na sociedade deles, afinal de contas — do que à história de Jonas e a baleia (o capítulo mais breve de um dos livros mais curtos da Bíblia). Nossa inversão contemporânea — pois as histórias de pescador atualmente superam as longas listas genealógicas de pessoas desconhecidas e com nomes impronunciáveis — apenas ilustra meu argumento central de que finalidade e origem histórica devem ser separadas em relação a qualquer julgamento que envolva o grau de importância ou o significado.

O pescoço da girafa simplesmente não era uma grande questão para os fundadores da teoria evolucionista — nem como um caso propício à discussão de explicações alternativas nem de algum outro modo. Nenhum dado sobre as girafas existia nessa época que permitisse sustentar uma teoria em particular em detrimento de outra, e nenhum dado desse tipo existe até hoje. A ausência de evidências raramente impede a especulação por parte de um cientista dotado de imaginação, reconheço, mas há um limite para quanto é possível dizer antes que a escassez de informações nos seque o pensamento. E nenhum pesquisador decente de história natural — esperemos, ao menos — usará um caso puramente especulativo como a principal ilustração de uma teoria fundamental.

Lamarck realmente mencionou o pescoço da girafa como uma suposta ilustração do crescimento evolutivo pela herança das modificações resultantes dos esforços de uma vida inteira. Mas toda a discussão feita por ele não ocupa mais que um parágrafo em um capítulo que ele preenche com exemplos muito mais longos, obviamente considerados mais importantes. Era isso o que Lamarck tinha a dizer — e absolutamente nada mais — sobre o pescoço das girafas, algumas poucas linhas de especulação que ele jamais pretendeu que fossem a peça central de uma teoria:

> É interessante observar o resultado do hábito na forma e no tamanho peculiares da girafa: sabe-se que esse animal, o mais alto entre os

mamíferos, vive no interior da África, em lugares onde o solo é quase sempre árido e estéril, de tal modo que ele é obrigado a se alimentar das folhas das árvores e a fazer um esforço constante para alcançá-las. Desse hábito, mantido longamente por todos os indivíduos da raça, resultou que as patas dianteiras do animal tornaram-se mais longas do que suas patas traseiras, e que o seu pescoço apresenta-se alongado a tal ponto que a girafa, sem erguer-se sobre as patas traseiras, pode levantar sua cabeça a uma altura de seis metros [do clássico trabalho de Lamarck de 1809, *Philosophie zoologique*, vol.1, p. 122, tradução minha].

Esse parágrafo contém uma afirmação reveladora — mas é preciso que se conheça a literatura do século XVIII para que se possa localizá-la — que comprova que Lamarck se importava pouco com as girafas e, portanto, não atribuía muita importância a esse exemplo casual. Os zoológicos públicos no sentido moderno não existiam na Europa nessa época, e poucas coleções particulares de animais (geralmente pertencentes aos nobres) haviam algum dia abrigado girafas. Alguns viajantes já as tinham observado em seu ambiente natural, e um número bem maior de visitantes as tinha visto em exibição no Cairo. As girafas já eram conhecidas dos europeus desde os tempos clássicos, quando os imperadores romanos incluíam esses animais em massacres públicos no Coliseu. Alguns relatos haviam afirmado, do mesmo modo que declara Lamarck, que as patas dianteiras da girafa excediam consideravelmente, em altura, suas patas traseiras. Na realidade, os dois pares de patas são igualmente altos. A impressão de maior altura frontal resulta da pronunciada inclinação posterior das costas da girafa, uma conseqüência das sólidas projeções musculares e espinhais necessárias para sustentar seu enorme pescoço. As fontes disponíveis mais confiáveis nos tempos de Lamarck já haviam estabelecido adequadamente a equivalência em altura das patas dianteiras e traseiras e, desse modo, rejeitado o mito anterior do maior alongamento frontal. Assim, se Lamarck repetiu a antiga lenda em seu único parágrafo sobre as girafas, tudo leva a crer que ele não examinou a literatura sobre esse animal de maneira exaustiva.

O exemplo não ganhou fôlego algum no momento em que os escritores ingleses explicaram a teoria de Lamarck para seus compatriotas. A exposição crítica (notável em sua correção) feita por Lyell — apresentada no segundo volume de seu *Principles of Geology* em 1832, e a fonte de quase todos os primeiros contatos dos ingleses com a teoria de Lamarck — mencionava o exemplo de maneira abreviada, não fazendo qualquer comentário posterior sobre ele. T. H. Huxley, na sua famosa série de conferências dirigidas às classes trabalhadoras (*On Our Knowledge of the Causes of the Phenomena of Organic Nature* [Sobre o conhecimento das causas dos fenômenos de natureza orgânica]), publicadas em 1863 como a primeira grande exposição popular do darwinismo, omitiu inteiramente o caso das girafas e ilustrou a teoria de Lamarck com dois exemplos sublinhados pelo próprio autor francês: o forte braço direito do ferreiro, supostamente herdado por seus filhos, e as saracuras, com suas longas pernas e pés palmados, presumivelmente desenvolvidos para evitar que elas submergissem ou escorregassem nas lagoas barrentas ou em águas correntes.

Quando examinamos a fonte mais confiável, a primeira edição de *A origem das espécies* (1859), de Darwin, não encontramos menção alguma ao pescoço da girafa como um exemplo da seleção natural. É interessante que Darwin — comprovando o meu argumento, e em grande estilo — faz sim menção à girafa, e da maneira geralmente assumida pela lenda: como uma história especulativa sobre a eficácia da seleção natural. Mas, nessa passagem, Darwin trata da extremidade oposta, e conta o caso da cauda da girafa. Além do mais — porque Darwin não apreciava o estilo insensato das "histórias bem assim",[5] ou a ilustração da seleção natural somente com base na especulação plausível —, sua história sobre a cauda da girafa não ocupa mais do que um curto parágrafo.

(5) Gould faz uma alusão ao livro *Histórias bem assim*, de Rudyard Kipling, cujos contos tematizam a origem das características anatômicas de certos animais ("How the whale got his throat", "How the camel got his hump", "How the rhinoceros got his skin" etc.). (N.T.)

26. *Ilustração de uma girafa, por Buffon, na qual se vê que os contemporâneos de Lamarck conheciam e representavam claramente as alturas iguais das pernas dianteiras e traseiras do animal.*

Darwin evoca essa história para argumentar que a seleção natural tem poder suficiente para explicar "órgãos de menor importância". O rabo da girafa, diz ele, funciona basicamente como um espantador de moscas. Poder-se-ia considerar essa função trivial demais para se sujeitar à ação de um mecanismo que se baseia na sobrevivência diferencial (poderia o comportamento de espantar moscas realmente se converter numa questão de vida ou morte?). Darwin responde:

> O rabo da girafa se parece com um espanta-moscas artificialmente construído; e parece, de início, inacreditável que este pudesse ter se adaptado para essa finalidade atual por meio de pequenas modificações graduais, quando o que está em questão é um objetivo tão insignificante quanto a possibilidade de afugentar as moscas; entretanto, é preciso pensar duas vezes antes de chegarmos a essa conclusão, uma vez que sabemos que a distribuição e a sobrevivência do gado e de outros animais na América do Sul depende absolutamente de sua capacidade de resistir aos ataques de insetos: de forma que os indivíduos que pudessem de algum modo se defender desses pequenos inimigos seriam capazes de explorar novos pastos e assim obter uma grande vantagem. Não é que os quadrúpedes de maior tamanho sejam efetivamente destruídos (exceto em alguns casos raros) pelas moscas, mas eles são incessantemente molestados pelas moscas, e sua força é reduzida, tornando-os mais sujeitos à doença, ou menos capacitados a procurar alimento, numa situação de escassez, ou a escapar dos animais predadores.

Darwin menciona o pescoço da girafa numa única sentença, mas (ironicamente) com um propósito oposto ao de ilustrar o poder da seleção natural de modelar os organismos para finalidades particulares. Encerrando uma seção sobre as evidências em favor da evolução fornecidas pela homologia — ou retenção das estruturas dos ancestrais comuns em descendentes que apresentam um desenho funcional marcadamente divergente —, Darwin observa que a girafa desenvolve seu assombroso pescoço não pela adição de novas vértebras, mas pelo alongamento dos mesmos sete ossos presentes nos pescoços de quase todos os mamíferos. Assim, a história limita o poder da seleção natural ao restringir as soluções adaptativas aos esquemas herdados. Ele escreve:

> A estrutura dos ossos sendo a mesma na mão de um homem, na asa de um morcego, na nadadeira de um golfinho e na pata de um cavalo — o mesmo número de vértebras no pescoço da girafa e no pescoço do elefante —, e inumeráveis outros fatos desse tipo, explicam-se na teoria da descendência pelas pequenas e lentas modificações sucessivas.

Em sua obra subseqüente e mais longa, o livro de dois volumes *Variation of Animals and Plants Under Domestication* (1868), Darwin finalmente introduz o pescoço da girafa em uma discussão sobre a seleção natural. Ironicamente, uma vez mais, levando-se em conta que esse se tornou o exemplar canônico do estilo especulativo das "histórias bem assim", Darwin não menciona "o pescoço da girafa" para contar uma história infundada sobre suas supostas vantagens adaptativas. Em vez disso, apresenta esse exemplo para discutir uma questão central muito mais sutil em relação à validade da seleção natural como mecanismo geral da evolução.

Mesmo se assumirmos que o pescoço da girafa se desenvolveu como uma adaptação para que ela pudesse se alimentar das folhas mais altas, como poderia a seleção natural construir semelhante estrutura por meio de incrementos graduais? Afinal de contas, o pescoço comprido deve obrigatoriamente estar associado a modificações em quase todas as partes do corpo — como as pernas compridas para acentuar seu efeito e uma variedade de estruturas de sustentação (ossos, músculos e ligamentos) para suportar o pescoço. Como poderia a seleção natural alterar ao mesmo tempo o pescoço, as pernas, as articulações, os músculos e o fluxo sangüíneo (pense-se na pressão necessária para bombear o sangue desde o coração até o cérebro distante da girafa)? Em resposta a esse problema, alguns críticos haviam proposto que todos os órgãos relevantes sofreriam modificações de um só golpe. Essa modificação coordenada repentina invalidaria a seleção natural como força criativa, porque a adaptação desejada surgiria de uma vez só como uma conseqüência fortuita da variação gerada internamente. (Mas, como acrescenta Darwin, não existe indício algum em favor de um *deus ex machina* capaz de produzir uma variação coordenada tão complexa e bem-sucedida — e a proposta inteira cheira a desespero e raciocínio enviesado.)

Darwin fornece uma explicação convincente e sutil (talvez não de todo satisfatória de acordo com as visões atuais, mas inteiramente lógica e coerente). É interessante que sua proposta encarna de maneira muito exata o tema deste ensaio — a necessidade de dissociar finalidade corrente e origem histórica. O funcionamento presente de uma girafa pode exigir a ação coordenada de todas as partes que sustentam o longo pescoço, mas esses traços não necessariamente se desenvolveram em bloco. Caso o pescoço crescesse três metros de uma só vez, cada pedacinho da anatomia que lhe serve de sustentação teria de estar a postos. Mas se o pescoço se alonga centímetro por centímetro, então a panóplia toda de estruturas que o suportam não precisaria entrar em ação a cada passo. A adaptação coordenada pode ser construída de forma gradativa. Alguns animais podem alongar ligeiramente o pescoço, outros, as pernas, e outros ainda podem desenvolver músculos mais fortes na região do pescoço. Por meio da reprodução sexual, os traços favoráveis dos organismos diferentes podem ser combinados nos descendentes.

Ao desenvolver essa explicação geral usando a girafa como um suposto exemplo, Darwin de fato incorre em um raciocínio conjectural. Mas eu defenderia essa modalidade de especulação como uma ferramenta totalmente diferente da apresentação de histórias sem fundamento. Quando os cientistas precisam explicar aspectos difíceis da teoria, a ilustração por meio de um exemplo hipotético — em vez de por abstração total — funciona bem (e talvez seja indispensável) como um artifício retórico. Esses casos não configuram "especulações" no sentido pejorativo — como histórias sem nexo que não fornecem *insight* algum acerca de mecanismos complexos —, mas sim ilustrações idealizadas para exemplificar um aspecto difícil da teorização. (Outros campos, como a filosofia e o direito, empregam esses casos conjecturais como uma ferramenta-padrão.)

Invocando desse modo a girafa como uma exemplificação adequada, Darwin insere em seu texto uma sentença sobre as vantagens, do ponto de vista da adaptação, de alcançar os lugares mais altos. Retirado de seu contexto, esse comentário poderia ser lido como uma premonição das especulações tolas que se seguiriam. Mas seu papel como instrumento para ilustrar um aspecto mais sutil da teoria se esclarece na passagem completa que apresento a seguir (do livro de Darwin de 1868, vol. 2, pp. 220-1):

> Em relação a animais como a girafa, cuja estrutura inteira é coordenada, de modo admirável, para certos propósitos, supôs-se que todas as partes precisassem ter se modificado simultaneamente; e argumentou-se que dificilmente isso teria sido possível segundo o princípio da seleção natural. Mas, na utilização desse argumento, assumiu-se de modo tácito que as variações tivessem sido necessariamente abruptas e substanciais. Sem dúvida, se o pescoço de um ruminante de repente se tornasse muito mais longo, as patas dianteiras e as costas teriam de ser ao mesmo tempo fortalecidas e modificadas; mas não se pode negar que um animal possa ter o pescoço, ou a cabeça, ou a língua, ou os membros dianteiros ligeiramente alongados sem qualquer modificação correspondente em outras partes do corpo; e os animais desse modo levemente modificados teriam, durante um período de escassez, uma pequena vantagem, e mostrar-se-iam capazes de obter alimento nos ramos mais altos e, desse modo, sobreviver. Alguns poucos bocados de alimento a mais ou a menos todos os dias fariam toda a diferença entre a vida e a morte. Por meio da repetição do mesmo processo, e pelo cruzamento ocasional dos sobreviventes, haveria algum progresso, ainda que lento e flutuante, em direção à estrutura admiravelmente coordenada da girafa.

Suspeito que uma relação explícita entre o pescoço da girafa e a teoria da evolução tenha aparecido pela primeira vez quando St. George Mivart, um rebelde fascinante sob diferentes pontos de vista — como um católico devoto num país anglicano e como um evolucionista que se opôs com vigor ao mecanismo da seleção natural —, publicou, em 1871, *The Genesis of Species*, sua crítica do darwinismo. Mivart colocou em foco o pescoço da girafa, apresentando o suposto argumento de Darwin da forma que viria a se tornar canônica nos manuais escolares modernos — ou seja, como uma história especulativa sobre a seleção natural. Mas é preciso lembrar que Mivart escreveu *contra* o darwinismo, e os inimigos tendem a caricaturar e a banalizar as doutrinas que eles atacam. Mivart afirmou:

> À primeira vista pareceria impossível escolher-se um exemplo mais adequado em apoio à "Seleção Natural". Admitamos o fato da ocorrência de severas secas ocasionais nas regiões habitadas por esse animal. Nesse caso, quando a vegetação do solo tiver se esgotado e restarem apenas as árvores, parece claro que somente aqueles indivíduos (que assumimos que sejam da espécie nascente das girafas) capazes de alcançar as maiores alturas seriam preservados, e se tornariam os pais da geração seguinte.

Na sexta e última edição de *A origem das espécies* (1872), Darwin juntou um novo capítulo ao livro (e esse foi a único acréscimo que ele fez a essa obra) — basicamente para refutar o ataque de Mivart. Esse capítulo discute longamente o caso das girafas (embora apenas para contestar o que fora dito por Mivart), e pode ser a fonte primária para a lenda que se desenvolveu posteriormente (pois quase todas as reimpressões e versões subseqüentes, até os nossos dias, reproduzem a sexta edição, e não a primeira edição de 1859, que não fazia menção alguma ao pescoço da girafa no contexto da seleção natural).

Quando lemos as palavras cuidadosas de Darwin, contudo, encontramos ainda uma outra ironia na nossa lista crescente. O pescoço da girafa supostamente fornece um exemplo crucial para o favoritismo da seleção natural sobre o lamarckismo como o motor da evolução. Mas o próprio Darwin (incorretamente, segundo julgamento posterior) não negava o princípio lamarckiano de herança dos caracteres adquiridos pelo uso ou perdidos através do desuso. Ele achava que o mecanismo lamarckiano era fraco, pouco freqüente e totalmente secundário em relação à seleção natural, mas considerava válida a hipótese da evolução pelo uso e desuso dos órgãos. Darwin especula sobre a vantagem adaptativa do pescoço da girafa, mas menciona *tanto* a seleção natural *quanto* o lamarckismo como as causas prováveis de seu alongamento. Desse modo, obviamente, Darwin nunca considerou que o pescoço da girafa constituísse uma ilustração da superioridade da seleção natural sobre outros mecanismos. Ele escreve em duas passagens da edição de 1872, unindo a visão de Lamarck à seleção natural:

> Por meio desse processo [seleção natural] longamente continuado [...] combinado, sem dúvida, e de um modo extremamente importante, com os efeitos herdados do uso aumentado dos órgãos, me parece quase certo que um quadrúpede ungulado comum poderia se converter numa girafa.

> Em toda região algum tipo de animal quase certamente irá mostrar-se capaz de obter alimento em alturas maiores que os outros; e é quase certo também que somente este animal teria seu pescoço alongado para essa finalidade, por meio da seleção natural e dos efeitos do uso aumentado desse órgão.

Podemos resumir a linha principal dessa narrativa complexa e sinuosa como uma seqüência de ironias — invocando a definição técnica de ironia como uma declaração em que, visando a um efeito humorístico ou sarcástico, uma palavra assume um sentido diametralmente oposto ao usual — como quando exclamamos "brilhante!" diante de uma proposta que consideramos uma estupidez consumada. Nessa história, nenhum dos cinco fatos históricos nasceu de uma intenção irônica. A ironia ocorre retrospectivamente, pois cada fato subverte a lenda que "todos conhecem" sobre a altura das girafas — a saber, que o seu pescoço comprido para alcançar as folhas lá no alto fornece uma ilustração esplêndida da superioridade da seleção natural darwiniana sobre o uso e o desuso propostos por Lamarck. A piada, em outras palavras, está na frívola história canônica que é reproduzida nos livros atuais.

1. Lamarck menciona o pescoço da girafa, de passagem, em um parágrafo especulativo no interior de um capítulo em que se dedica a exemplos muito mais longos, aos quais atribuía maior importância.
2. Darwin não cita em absoluto o exemplo da girafa na primeira edição de *A origem das espécies*. Esse animal aparece numa espécie de "história bem assim", mas fazendo referência à extremidade oposta — o rabo, e não o pescoço. A única breve sentença de Darwin sobre o pescoço da girafa ilustra o tema contrário, o da estabilidade herdada (a retenção do número de vértebras do pescoço), e não a adaptação desenvolvida.
3. Quando Darwin, em seu livro mais extenso e mais técnico de 1868, discute o pescoço da girafa no contexto da seleção natural, não o faz seguindo o estilo puramente especulativo das "histórias bem assim", mas, em vez disso, usa o caso das girafas para ilustrar um tema difícil e de fundamental importância: o problema da possibilidade de construção de uma adaptação complexa e coordenada de diversos órgãos (o pescoço *e* todas as estruturas de sustentação) pelo processo de seleção natural.
4. Mivart, na tentativa de refutar o darwinismo, conta a "história bem assim" que viria a se tornar tradicional, mas apenas para caricaturar a teoria à qual se opõe.
5. Quando Darwin responde a Mivart na última edição de *A origem das espécies*, ele interpreta o pescoço da girafa como uma adaptação cuja finalidade é permitir que esta busque o alimento nos lugares mais altos, mas argumenta que a seleção natural operou em conjunto com as forças lamarckianas! (Ou seja, não há nem sinal aqui

de um exemplo "clássico" que fortaleça a hipótese de Darwin em comparação com a proposta de Lamarck.)

Não sei dizer (mas adoraria descobrir) onde e como foi que a forma moderna dessa lenda teve início, de uma maneira tão contrastante com suas alegadas fontes históricas. Henry Fairfield Osborn, o paleontólogo mais importante em sua época e durante muito tempo o diretor do Museu Americano de História Natural, apresentou a versão "padrão" em seu livro popular de 1918, *The Origin and Evolution of Life*:

> A causa das proporções corporais diferenciadas, tais como o pescoço espantosamente comprido das girafas que se alimentam das folhas no alto das árvores, é um dos problemas clássicos da adaptação. No início do século XIX, Lamarck atribuiu o crescimento do pescoço à herança de modificações corporais causadas pelo hábito de esticar o pescoço. Darwin atribuiu o crescimento do pescoço à constante seleção de indivíduos e linhagens que haviam nascido com os pescoços mais longos. Darwin provavelmente estava certo.

Essa versão tem se mantido desde então. Os leitores bem podem se perguntar por que motivo despender tanta energia na tentativa de rastrear esse mistério histórico. Por que remexer em velhas questões em vez de simplesmente deixar que lendas tolas se propaguem, especialmente levando-se em conta que essas histórias fantasiosas não fazem mal algum? No início do ensaio, mencionei algumas razões teóricas que justificam esse interesse, mas gostaria de ressaltar que existe também uma preocupação de ordem prática. Se escolhemos uma historinha especulativa fraca e insensata como o exemplo principal nos nossos livros (assumindo, de modo equivocado, que ela conta com um peso na história e um endosso nos fatos), então estamos em maus lençóis — já que os críticos, corretamente, descobrem os pontos fracos particulares de uma teoria, e então assumem que, se os seus defensores escolhem um caso tão infundado como sua principal ilustração, a teoria como um todo deve ser frágil . Por exemplo, em seu livro antidarwiniano mencionado anteriormente (que tem o título eponímico de *O pescoço da girafa*), Francis Hitching relata a história na sua forma usual:

> A evolução da girafa, o mais alto dos animais vivos, é com freqüência tomada como a demonstração clássica de que Darwin estava certo e Lamarck errado. A girafa desenvolveu seu comprido pescoço, nos dizem, porque a seleção natural escolheu aqueles animais mais capacitados a se alimentar das folhas nas regiões mais altas das árvores, onde há mais comida e menos competição.

Hitching então acrescenta: "A necessidade de alcançar o alimento em lugares cada vez mais altos para sobreviver é, como muitas outras explicações darwinianas deste tipo, pouco mais que uma especulação *post hoc*". Hitching tem razão, mas o que ele refuta é uma história da carochinha que Darwin seria esperto demais para contar — muito embora ela tenha, ainda assim, penetrado nos textos escolares como um "exemplo clássico". O preço da liberdade, como se diz, é a eterna vigilância. Acrescente-se a integridade intelectual à base de custo.

Como último ponto em questão, poderíamos desculpar essa repetição insensata de uma antiga lenda sem confirmação histórica se a pesquisa posterior tivesse estabelecido que ela, afinal, era ainda assim verdadeira. Mas quando nos voltamos para as próprias girafas, deparamos com mais uma ironia nesse longo enredo. As girafas não fornecem indicação alguma a respeito do modo como seus pescoços indiscutivelmente compridos se desenvolveram.

Todas as girafas pertencem a uma única espécie, totalmente distinta de qualquer outro mamífero ruminante. Seu único parente próximo é o ocapi (uma espécie rara, de pescoço curto, que habita as florestas da África central). As girafas têm um registro fóssil escasso na Europa e na Ásia, mas os ancestrais dessa espécie têm pescoço relativamente curto, e os poucos indícios fragmentários não fornecem entendimento algum a respeito de como a espécie moderna, de pescoço comprido, se originou. (*The Giraffe: Its Biology*

Behavior and Ecology, de autoria de A. I. Dagg e J. B. Foster, apresenta uma descrição completa e excelente de todos os principais aspectos da biologia da girafa.)

Quando estudamos a função do pescoço comprido na girafa moderna, encontramos um *embarras de richesses*. Quase tudo o que é importante na vida de uma girafa envolve algum uso do seu espantoso pescoço. As girafas com certeza empregam seu longo pescoço (e suas longas pernas, sua longa cabeça e sua longa língua) para alcançar as folhas que brotam no topo das acácias. Desse modo elas têm acesso a alguns metros de vegetação não explorável por nenhum outro mamífero terrestre. A campeã em altura atingiu a marca impressionante de 5,74 metros. Os bosques de acácias na África (presenciei de perto esse fenômeno) mostram-se quase sempre desnudados abaixo de uma linha bem demarcada representando o ponto mais alto alcançado pelas girafas daquele local.

Mas elas também usam o pescoço para outras atividades notórias e essenciais. Os machos, por exemplo, estabelecem hierarquias de dominação por meio das freqüentes e prolongadas lutas às "pescoçadas", ou golpeando o corpo de seu oponente com o longo pescoço. Essas disputas não são apenas simbólicas, uma vez que o pescoço comprido propulsiona a cabeça com força substancial e a estrutura óssea dos chifres no alto da cabeça é capaz de infligir um dano considerável. Dagg e Foster descrevem uma luta entre dois machos batizados por eles de Star e Cream:

> Os dois machos [...] posicionaram-se lado a lado, da cabeça ao rabo, muito próximos, cada um com as patas afastadas para manter o equilíbrio. De repente, Star abaixou a cabeça e com ela açoitou, os chifres à frente, o tronco de Cream, com um impacto escutado com clareza a quarenta metros de distância. Cream oscilou para o lado, recobrou-se e devolveu o golpe com a cabeça, atingindo Star no pescoço. Star então mirou as patas dianteiras de Cream e as atingiu de baixo para cima com um golpe de sua cabeça.

Dagg e Foster descrevem a seguir o resultado potencialmente grave e definitivo dessas lutas:

> A girafa perdedora numa disputa como essa nem sempre escapa tão facilmente. Sua cabeça pode ser profundamente ferida durante a luta, que é capaz ainda de lançar o animal ao chão, nocauteado [...]. Num combate desse tipo no Kruger National Park um dos contendores foi morto. Ele apresentava um grande buraco imediatamente atrás de uma das orelhas, onde a vértebra mais alta de seu pescoço fora reduzida a pedaços; um estilhaço havia perfurado a medula espinhal.

Curiosamente, as girafas lutam com seus predadores (os leões, principalmente) escoiceando-os, mas seus combates sexuais ocorrem com golpes do pescoço, e nunca por meio de coices. Assim, essa função do pescoço pode representar um comportamento desenvolvido especificamente para essa circunstância.

As girafas também empregam o pescoço de diversos outros modos: como uma "torre de vigia" para localizar predadores e outros perigos, e como um instrumento para ampliar a área de superfície e a emissão de calor (as girafas, em contraste com todos os outros grandes mamíferos, não procuram a sombra e são capazes de permanecer sob o sol). Ambas as funções têm sido interpretadas por cientistas importantes como a principal razão para a evolução dos pescoços compridos. Além do mais, as girafas podem modificar com rapidez seu centro de gravidade por meio de movimentos apropriados do pescoço — e essas manobras são cruciais para uma vasta gama de atividades, entre elas erguer-se quando estão deitadas, correr e transpor cercas e outras barreiras.

Podemos agora retornar ao tema central deste ensaio — a dissociação entre a finalidade atual e a origem histórica — e compreender por que o pescoço da girafa não pode fornecer uma prova de qualquer roteiro adaptativo, seja ele darwiniano ou não. As girafas realmente usam seu longo pescoço para se alimentar das folhas no topo das acácias — mas essa função exercida no presente, por mais vital que seja, não constitui prova de que o pescoço se desenvolveu de início para essa finalidade. O pescoço pode ter se alongado, de início, no contexto de um outro uso, e então ter sido cooptado para garantir uma refeição melhor quando as girafas se mudaram para as planícies abertas. Ou o pescoço pode ter se desenvolvido para desempenhar diversas funções de uma só vez. Não é possível descobrir as razões de sua origem histórica simplesmente listando seus usos correntes.

Quando consideramos todo o espectro da função atual, podemos nos sentir relativamente confiantes de que alguns usos devem ser secundários, e não podem, portanto, ser a fonte da origem histórica. Não consigo imaginar, por exemplo, que o pescoço comprido tenha se desenvolvido para auxiliar as girafas a manobrar sua corrida, seus saltos e seu movimento de levantar-se — porque esse problema surgiu apenas quando as girafas passaram a ter um pescoço como esse, e as soluções para os problemas não podem ser as causas dos próprios problemas.

Mas é bem possível que outras funções sejam originais — e o famoso acesso às folhas mais altas poderia constituir um efeito em grande medida secundário. Uma vez que a seleção natural trabalha fundamentalmente por meio de sucesso reprodutivo diferencial, e levando-se em conta que o combate sexual quase sempre atua como um determinante principal dessa vantagem darwiniana primordial, poderíamos, de maneira plausível, defender o argumento de que o sucesso sexual é a razão adaptativa principal para o desenvolvimento do pescoço comprido, com o tão louvado acesso às folhas como uma conseqüência claramente colateral. Em resumo, não temos base alguma para fazer nenhuma afirmação sólida em relação à mais famosa pergunta entre as "histórias bem assim" darwinianas: como a girafa adquiriu seu longo pescoço?

Esse ensaio, portanto, ao perseguir seu tema principal — a dissociação entre finalidade corrente e origem histórica — mata dois coelhos com uma só cajadada. No domínio das idéias, não há base sólida nem contínua, do ponto de vista histórico, para justificar o recurso ao pescoço da girafa como um caso clássico da evolução darwiniana. A história que é contada até hoje mostra-se, na verdade, sem sentido e desprovida de sustentação. No domínio das girafas, o fato de que a altura recorde entre os mamíferos seja hoje em dia empregada para alcançar as folhas das acácias não prova que o pescoço tenha se desenvolvido para essa função. Há muitos roteiros alternativos razoáveis, e não temos indicações de que essa versão seja preferível em relação às outras, igualmente plausíveis. *Caveat lector*.

Por que, então, fomos levados a aceitar a história usual sem questionamento? Suspeito de duas razões principais: adoramos uma história plausível e satisfatória e não somos inclinados a desafiar a autoridade aparente (como os manuais!). Mas lembre-se que a maioria das histórias satisfatórias é falsa. A esticada de pernas na sétima rodada antecedeu o sr. Taft, e a história de que o rei se levantou antes do Coro do Aleluia também não tem nenhum fundamento estabelecido. Polônio pode ter sido um velho chato, mas deu alguns bons conselhos a Laertes na famosa fala que este último com certeza não compreendeu porque estava demasiado ansioso para partir. Entre outros aperitivos, Polônio enfatizou a importância da aparência exterior — e faríamos bem em lembrar seu conselho. A evolução darwiniana pode ser a mais verdadeira e poderosa idéia até hoje formulada pela ciência ocidental, mas se continuarmos a ilustrar nossa convicção com uma história indefensável, desprovida de sustentação, inteiramente especulativa e basicamente tola, então estaremos vestindo uma bela teoria com farrapos — e deveríamos ter vergonha disso, "pois o hábito revela o homem".[6]

(6) *Hamlet*, de Shakespeare, Ato I, cena 3: "for the apparel oft proclaims the man". (N.T.)

17

PARENTESCO POR INVERSÃO (OU, QUANDO O VERME SE REVIRA)[1]

Quando Hamlet, no mais célebre solilóquio da literatura inglesa, pondera sobre os valores relativos da vida e da morte, descreve a atração pelo suicídio ("não ser") como uma libertação dos insultos *ativos*, incluída "a afronta do opressor, o desdém do orgulhoso".[2] Mas os escritores e os intelectuais se atormentam muito mais com um destino que se opõe a esse no "mar de angústias" potencial da vida — o apagamento e a obliteração, a dor de ser simplesmente ignorado. Samuel Johnson, como registra Boswell,[3] descreveu num famoso aforismo essa flechada silenciosa de um destino ultrajante: "Eu preferiria ser atacado a passar despercebido. Pois a pior coisa que se pode fazer a um autor é silenciar sobre sua obra".

Desse modo, fiquei especialmente comovido quando li, há pouco tempo, um relato sobre os últimos anos do grande fisiologista inglês Walter H. Gaskell (1847-1914). Após uma carreira notável de trabalho experimental consistente sobre o funciona-

(1) No original, "*as the worm turns*", expressão que se origina do provérbio "Tread on a worm and it will turn" (literalmente "Pise num verme e ele se revirará") e expressa a idéia de que "até mesmo os mais tolerantes um dia perdem a paciência", ou, numa versão mais eloqüente, "até a mais insignificante das vítimas é capaz de retaliação". (N.T.)

(2) *Hamlet*, Ato III, cena 1: "the oppressor's wrong, the proud man's contumely". Tradução de Millôr Fernandes. (N.T.)

(3) Gould se refere a James Boswell, autor de *Life of Samuel Johnson*, publicado em 1791.(N.T.)

mento do coração e do sistema nervoso, Gaskell mudou de rota e dedicou toda a segunda metade de sua vida profissional (de 1888 em diante) a promover e defender uma teoria idiossincrática sobre a origem dos vertebrados. O último parágrafo do longo artigo sobre Gaskell escrito por Gerald L. Geison e publicado no *Dictionary of Scientific Biography* diz:

> Seus últimos anos foram anuviados [...] por um sentimento de que sua teoria sobre a origem dos vertebrados, que ele tinha em grande estima, não havia encontrado uma recepção favorável. Até mesmo em Cambridge, onde Gaskell lecionou sobre esse assunto até sua morte, sua platéia foi se reduzindo ao longo dos anos, até o desenrolar-se de uma cena desoladora em que Gaskell encerra seu curso despedindo-se, com um aperto de mão, do único aluno ouvinte que restara.

Podemos lamentar seu destino como um pária intelectual, mas, verdade seja dita, Gaskell vinha formulando uma teoria um tanto delirante sobre a origem dos vertebrados. Ele acreditava com toda a sua alma, e com uma surpreendente ausência de autocrítica, que a evolução da vida animal segue obrigatoriamente um único caminho de avanço progressivo, mediado pela crescente elaboração do cérebro e do sistema nervoso. Em sua principal obra, *The Origin of Vertebrates*, publicada em 1908 (e a fonte de todas as citações de Gaskell neste ensaio), ele afirmou:

> Podemos traçar, sem interrupção, e seguindo sempre a mesma lei, a evolução do mamífero para o homem, do réptil para o mamífero, do anfíbio para o réptil, do peixe até o anfíbio, dos artrópodes [insetos e seus parentes] para o peixe, e dos anelídeos [vermes segmentados] para os artrópodes, e esperar que essa mesma lei nos possibilite organizar em uma seqüência ordenada todos os grupos no reino animal.

Gaskell identificou esse princípio determinante de avanço linear como a "lei de importância suprema do desenvolvimento do sistema nervoso central para todo o progresso ascendente". Num floreado retórico, ele inverteu o famoso argumento do Pregador

(Eclesiastes, 9:11) em relação à mudança aleatória e sem direção: "A lei do progresso é a seguinte — a vitória não é dos ligeiros nem dos fortes, mas dos sábios".

Os defensores do progresso linear enfrentam seu maior obstáculo quando tentam encontrar uma transição sem obstáculos entre os desenhos aparentemente díspares dos invertebrados e dos vertebrados. Ao abordar esse antigo problema, Gaskell adotou a estratégia padrão dos simpatizantes desse ponto de vista desde tempos imemoriais: identificar o mais complexo invertebrado e tentar estabelecer sua ligação com o vertebrado mais simples. Gaskell, novamente seguindo a tradição, selecionou os artrópodes como o pilar invertebrado de sua ponte, e então tentou cobrir o intervalo com sua lei da complexidade neurológica. Ele escreveu:

> Essa reflexão indica de maneira direta que os vertebrados se originaram do grupo invertebrado mais organizado — os *Arthropoda* — pois, entre todos os grupos de animais que existem na terra no momento presente, apenas estes apresentam um sistema nervoso central cujo desenho é comparável de perto ao dos vertebrados.

Até aqui, nada além do convencional. A teoria de Gaskell se torna peculiar, e até mesmo um tanto bizarra, na maneira escolhida por ele para formular a ligação improvável entre os artrópodes e os vertebrados. Em meio às inúmeras diferenças apreciáveis entre esses dois filos, uma distinção central foi sempre o foco de discussão e o impedimento fundamental para todo esquema linear. Os artrópodes e os vertebrados partilham alguns traços principais de organização geral — corpos alongados apresentando simetria bilateral, com os órgãos sensoriais situados na região frontal, as estruturas excretoras na região posterior e alguma forma de segmentação ao longo do eixo principal. Mas a geometria dos principais órgãos internos dificilmente poderia ser mais contrastante, desse modo levantando o problema clássico que motivou centenas de anos de controvérsias e de exasperação entre os zoólogos.

Nos artrópodes, o sistema nervoso central concentra-se no abdômen do animal, na forma de dois cordões principais dispostos ao longo da superfície ventral. A boca também se abre para a face ventral. O esôfago passa por entre os dois cordões nervosos, e o estômago e o restante do tubo digestivo estendem-se longitudinalmente *acima* das cordas nervosas. Nos vertebrados, em oposição, o sistema nervoso central corre ao longo da superfície dorsal (na parte superior) como um tubo único que culmina num cérebro em forma de bulbo na extremidade frontal. O sistema digestivo inteiro se dispõe longitudinalmente em relação ao eixo do corpo, *abaixo* da medula espinhal. (A figura a seguir, extraída do livro de Gaskell, ilustra essa diferença fundamental de uma maneira inadvertida-

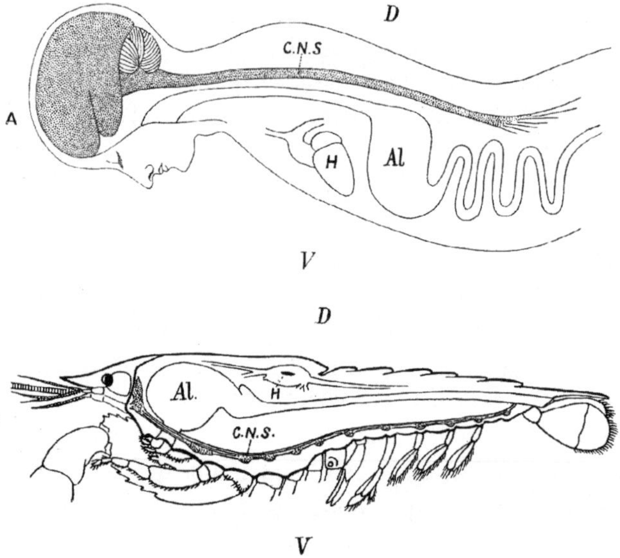

27. Desenho feito por Gaskell, com um efeito cômico não intencional, mostrando as características anatômicas básicas dos insetos e dos vertebrados. Observe como o sistema nervoso central (legendado como CNS) encontra-se acima do tubo digestivo (legendado como AL) nos vertebrados, mas abaixo dele nos artrópodes.

mente engraçada.) Mas, seria a evolução (ou ainda um criador divino dotado de razão) capaz de transformar um artrópode (com seu abdômen situado acima dos cordões nervosos) num vertebrado (com o cérebro em cima e o tubo digestivo embaixo)?

Gaskell propôs um esquema bastante extravagante para essa transformação e perdeu credibilidade (e alunos) em virtude de sua inaptidão para construir uma defesa convincente. Ele argumentou que o tubo digestivo dorsal dos artrópodes se converteria no cérebro e na medula espinhal dos vertebrados à medida que o crescimento do tecido nervoso induzisse ao progresso ascendente. Esse novo tecido nervoso começaria a envolver o antigo tubo digestivo, finalmente sufocando toda a função digestiva como uma figueira em torno de uma árvore hospedeira, ou uma anaconda espremendo o sangue vital de um porco. O cérebro do vertebrado moderno circunda o antigo estômago do artrópode, o que explica a presença dos ventrículos — as cavidades no interior do cérebro — como remanescentes de um espaço digestivo ancestral. De maneira semelhante, o canal central da medula espinhal representa o antigo intestino do artrópode, agora circundado pelo tecido nervoso.

Mas essa suposta solução somente gerou um problema ainda mais perturbador: se o tubo digestivo do artrópode se transformou no sistema nervoso dos vertebrados, que órgão foi o precursor do intestino dos vertebrados? Esse problema representou um obstáculo para Gaskell, e ele optou por um *deus ex machina* que, no final das contas, não satisfez a ninguém, exceto a ele mesmo (e talvez a seu último aluno ouvinte): o tubo digestivo dos vertebrados simplesmente originou-se *de novo*, para servir a uma necessidade óbvia. Gaskell concluiu:

> Os vertebrados se originaram de formas antigas de artrópodes por meio da formação de um novo canal alimentar e do encapsulamento do antigo canal pelo sistema nervoso central em crescimento.

Será que é possível extrair uma mensagem da teoria fracassada de Gaskell além de uma advertência enfadonha, se for o caso, sobre as virtudes da precaução e da sobriedade? Acredito que sim, pois há muito tempo venho sustentando nestes ensaios a idéia de que quando os bons cientistas dedicam suas carreiras a teorias mais tarde consideradas confusas ou mesmo extravagantes, há sempre razões interessantes e instrutivas subjacentes a sua defesa paradoxal. Esse princípio certamente se aplica ao caso de Gaskell. Pode-se identificar na sua proposta uma tendência comum limitadora, mas também uma razão pessoal imperativa que o conduziu à estranha idéia de que os estômagos se transformam em cérebros e de que novas vísceras se originam do nada, surgindo simplesmente a partir de uma potencialidade inicial.

A convicção questionável de Gaskell (sobre a qual ele jamais teve dúvidas) a respeito do progresso linear operou como a diretriz geral que o levou a propor um esquema quase alquímico da transmutação dos artrópodes em vertebrados. Mas a história dessa controvérsia revela também uma outra razão que fez com que Gaskell trilhasse um caminho de irrelevância e solidão cada vez maiores. Em poucas palavras, ele propôs sua própria e tresloucada teoria porque não podia aceitar a explicação-padrão anterior para a transição entre os artrópodes e os vertebrados, igualmente julgada pela história um caso de loucura por excelência.

Consideremos a diferença básica entre esses filos e a maneira mais óbvia de alinhá-los. Os artrópodes desenvolvem cordões nervosos ventrais com o tubo digestivo acima deles; os vertebrados desenvolvem um tubo nervoso dorsal com as entranhas situadas embaixo. *Presto turno* — e um se transforma no outro. Por que não produzir o padrão vertebrado simplesmente invertendo-se um verme segmentado ou um inseto? Vire um besouro de cabeça para baixo (como Kafka fez, aliás, quando transformou seu protagonista num inseto em *A metamorfose*) e você fará surgir a geometria interna de um vertebrado — os nervos situados acima das vísceras.

Não pretendo ser frívolo nem displicente a respeito de questões complexas e sérias. Todos os participantes na história desse

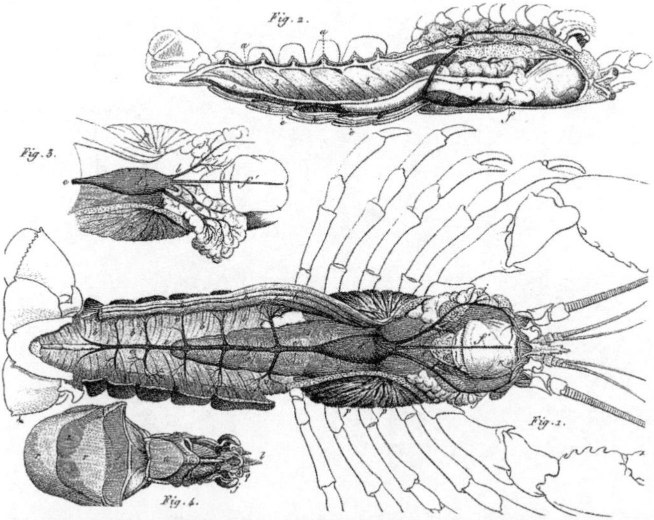

28. O zoólogo francês Geoffroy Saint-Hilaire ilustrou seu tratado de 1822 com esse desenho da anatomia da lagosta. No alto, o artrópode é representado de costas para demonstrar a semelhança entre sua estrutura e aquela de um vertebrado invertido.

debate sabem perfeitamente bem que uma minhoca ou um inseto invertido não se converte num vertebrado, *tout simple* e num arranjo adequado. Há bem mais que uns pequenos problemas ou incoerências por solucionar. Num besouro invertido, o esôfago correria em direção ascendente, atravessando o sistema nervoso (exatamente na região que se tornará o cérebro dos vertebrados) para emergir na forma de uma boca bem no topo da cabeça. É evidente que isso não ocorre (nem jamais ocorreu em qualquer vertebrado real)! Assim, a teoria da inversão, que afirma que os vertebrados derivam dos artrópodes, necessita lançar mão do argumento de que a antiga cavidade bucal que atravessava o cérebro se atrofiou e desapareceu, enquanto uma nova boca, ventral, se desenvolveu na extremidade frontal do tubo digestivo dos vertebrados. A formação de uma nova boca na extremidade de um

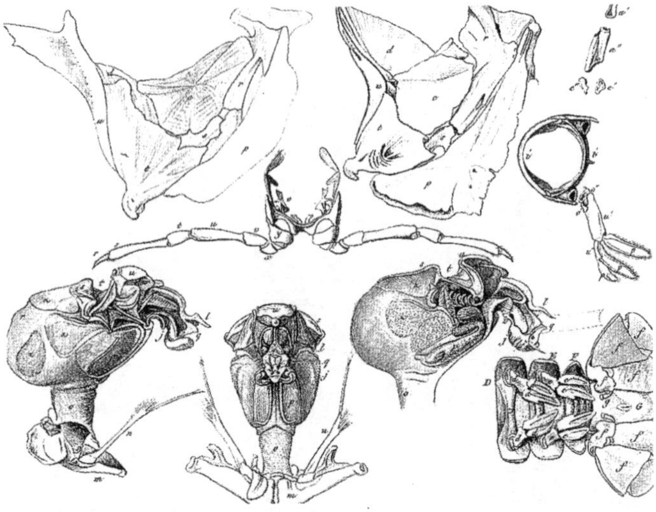

29. Essa gravura do tratado de Geoffroy inclui, no centro da prancha, um segmento de uma lagosta com um par de patas estendidas, com o objetivo de enfatizar sua suposta semelhança estrutural com relação a uma vértebra (com as costelas emergindo dela).

antigo tubo pode não ser uma hipótese tão ousada ou improvável quanto a da construção de um tubo digestivo inteiramente novo a partir do nada (como a teoria de Gaskell exigia), mas não há base empírica alguma para supor que esse processo tenha ocorrido, tampouco, e a história toda cheira a uma argumentação tendenciosa formulada apenas para salvar uma idéia que não fosse por isso poderia ser considerada instigante.

De todo modo, não estou apresentando nenhum conto de fadas abstrato como alternativa hipotética à solução formulada por Gaskell. A teoria da inversão conta com uma história longa e fascinante na discussão da origem dos vertebrados. A versão fundadora data do início do século XIX e se tornou uma peça-chave de um movimento denominado "biologia transcendental", centrado na tentativa de reduzir a diversidade orgânica a uma só unidade, ou, no máximo, a algumas poucas unidades arquetípicas que poderiam então, pela ação de leis apropriadas, produzir todas as anatomias existentes. Alguns dos maiores pensadores da Europa participaram dessa empreitada grandiosa, ainda que inválida. Goethe, o célebre poeta-cientista alemão, descreveu as diversas partes das plantas como manifestações diferentes de uma folha arquetípica. Na França, Étienne Geoffroy Saint-Hilaire tentou interpretar o esqueleto dos vertebrados como um conjunto de modificações sofridas por uma vértebra arquetípica.

Na década de 1820, Geoffroy estendeu seu ambicioso programa para incluir sob o mesmo preceito os anelídeos e os artrópodes. Num estilo arrojado que chegava às raias da obsessão, radical demais para estar inteiramente correto, mas também engenhoso demais para estar totalmente equivocado, ele argumentou que os artrópodes também apresentam um desenho vertebral, mas com uma diferença fundamental. Os vertebrados sustentam suas partes moles com um esqueleto interno, mas os insetos, com seus esqueletos externos, vivem *no interior* de suas próprias vértebras (para Geoffroy, uma realidade concreta, e não uma metáfora). Essa comparação levou a outras conseqüências bizarras, todas defendidas explicitamente por Geoffroy, inclusive a afirmação de que a costela dos vertebrados e a pata do artrópode são provavelmente o mesmo órgão — e a conclusão de que os insetos, portanto, andam sobre suas costelas!

Geoffroy também reconheceu que a orientação oposta das vísceras e do sistema nervoso constituía um problema para a afirmação de que os insetos e os vertebrados representam diferentes versões do mesmo animal arquetípico — e propôs a primeira descrição da teoria da inversão para resolver esse obstáculo à hipótese das unidades arquetípicas. A teoria inicial de Geoffroy, de 1822, faz muito mais sentido do que os enredos evolutivos de transformação linear que vieram depois, e que tanto exasperaram Gaskell. Geoffroy foi um dos primeiros evolucionistas nas décadas que antecederam o trabalho de Darwin, mas a teoria da inversão não foi concebida como uma proposição genealógica — ou seja, ele não propôs que um ancestral artrópode pudesse se converter diretamente num vertebrado primitivo por meio de uma inversão. Geoffroy perseguia um outro objetivo, o de estabelecer um "tipo único" que pudesse gerar tanto os artrópodes quanto os vertebrados a partir de um mesmo modelo.

Argumentou, então, de maneira perfeitamente convincente dentro de seu próprio quadro de referência, que esse grande projeto platônico dava pouca atenção a questões tão "insignificantes" da realidade cotidiana, como, por exemplo, qual era o lado que, numa estrutura universal, acidentalmente apontava para cima. O único e grandioso desenho existente inclui o tubo digestivo no meio e os cordões nervosos principais em algum lugar periférico. Nos artrópodes, essa região periférica encontra-se na face inferior, aquela mais distante do sol — e então chamamos seus cordões nervosos de ventrais. Mas, nos vertebrados, a medula espinhal encontra-se disposta na face superior, voltada para o sol — e por isso chamamos a mesma estrutura de dorsal. Em outras palavras, os artrópodes e os vertebrados são expressões de um projeto comum, em duas orientações distintas, insignificantemente invertidas no que diz respeito a um eixo externo de luz solar e de gravidade.

Mais tarde, porém, os evolucionistas que defendiam a teoria do progresso linear tiveram de levar adiante e abertamente a afirmativa concreta e histórica de que uma linhagem de artrópodes efetivamente se invertera para dar origem aos primeiros vertebrados (para a apresentação clássica da teoria da inversão nessa forma genealógica, ver William Patten, *The Grand Strategy of Evolution*, 1920). Gaskell não podia aceitar essa versão indecorosa de sua estimada teoria do progresso linear. Ele não suportava imaginar que a grande marcha desde as águas-vivas até o homem, orquestrada por uma massa de tecido nervoso em proliferação contínua, tivesse, num dado momento, feito uma pausa em sua procissão imponente e ordenada rumo à consciência humana, para executar uma piruetazinha extravagante, um rodopio habilidoso, precisamente no momento sublime e definitivo da entrada na casa dos vertebrados.

Gaskell, portanto, teve de manter seus imponentes soldados na orientação vertical ao longo de toda a jornada em direção ao apogeu humano — e para isso ele precisou construir engenhosamente o cérebro e a medula espinhal dos vertebrados a partir do tubo digestivo dos artrópodes, ao mesmo tempo formando um intestino totalmente novo situado abaixo desses órgãos. Por meio desse artifício, seria possível manter a parte de cima em cima, e a parte de baixo, embaixo, ao longo de toda a história linear da vida animal, situando os nervos sob o tubo digestivo nos artrópodes, mas acima deles nos vertebrados. Gaskell imaginou que esse movimento resguardaria a teoria do progresso linear, mantendo a necessária transição do artrópode ao vertebrado a salvo dos absurdos da antiga teoria da inversão. "Por que razão, então", ele escreveu, "essa teoria perdeu crédito e terreno? Simplesmente, imagino eu, porque ela tornava obrigatória a inversão do animal." Gaskell, portanto, formulou sua alternativa peculiar como uma refutação da respeitável teoria da inversão. Discorrendo sobre os primeiros vertebrados, ele escreveu: "Se se considerar que o animal não sofreu uma inversão [...] então os ventrículos do cérebro do vertebrado representam o estômago original, e o canal central da medula espinhal, o intestino reto do ancestral artrópode".

Que ironia. Para evitar a "tresloucada" teoria da inversão, Gaskell inventou a idéia ainda mais estranha de que os estômagos se transformam em cérebros, com novos tubos digestivos se formando abaixo deles. Não surpreende, portanto, que os biólogos posteriores lançassem uma praga sobre essas duas visões especulativas e optassem, em vez delas, pela alternativa óbvia: os artrópodes e os vertebrados não partilham de modo algum o mesmo desenho anatômico, mas representam dois percursos evolutivos independentes, igualmente complexos, a partir de um ancestral comum, muito mais simples, que não apresentava, como órgãos distintos, nem um tubo digestivo nem cordões neurais. Afinal de contas, sabemos hoje que os artrópodes e os vertebrados estiveram separados por mais de 500 milhões de anos, e que os artrópodes — "mais simples" — não se transformaram nos "complexos" vertebrados em algum ponto intermediário de uma marcha rumo a um clímax evolutivo único.

Além disso, a hipótese de sua derivação independente articulou-se de modo admirável com o triunfo, a partir da década de 1930, de uma versão estrita do darwinismo assentada na idéia do poder quase onipresente da seleção natural na produção das adaptações, com pouquíssimos impedimentos impostos por um plano anatômico comum, como a folha de Goethe ou a vértebra de Geoffroy. Se a adaptação e a seleção natural determinam de uma maneira tão livre o destino de cada seqüência evolutiva, por que razão buscar os traços comuns ocultos em linhagens separadas há um longo tempo? Os artrópodes e os vertebrados certamente partilham diversos traços de desenho funcional. Mas essas similaridades refletem apenas o poder da seleção natural de construir (de maneira habilidosa e independente) estruturas ideais em um mundo onde as soluções biomecânicas para os problemas funcionais comuns são significativamente limitadas — um fenômeno evolutivo que chamamos de convergência.

Afinal, se você deseja voar, tem de desenvolver asas de algum tipo, uma vez que nada mais pode funcionar. Os morcegos, os pássaros e os pterossauros (répteis voadores dos tempos dos dinossauros) desenvolveram todos, e autonomamente, as suas asas, porque a seleção natural não conhece outra solução e detém a capacidade de construir essas intrincadas convergências como mostras (separadas) de seu poder determinante. Desse modo, se tanto os artrópodes como os vertebrados desenvolveram tubos digestivos e nervos, por que motivo deveríamos nos preocupar com os modos de expressão diferentes de uma restrição comum? Os dois filos encontram-se separados há meio bilhão de anos, e sem dúvida os seus órgãos digestivos e neurológicos se originaram durante esses percursos independentes de adaptação.

Esse novo consenso parecia tão imperativo que Ernst Mayr, o decano dos darwinistas modernos, abriu a lata de cinzas da história para ali depositar as idéias de Geoffroy sobre a unidade anatômica. Conhecemos, atualmente, o imenso poder da seleção natural para construir e reconstruir cada traço anatômico; para alterar, e então alterar novamente, quase todo nucleotídio de cada gene a serviço de uma adaptação superior. Linhagens que estiveram separadas por 500 milhões de anos não podem reter identidade genética suficiente para codificar qualquer restrição comum e importante em termos de estrutura. Em seu memorável livro de 1963, *Animal Species and Evolution*, Mayr escreveu:

> Nos primeiros dias do mendelismo havia uma busca intensa pelos genes homólogos capazes de explicar essas similaridades. Grande parte do que se descobriu sobre a fisiologia dos genes tornou evidente que a procura desses genes é totalmente infrutífera, exceto em parentes muito próximos.

E sobreveio o veredicto da história. Gaskell formulou uma teoria bizarra para rejeitar a hipótese de que havia uma relação de inversão entre os vertebrados e os artrópodes, como propusera Geoffroy. Mas a teoria de Geoffroy era, em si mesma, bastante estranha. Os estudos evolutivos por fim abandonariam esse *nonsense* romântico e se moveriam em direção à hipótese de uma seleção natural operando sem impedimentos.

Exceto por um pequeno problema. O próprio Darwin afirmou em seu último livro, *The Formation of Vegetable Mould Through the Action of Worms* [A formação do húmus pela ação das minhocas], que jamais deveríamos subestimar o poder coletivo das minhocas em movimento. Nossa cultura geral também reconhece duas metáforas basilares, uma inorgânica e outra orgânica, da reversão das opiniões bem aceitas. Os tradicionalistas estão certos em temer a virada desses dois objetos: as mesas e as minhocas. A inversão de uma humilde minhoca, em especial quando perturbada, é capaz de colocar impérios abaixo. Shakespeare nos adverte de que "pisado, o menor verme se revira".[4] E Cervantes escreveu em seu prefácio para o *Dom Quixote* que "até mesmo um verme, quando pisado, se rebela".[5]

(4) *Henrique VI*, Ato II, cena 2: "the smallest worm will turn being trodden on". (N.T.)

(5) No original, "even a worm when trod upon, will turn again". (N.T.)

São metáforas maravilhosamente simbólicas e verdadeiras em seu duplo sentido. Ao comparar os vertebrados aos artrópodes e aos vermes segmentados (virados de cabeça para baixo), Geoffroy propôs uma teoria para unificar a arquitetura dos animais complexos. Essa teoria de uma estrutura arquetípica viria a se tornar, na verdade, o arquétipo das idéias tresloucadas na biologia. Mas a reviravolta dos vermes também funciona como uma metáfora cultural importante da subversão dos costumes e dos raciocínios sedimentados. Sempre gostei da ousadia da teoria de Geoffroy, mas nunca imaginei que ele pudesse estar certo — muito embora eu tenha desde há muito abraçado sua visão (como uma peça central da minha própria carreira) sobre a relevância dos caminhos arquitetônicos que são herdados e que impõem restrições ao poder organizador da seleção natural. Bem, o verme revirou-se duas vezes durante os últimos um ou dois anos — tanto num sentido simbólico quanto do ponto de vista factual. Geoffroy, ao que parece, estava correto, afinal — não em cada detalhe, é claro, mas ao menos na essência e nas conseqüências teóricas de sua posição. E esse triunfo surpreendente, que converte uma hipótese maluca numa aparente verdade, constitui a ilustração principal da descoberta mais palpitante da teoria evolucionista nos nossos tempos.

Publiquei meu primeiro livro técnico, *Ontogeny and Phylogeny*, em 1977. Senti-me orgulhoso dessa extensiva pesquisa sobre a relação entre a embriologia e a evolução, mas, ao mesmo tempo, fiquei totalmente frustrado porque naquele momento tínhamos pouquíssimo conhecimento sobre a provável chave para elucidar essa questão: a base genética do desenvolvimento. De que maneira o código genético ajuda a orquestrar esse que vem a ser o mais grandioso dos milagres da biologia cotidiana — a produção regular e quase sempre infalível da complexidade adulta a partir da aparente ausência de forma de um minúsculo óvulo fertilizado? Não contávamos com quase nenhum conhecimento, mas pressupúnhamos (como está documentado acima) que os maiores filos animais, separados do ponto de vista evolutivo por pelo menos 500 milhões de anos, não podiam compartilhar um plano comum ou uma estrutura genética limitadora. O darwinismo puro reinava triunfante, e acreditava-se que a seleção natural construíra a base de cada anatomia individual visando somente ao benefício adaptativo de cada uma delas.

Mas hoje em dia podemos determinar, com facilidade e a um custo relativamente baixo, a arquitetura química detalhada dos genes, e rastrear os produtos desses genes (enzimas e proteínas) à medida que eles vão influenciando o curso do desenvolvimento embriológico. Ao proceder assim, fizemos a surpreendente descoberta de que todos os filos animais complexos — os artrópodes e os vertebrados, em particular — conservaram, a despeito do meio bilhão de anos de independência evolutiva, uma série extensa de modelos genéticos comuns na formação de seus corpos. Muitas similaridades em termos de desenho básico entre filos animais, que em certo momento foram resolutamente atribuídas à convergência e interpretadas como um testemunho do poder da seleção natural de construir adaptações primorosas, requerem a interpretação que Mayr descreveu como inconcebível: os traços semelhantes representam homologias, ou produtos dos mesmos genes, herdadas de um ancestral comum e que jamais foram alteradas o bastante pela evolução subseqüente de modo a apagar a relação paralela entre estrutura e função. As similaridades registram o poder restritivo da história preservada, e não as capacidades arquiteturais da seleção natural em sua busca independente de um *design* ideal em linhagens separadas. Os vertebrados são, em certo sentido, parentes verdadeiros (ou homólogos) — e não meramente análogos — dos vermes e dos insetos.

Exemplos dessa reversão fundamental da teoria-padrão vêm se acumulando ao longo dos últimos quinze anos. No caso pioneiro, os genes homeóticos dos insetos, responsáveis por especificar a distinção dos vários segmentos ao longo do eixo principal do corpo (orquestrando o crescimento das antenas, das peças bucais, das patas, e assim por diante, em seus lugares apropriados), também foram descobertos nos vertebrados, com alterações mínimas na sua formação. (Os genes homeóticos foram reconhecidos pela primeira vez por meio do estudo dos mutantes anômalos nos quais certas partes do corpo se encontravam nos lugares errados — pernas crescendo a partir da cabeça, no ponto onde deveriam se situar as antenas, por exemplo. Na *Drosophila*, os genes homeóticos ocorrem em dois arranjos em um único cromossomo. Nos vertebrados, curiosamente, esses mesmos arranjos existem em cópias múltiplas, em quatro seqüências em quatro cromossomos separados.) Esses homólogos vertebrados não exercem controle sobre a segmentação básica da coluna vertebral (de modo que os segmentos dos insetos não são simples homólogos das vértebras, como Geoffroy propusera inicialmente). Mas os genes homeóticos das vértebras realmente regulam a segmentação embrionária das regiões central e posterior do cérebro, e exercem uma forte influência sobre outras estruturas repetitivas importantes, inclusive o posicionamento dos nervos cranianos ao longo do eixo do corpo.

Mais tarde, um segundo caso comprometeu seriamente o exemplo clássico de convergência dos manuais clássicos — a disposição dos olhos em pares nos três grandes filos: os vertebrados, os artrópodes (com o exemplo principal dos olhos multifacetados das moscas) e os moluscos (em particular no que se refere ao cristalino complexo da lula, tão similar ao nosso do ponto de vista funcional, mas formado por tecidos diferentes). Sempre assumíramos que os olhos nos três filos haviam se desenvolvido em momentos distintos, em completa independência, porque diferem substancialmente nas bases de sua anatomia. E víamos essa suposta convergência como um dos maiores exemplos do poder da seleção natural de produzir órgãos com funcionamento ideal e semelhante, embora construídos a partir de materiais diferentes e desenvolvidos a partir de pontos iniciais inteiramente separados. Mas hoje sabemos que os olhos nos três filos partilham um percurso embriológico herdado, em grande medida orquestrado por um gene (chamado de *Pax-6* em sua forma vertebrada) preservado em todos esses filos a partir de um ancestral comum, que permaneceu semelhante o bastante para operar de maneira intercambiável (pois a versão desse gene na mosca produzirá os olhos nos vertebrados e vice-versa). Os resultados finais variam substancialmente (o olho multifacetado da mosca não é homólogo ao nosso olho de uma só lente), mas os modelos embriológicos compartilham uma ascendência comum, e os olhos dos diferentes filos já não podem mais ser vistos como um exemplo de pura convergência.

A mudança de opinião durante a última década foi espantosa. Mayr argumentou que não deveríamos nos preocupar em procurar a homologia genética e os percursos embriológicos partilhados entre filos distintos. Atualmente nos encontramos no pólo oposto. Ficamos surpresos quando identificamos um gene básico da arquitetura do desenvolvimento na *Drosophila* e *não* encontramos um homólogo nos vertebrados. Charles B. Kimmel iniciou um artigo recente sobre esse assunto dizendo: "Passamos a considerar mais notável a descoberta de que um homólogo do nosso gene regulador favorito num rato não está presente na *Drosophila*, do que a descoberta de que ele está presente, dado o alto grau de conservação evolutiva nos genes que atuam no desenvolvimento".

Apesar de tudo, penso que ainda não me adaptei por completo à mudança — muito embora essa nova perspectiva se ajuste bem às minhas expectativas e alimente tão bem os meus preconceitos teóricos —, pois jamais imaginei que minha teoria preferida, a da união entre os filos (a hipótese da inversão de Geoffroy), pudesse um dia provar-se, além de tudo, correta. A estrutura básica do corpo desde a extremidade frontal até a posterior? Tudo bem. Os olhos? Por que não? Mas o abdômen do artrópode como as costas do vertebrado? Soa um tanto quanto bobo, por mais estimulante que seja.

Exceto pelo fato de que a teoria da inversão de Geoffroy, devidamente reapresentada no vocabulário próprio às pesquisas atuais em genética e em biologia do desenvolvimento, revelou-se verdadeira. Em diversos artigos, publicados durante os últimos dois anos e que tomam por base, principalmente, o trabalho realizado nos laboratórios de Eddy M. De Robertis, na Universidade da Califórnia em Los Angeles, e Ethan Bier, na Universidade da Califórnia em San Diego, todos os elementos essenciais da teoria de

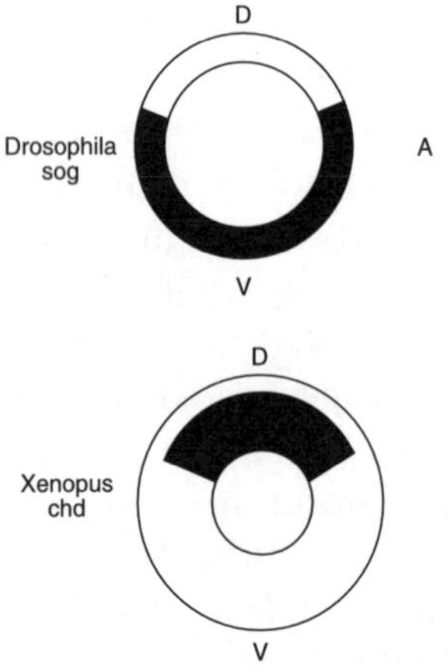

30. Essa figura, extraída do artigo de De Robertis e Sasai, mostra como a área ventral em preto (legendada como V), que forma os cordões neurais centrais na mosca-das-frutas Drosophila, *corresponde à área dorsal (também em preto e legendada como D) que forma os cordões nervosos centrais no vertebrado anfíbio* Xenopus.

Geoffroy foram surpreendentemente confirmados em termos contemporâneos (ver especialmente Holley et al., 1995; De Robertis e Sasai, 1996; François et al., 1994; e François e Bier, 1995; todos na bibliografia).

A defesa de Geoffroy começou com o seqüenciamento de um gene vertebrado chamado *chordin*. No sapo *Xenopus* (mas, até onde se sabe, funcionando de maneira similar em todos os vertebrados), o gene *chordin* codifica para uma proteína que determina a forma da superfície dorsal (superior) do embrião em desenvolvimento, e desempenha um importante papel na formação da medula dorsal. Quando esses cientistas procuraram por um gene correspondente na *Drosophila*, descobriram, para sua surpresa, que o *chordin* é suficientemente semelhante ao *sog* para sustentar a hipótese da ancestralidade comum e da homologia genética entre eles. Mas o *sog* é expresso na região ventral (inferior) das larvas da *Drosophila*, onde atua para induzir a formação das cordões nervosos ventrais. Assim, o mesmo gene, do ponto de vista da ascendência evolutiva, dá forma tanto ao tubo nervoso dorsal nos vertebrados quanto aos cordões nervosos ventrais na *Drosophila* — em conformidade com a antiga afirmação de Geoffroy de que os dorsos dos vertebrados são as barrigas dos artrópodes, e de que os dois filos podem ser colocados em correspondência estrutural por inversão.

Esse fato intrigante não é suficiente para confirmar por si mesmo a teoria da inversão de Geoffroy, mas De Robertis e seus colegas encerraram o caso com suas duas descobertas seguintes. Primeiro, demonstraram que um importante gene responsável pela especificação da região dorsal das moscas (e chamado de *decapentaplegic*, ou *dpp*) tem um homólogo vertebrado (chamado de *Bmp-4*) que dá forma à região ventral do *Xenopus* — outra inversão coerente com a hipótese de Geoffroy. Além do mais, o sistema inteiro parece funcionar do mesmo modo — só que invertido — nos dois filos. Ou seja, o *dpp*, difundindo-se de cima para baixo, pode antagonizar a ação do *sog* e suprimir a formação dos cordões nervosos ventrais na *Drosophila* — ao passo que o *Bmp-4* (o homólogo do *dpp*), difundindo-se de baixo para cima, pode inibir a expressão do *chordin* (o homólogo do *sog*), suprimindo a formação da medula dorsal nos vertebrados. (A ilustração precedente, extraída das publicações originais, mostra essas relações de uma maneira mais clara.)

Em segundo lugar, esses cientistas também descobriram que o gene das moscas pode atuar nos humanos e vice-versa. O *chordin* vertebrado pode induzir a formação do tecido nervoso ventral nas moscas, ao passo que o *sog* das moscas pode levar à produção de tecido nervoso dorsal nos vertebrados. Essas três descobertas, penso eu, formam um argumento consistente e bem documentado em favor da antiga teoria da inversão de Geoffroy.

Além disso, os achados atuais corroboram a versão de Geoffroy, e não os enredos posteriores de evolução linear. Os dados não favorecem a hipótese disparatada de que, num momento decisivo na marcha do progresso evolutivo, um artrópode literalmente deu uma pirueta para se tornar o primeiro vertebrado. Em vez disso, como Geoffroy argumentava há tanto tempo, os dois filos partilham uma arquitetura comum, mas num arranjo invertido. Ao evoluir separadamente a partir de um mesmo ascendente, os vertebrados encaminharam esse *design* comum de uma maneira, enquanto os anelídeos e os artrópodes o fizeram na direção oposta. A evolução mostra enorme engenho e versatilidade ao repetir um mesmo conjunto de genes e de percursos de desenvolvimento ao longo de tantas rotas ecológicas e tantos modos de vida diferentes. Mas aquilo que nos une e que compartilhamos, do mesmo modo que as águas tranqüilas do provérbio, corre muito mais profundamente do que jamais havíamos ousado pensar. Por trás dos novos desenhos, há um sopro substancial do passado.

Para concluir num estilo assumidamente frívolo, os aficionados dos filmes B se lembrarão de um dos clássicos de todos os tempos — a versão original de *A mosca*, com Vincent Price (não a horrorosa refilmagem com Jeff Goldblum como o nosso híbrido herói). Foco na inesquecível cena final: a mosca com cabeça de homem está enredada numa teia de aranha, e a horrenda senhora-de-oito-patas se aproxima para a terrível picada mortal. Numa voz estridente de medo, a mosca grita por socorro, sem parar. Ao final, movido pela compaixão (já que a cabeça de mosca no corpo de homem morreu, tornando impossível separar e reconstituir adequadamente as duas criaturas), um outro personagem atira uma pedra sobre a teia, pondo fim à miséria do homem-mosca. ("Mas não se matam cavalos?")[6] Numa próxima refilmagem, essa cena crucial talvez pudesse mostrar o matador piedoso que empunha a pedra oferecendo, em vez disso, um conselho zoológico: "Vire-se e transforme-se num homem".

(6) Gould faz uma alusão ao filme *They shoot horses, don't they?*, de Sydney Pollack, lançado em 1969. No Brasil, o filme foi intitulado *A noite dos desesperados*. (N.T.)

Parte VI

IDÉIAS DIFERENTES SOBRE VERDADES COMUNS

18
UMA GUERRA DE VISÕES DE MUNDO

Todos temos saudade dos "bons velhos tempos", embora eles nunca tenham existido fora de nossas fantasias. O sentimento de nostalgia pode ser universal, mas seus modos de expressão variam em cada cultura ou classe social. Todos conhecem seus estereótipos. O plebeu Pete gostaria de continuar a fumar, a beber e a comer carne vermelha sem provocar olhares de reprovação, enquanto o aristocrático Percival lamenta que já não consiga encontrar criados de confiança hoje em dia.

É certo que os estereótipos funcionam com base em exageros injustos, mas quase sempre se baseiam em algum substrato da realidade. Considere-se a seguinte afirmação, escrita em 1906 por um membro da aristocracia de nome Percival (que existiu de verdade): "O último serve ao primeiro, involuntariamente, o tempo todo, com uma independência arrogante bastante parecida com aquela que os nossos empregados domésticos em geral demonstram nos tempos atuais". Nos estereótipos, os aristocratas não são muito diferentes de Percival Lowell, irmão de Lawrence Lowell, presidente de Harvard, e da poetisa Amy Lowell — e descendente da importante família de Boston mencionada numa quadrinha bem conhecida:

E aqui é a velha cidade de Boston
A terra do feijão e do bacalhau,

Onde os Lowell se dirigem aos Cabot
E os Cabott, somente a Deus.[1]

Na ciência, assim como em outras empreitadas humanas, não é preciso ser rico para ser bem-sucedido, mas, por Deus, posso jurar que isso também não atrapalha! Charles Darwin herdou uma fortuna considerável e a multiplicou por meio de investimentos certeiros. Ele compreendia bem os benefícios intelectuais que isso lhe assegurava, principalmente em relação à liberdade e à disponibilidade de tempo. Darwin escreveu em sua autobiografia: "Como eu não necessitava ganhar meu próprio pão, pude desfrutar de copioso tempo livre". Mas Alfred Russel Wallace, o co-descobridor da seleção natural, que vinha de uma família sem posses, começou sua vida profissional como professor de ensino básico e sempre viveu de maneira frugal, lançando mão de seus expedientes como escritor e colecionador. Ele provavelmente se equiparava a Darwin em inteligência, mas nunca pôde dispor do tempo necessário para a teorização e a experimentação contínuas.

Percival Lowell (1855-1916) passou seus jovens *Wanderjahre*[2] em uma série de viagens longas pela Ásia, que resultaram em livros com títulos sugestivos como *A alma do Extremo Oriente* e *Japão oculto*. Ele então decidiu dedicar sua vida à astronomia e começou com grande estrondo (e com muita grana), construindo um observatório particular em Flagstaff, Arizona. Ali, Lowell alcançou uma série de resultados muito proveitosos, entre eles a previsão de um planeta mais distante que Netuno, que por fim foi descoberto em seu observatório por Clyde Tombaugh e recebeu o nome de Plutão em 1930.

Mas uma vida inteira de trabalho de boa qualidade pode ser engolida por um erro inesquecível. Esse destino parece particularmente injusto quando o lapso perdoável de um momento apaga a

(1) "And this is good old Boston/ The home of the bean and the cod,/ Where the Lowelles talk to the Cabots/ And the Cabots talk only to God." (N.T.)

(2) Anos de perambulação. (N.T.)

lembrança de uma carreira admirável (a perna claudicante de Bill Buckner,[3] ou o deslize inofensivo de Pee Wee Herman).[4] Mas quando o erro representa uma *idée fixe*, perseguida de modo inexorável ao longo de anos de pesquisa e de livros inteiros, então dizemos que a pessoa construiu seu próprio túmulo. Mas devemos reconhecer, pelo menos, que Percival Lowell tombou diante de um inimigo grandioso, o deus da guerra em pessoa — o planeta Marte.

No final da década de 1870, o astrônomo italiano Schiaparelli afirmara que a superfície marciana apresentava-se entrecortada por traços longos, finos e retos, que ele chamou de *canali*, que, em italiano, corresponde ao termo inglês *channels* (sem nenhuma atribuição de causalidade), e não a *canals* (que implica sua construção por seres dotados de consciência). Lowell deixou-se arrebatar por esse fenômeno inexistente e despendeu o resto de sua carreira em tentativas cada vez mais elaboradas de mapear e interpretar "esses traços [que] correm em linha reta por milhares de quilômetros, perfazendo um intervalo que corresponde, proporcionalmente, à distância que separa Londres de Bombaim, e que equivale efetivamente à distância entre Boston e San Francisco". (Todas as citações vêm do principal livro de Lowell sobre o assunto: *Mars and Its Canals* [Marte e seus canais].)

Lowell, por fim, decidiu que essas linhas eram mesmo canais construídos, e as interpretou de maneira ainda mais elaborada e pungente. Ele concluiu que Marte fora um dia um mundo verdejante que atualmente se encontrava sob os efeitos de uma forte seca. As

(3) Referência a um evento memorável na história do beisebol, ocorrido no campeonato americano de 1986. O time de Bill Buckner, o Boston Red Sox, precisava de apenas uma vitória para alcançar um título que não obtinha desde 1918. Ao final de uma temporada longa e difícil, Bill Buckner não se encontrava em boas condições físicas, mas foi escalado para jogar nessa partida decisiva contra o Mets. Num lance decisivo, Mookie Wilson, do Mets, rebateu uma bola que passou por entre as pernas de Bill Buckner, o que permitiu que o Mets fizesse o *game-winning run*. (N.T.)

(4) Ator e escritor americano, preso em 1991 por se masturbar no cinema. (N.T.)

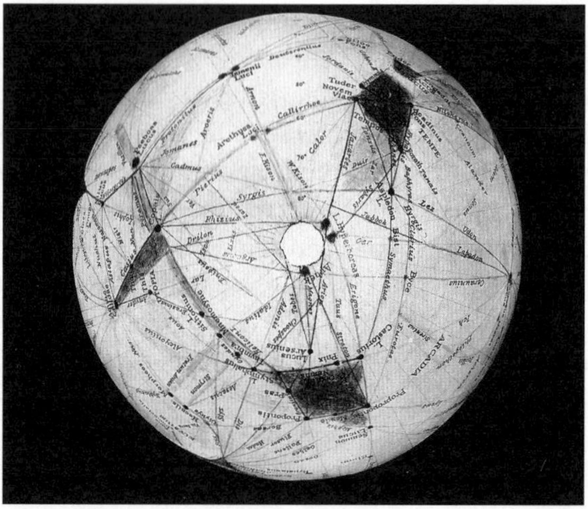

31. Um mapa dos ilusórios canais marcianos, conforme retratado no livro Marte e seus canais, *de Percival Lowell, publicado em 1906.*

calotas polares constituíam a única fonte substancial de água que restara nesse planeta. Os canais, então, provavelmente representavam um sistema planetário de irrigação construído por seres superiores (ou, ao menos, altamente cooperativos) num esforço desesperado para fazer afluir a água resultante do degelo das calotas glaciais para uma civilização mais equatorial e ressequida.

Nestes ensaios, tenho salientado com freqüência que o estudo do erro proporciona um caminho bastante fecundo para a compreensão do pensamento humano. Ao passo que a verdade dispensa explicações, o erro tem suas razões, e estas devem ser elucidadas. Se Marte tivesse canais, isso converteria Lowell num observador cuidadoso. No entanto, um fotógrafo mecânico, desprovido de consciência e de motivações, poderia ter feito ainda melhor. Mas, uma vez que Marte não tem canais, temos de nos perguntar como foi que Lowell pôde se iludir de maneira tão extraordinária — e é provável que as respostas reúnam razões e justificativas esclarecedoras. Neste ensaio, não pretendo documentar o modo como Lowell concluiu que os canais existiam, e sim me concentrar na lógica da sua argumentação para interpretar essas supostas estruturas como produtos de uma civilização superior. Escolho esse foco porque o equívoco fundamental por parte de Lowell continua a atuar como um impedimento importante para a compreensão tanto da evolução num sentido mais geral quanto de diversos pontos-chave na especulação sobre a vida extraterrestre. Esse mesmo equívoco subjaz o grande mal-entendido coletivo inspirado pelas afirmações, feitas pela primeira vez em agosto de 1996, de que indícios fósseis da presença de vida em Marte haviam sido encontrados num meteorito.

Lowell inicia sua argumentação com a afirmação incorreta de que existe uma ampla vida vegetal em Marte, uma inferência feita a partir das mudanças de coloração supostamente sazonais de grandes regiões da superfície marciana. Lowell interpretou "a existência de vegetação no planeta como a única explicação racional para as marcas escuras ali observadas, levando-se em conta não apenas o seu aparecimento num dado momento, mas também as mudanças que elas sofriam nas sucessivas estações do ano em Marte".

A inferência crucial que Lowell fez em seguida é que inspirou a queixa sobre os criados citada na abertura deste ensaio. Ele alegou que a existência de uma flora extensiva implicava também a presença de uma fauna complexa correspondente:

> Além de importante como conclusão, trata-se também de uma premissa muito relevante. Pois a certeza de que existe vida vegetal em Marte nos conduz um passo além [...]. Ela introduz ao mesmo tempo a probabilidade de que ali exista também um tipo de vida superior e mais atrativo, e não o faz com a vagueza de uma analogia geral, mas com a exatidão de uma dedução específica. Pois a presença da flora é em si mesma a base que nos leva a supor a existência da fauna.

Lowell discorre sobre todos os exemplos bem conhecidos de interdependência entre plantas e animais, incluindo a polinização pelos insetos e a "preparação" do solo pelas minhocas — sem, aparentemente, se dar conta de que os casos particulares de interação que se desenvolveram numa terra já habitada por animais não implicam uma relação necessária e universal. Afinal de contas, as plantas poderiam se originar primeiro sem que os animais aparecessem a seguir. (A metáfora exagerada de Lowell sobre os criados arrogantes se refere aos animais, que, do alto de sua pretensa superioridade, nem ao menos percebem que servem às plantas em retribuição aos notórios serviços na direção inversa.)

Tendo estabelecido (com grande satisfação) que o planeta Marte é habitado por animais, Lowell se pergunta sobre o nível de complexidade presumivelmente atingido por eles, jamais duvidando que a vida, tendo se iniciado, deve evoluir para estados cada vez mais desenvolvidos: "Uma vez começada", Lowell escreve, "a vida se expande, como mostra a paleontologia, simultaneamente do lado da flora e do lado da fauna, assumindo maior complexidade com o passar do tempo".

Lowell situa o mecanismo do avanço evolutivo nas necessidades adaptativas impostas por um planeta em processo de resfriamento. Num planeta jovem e quente, as formas mais simples florescerão com liberalidade tropical. Mas o resfriamento constante exige uma complexidade orgânica maior, como resposta às condições climáticas cada vez menos favoráveis. Quando a vida fica dura, como diz o clichê atual, os durões é que ficam.[5]

> Ela [a vida] tem início tão logo o resfriamento secular tenha condensado o vapor d'água fazendo-o passar ao estado líquido; *chromacea* e *confervae* [plantas e animais unicelulares na terminologia usada na época de Lowell] aparecem num ponto bem próximo ao da ebulição. Então, com o declínio da temperatura, surgem as algas marinhas e os rizópodes, e depois, as plantas terrestres e os vertebrados pulmonados. A fauna e a flora evoluem em paralelo rumo a um aperfeiçoamento mais intrincado, e a vida progride à medida que a temperatura declina.

Marte, localizado a uma maior distância do Sol e com um tamanho menor do que a Terra, provavelmente esfriou mais rápido

(5) No original, "when the going gets tough, the though gets going". (N.T.)

do que o nosso planeta. A vida animal em Marte, portanto, deve encontrar-se num estágio mais avançado que aquele do *Homo sapiens*. Apesar de toda a riqueza e tecnologia de que tanto nos orgulhamos, o que foi que construímos que pudesse ser reconhecido por um observador em Marte, munido de um telescópio, como um produto da vida em estágio avançado? A Muralha da China? Nossas maiores cidades? Nada, em todo caso, que se equipare aos canais marcianos:

> Esse resultado [a evolução para uma complexidade maior] não constitui de modo algum uma circunstância acidental. Trata-se de uma fase inevitável na evolução dos organismos. À medida que o cérebro se desenvolve, o organismo se torna capaz de extrair benefícios das condições adversas e de superar as condições ambientais mais inóspitas, visando não apenas sobreviver, mas também se disseminar. Os sinais de suas faculdades mentais ficarão gravados de maneira cada vez mais visível na superfície de seu hábitat. Na Terra, a despeito de todo o orgulho que experimentamos em relação ao nosso intelecto, ainda não progredimos muito além do estado inferior que não deixa registro algum de si mesmo.

A severidade cada vez maior do ambiente marciano implica, em particular, uma resposta mental por parte dos organismos em desenvolvimento nesse planeta:

> Num mundo em idade avançada, onde as condições de vida se tornaram mais difíceis, é preciso, cada vez mais, que os seres se distingam por sua capacidade mental para que se tornem capazes de sobreviver, e em conseqüência disso essa capacidade tenderia a se desenvolver. Assim, encontrar vida altamente inteligente em Marte é o que seria de se esperar, levando-se em conta o estado do planeta.

Somem-se todas essas conjecturas e inferências — o planeta Marte apresenta vegetação; a presença de plantas implica a presença de animais; tanto a vida vegetal como a vida animal progridem em direção a uma complexidade maior; o resfriamento planetário e as condições ambientes cada vez mais desafiadoras inspiram o progresso evolutivo; Marte sofreu mais resfriamento do que a Terra; seres mais evoluídos que o *Homo sapiens* devem, portanto, habitar Marte — e se impõe a conclusão de que os supostos canais seriam dispositivos tecnológicos concebidos para poupar os minguantes recursos de um planeta em processo de esfriamento e de seca.

Os "canais"[6] de Schiaparelli só podem então representar aquilo que o termo em italiano que ele empregou[7] sugere em inglês — canais[8] verdadeiros em escala planetária, construídos por criaturas superiores para extrair líquido da única fonte disponível de água:

> A escassez de água é a chave para que possamos compreender as características dos habitantes de Marte [...]. Até onde podemos ver, a única água disponível ali é aquela que resulta do descongelamento semi-anual da neve acumulada em uma ou outra das calotas [polares] durante o inverno precedente. Não há água alguma além dessa, exceto por aquela que pode estar presente no ar. Ora, a água é absolutamente essencial a todas as formas de vida; nenhum organismo pode viver sem ela. Mas, à medida que um planeta envelhece, ele perde seus oceanos [...] e, pouco a pouco, toda a sua provisão de água. A vida na sua superfície enfrenta uma carência cada vez maior [...]. [Os canais representam], então, um sistema cuja finalidade é perfurar a calota de neve de modo a extrair dela a água liberada a cada semestre, e então distribuí-la pela superfície do planeta [...]. Portanto, a partir do fato de que o sistema reticulado de canais é uma entidade elaborada que se alastra por todo o planeta, de um pólo ao outro, temos prova não apenas da sagacidade de seus construtores, mas também uma ilustração incidental muito sugestiva de que somente uma necessidade universal como a água poderia ser a sua causa subjacente.

(6) *Channels*, no original. (N.T.)
(7) *Canali*. (N.T.)
(8) *Canals*, no original. (N.T.)

Deveríamos sentir admiração por esses seres, sugere Lowell, e não apenas por sua inteligência superior como também pelas qualidades morais elevadas que demonstram ao se revelarem capazes de cooperação (uma qualidade que parece tão ausente no nosso caso) numa escala planetária! "A primeira conclusão que se impõe é a do caráter necessariamente inteligente e não belicoso de uma comunidade capaz de agir desse modo, como uma unidade, por todo o planeta."

A civilização marciana pode estar condenada, a despeito dessa grandiosa e nobre tentativa planetária de conter o desastre. Mas ao menos podemos extrair coragem e conforto em relação aos estágios evolutivos da futura vida na Terra que a existência desses seres implica (ao mesmo tempo que podemos torcer por um final diferente):

> Um dos aspectos que torna tão transcendente o interesse do homem por Marte é a possibilidade de previsão acerca do curso que a evolução na Terra seguirá. No nosso próprio planeta, somos capazes apenas de estudar o presente e o passado. Em Marte, podemos visualizar de relance, por assim dizer, o nosso futuro. Por mais que o curso da vida nos dois planetas tenha, sem dúvida alguma, sido diferente, um ajuda a entender o outro, ainda que de maneira imperfeita.

A teoria extravagante de Lowell deixou o mundo todo em polvorosa e desencadeou uma torrente de comentários, a maioria deles negativos (embora a inexistência dos canais marcianos não tenha sido estabelecida de modo conclusivo antes que os satélites da sonda Mariner fotografassem a superfície de Marte a pouca distância na década de 1960. Recordo-me bem do "gancho" jornalístico que a velha teoria de Lowell ainda proporcionava. Em certa medida, essa expedição apareceu na imprensa popular como um teste sobre a existência dos canais. Eu era um jovem apaixonado pelo espaço, nessa época, e fiquei desapontado, embora nem de longe surpreso, com o resultado negativo!).

Alfred Russel Wallace ainda estava vivo e ativo quando Lowell publicou seu livro sobre os canais marcianos — e ainda empunhava a pena como forma de prover seu sustento. (Darwin e seus amigos, em parte porque se sentiam culpados pelos seus destinos privilegiados como herdeiros de grandes fortunas, haviam assegurado a Wallace uma pensão anual do governo, mas esta era insuficiente para possibilitar-lhe uma vida de estudos livre de preocupações financeiras.) Wallace, que desde havia muito se mostrara interessado na possibilidade da vida extraterrestre, e que desenvolvera uma teoria particular e idiossincrática afirmando que os terráqueos eram o único caso de inteligência superior sob uma forma corpórea existente no universo, escreveu um livro inteiro para refutar a teoria de Lowell sobre os canais (*Is Mars Habitable?* [Londres, Macmillan, 1907].)

De maneira equivocada, Wallace aceitou a existência dos canais e tentou formular uma explicação puramente física para o fenômeno — interpretando esse suposto fenômeno como fendas "produzidas pela contração da aquecida crosta exterior sobre um interior frio e não sujeito à contração". Entretanto, ele apresentou uma crítica devastadora da interpretação biológica de Lowell:

> O único traço notável de Marte que levou o sr. Lowell a assumir a visão de que ele é habitado por uma raça de seres altamente inteligentes [...] é o dos chamados "canais" — seu traçado em linha reta, sua enorme extensão, a abundância dos mesmos e sua presença na superfície inteira do planeta, de uma calota polar à outra. A própria imensidão desse sistema e sua constante ampliação durante quinze anos de observações persistentes se apossaram de seu pensamento de uma maneira tal que, após um brevíssimo exame de fatos análogos e de outras possibilidades de explicação, Lowell declarou que os canais eram "inaturais" — fruto da arte, portanto —, requerendo, desse modo, a presença de seres de inteligência superior capazes de projetá-los e construí-los. Essa idéia deu o tom dominante a todos os seus escritos sobre o assunto. As inúmeras dificuldades que essa hipótese levanta foram ignoradas ou colocadas de lado com base nos indícios mais insignificantes. Por exemplo, ele nunca sequer levan-

tou como problema o fato de que essa reserva de água mostrava-se totalmente inadequada para a irrigação do planeta inteiro, ou a extrema irracionalidade de se construir um sistema de canais tão vasto que, exposto às condições desérticas que ele próprio descreve, levaria ao desperdício, pela evaporação, esgotando um estoque de água dez vezes maior [...]. A simples tentativa de utilização de canais abertos para esse propósito demonstra a ignorância e a estupidez completas por parte desses seres supostamente superiores; e é certo que, muito antes que a metade deles [os canais] estivesse concluída, sua inutilidade teria levado quaisquer seres racionais a interromper sua construção.

Rumores recentes sobre a descoberta de vestígios fósseis da presença de vida em um meteorito marciano me inspiraram a retirar os livros de Lowell e de Wallace da estante (onde eu os havia guardado lado a lado — pois a história, entre suas muitas ironias, quase sempre coloca em posições invariáveis de conjunção póstuma aqueles que foram inimigos em vida). Não poderia haver contraste maior do que aquele existente entre os inteligentes construtores de canais descritos por Lowell e esses supostos organismos bacterianos, mas fiquei estarrecido com a presença do mesmo erro nos dois casos. Trata-se de um pressuposto incorreto que invalida o argumento central de Lowell apresentado anteriormente e que subjaz também a razão principal da fascinação do público despertada por essa descoberta recente.

Em 7 de agosto de 1996, a NASA (National Aeronautics and Space Administration) anunciou numa entrevista coletiva a publicação (na edição da revista *Science* de 16 de agosto seguinte) de um artigo escrito por David S. McKay e mais oito colegas, intitulado "Investigação sobre a vida no passado de Marte: possíveis vestígios de atividade biogênica no meteorito marciano ALH84001". Em resumo, esses cientistas afirmavam que um dos doze meteoritos reconhecidamente originários de Marte (de acordo com inferências fidedignas baseadas nas "assinaturas" químicas condizentes com as condições atmosféricas e de superfície desse planeta) continha sinais de vida preservados em materiais carbonatados depositados no interior das fendas na pedra. Essas fendas, presumivelmente, se formaram e foram preenchidas há aproximadamente 3,6 bilhões de anos. (A pedra foi expelida pelo impacto de um asteróide em Marte há cerca de 15 milhões de anos e, por fim, caiu em um campo de gelo na Antártida em torno de 13 mil anos atrás.)

A demonstração controversa da existência de vida em Marte não conta com dados "duros" como uma concha ou um osso, mas consiste em sinais químicos na forma de proporções isotópicas e de precipitados minerais que em geral são formados por atividade biológica (mas que são explicáveis de outros modos) e em objetos minúsculos com formato capilar ou de bastonete vagamente semelhantes à menor das bactérias terrestres, mas também facilmente interpretáveis como objetos de origem inorgânica. Se eu fosse um apostador inveterado, não arriscaria meu dinheiro nessa hipótese, embora não a descarte por completo. O artigo de McKay e seus colegas é um exemplo de precaução e de bom senso, e sua argumentação é certamente plausível, por duas razões que não foram reconhecidas o bastante: primeiro, porque Marte apresentou condições apropriadas para o aparecimento da vida, como água corrente e uma atmosfera mais densa, durante o primeiro bilhão de anos de sua história (quando as rachaduras no meteorito foram preenchidas com material carbonatado); segundo, porque a Terra, na mesma época e sob condições semelhantes, *de fato* desenvolveu organismos bacterianos.

A notícia desencadeou o maior surto de interesse do público por um assunto científico desde a erupção do monte St. Helens. Manchetes sobre o assunto ocuparam a primeira página de praticamente todos os jornais mais importantes. A revista *Time* ficou publicamente dividida entre dedicar a reportagem de capa a Marte ou à indicação de Dole e Kemp na convenção republicana. O editorial dizia: "Uma das piores coisas que pode acontecer a uma revista semanal é uma seca prolongada de notícias. Quase tão desafiadora é a situação em que dois acontecimentos de impacto ocorrem na mesma semana". (Eles optaram pelos homens de existência comprovada, em vez das hipotéticas bactérias fósseis, e Marte ficou apenas com a tarja no canto superior da capa, bem em cima da cabeça de Jack Kemp.) Numa esfera mais local, a fita da minha secretária eletrônica esgotou-se em menos de duas horas, com 25 telefonemas de jornalistas.

Nossos líderes experimentaram um momento de êxtase. Bill Clinton, com um senso de oportunidade maquiavélico e esperando roubar para si uma parcela desse alarido cósmico na abertura da convenção republicana, deu uma rápida entrevista coletiva para anunciar: "Hoje a rocha 84001 fala a todos nós a uma distância de bilhões de anos e de milhões de quilômetros". Meu caro amigo Carl Sagan, que morreu apenas quatro meses depois, vibrou em sua cama de hospital: "Se os resultados forem comprovados, estaremos diante de um momento decisivo na história humana, pois esses achados sugerem a existência de vida não apenas em dois planetas de um sistema solar insignificante, mas em todo o universo magnífico".

Uma semana mais tarde, na nossa cultura de frases de efeito e de celebridade momentânea, a história saiu de cena. A invisibilidade rapidamente desceu sobre essa descoberta que muitos comentadores haviam consagrado como a maior revolução científica desde Copérnico e Darwin! Lord Byron, em *Childe Harold*, nos falou sobre "a fantasia de criança, que dura apenas uma hora!". Mas Andy Warhol com certeza colocou seu dedo artístico na pulsação da vida moderna, dividindo o tempo de atenção em períodos de quinze minutos e, numa época desprovida de parâmetros, estendendo essa oportunidade a todo mundo — de Kato Kaelin[9] até o pobre sr. Bobbitt,[10] rapidamente cortado de mais de uma maneira.

(9) Testemunha no julgamento de O. J. Simpson, em 1996, que, em seguida, desfrutou de uma curta carreira como apresentador de um *talk-show* no rádio. (N.T.)

(10) John Wayne Bobbitt, que teve seu pênis cortado pela esposa, Lorena Bobbitt, em junho de 1993. Após uma cirurgia, Bobbitt concedeu entrevistas em todo o circuito de *talk-shows* e trabalhou como ator em filmes pornô. (N.T.)

Mas então, pensando bem, talvez a história não tivesse fôlego e tenha sofrido uma morte adequada por falta de provas ou de material novo para sustentar os boateiros. Eu gostaria de assumir uma posição intermediária e tentar demonstrar que a fascinação do público se baseava numa falsa premissa, que, em grande medida, foi decisiva para o esquecimento prematuro da história — mas que sua formulação nos termos adequados teria sido capaz de sustentar o interesse e a expectativa do público nos anos futuros.

A lógica empregada por Lowell para inferir a existência obrigatória de "homenzinhos verdes" a partir da suposta constatação de vida vegetal "inferior" em Marte contém muitos erros, mas nenhum deles é mais fundamental, ou mais persistente ainda nos dias de hoje, do que a pressuposição de que a vida na sua manifestação mais simples deve necessariamente avançar na direção de uma complexidade maior, acabando por evoluir rumo à consciência. Pois, nessa formulação, a origem da vida sob *qualquer* forma implica o desenvolvimento, por fim, de criaturas complexas dotadas de consciência, desde que o ambiente planetário permaneça hospitaleiro. Desse modo, sustentou Lowell, o aparecimento de vegetação simples desencadeia um processo que acaba por desembocar nos construtores dos canais. A observação do "mais simples" praticamente assegura a presença do "mais complexo".

Repetidas vezes, em particular nos programas de rádio interativos e nas colunas de jornal destinadas à palavra dos "cidadãos [e cidadãs] comuns", os membros do público, fascinados, cometiam o mesmo raciocínio enganoso: se alguma forma de vida, não importa quão simples, fora encontrada em outro mundo, então a evolução da consciência fazia parte da ordenação natural previsível. (Marte tornou-se seco e congelado, e isso paralisou o processo no estágio bacteriano nesse universo vizinho ao nosso. Mas a seqüência deve avançar até a sua conclusão em muitos outros lugares — pois, dado que a vida pode se desenvolver *de algum modo* em outros planetas, então os homenzinhos verdes provavelmente se encontram disseminados pelo universo todo.)

O artigo principal na revista *Time* começava com essa premissa incorreta, agravada ainda pela falsa dicotomia que estabelecia um contraste entre essa inferência científica supostamente inevitável e uma alternativa teológica:

> A descoberta de indícios da existência de vida em um outro lugar no universo levanta a mais profunda de todas as questões: por que a vida existe, afinal? Será o caso de pensarmos simplesmente que se um número suficiente de elementos cósmicos gotejar ao mesmo tempo durante um número suficiente de eras, então, finalmente, em algum lugar, ou em muitos lugares, se formará uma molécula capaz de multiplicar-se seguidas vezes até gerar uma criatura capaz de coçar a própria cabeça? Ou será que um Deus todo-poderoso colocou em movimento um processo imperscrutável de modo a fornecer animação e significado a um universo que, de outro modo, seria frio e desprovido de sentido?

Permitam-me sugerir uma terceira alternativa — de longe a mais provável, no meu modo de ver (e no da maioria dos cientistas), e capaz de situar a recente afirmação de que há vida em Marte numa perspectiva correta. Se esse terceiro ponto de vista fosse mais bem entendido e aceito, então os supostos fósseis marcianos não desfrutariam apenas de quinze minutos de glória falsa e efêmera, mas, antes, fomentariam a busca contínua de uma resposta para a questão realmente vital que as bactérias no planeta Marte deveriam inspirar.

Suponhamos que o tipo mais simples de vida celular se origine como um resultado previsível da química orgânica e da física dos sistemas auto-organizados, com a condição de que os planetas apresentem os constituintes e as condições apropriadas — sem dúvida, uma ocorrência comum em nosso universo gigantesco. Mas suponhamos, além disso, que não exista nenhuma direção previsível para o desenvolvimento posterior da vida a partir desse início.

O desenrolar da vida provavelmente experimenta uma vasta gama de possibilidades, baseadas nas histórias ambientais que são de tal modo imprevisíveis que nenhum caminho realizado — o percurso em direção à consciência sob a forma de *Homo sapiens* ou de homenzinhos verdes, por exemplo — pode ser interpretado como uma auto-estrada para o paraíso, e sim como uma trilha tortuosa marcada por incontáveis obstáculos e complicada por inumeráveis ramos alternativos. Desse modo, uma repetição razoavelmente precisa do nosso percurso na Terra em um outro planeta é tremendamente improvável, até mesmo em um trilhão de casos. (Uma vez que é possível que o universo contenha milhões de planetas apresentando as condições adequadas, alguma forma de consciência — mas não provida de olhos e de membros em pares e de um cérebro construído de neurônios, como no único exemplo que conhecemos — pode se desenvolver com freqüência. Mas se apenas um caso em um milhão de percursos evolutivos conduz à consciência, então as bactérias de Marte absolutamente não implicam a existência de homenzinhos verdes.)

Em outras palavras, penso que temos, tradicionalmente, concebido de maneira imprópria a seguinte seqüência de três passos: um planeta adequado que não apresenta vida (1), o aparecimento das formas mais simples de vida celular em escala bacteriana (2) e o advento da consciência (3). A visão usual, embasada na nossa pressuposição arrogante de que a vida necessariamente alcança sua apoteose em criaturas como nós, assume que toda forma de vida constitui um caso especial extraordinário e, em conseqüência disso, evolui inevitavelmente em direção à consciência. Assim, considera-se que a transição entre 1 e 2 é rara e penosa, ao passo que a passagem de 2 a 3 é fácil e previsível.

É somente sob essa perspectiva enganadora que posso compreender o furor experimentado por um número tão grande de terráqueos em relação aos rumores sobre os fósseis de Marte. Essas pessoas se apressaram em concluir que o passo 2 noticiado, interpretado como um avanço tão improvável a partir do passo 1 a ponto de constituir quase um milagre, não requereria nada além de um intervalo de tempo suficientemente grande para conduzir a um passo 3 inteiramente previsível — de tal maneira que a descoberta de bactérias se torna equivalente à suposição da existência de homenzinhos verdes (uma conclusão jamais alcançada em Marte apenas porque as condições se modificaram, a água desapareceu e o "intervalo de tempo", portanto, não chegou a ocorrer). A única diferença, de fato, entre essa visão comum e os canais de Lowell está no avanço de nosso conhecimento em relação à história geológica de Marte. Lowell acreditava que as condições marcianas, em seu processo de deterioração constante, haviam permanecido hospitaleiras o bastante para permitir uma passagem previsível para o passo 3 — enquanto nós sabemos que o esgotamento de Marte ocorreu muito antes, surpreendendo a vida ainda no passo 2.

Mas considero essa divisão em três estágios profundamente equivocada, e assentada pura e simplesmente em nossa predisposição a considerar o surgimento da vida como um evento muito especial, que tem no desenvolvimento da consciência o seu clímax garantido. Com certeza a passagem fácil e continuamente repetida é aquela entre os passos 1 e 2 — que representa a operação ordinária da física e da química sob condições apropriadas —, enquanto a transição entre os passos 2 e 3 enfrenta a improbabilidade esmagadora de que um percurso histórico em particular seja seguido, entre milhões de alternativas igualmente possíveis. A vida em escala bacteriana pode ter origem em quase todo lugar, e então prosseguir em qualquer direção, ou mesmo em direção nenhuma — um resultado perfeitamente glorioso, já que as bactérias dominam quase todos os ambientes da vida na Terra ainda hoje. Vivemos atualmente, como sempre, aliás (ver meu livro *Lance de dados*, de 2001), numa Era das Bactérias. Estas, que são os mais simples de todos os organismos, dominarão o nosso planeta (se as condições permanecerem de algum modo favoráveis à vida) até a explosão do Sol. Durante o momento geológico atual e breve (sem dúvida alguma), as bactérias nos observam com divertimento justificado enquanto nos pavoneamos e nos agitamos durante nosso único momento no palco.[11] Pois, para elas, não somos nada mais que ilhas transitórias e descartáveis, prontas para a exploração potencial.

Se fizéssemos esse ajuste de modo a poder ver o *Homo sapiens* como um caso extremo de peculiaridade e a vida bacteriana como a expressão corriqueira de um fenômeno universal, nos tornaríamos, por fim, capazes de formular a questão realmente fascinante que se coloca a partir dos indícios nos fósseis marcianos. Se os organismos se originam a partir de uma propriedade geral do universo material sob certas condições (provavelmente encontradas com freqüência), então, até que ponto a constituição e a estrutura básicas da vida podem variar de um lugar para outro? É impossível responder a essa pergunta com base na única "amostra" que conhecemos — a vida na Terra — e por uma razão interessante que resulta da essência do método científico.

Toda a vida na Terra — tudo, desde as bactérias até os cogumelos e os hipopótamos — partilha um leque espantoso de detalhes bioquímicos semelhantes, incluindo a estrutura da hereditariedade sob a forma do DNA e do RNA e o uso universal do ATP como uma combinação para a estocagem de energia. Dois cenários possíveis, com implicações marcadamente distintas no que diz respeito à natureza da vida, poderiam explicar essas regularidades. É possível que todas as formas de vida partilhem esses traços porque essa é a única química capaz de funcionar. Pode ser também que essas semelhanças assinalem a descendência comum de todos os organismos na Terra a partir de uma origem que, circunstancialmente, apresenta essa química (entre muitas outras possíveis). No primeiro caso, a vida em outros mundos desenvolverá a mesma química, independentemente, como a única escolha viável; no segundo caso, outros sistemas de vida podem exibir uma vasta gama de químicas alternativas.

(11) *Macbeth*, de Shakespeare, Ato V, cena 5: "as we strut and fret our hour upon the stage". (N.T.)

Essa é a questão mais importante que se poderia formular sobre a natureza da vida. Mas, ironicamente, não podemos sequer começar a responder a ela com os dados que hoje se encontram à nossa disposição. A ciência experimental requer, acima de tudo, a repetição, de modo a testar a previsibilidade dos resultados. Se um fenômeno ocorre uma única vez, simplesmente não há como saber se as propriedades observadas devem necessariamente estar presentes, ou se outros *replays* poderiam produzir resultados substancialmente diferentes.

Infelizmente, toda a vida na Terra — a única vida que conhecemos — representa, a despeito de toda sua variedade atual, os resultados de um *experimento único*, pois toda espécie em nosso planeta evoluiu a partir de uma origem comum. Precisamos desesperadamente de uma *repetição* do experimento (uma série de repetições seria ainda melhor, mas não sejamos tão vorazes!) para que possamos chegar a um julgamento.

Marte representa a nossa primeira esperança real de um *segundo experimento* — o *sine qua non* em relação a toda resposta apropriada para essa questão entre as questões. A menos que a vida no nosso planeta e a vida em Marte partilhem uma origem única semeada a partir de uma fonte comum — uma possibilidade óbvia, uma vez que os fósseis marcianos podem chegar à Terra por meio de um impacto meteórico! —, então qualquer forma de vida em Marte preenche o cálice sagrado do nosso precioso segundo experimento.

Os fósseis marcianos de outras eras não podem produzir a demonstração requerida, pois precisamos de matéria viva intacta do ponto de vista bioquímico, pronta a ser lida como DNA, ou de outra maneira viável ainda não formulada pelos estudiosos da vida em nosso planeta.

A superfície de Marte pode ser fria, seca e estéril, atualmente. Mas, em nosso planeta, as bactérias são capazes de viver em poros no interior de rochas muitos quilômetros abaixo da superfície, desde que a água possa ali penetrar. Um ambiente subterrâneo semelhante em Marte pode apresentar, ainda hoje, água na forma

32. Uma fotografia da superfície de Marte tirada a pouca distância pela sonda espacial da Nasa Viking Orbiter I em 1980.

líquida. Assim, se as bactérias um dia se desenvolveram em Marte, é quase certo que elas desapareceram da superfície desse planeta há muito tempo, mas podem ter sobrevivido no ambiente mais favorável das rochas abaixo da superfície. Os supostos fósseis marcianos fornecem o melhor dos motivos para que esperemos que um segundo experimento ainda subsista, enterrado, mas muito vivo, sob a superfície desse nosso planeta irmão.

Então, enviemos nossos robôs, e talvez (por fim) até mesmo as pessoas, para fazer uma busca, localizar essas informações e trazêlas até nós — pois esse experimento é possível! Esqueçamos os homenzinhos verdes, esses inexistentes construtores de canais, essas fantasias recentemente desencadeadas sob a falsa crença de que bactérias antigas implicam, finalmente, a evolução da consciência. A forma de vida mais simples pode encontrar-se disseminada pelo cosmo, e uma segunda amostra independente talvez torne possível a resposta ao enigma de todos os tempos. Empreguemos a nossa inteligência particular e *estranha* para sair ao encalço de todo indício direto sobre a amplitude da estrutura *universal* da vida. O nosso vizinho a partir do Sol — o mais acessível de todos os planetas — pode produzir uma resposta imediata. A hoste de bactérias cósmicas variadas, os seres dominantes que zombaram de Lowell porque este julgava que seus irmãos, em vez dos irmãos deles, poderiam se difundir por todo o universo, pode então sorrir com satisfação e dizer: "Finalmente você compreendeu. Bravo, meu servo bom e fiel!".

19

O TRIUNFO DOS RIZOCÉFALOS

Não sou um homem muito dado a apostas. Para mim, Man o' War[1] é um antigo navio de guerra britânico, e Native Dancer[2] é um habitante do Taiti, que usa uma saia feita de capim e rodopia na praia diante de Fletcher Christian e do capitão Bligh em diversas versões hollywoodianas de *O grande motim*. Mas, forçado a "pagar para ver ou cair fora", eu daria um palpite pouco convencional em relação ao tema controvertido do progresso na evolução.

Na nossa cultura, um mal-entendido localizado em relação à evolução leva a maior parte das pessoas a assumir que a história da vida tende a um aumento de complexidade com o passar do tempo, e que essa tendência é essencial e previsível. Contudo, a seleção natural darwiniana não prevê nada mais que a adaptação às mudanças ambientais, e um funcionamento melhor num hábitat imediato poderia igualmente ser alcançado por meio de um processo de simplificação em termos de forma e de comportamento, e não exclusivamente por um ganho em complexidade. Desse modo, talvez se pudesse prever que os casos de simplificação evolutiva se mostrariam tão freqüentes quanto o processo inverso.

Mas eu ficaria tentado a apostar no azarão da nossa cultura, e a suspeitar que os exemplos de simplificação apresentariam de fato

(1) Célebre cavalo de corrida americano. É o primeiro colocado na Classificação dos Cem Melhores Cavalos de Corrida do Século XX. (N.T.)

(2) Célebre cavalo de corrida americano, que ocupa a sétima posição na Classificação dos Cem Melhores Cavalos de Corrida do Século XX. (N.T.)

uma pequena vantagem no cômputo total. Arrisco-me a fazer essa proposição pouco convencional em decorrência do fato de que um estilo de vida freqüente assumido por dezenas (ou mesmo centenas) de milhares de espécies animais — o parasitismo — geralmente envolve uma simplificação evolutiva do animal adulto em comparação com seus ancestrais de vida livre. Dado que não conheço nenhum outro fenômeno comparável que pudesse proporcionar um favoritismo proporcional na direção do aumento de complexidade, um compêndio de todos os casos de parasitismo poderia resultar em maioria do lado da simplificação — pois a seleção natural nas formas de vida livre não imprime uma tendência em nenhuma das direções, ao passo que o parasitismo produz uma vantagem clara para a simplificação.

Considero esse argumento impecável — dentro de seus próprios limites. Mas a natureza desdenha essas limitações impostas pela fragilidade do conhecimento humano a respeito da fascinante variedade da vida natural. Esse argumento sobre o parasitismo só funciona sob a égide de um outro preconceito quase tão sério quanto a nossa inclinação a tomar a evolução como sinônimo de progresso: nossa tendência a considerar a anatomia adulta como *o* organismo, e nossa incapacidade de levar em conta os ciclos de vida completos, bem como as complexidades do funcionamento fisiológico das várias espécies.

Consideremos uma das "histórias tristes" ou "curiosidades" padrão nas descrições convencionais da história natural: a efeméride,[3] inseto cuja existência dura apenas um dia (uma infelicidade assinalada até mesmo no nome técnico atribuído a esse grupo biológico — *Ephemoptera*). Sim, o inseto adulto pode usufruir apenas de um momento ao sol, mas deveríamos respeitar seu ciclo de vida completo e reconhecer que as larvas, ou estágios juvenis, vivem e se desenvolvem durante meses. As larvas não são meras preparações para uma breve vida adulta. Seria mais adequado que interpre-

(3) No original, *mayfly*. (N.T.)

tássemos o ciclo inteiro de vida como uma divisão de trabalho, em que as larvas funcionam como estágios de nutrição e de crescimento, e o adulto, como uma máquina reprodutiva de curta duração. Nesse sentido, poderíamos considerar o dia vivido pelo inseto adulto como um mecanismo inteligente e transitório por parte da larva para produzir uma nova geração de larvas em desenvolvimento verdadeiramente fundamentais — o inseto equivalente ao famoso chiste de Butler em que uma galinha é apenas o modo como o ovo produz um outro ovo.

Este ensaio trata de um caso de simplificação extrema num parasita adulto (e do exemplo mais conhecido de um processo desse tipo) — com o objetivo de iluminar, reconciliar e talvez até mesmo corrigir dois importantes vieses que tanto têm obstruído o nosso entendimento da história natural: a equivocada relação de equivalência entre evolução e progresso e a desvalorização que se impõe aos organismos quando se leva em conta somente a sua forma adulta, e não seu ciclo inteiro de vida.

A forma adulta da *Sacculina*, a representante-padrão dos *Rhizocephala* (grupo que conta com aproximadamente duzentas espécies), dificilmente poderia mostrar-se mais diferente das cracas, que são suas ancestrais — ou mais simplificada em relação a sua anatomia e aparência. Os dois nomes registram de modo bastante preciso essa mudança evolutiva radical — pois *Sacculina* é o termo em latim para "pequeno saco", ao passo que *Rhizocephala*, em grego, quer dizer "raiz-cabeça". Como veremos, os rizocéfalos descendem das cracas, mas o adulto não conserva um traço sequer de alusão ao seu passado crustáceo. Os rizocéfalos parasitam outros crustáceos e, em sua grande maioria, infestam os decápodes (os caranguejos e seus parentes). O adulto é formado por duas partes, cujas denominações (trazendo alguma inovação à prática usual) são quase expressões vernáculas, mais do que um jargão. Do lado de fora, o observador humano vê apenas uma bolsa disforme (chamada de *externa*) presa ao abdômen do caranguejo. A bolsa é pouco mais do que um aparelho reprodutivo, contendo o ovário e uma passagem que permite a introdução dos machos e de seu

33. Desenho feito por E. Ray Lankester da "degenerada" Sacculina *adulta, mostrando a* externa (*bolsa*) *e a* interna (*raízes*).

esperma. A externa não contém partes diferenciadas — não há apêndices, órgãos sensoriais ou trato digestivo, nem sinal algum de segmentação. Os ovos fertilizados se desenvolvem dentro da externa (que opera, então, como uma câmara incubatória.)

Mas como pode a externa funcionar sem alguma fonte evidente de nutrição? Um exame mais próximo revela um pedúnculo que perfura o abdômen do caranguejo e faz a ligação entre a externa e a rede elaborada de raízes (chamada de *interna*). Essas raízes podem invadir o corpo inteiro do caranguejo. Elas penetram através das hemocelas (os análogos dos vasos sangüíneos) e envolvem boa parte dos órgãos internos do caranguejo. As raízes fornecem nutrição para o parasita por meio da absorção dos fluídos vitais do caranguejo. Em algumas espécies, elas se restringem ao abdômen do hospedeiro, mas na *Sacculina* podem se espalhar por todo o seu corpo, até as extremidades dos apêndices. (Esse sistema não é tão terrível — para empregar os inadequados termos humanos — como poderia parecer à primeira vista. O parasita não devora o hospedeiro, mas o preserva como um sistema de "suporte vital".) O nome *Sacculina* (para o gênero mais comum) faz menção à externa, enquanto a designação do grupo como um todo — *Rhizocephala*, ou "raiz-cabeça"— faz referência à interna.

Essas cracas parasitas são conhecidas pelos zoólogos desde a década de 1780 (embora o primeiro a descrevê-las, tendo observado que as larvas crustáceas eram expelidas pela externa, tenha se equivocado a respeito da bolsa, interpretando-a como um órgão pertencente ao caranguejo e produzido pelo parasita do mesmo modo como algumas larvas de inseto podem induzir uma planta a desenvolver uma galha[4] protetora). Desde sua descoberta inicial, os rizocéfalos desempenharam um papel clássico na história natural convencional, como o exemplo-padrão de degeneração extrema entre os parasitas. Muitos dos zoólogos mais notáveis da geração de Darwin chamaram a atenção para a *Sacculina*, considerada um dos principais prodígios da evolução.

O biólogo alemão Fritz Müller escreveu um famoso livro em 1863 que proporcionou um apoio inicial importantíssimo ao trabalho de Darwin. O livro de Müller trata quase inteiramente da anatomia dos crustáceos, mas leva o título genérico de *Pró Darwin*. Müller fez menção à *Sacculina* e à sua relação incontestável com as cracas de vida livre, tratando esse caso como um dos exemplos fundamentais de "metamorfose regressiva" na evolução. Ele se referiu a esse gênero como "esses *nec plus ultras* na série dos crustáceos que sofreram metamorfose regressiva", e descreveu a limitada atividade da *Sacculina* nos seguintes termos:

> As únicas manifestações de vida que persistem [...] são as contrações poderosas das raízes e um movimento alternado de expansão e de contração do corpo, em conseqüência do qual a água flui para dentro da câmara incubatória e é novamente expelida por um orifício largo.

(4) Hipertrofia ou neoformação de tecidos vegetais que se apresenta sob formas variadas, geralmente esféricas ou engrossadas, em virtude da ação de bactérias, fungos, animais, especialmente insetos, ou outros vegetais. (N.T.)

E. Ray Lankester (1847-1929), mais tarde diretor da Divisão de História Natural do British Museum, publicou em 1880 um famoso ensaio intitulado *Degeneration: A Chapter in Darwinism*. Ele definiu a degeneração como "uma perda da organização que torna o descendente muito mais simples ou inferior em estrutura em comparação com seu ancestral", usando a *Sacculina* como um dos principais exemplos. Lankester descreveu a craca parasita como "uma mera bolsa que absorve nutrientes e põe ovos".

Yves Delage (1854-1920), um dos mais eminentes especialistas franceses em história natural e um lamarckiano patriótico, publicou um importante estudo empírico sobre a *Sacculina* em 1884. Ele se referiu ao gênero como "esse parasita singular, que se reduz a uma bolsa contendo os órgãos genitais". "A *Sacculina*", ele acrescentou, "parece ser uma dessas criaturas feitas para esfriar as imaginações aventurosas" (*faits pour refroidir les imaginations aventureuses*).

Desse modo, os principais autores e especialistas usaram os rizocéfalos como o exemplo decisivo da degeneração na evolução dos parasitas (ou, pelo menos, de sua simplificação, se quisermos evitar a mácula do opróbrio moral). Não vou questionar o fato de que a *Sacculina* pode ser descrita como um organismo simples, uma bolsa externa afixada às raízes internas, quando nos limitamos a levar em conta a sua forma adulta. Mas desejo me opor à miopia dessa visão. Uma vez considerados de um ponto de vista adequadamente amplo — e por três razões essenciais que discutirei em seguida —, os rizocéfalos se mostram extraordinariamente intrincados, e tão bizarros na sua elaborada singularidade quanto qualquer outra criatura na Terra. Nessa perspectiva mais rica, entretanto, eles permanecem provocativos — e continuam a fornecer um exemplo admirável do processo evolutivo, assim como faziam quando os maiores zoólogos da Europa incorretamente os descreveram como os exemplos principais da degeneração darwiniana.

1. O CICLO COMPLETO DE VIDA DOS RIZOCÉFALOS. Como se chegou à descoberta de que a *Sacculina* descende da craca? Hoje em dia

poderíamos obter essa informação por meio do seqüenciamento do DNA, mas no início do século XIX os zoólogos já haviam identificado corretamente o parentesco entre os rizocéfalos. De que maneira eles puderam fazê-lo, se os estudos da externa e da interna do animal adulto não forneciam a menor pista disso?

Esse enigma zoológico foi solucionado pela observação do ciclo de vida complexo da fêmea dos rizocéfalos. (Discutirei o desenvolvimento dos machos a seguir, como meu terceiro argumento.) As primeiras duas fases desse ciclo diferem muito pouco do desenvolvimento das cracas comuns e, desse modo, confirmam a identificação. As larvas saem da câmara incubatória da externa num estágio convencional de dispersão, denominado *nauplius*, que é partilhado com muitos crustáceos. Os náuplios dos rizocéfalos passam por até quatro estágios (mudas) e, exceto pela ausência de qualquer estrutura que sirva à alimentação, eles se assemelham perfeitamente aos náuplios dos crustáceos comuns, inclusive em relação ao traço mais característico que vem a ser a presença de um único olho mediano.

Estou me esforçando para suprimir, neste ensaio, minhas habituais divagações — pela razão simples de que o argumento principal desta história é fascinante —, mas não posso resistir a uma digressão, em virtude de quanto ela é ilustrativa em relação à face humana da ciência. A monografia de 1884 de Yves Delage sobre a *Sacculina*, sem dúvida o mais importante dos estudos iniciais sobre os rizocéfalos, estende-se por mais de trezentas páginas de reservada descrição anatômica, dedicada principalmente a esses estágios iniciais de seu ciclo de vida. Mas, em diversos momentos, o autor dá vazão a sua raiva em relação a R. Kossmann, um colega alemão. Delage se delicia especialmente em expor o erro de Kossmann, que identificara dois olhos nas formas larvais. No início de sua monografia, esse patriota francês confessa de onde provém sua impiedade, e o conseqüente prazer extraído dos equívocos cometidos pelo alemão. Kossmann, anteriormente, espicaçara um estudioso francês, um certo sr. Hesse, por seus erros na interpretação do ciclo de vida da *Sacculina*. Delage ficou ofendido, e por duas razões. Primeiro de tudo, porque o pobre Hesse era um amador dedicado que passara a se ocupar do estudo da zoologia marinha somente ao se aposentar, "numa idade em que tantas pessoas, na Alemanha e em outros lugares, estão apenas buscando usufruir da inatividade do merecido descanso após uma longa vida de trabalho". Kossmann deveria ter se mostrado mais generoso. Mas a segunda razão, imperdoável, era a de que Kossmann insultara Hesse *como francês*, numa clara violação às normas da ciência como uma empresa cooperativa e internacional. Delage conjecturou sobre os motivos de Kossmann e relembrou seus próprios sentimentos amargos em relação à derrota de seu país na Guerra Franco-Prussiana de 1872:

> O que não posso desculpar é que esse cavalheiro [sr. Kossmann] tenha expressado prazer em ver um cientista cometer um erro apenas porque o cientista em questão é francês. Isso mostra o funcionamento de uma mente estreita, e esse modo de pensar rapidamente destruirá a nobreza que caracteriza a discussão científica. Mas o sr. Kossmann conta com uma desculpa. Note-se que ele escreveu em 1872, num momento em que a Alemanha ainda se encontrava embriagada por seus sucessos militares recentes, e ele simplesmente não teve a firmeza necessária para resistir à tentação de dar um proverbial pontapé no traseiro dos derrotados.

O náuplio de um só olho não permite mais do que a identificação dos rizocéfalos com os crustáceos. Mas a larva ciprial, que é o estágio seguinte, ocorre somente nas cracas e, desse modo, indica com precisão o ancestral dos rizocéfalos. Se o náuplio representa uma fase aquática de dispersão, a cípris que se segue a ele explora o substrato rastejando sobre um par de apêndices frontais (chamados de antênulas), encontrando um bom lugar para se instalar e, a seguir, secretando cimento para aí fixar-se de modo permanente. Na maioria dos casos, o cimento serve para fixar as cracas nas rochas, mas algumas espécies se ligam às baleias ou às tartarugas, e há ainda uma outra que penetra sob a pele da baleia, vivendo ali

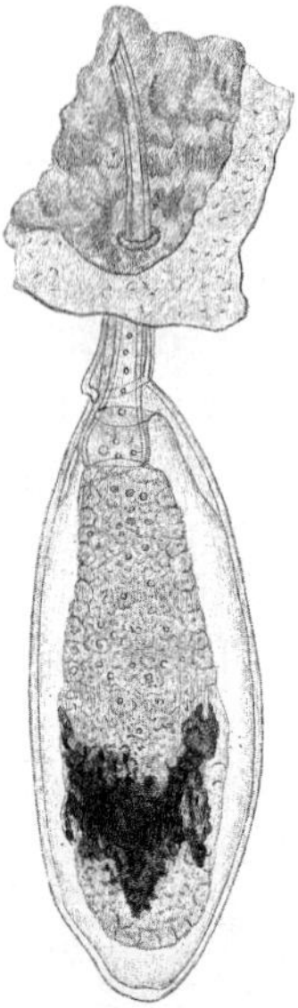

34. Desenho original de Yves Delage que mostra o kentrogon (ou "larva seta") do rizocéfalo injetando os precursores de seu estágio adulto no corpo de um caranguejo. Observe-se na parte superior como a seta perfura uma parte do corpo do caranguejo.

quase como um parasita. Assim, podemos facilmente imaginar sua transição evolutiva desde a fixação às rochas, passando pela ligação externa com outro organismo, pela procura de um refúgio no interior de um outro animal, até chegar, finalmente, ao verdadeiro parasitismo interno. De todo modo, a cípris do rizocéfalo atua como a craca, sua contraparte, e procura pelo local apropriado para unir-se a um hospedeiro crustáceo. (Os locais favorecidos variam de espécie para espécie; algumas se estabelecem nas brânquias, outras nos membros.)

Chegamos agora ao ponto crucial de nosso argumento em relação à curiosa singularidade dos rizocéfalos, que se define nos estágios de desenvolvimento mais tardios desse intrincado ciclo de vida. De que modo a cípris, agora afixada à parte externa do hospedeiro, consegue penetrar no corpo deste último para se tornar um rizocéfalo adulto? O ciclo de vida desse grupo avança desde a generalidade em termos taxonômicos até uma condição *sui generis*. O náuplio inicial permite identificar a criatura como um crustáceo. A cípris que vem a seguir comprova seu parentesco com a craca. Mas a fase subseqüente pertence somente aos rizocéfalos.

A cípris fêmea, agora ligada ao seu hospedeiro pelas antênulas, se metamorfoseia em direção a um estágio encontrado somente no ciclo de vida do rizocéfalo, conforme Delage descobriu em 1884, e que é chamado de *kentrogon* (que quer dizer "larva seta"). O kentrogon, menor e mais simples que a cípris, desenvolve um órgão especial e essencial — a "seta" de Delage (hoje em dia chamada genericamente de "sonda de injeção"). A seta do kentrogon funciona como uma agulha hipodérmica para injetar os precursores do estágio adulto no corpo do hospedeiro!

Esse sistema de liberação dos rudimentos da forma adulta mostra grande diversidade entre as aproximadamente duzentas espécies de rizocéfalos. Em um grupo, o kentrogon une toda a sua superfície ventral ao hospedeiro. A seta então o perfura através dessa superfície, o que requer que ela atravesse três camadas — a cutícula do kentrogon, o cimento de ligação e a cutícula do hospedeiro. Em outro grupo, a superfície ventral do kentrogon não é cimentada, e as antênulas fazem a ligação com o hospedeiro. Nessas formas, incluído o próprio gênero *Sacculina*, a seta injetora sai diretamente de uma das antênulas e penetra, através dela, no corpo do hospedeiro! Um terceiro grupo omite inteiramente o estágio do kentrogon; as antênulas das cípris penetram no animal hospedeiro e fazem a transferência das células primordiais do parasita adulto.

Yves Delage, que descobriu o kentrogon e seu dispositivo de injeção em 1884, não conseguiu esconder sua perplexidade. Ele escreveu:

> Todos esses achados são tão notáveis, tão surpreendentes, tão estranhos em comparação com qualquer outro fato conhecido, seja nas

cracas ou em outro lugar qualquer do reino animal, que os leitores me desculparão por fornecer uma documentação tão detalhada.

Mas a observação que ele fez a seguir me parece ainda mais espantosa — o ponto alto da extravagância do rizocéfalo, que quase nos convidaria à incredulidade (se os achados não fossem tão consistentes). O que constitui o primórdio do parasita adulto? Que forma é essa que pode ser injetada através da abertura estreita do dispositivo hipodérmico da seta?

Delage, que foi o descobridor desse mecanismo, concluiu que algumas células, mantendo certa organização como precursoras dos diferentes tecidos do adulto, penetravam no hospedeiro. Ele mal podia acreditar que uma diminuição tão substancial de tamanho entre a vida larval e a vida adulta pudesse ocorrer. Imagine atravessar um ciclo tão complexo sob a forma de um náuplio, de uma cípris e de um kentrogon — para então reduzir-se a um pequeno número de células no momento de empreender a rápida e arriscada passagem para o estágio adulto. Uma ponte tão pequena para uma transição tão crucial! "A *Sacculina*", Delage escreveu, "foi transformada numa espécie de tábula rasa [superfície sem marcas] de seu passado imediato." Delage então procurou por uma analogia, e pôde pensar apenas num balonista alijando todo excesso de peso possível ao ver surgir repentinamente um vazamento.

> Tudo se explica pela necessidade do parasita de tornar-se muito pequeno, de modo a conseguir passar com mais facilidade pelo canal estreito, cujas dimensões são estabelecidas pelo orifício da seta. [As células transferidas] se encontram na mesma condição que um aeronauta cujo balão perdeu parte de seu gás e que, necessitando ganhar altura novamente a todo custo, torna sua carga mais leve, jogando fora tudo que não seja absolutamente indispensável à integridade de sua máquina.

Bem, sr. Delage, a situação verdadeira vai muito além daquela que o deixou tão perplexo. Com efeito, há muitas espécies que fazem a transferência de algumas células através da seta. Mas há outras ainda que atingiram a última palavra em matéria de diminuição, a redução a uma célula única! A seta injeta *uma célula apenas* no interior do hospedeiro, e os dois estágios desse ciclo de vida mantêm sua continuidade indispensável por uma ligação absolutamente mínima — como se *no interior* do próprio ciclo de vida do rizocéfalo a natureza tivesse inserido um estágio análogo ao do ovo fertilizado que estabelece a conexão *entre* as gerações nos organismos sexuados comuns.

A comprovação da transferência de uma única célula foi apresentada em artigos recentes do nosso mais importante pesquisador contemporâneo dos rizocéfalos, Jens T. Høeg, do Instituto Zoológico da Universidade de Copenhague. (Li aproximadamente uma dúzia dos fascinantes artigos de Høeg na preparação deste ensaio, e agradeço a ele pela copiosa informação e pelo incentivo.) Em um artigo de 1985 sobre a espécie *Lernaeodiscus porcellanae*, publicado em *Acta Zoologica*, Høeg documentou a fixação das cípris, a formação do kentrogon e a injeção da única célula (reconhecível dentro do kentrogon), no interior do hospedeiro. Høeg escreveu sobre esse elemento mínimo de conexão que se encontra no interior do kentrogon: "Em decorrência de seu tamanho e de sua evidente falta de especialização, a célula invasora sobressai em relação ao epitélio, aos nervos e às células glandulares à sua volta".

A edição de 14 de setembro de 1995 da revista *Nature*, minha inspiração original para este ensaio, relata uma descoberta ainda mais espantosa: "Um novo estágio móbil multicelular envolvido na invasão do hospedeiro pelas cracas parasitas (Rhizocephala)", de autoria de Henrik Glenner e Jens T. Høeg. Os autores descobriram que o kentrogon do *Loxothylacus panopaei* injeta no hospedeiro uma estrutura até então desconhecida: um corpo vermiforme contendo diversas células encerradas numa bainha acelular. Esse "verme" se rompe no interior do corpo do hospedeiro, e as células individuais, aproximadamente 25, então se dispersam "por meio de movimentos alternados de flexão e rotação". Aparentemente, cada célula tem o potencial de desenvolver um parasita adulto com-

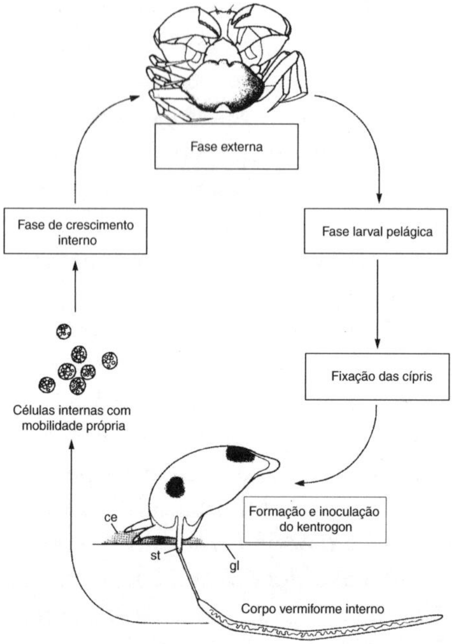

35. O complexo ciclo de vida de um rizocéfalo: experimentos recentes revelaram que em algumas espécies o kentrogon injeta no caranguejo hospedeiro um corpo vermiforme móvel que mais tarde se divide em diversas células de movimento independente.

pleto, embora, em geral, somente uma consiga fazê-lo (alguns caranguejos desenvolvem externas múltiplas com sistemas radiculares independentes no interior do corpo).

Essa transição mínima ajuda a explicar por que o rizocéfalo adulto não mostra sinal algum de parentesco com a craca. Se o parasita adulto se desenvolve de novo após a transferência de uma única célula, então todas as restrições arquiteturais da construção de um adulto a partir dos elementos de uma larva identificável do ponto de vista taxonômico foram abandonadas. De todo modo, a célula ou as células primordiais migram então do lugar onde foram injetadas (através dos espaços circulatórios do hospedeiro), encontram um local para se estabelecer, constroem um sistema interno de raízes e, por fim, atravessam o abdômen do hospedeiro para emergir sob a forma de uma nova estrutura que leva o nome encantador de "externa virgem".

Leve tudo isso em conta — o náuplio, a cípris, o kentrogon, a penetração (às vezes, de uma única célula) no corpo do hospedeiro por meio da injeção, a migração para um local permanente, a reprodução das raízes da interna e a emergência da externa. Junte todos esses estágios, compare o ciclo resultante com as nossas próprias vidas, ainda que levando em consideração todos os *Sturm und Drang*[5] de nossos anos de adolescência, e responda: Qual desses ciclos de vida você diria que é mais "complexo"?

2. MANIPULANDO E SAQUEANDO O HOSPEDEIRO: O parasita adulto pode ter a aparência de uma bolha cheia de raízes, mas, do mesmo modo como os mais desfavorecidos dos humanos muitas vezes escondem um imenso poder sob seu aspecto comum (como muitos "valentões" de Hollywood descobriram para seu grande arrependimento), cuidado ao tomar sua feia insignificância como um indício de simplicidade benigna. A forma adulta do rizocéfalo tem mais truques na sua manga inexistente do que a aparência da externa sugere.

Como um indício da sofisticação fisiológica e comportamental dos parasitas adultos, consideremos o seguinte problema lógico. Sabemos que os caranguejos opõem resistência às tentativas das larvas cipriais de neles se instalar. Os possíveis hospedeiros fazem uso de seu comportamentos de limpeza e de escovação para remover as cípris em processo de fixação — e a grande maio-

(5) Movimento literário alemão da segunda metade do século XVIII, caracterizado pela expressão de inquietude emocional e de sentimentos fortes e por uma rejeição das normas literárias neoclássicas. Inspirado pelo idealismo fervoroso de Rousseau, pode-se identificá-lo à fase inicial do Romantismo. *Sturm und Drang*, título de uma peça de autoria de Friedrich von Klinger, significa, literalmente, tempestade e tensão. Goethe e Schiller figuram entre os principais autores desse movimento. (N.T.)

ria dos parasitas potenciais é destruída dessa maneira. Na realidade, a rápida transformação da cípris exploradora em um kentrogon cimentador (concluída em dez minutos em algumas espécies), seu formato baixo e acocorado e sua firme fixação ao hospedeiro, observados em muitas espécies, têm sido interpretados — de maneira absolutamente correta, a meu ver — como adaptações ativas por parte do parasita aos vigorosos contra-ataques dos virtuais hospedeiros.

Mas, no momento em que a externa virgem se projeta através do abdômen e se aloja copiosa de encontro à superfície inferior do caranguejo, toda "luta" por parte do hospedeiro já se dissipou. O caranguejo ainda conta com uma resposta ativa de limpeza, mas não faz qualquer tentativa de remover a externa. Por que razão? O que terá sucedido ao caranguejo? Em um artigo admirável publicado em 1981 no *Journal of Crustacean Biology*, os autores Larry E. Ritchie e Jens T. Høeg respondem a essas questões ao estudar a espécie rizocéfala *Lernaeodiscus porcellanae*:

> O parasita retorna à superfície sob a forma de uma externa. O que impede o hospedeiro de reconhecê-la como estrangeira ou "parasita" e destruí-la, uma vez que o comportamento de limpar-se ainda se encontra presente? Dado que isso não acontece, é preciso então que a externa, ao emergir na superfície do hospedeiro, assuma uma forma ou uma posição que impeçam a sua remoção, ou, alternativamente, é necessário que ela seja percebida pelo caranguejo como uma "parte dele próprio" que não deve ser danificada.

Uma vez que, presumivelmente, a externa poderia ser alcançada e removida, é provável que a segunda e (mais interessante) alternativa seja a correta. Em outras palavras, o parasita desenvolveu, de algum modo, um meio de desligar as defesas do hospedeiro, possivelmente desarmando sua resposta imune com algum artifício químico capaz de enganá-lo, levando-o, assim, a aceitar o parasita como uma parte de si próprio. Os autores prosseguem:

> A evolução do controle sobre o hospedeiro, provavelmente por meio de alguma forma de atividade hormonal, representa a adaptação contradefensiva absoluta dos rizocéfalos, pois ela anula o sistema imunológico do hospedeiro [...]. Uma vez que se atinja o controle do hospedeiro, este se encontra absolutamente a serviço do parasita.

A expressão "absolutamente a serviço" pode parecer desmedida, mas um elenco dos artifícios dos parasitas visando à usurpação, à tomada do controle e à dominação completa do hospedeiro não faz senão evocar um sentimento de respeito aterrador e quase macabro pela eficácia (e destreza) sem paralelos da administração parasítica!

Inicialmente, o parasita adulto castra o hospedeiro, não pela devoração direta do tecido gonadal (como na maioria dos casos de "castração parasítica", um fenômeno comum nesse universo apavorante), mas por algum mecanismo desconhecido que provavelmente envolve a penetração das raízes da interna no sistema nervoso central do caranguejo. Na *Sacculina* (mas não na maioria dos outros rizocéfalos), o parasita interrompe também o ciclo das

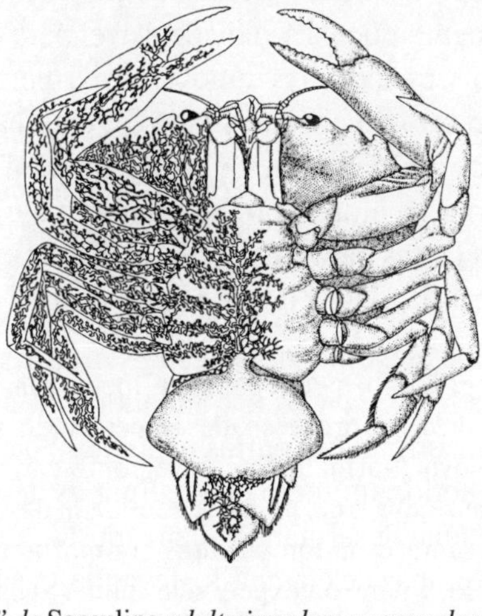

36. As "raízes" da Sacculina *adulta invadem o corpo de um caranguejo, nutrindo o parasita e castrando o hospedeiro — mas sem levá-lo à morte.*

mudas, e o caranguejo nunca volta a perder a sua carapaça (um benefício evidente para a externa, que poderia facilmente ser desalojada durante a muda).

O *Lernaeodiscus porcellanae* faz do controle sobre o hospedeiro uma arte refinada. Após sua castração pelo parasita, os caranguejos machos desenvolvem características femininas tanto anatômicas como comportamentais, enquanto nas fêmeas esses traços se tornam ainda mais exacerbados. A externa emergente assume então a forma e a posição da própria massa de ovos do caranguejo (isto é, das fêmeas não castradas que se desenvolvem normalmente) — afixada à face inferior do abdômen. Conseqüentemente, os caranguejos — sejam eles machos ou fêmeas, uma vez que ambos os sexos são feminilizados pelo parasita — passam a tratar a externa como sua própria cria. Em outras palavras, o parasita usurpa todo o cuidado complexo normalmente investido pelo caranguejo na sua própria progênie. Os caranguejos ventilam a externa tremulando seu abdômen e se encarregam ativa e cuidadosamente de mantê-la limpa com o emprego dos membros designados para essa função. Ritchie e Høeg demonstraram também que esse comportamento pode ser indispensável para a sobrevivência da externa — pois, quando eles removeram os membros que fazem a limpeza de um caranguejo parasitado, "a externa logo se tornou turva e necrótica". Finalmente, o "simplificado" rizocéfalo termina por ludibriar o caranguejo, induzindo-o a tratar a liberação pela externa das larvas parasitas como se fosse a expulsão de seus próprios ovos fertilizados! Ritchie e Høeg descrevem:

> Quando chega a época de o parasita liberar suas larvas, o hospedeiro participa desse processo, desempenhando o comportamento usual de desova. Normalmente críptico, [o caranguejo] surge de sob as pedras, eleva o corpo na extremidade das patas e, a seguir, abaixa e levanta o abdômen num comportamento ondulante. Enquanto isso, o parasita expele seus náuplios na corrente produzida pelo hospedeiro.

Em resumo, os rizocéfalos agem como os cucos do universo dos invertebrados marinhos — colocando seus ovos no "ninho" de uma outra espécie, fazendo-os passar pelos ovos do próprio hospedeiro (semelhança entre a externa e a massa de ovos do caranguejo) e, finalmente, induzindo o cuidado parental por parte do hospedeiro. Mas os rizocéfalos são ainda mais radicais, pois sempre castram seu hospedeiro, ao passo que apenas alguns cucos eliminam os filhotes legítimos de seus pais adotivos.

Ou seja, o rizocéfalo transforma o caranguejo num nada, uma máquina alimentadora inteiramente a serviço do parasita. O caranguejo castrado não pode contribuir de maneira alguma para sua própria história evolutiva; sua "aptidão darwiniana" foi reduzida a zero. Todo o processo de alimentação e de desenvolvimento atua agora no interesse evolutivo do rizocéfalo, que continua a se reproduzir numa velocidade prodigiosa, totalmente às custas do caranguejo — dado que as raízes da interna drenam a nutrição deste último. Mas sempre com extrema cautela, pois o parasita necessita manter o caranguejo nesse estado de servidão constante e perfeita — cuidando para não exaurir o hospedeiro a ponto de matar a galinha dos ovos de ouro, mas não permitindo, por outro lado, que o caranguejo faça coisa alguma em seu próprio benefício darwiniano.

Os rizocéfalos podem sustentar esse delicado equilíbrio por um longo período. Ritchie e Høeg mantiveram caranguejos infestados em laboratório por dois anos — sem que os parasitas, que se reproduziram durante todo o tempo, sofressem qualquer dano. Além disso, o rizocéfalo é capaz de produzir um número extraordinariamente elevado de larvas — todas alimentadas pelo caranguejo nutridor. Em um artigo sobre a *Sacculina carcini*, publicado em 1984, Jørgen Lützen relata sua descoberta de que uma única externa, durante um período de reprodução que se estende de meados de julho a outubro, pode produzir até seis desovas, com uma média de 200 mil larvas em cada leva — totalizando mais de 1 milhão de ovos por temporada. Verdadeiramente complexo — e de uma eficácia diabólica. Se eu fosse um rizocéfalo dotado de consciência, adotaria o seguinte mote: Não me chame de uma simples bolsa com raízes.

3. E QUANTO AOS MACHOS? (OU, A COMPLEXIDADE AINDA MAIOR DO CICLO DE VIDA DO RIZOCÉFALO). Os dois aspectos da complexidade dos rizocéfalos descritos acima dizem respeito somente à fêmea. Delage e os outros pesquisadores iniciais dos rizocéfalos julgavam que a externa fosse um hermafrodita, com órgãos tanto masculinos quanto femininos. Mas a externa faz parte somente do corpo da fêmea adulta. Os rizocéfalos machos não foram bem documentados até a década de 1960, quando um grupo de zoólogos japoneses finalmente solucionou o enigma do sistema sexual completo dos rizocéfalos e reconheceu a verdadeira natureza dos machos.

O ciclo de vida do macho difere de uma maneira espantosa do desenvolvimento das fêmeas — o que constitui um outro testemunho da complexidade do rizocéfalo que se revela quando o seu ciclo biológico completo é levado em conta. Nas fases iniciais do naúplio e da cípris há pouca diferença entre os sexos. Mas, enquanto a fêmea cípris se fixa num caranguejo para dar início ao estágio de penetração no hospedeiro, o macho, em vez disso, pousa sobre a externa da fêmea. Na *Sacculina* e nos seus parentes próximos, a externa virgem não contém nenhuma abertura. Mas esta logo sofre uma muda em direção a um segundo estágio em que a externa conta com um orifício conhecido como "abertura do manto". Essa abertura leva a duas passagens, que são chamadas de "receptáculos das células".

As cípris machos se instalam no orifício da externa. Um único estágio, chamado de *trichogon*, se forma então no interior do macho. O trichogon, que é claramente o homólogo do kentrogon na fêmea, mas apresenta uma forma muito mais simples, não tem músculos, apêndices, tecido nervoso ou órgãos sensoriais. O trichogon assemelha-se a uma pequena massa de células indiferenciadas, rodeada por uma cutícula recoberta por pequenos espinhos (seu nome significa "larva peluda"). O trichogon passa através da antênula da cípris, penetrando na abertura da externa e na passagem para o receptáculo de células. (Dois trichogons conseguem penetrar na externa, um em cada receptáculo.) O trichogon perde então a cutícula espinhosa e se aloja, sob a forma de um pequeno grupo de células, no fundo dessa passagem. (Outros rizocéfalos não formam um trichogon; nesses casos, a massa de células masculinas necessita ser injetada através das antênulas da cípris diretamente no interior do corpo da externa.) Essa minúscula massa de células masculinas é a fonte para a produção de esperma.

Esses dados podem não ser nada acalentadores para o espírito dos machões obsoletos, mas os rizocéfalos machos se transformam em minúsculos anões injetados no corpo de uma fêmea muitíssimo maior, e, ao final, vão parar no fundo da externa na forma de uma pequena massa de células frouxamente ligadas. Os biólogos se referem a esses machos como hiperparasitas — uma vez que eles são parasíticos em relação a um parasita. O caranguejo é parasitado pela fêmea, mas o minúsculo macho depende inteiramente dela para se nutrir. As células masculinas, permanentemente encerradas no fundo do corpo de uma fêmea enorme, em termos comparativos, e protetora (um tipo curioso de fantasia freudiana até mesmo para os machos humanos, suponho eu), passam seus dias, então, produzindo esperma em sincronia com a produção de ovos pela externa.

Em resumo, os ciclos de vida intrincados e diferentes tanto do macho quanto da fêmea dos rizocéfalos, e a grande sofisticação comportamental mostrada pela fêmea ao remodelar um caranguejo hóspede de modo que ele funcione como um sistema de subsistência, sublinham a miopia do nosso conhecimento convencional ao considerarmos os rizocéfalos como parasitas degenerados em razão da simplicidade da anatomia adulta composta de raízes internas e de uma bolsa externa.

Esse reexame dos rizocéfalos me obriga a rever minha aposta inicial sobre as lições dos parasitas em relação à nossa tendência a tomar evolução e progresso como termos equivalentes — pois já não é possível sustentar o ponto de vista de que, entre as mudanças evolutivas, a degeneração parasítica produz uma pequena vantagem em favor do processo de simplificação. Mas essa retificação conduz a um argumento ainda melhor contra o progresso previsível — um argumento que também nos faz retornar às raízes da nossa herança intelectual das idéias de Darwin.

Em seu famoso ensaio de 1880, *Degeneration: A Chapter in Darwinism*, E. Ray Lankester referiu-se à crença no progresso como a principal inferência incorretamente extraída da teoria de Darwin sobre a seleção natural. Ele afirmou:

> Os naturalistas assumiram até hoje que o processo de seleção natural e de sobrevivência do mais apto atuou sempre de modo a tornar melhor e mais elaborada a estrutura de todos os organismos sujeitos a ela, ou então a deixá-las inalteradas, ajustadas com precisão às suas condições, mantidas, por assim dizer, num estado de equilíbrio. Afirmou-se que seis ou sete linhagens haviam existido [...] e que ao longo de cada uma delas sempre tinha havido progresso, de uma maneira contínua — uma mudança rumo a um grau de elaboração superior.

Lankester então mencionou os supostos casos de degeneração, incluindo o exemplo fundamental dos rizocéfalos, para provar que a seleção natural não garante esse progresso. "A degeneração", ele escreveu, "pode ser definida como uma mudança gradual na estrutura, pela qual o organismo se torna adaptado a condições de vida menos variadas e menos complexas." Lankester, em outras palavras, permaneceu fiel ao princípio darwiniano mais rigoroso de que a seleção natural conduz apenas à adaptação local, e não ao progresso global. Ele afirmou, num raciocínio correto, que condições de vida simplificadas poderiam levar, por seleção natural, a anatomias menos complexas — e que esses descendentes mais simples mostrar-se-iam tão bem adaptados a seus hábitats quanto seus complexos ancestrais em relação aos modos de vida mais elaborados existentes anteriormente. Mas Lankester errou ao considerar que os rizocéfalos representavam formas degeneradas respondendo de modo apropriado a condições de vida mais simples.

Uma visão completa do ciclo de vida dos rizocéfalos revela sua enorme complexidade e também as adaptações correspondentes ao longo das diversas e intrincadas fases de desenvolvimento. A aparência simples da externa da fêmea adulta mostra somente uma parte diminuta de uma história que, na verdade, é muitíssimo mais elaborada.

Os rizocéfalos, na verdade, proporcionam um exemplo magnífico do princípio genuíno de Darwin — a produção adequada de adaptação local pela seleção natural. Eles se mostram extraordinariamente bem adaptados às suas complexas condições de vida. Mas, ao desenvolver suas especializações singulares, os rizocéfalos não se tornaram melhores (ou piores) do que qualquer parente próximo. Seriam os rizocéfalos melhores do que as cracas porque vivem afixados aos caranguejos e não às rochas? Seriam eles piores do que as cracas porque a fêmea adulta tem a aparência de uma bolsa, em vez de ter o aspecto de um conjunto de brânquias encerradas numa concha complexa? Um caranguejo é melhor do que uma craca? Preferimos cavalos-marinhos a marlins, morcegos a porcos-da-terra? Perguntas como essas são tolas e servem apenas para confundir.

A seleção natural pode produzir somente a adaptação de cada criatura às suas próprias condições locais — e esse mecanismo, portanto, não serve como uma explicação racional para as nossas mais antigas e perniciosas idéias preconcebidas a respeito do progresso. Os rizocéfalos abalam o preconceito do progresso, não porque são degenerados, mas porque se mostram tão bem adaptados e também tão espantosamente especializados em relação à sua própria e complicada seqüência de ambientes ao longo da vida — e de que maneira poderíamos classificar todas as particularidades díspares do reino animal como melhores ou piores do ponto de vista cósmico? Que esse auxílio prestado aos *nossos* pobres e ignorantes intelectos — e não apenas o indubitável sucesso *deles* em saquear os caranguejos em seu benefício darwiniano — represente o triunfo dos rizocéfalos.

20

PODEMOS DE FATO COMPREENDER A PREGUIÇA E A RAPACIDADE?

A expressão generalizada clássica de um problema comum na vida prática e também na vida intelectual pode ser lida no lamento de Tennyson de que seu adorado (e falecido) amigo Arthur Hallam se encontrava tão próximo em sua saudosa memória e, no entanto, tão inatingível na realidade:

Ele parece tão próximo, e ainda assim tão distante.[1]

O mesmo problema, enunciado dessa vez em termos particulares, está presente na descrição do Velho Marinheiro de Coleridge,[2] que se vê à deriva em meio a uma abundância totalmente envolvente, mas, a despeito disso, absolutamente inutilizável.

Água, água; por toda parte,
E nenhuma gota para beber.[3]

A experiência usual de se estar tão próximo de um objeto que quase é possível tocá-lo e, ainda assim, completamente distante dele por todo método de conhecimento disponível, fun-

(1) "He seems so near, and yet so far." (N.T.)

(2) Em "The Rime of the Ancient Mariner" [A balada do velho marinheiro] (1798).(N.T.)

(3) "Water, water, every where,/ Nor any drop to drink." (N.T.)

ciona como uma faca de dois gumes, pois constitui uma das principais frustrações da vida diária, mas, ao mesmo tempo, um dos mais importantes estímulos ao avanço científico. Meu exemplo favorito disso conta com um final significativamente feliz, e ainda em curso, com todo o seu vigor. Até um momento muito recente da história da medicina, o progresso acumulado ao longo de séculos foi bastante pequeno, e isso decorreu essencialmente da impossibilidade de diagnosticar transtornos situados a alguns poucos centímetros de profundidade. O problema que requeria visualização encontrava-se pouco abaixo da superfície opaca da nossa pele. Milhões (ou até mesmo bilhões) de mortes prematuras e dolorosas ocorreram porque não se podia enxergar um tumor em desenvolvimento ou uma fonte interna de infecção. Os antigos cirurgiões podiam fazer pouco mais do que cortar uma parte de um órgão ou, em certas ocasiões, extirpá-lo — quando se tratava de algo suficientemente grande (um membro, por exemplo), removido *in toto* porque uma lesão pequena e local não podia ser identificada com precisão. Imagine, então, o benefício vitorioso representado por uma hoste de invenções que vão desde os raios X, passando pelas tomografias computadorizadas, até chegar às imagens por ressonância magnética. A possibilidade de visualizar cada centímetro ou dois no interior do corpo revolucionou nossas vidas e melhorou substancialmente nossas perspectivas.

Os pesquisadores da história natural sempre se dedicaram à nobre e fascinante tarefa de tentar compreender, com a maior profundidade possível, a estupenda variedade da vida em nosso planeta. Mas os melhores procedimentos esbarram imediatamente no limite entre a proximidade e a impossibilidade descrito por Tennyson. Por isso, peço ao Deus Guardião do Conhecimento Científico: Concede-me um minuto — apenas um minuto — sob a pele dessa criatura. Conecta-me por sessenta segundos ao aparato perceptual e conceitual desse outro ser — e então terei conhecimento daquilo que os estudiosos da história natural perseguiram durante todo esse tempo.

Mas esse deus permanece tão silencioso quanto Baal,[4] que não respondia aos apelos sonoros e ardorosos de seus 450 profetas, mesmo quando Elias[5] zombava deles pela impotência de sua divindade. Não posso senão olhar de fora (ou cortar para ver por dentro, mas a carne e os genes não revelam a totalidade orgânica). Estou preso a uma panóplia de métodos inelutavelmente indiretos — alguns muito sofisticados, por certo. Posso encher resmas de papéis com registros sobre os comportamentos e as reações dos organismos. Mas se pudesse *ser* um besouro ou um bacilo durante aquele precioso minuto — e viver para relatar a história, com perfeição —, então poderia realizar de fato a máxima de Darwin anotada em um dos primeiros cadernos contendo suas idéias evolutivas iniciais em desenvolvimento no final da década de 1830: "Aquele que compreende o babuíno é capaz de fazer mais pela metafísica do que Locke".

Mas, em vez disso, só nos é concedido o dom de espiar nosso objeto de seu exterior, de olhá-lo diretamente nos olhos e especular, eternamente especular. Ainda assim, levando em conta a distância entre os nossos instrumentos e a inalcançável condição ideal que seria a de habitar essas criaturas, nos saímos bastante bem num mundo desprovido de metempsicose. Nossos métodos indiretos nos ensinaram uma quantidade enorme de coisas sobre os cavalos, mas, se você desejasse aprender ainda mais, não iria preferir ser Whirlaway[6] na

(4) Deus da fertilidade, cujo culto, disseminado em muitas comunidades antigas do Oriente Próximo, particularmente entre os cananeus, encontrava forte resistência entre os profetas hebreus. (N.T.)

(5) Profeta hebreu, que presumivelmente teria vivido no século IX a.C. Atacava o culto israelita a Baal (Reis, 18) e logrou sucesso em manter o culto monoteísta desse povo a Jeová. (N.T.)

(6) Cavalo campeão na década de 1940. Afirma-se que ele apresentava um "distúrbio mental", em função de seu comportamento errático e perigoso. Tinha o hábito de ziguezaguear na pista, em vez de correr em linha reta, e de iniciar a corrida devagar, muitas vezes assumindo a dianteira somente na última volta. Foi premiado como o Cavalo do Ano em 1941 e 1942. Quebrou um recorde de velocidade que só

reta de chegada do que entrevistar Eddie Arcaro[7] no momento seguinte?

Fiquei frente a frente com esse paradoxo (muitas vezes) durante uma viagem recente à Costa Rica, uma nação merecidamente celebrada, entre os países pobres e tropicais, pela atenção máxima que presta à saúde e à preservação dos ambientes naturais remanescentes — uma posição não apenas correta do ponto de vista ético, mas também potencialmente proveitosa tanto para o país como para todos nós. Na Costa Rica, dois animais em particular me lançaram um olhar enigmático e evocaram o meu velho desejo frustrado de poder entrar em seu mundo por um só minuto e, desse modo, chegar a compreendê-los verdadeiramente. Os mamíferos pequenos e os insetos nos chamam a atenção porque nos parecem frenéticos. Certos répteis e anfíbios, ao contrário, parecem tomados pelo torpor. Mas essa diferença não nos impressiona tanto, pela razão simples de que todas essas criaturas apresentam variações nas suas rotinas e ritmos: um esquilo é capaz de permanecer sentado numa posição rígida, ao passo que um sapo "imóvel" pode apanhar insetos projetando sua língua com a rapidez de um raio.

Mas os bichos-preguiça se movimentam com uma vagarosidade tão generalizada que todo o seu mundo parece ser intrínseca e permanentemente diferente do nosso. Quase imagino que uma filmadora ligada em câmera lenta ocupa o seu espaço craniano, e que eles ajustam todos os seus gestos por esse relógio marcadamente diferente daquele de todo o resto do mundo. Será que nós, e a maior parte das outras criaturas, nos parecemos, aos olhos deles, com os Keystone Kops[8] em ação, ou com

---

foi superado vinte anos depois. Quando sua carreira, que teve a duração de quatro anos, se encerrou, ele se tornara o primeiro puro-sangue a superar a marca dos 500 mil dólares em premiações. (N.T.)

(7) O mais famoso jóquei entre as décadas de 1930 e 1950 nos Estados Unidos. Venceu o Derby de Kentucky por cinco vezes, numa delas (em 1941) montando o imprevisível Whirlaway. Foi o primeiro jóquei a integrar o Hall da Fama em seu país. (N.T.)

(8) Gould faz referência a uma seqüência de filmes mudos produzidos por Mack Sennett para a Keystone Film Company entre 1912 e 1917. Os Keystone

os Munchkins[9] em freqüência mais alta? Ou será que o nosso ritmo frenético (comparado ao seu passo majestoso) constitui o único universo exterior que eles conhecem, registrado em seus cérebros como o equivalente preguiça da "realidade objetiva"? Se uma das pessoas invariavelmente altas e magras de El Greco saísse de um quadro que não retratasse ninguém mais além dela própria e então adentrasse o nosso mundo, pareceríamos todos ridiculamente achatados e gordos, ou, não conhecendo nada de diferente disso (por força de sua experiência de alguns séculos a contemplar os humanos babando de admiração nas galerias de arte, sem ter visto jamais seus *confrères* nas outras telas), ela nos veria como seres comuns e arquetípicos? Mas os preguiças conhecem outros preguiças e devem também ter alguma percepção de um mundo externo que caminha num compasso diferente. Talvez eles não notem a disparidade; talvez apenas se divirtam com ela; talvez não se importem. Eu adoraria saber.

Em todo caso, deixando de lado as especulações filosóficas, eu nunca havia ficado tão impressionado com essa sensação de diferença generalizada em relação a algo tão essencial em nossas vidas, isto é, o seu ritmo. Pendurados de cabeça para baixo e agarrados ao galho de uma árvore com as quatro patas, os preguiças se movem palmo a palmo e extremamente devagar — não por cautela (ao que parece), mas em conformidade com seu próprio conceito de normalidade. Eles esticam o braço para alcançar as folhas de que se alimentam com a mesma absoluta languidez. As algas que crescem nos seus pêlos alongados, dando um tom esverdeado a todo o seu corpo, quase parecem se apoderar deles em virtude de sua incapacidade de se mover com rapidez suficiente. (Sim, é claro, a última

---

Kops, personagens centrais dessas irreverentes comédias, formavam uma patrulha policial zelosa e incompetente, que preservava uma máscara de dignidade imperturbável até mesmo durante as absurdas e aceleradas seqüências de perseguição. O ritmo veloz dos filmes era obtido com a retirada de alguns fotogramas ou fazendo-se um ajuste na câmera para tornar a ação mais rápida. (N.T.)

(9) Personagens do clássico *O mágico de Oz*, de 1939. (N.T.)

sentença é apenas uma metáfora — mas já ouvi dizer que uma pedra que rola não cria musgo!)

De qualquer forma, as minhas impressões não são idiossincráticas. Os bichos-preguiça parecem produzir basicamente a mesma forte impressão em todos os observadores ocidentais. Os ingleses os nomearam com uma palavra que, etimologicamente, significa "indolente", desse modo associando-os a um dos sete pecados capitais. Toda língua que conheço usa a mesma designação. Eles são *paresseux* em francês, *perezoso* em espanhol e *pigrizia* em italiano — sempre com o sentido de "preguiçoso" ou "apático". São *ignavus* na nomenclatura lineana, com o mesmo significado — e Lineu empregou formalmente a denominação *Bradypus*, que quer dizer "pé vagaroso" em grego, para um gênero de preguiças. Enquanto observava uma dessas criaturas no alto de uma árvore no Manuel Antonio National Park, ouvi um grupo de turistas falando sobre um animal "*foul*".[10] Imaginei, de início, que não apreciassem o pobre animal, mas então me lembrei que *faul* é "preguiçoso" em alemão, e que o bicho-preguiça *auf Deutsch* é *Faultier*.

Mas que grau de lentidão é necessário para se afirmar que algo é lento? (Como mencionei ao introduzir o tópico deste ensaio, podemos ao menos fazer experimentos e acumular dados exteriores, já que não nos é possível realizar o nosso desejo verdadeiro de penetrar na mente de um outro animal.) As primeiras fontes foram um tanto exageradas ao caracterizar uma realidade que já era genuína o suficiente. Nehemiah Grew, o primeiro cientista (segundo o *Oxford English Dictionary*) a chamar os bichos-preguiça pelo termo habitual em inglês, escreveu, em 1681, em seu catálogo de espécimes reconhecido pela Royal Society de Londres: "O bicho-preguiça [...]. Um animal de movimentos tão morosos que leva três ou quatro dias, pelo menos, para subir e descer de uma árvore". Lineu, quando nomeou formalmente essa criatura em seu *Sistema naturae* em meados do século XVIII, escreveu: "*tardissime et aegre incedit, vix uno*

(10) *Foul*, em inglês, significa sujo, asqueroso, repugnante etc. (N.T.)

die 50 passus" ("ele se move de maneira extremamente vagarosa e relutante, mal conseguindo dar 50 passos num dia").

O passo do bicho-preguiça é, na realidade, um pouco mais vivaz, embora não o suficiente para desafiar a tartaruga de Esopo. Na obra de referência sobre o assunto, *Function and Form in the Sloth* [Função e forma no bicho-preguiça], M. Goffart inicia seu capítulo sobre a "atividade motora" afirmando: "Os preguiças dormem ou descansam vinte horas por dia, possivelmente não desempenhando mais do que 10% da atividade de um mamífero superior do mesmo tamanho". Goffart resume, a seguir, um conjunto de estudos meticulosos dedicados a medir a velocidade dos bichos-preguiça. Seu movimento ao longo de um mastro horizontal (um bom substituto experimental para os galhos das árvores, seu lugar preferido na natureza) resulta numa média imponente de 150 metros a meio quilômetro por hora, alcançando, no máximo, a animada marca de 1,5 quilômetro por hora.

Dado que os bichos-preguiça são tão visivelmente bem adaptados para se mover de cabeça para baixo ao longo dos galhos das árvores, não é de surpreender que sua infreqüente locomoção no solo, de cabeça para cima, se mostre tão ineficaz. Com as patas dianteiras mais longas do que as traseiras, e com os dedos permanentemente encurvados que se agarram tão bem aos galhos mas permitem apenas um movimento claudicante no chão, não são capazes de alcançar mais do que duzentos ou trezentos metros por hora em terra firme — velocidade que é, digamos, insuficiente para escapar de um jaguar.

Diversos aspectos da anatomia e da fisiologia do bicho-preguiça se correlacionam com sua extrema lentidão. Estudos do tempo de contração demonstraram, como afirmou Goffart, que "os músculos do gênero mais veloz dos preguiças eram quatro a seis vezes mais lentos que os seus homólogos no gato". Os preguiças também mantêm uma temperatura corporal mais baixa e mais variável que quase todos os outros mamíferos — um fato de indiscutível importância em relação ao seu ritmo de vida lentificado. Quase todos os mamíferos mantêm sua temperatura estável um pouco abaixo dos 38°C (como na nossa temperatura-"padrão" de 37°C). Os monotremados e os marsupiais, isto é, os mamíferos que botam ovos e os que são dotados de bolsa, respectivamente, e que habitam a Austrália e alguns outros poucos lugares, operam num nível consideravelmente mais baixo. O ornitorrinco, por exemplo, mantém seu corpo de sangue (minimamente) quente a uma temperatura que chega a 29.4°C.

Os bichos-preguiça pertencem à ordem mamífera *Edentata*, exclusiva do Novo Mundo, que inclui os tatus e três gêneros de papa-formigas[11] da América do Sul e Central. Os edentados mantêm as temperaturas corporais mais baixas entre os mamíferos placentários. Há duas espécies de preguiças do gênero *Bradypus*, por exemplo, que apresentam uma variação entre 27.7° e 32.2°C ao longo do dia, dependendo da temperatura externa.

Contudo, apesar de todas as tentativas de nos aproximarmos da realidade interior do bicho-preguiça fazendo inferências a partir dos dados exteriores, saímo-nos bastante mal (e pela razão habitual de que não somos capazes de superar nossa visão autocentrada), pelo menos nas apresentações populares. A começar pelo termo que é a sua definição e pesadelo e prosseguindo até nossa ênfase constante na lentidão, na falta de inteligência e na monotonia de suas rotinas diárias, transmitimos a imagem de que os bichos-preguiça são mamíferos significativamente inferiores que passam seu tempo no alto das árvores fazendo pouca coisa de interessante. Essa tradição começou com uma caracterização memorável feita pelo grande naturalista francês Georges Buffon em *Histoire naturelle*, seu clássico compêndio de muitos volumes publicado no século XVIII. Entre todos os mamíferos, Buffon nutria um extremo menosprezo pelos preguiças e manifestou todo o seu desdém (na sua elegante prosa usual) pela comparação explícita

(11) No original, *ant-eaters*, termo que designa os mamíferos que se alimentam de formigas ou cupins, como o tamanduá, o oricterope ou porco-da-terra, o pangolim e a equidna. Não há uma correspondência exata entre os termos papa-formigas e *ant-eaters*, uma vez que o primeiro, em português, é sinônimo de tamanduá (apenas), mas designa igualmente um conjunto de aves da família dos tamnofilídeos que, ao contrário do que o nome popular indica, não se alimentam de formigas. (N.T.)

com as habilidades humanas, em vez de fazer alguma tentativa de compreender o universo de possibilidades e de perigos do próprio animal. Buffon escreveu (tradução minha):

> Ao passo que a natureza nos parece vivaz, vibrante e entusiástica ao produzir os macacos, ela se mostra lenta, embaraçada e limitada nos bichos-preguiça. E é mais o caso de se falar em miséria do que em indolência — trata-se antes de ausência, privação e deficiência em sua constituição: nenhum dente incisivo ou canino, olhos pequenos e cobertos, uma mandíbula compacta e pesada, uma pelagem lisa que se assemelha ao capim seco [...] pernas curtas demais, mal torneadas e mal-acabadas [...] dedos que não têm movimento independente, mas que exibem duas ou três unhas excessivamente longas [...]. A lentidão, a inépcia, a negligência em relação ao próprio corpo, e até mesmo uma melancolia habitual, resultam dessa conformação bizarra e descurada. Nenhuma arma para o ataque ou a defesa; nenhum expediente de proteção; nenhum recurso para uma fuga em segurança; confinado não a uma região, mas a uma minúscula partícula de terreno — a árvore sob a qual ele nasceu; um prisioneiro em meio a um vasto espaço [...] tudo a respeito deles anuncia sua penúria; eles são produções imperfeitas da natureza, que, mal-e-mal contando com a capacidade para sobreviver, podem persistir apenas por um curto espaço de tempo, e então se apagarão da lista dos seres [...]. Esses preguiças são o limite inferior da existência na ordem de animais de carne e sangue. Uma imperfeição a mais teria tornado sua existência impossível.

Como se Buffon já não tivesse denegrido o suficiente esses animais, ele ainda argumenta que, no homem, a miséria se origina das falhas de caráter nas decisões conscientes, e não de propensões congênitas, ao passo que nos preguiças, somente, foi a própria natureza que decretou sua degradação inerente:

> Os desafortunados preguiças são talvez os únicos seres que a natureza maltratou, as únicas criaturas que nos oferecem uma imagem da miséria inata.

É somente um pouco antes de terminar que Buffon recua ligeiramente, se pergunta sobre o estado interno do próprio preguiça (como este ensaio recomenda) e conjectura sobre a possibilidade de que as coisas não sejam assim tão ruins, afinal — pois uma criatura tão insensível talvez não seja capaz de se aperceber de sua própria desgraça:

> Se a miséria resultante da falta de sentimento não é o maior de todos os males, então a desses animais, embora muito evidente, pode não ser real, porque eles parecem sentir muito pouco. A sua aparência sombria, o seu olhar pesado, a sua indiferença diante de qualquer ataque recebido, tudo denuncia o seu embotamento.

Se eu quisesse fazer um elogio aos bichos-preguiça e dar início a um contra-ataque à visão de Buffon, poderia acrescentar, nesse ponto, umas tantas coisas. Uma defesa convencional enfatizaria os traços negligenciados desses animais, supostamente capazes de inspirar respeito humano. Por exemplo, a despeito de sua lentidão geral, eles podem desferir um golpe traiçoeiro cortante e rápido com aquelas unhas longas e inflexíveis que Buffon menosprezou (os machos lutam pela competição sexual, como é usual entre os mamíferos; e os preguiças têm de se defender, uma vez que de fato não são capazes de fugir). Além disso, o seu torpor (e sua cobertura pelas algas) serve a uma função adaptativa, contribuindo para que eles fiquem imperceptíveis na presença de inimigos, e não deveria ser interpretado como um fator de primitivismo filético.

Eu poderia também, ainda construindo uma defesa convencional pela tentativa de despertar a atenção humana, salientar o fato de que os bichos-preguiça desenvolveram um arranjo de traços interessantes e singulares. Eles não são sobreviventes em vias de desaparecimento, mas um grupo em razoável vigor com mais de meia dúzia de espécies agrupadas em dois gêneros — *Bradypus*, o bicho-preguiça de três dedos, e *Choloepus*, o bicho-preguiça de dois dedos. Com apenas uma ou duas outras exceções, todos os mamíferos têm exatamente sete vértebras cervicais (do pescoço) (ver capítulo 16) — sim, até mesmo as girafas (onde as sete vértebras habituais são extremamente longas). Mas os preguiças, por alguma razão desconhecida, são diferentes em relação a esse número universal. Os *Choloepus* têm apenas seis vértebras cervicais, ao passo que os *Bradypus* têm nove. Em decorrência dessas vértebras a mais, os *Bradypus* podem virar a cabeça até 270 graus, ou três quartos de uma volta! — não exatamente o giro completo que é clichê nos desenhos animados (lembre-se de Pinóquio virando-se para mostrar sua roupa de ir à escola para Gepeto), mas o equivalente mais próximo disso no mundo real.

Um grande número de apreciadores dos bichos-preguiça, e me incluo nesse grupo, tentou defender esses edentados expostos à difamação invocando essa estratégia — ou seja, fazendo-os parecer agradáveis ou interessantes aos olhos humanos. Goffart, por exemplo, continua a combater a calúnia de Buffon dois séculos depois, quando escreve:

> Embora os exploradores tenham quase sempre descrito os bichos-preguiça como inexpressivos, sonhadores e estúpidos, o convívio com eles revela que mostram uma grande variedade de expressões. Tirler afirma que quando suas faces se encontram em repouso os preguiças mostram sempre um sorriso afável nos lábios. Ao fazer suas necessidades, os *Choloepus* exibem uma expressão de tranqüilo prazer.

Mas, quanto mais reflito sobre o assunto, mais chego à conclusão de que deveríamos nos limitar a tentar entender o modo como *eles* percebem e registram o mundo — em vez de vasculhar seus repertórios em busca de elementos que ressoem em nós ou nos tragam alguma satisfação (incluindo o sublime deleite de uma boa incursão ao reservado!). E no entanto, para compreendê-los de verdade, necessito daqueles sessenta segundos *dentro* do cérebro de um *Bradypus* — e não há poder na Terra capaz de suprir esse dom e esse instrumento. De modo que fico me perguntando se os humanos, mesmo quando caminham num passo normal, são vistos por eles como os frenéticos Key Kops, ou se o gesto de alcançar uma folha na velocidade do tai-chi seria apreendido pelos preguiças como um movimento normal e mediano. Tão perto daquele crânio — de um mamífero que é nosso parente distante — e tão longe de conhecê-lo diretamente.

Como meu segundo animal favorito na Costa Rica, me concentrei nas aves de rapina, em especial no urubu-de-cabeça-vermelha.[12] Reuni esses pássaros aos preguiças, que não poderiam ser mais diferentes deles, porque ambos me fizeram refletir insistentemente sobre os "universos diferentes" nas mentes dos animais cujos estilos de vida são tão contrastantes em relação às nossas próprias escolhas e inclinações — e que constituem o único mundo que somos capazes de conhecer de modo direto. Mas em seguida descobri uma outra ligação que era de todo desconhecida para mim até então. As duas criaturas foram objeto do desprezo incomensurável de Georges Buffon, o maior árbitro do bom gosto em toda a história. Mencionei anteriormente seus comentários depreciativos sobre os bichos-preguiça. Consideremos agora sua opinião sobre os abutres:

> A águia ataca seu inimigo ou sua vítima sozinha [...]. Os abutres, por outro lado, juntam-se em bandos, como assassinos covardes, e preferem agir como ladrões do que como lutadores, como aves comedoras de carniça do que como aves predadoras. Nesse gênero [abutres], há aqueles que atacam sua presa em grupos, diversos contra um; e há outros que se concentram somente nos cadáveres, que eles

(12) No original, *turkey vulture*. Embora a palavra *vulture*, em alguns contextos, possa ser traduzida como *abutre*, o primeiro termo é mais genérico que o segundo, pois designa as aves das famílias *Accipitridae* (habitantes do Velho Mundo) e *Cathartidae* (encontradas no Novo Mundo). *Abutre*, em contrapartida, é a designação comum às várias espécies de aves falconiformes da família dos acipitrídeos encontradas na Europa, na Ásia e na África, e exclui, portanto, os catartídeos que habitam a América, como os urubus e os condores. O *turkey vulture*, animal a que Gould se refere aqui, é também chamado de "urubu-jereba", "urubu-peru" ou "urubu-caçador". Em outras passagens do texto, em que Gould faz referência ao *vulture*, sem especificar o continente habitado por esse pássaro, empregou-se o termo mais genérico *abutre*. (N.T.)

> rasgam até os ossos. A decomposição e a pestilência os atraem, ao invés de repeli-los [...]. Se compararmos esses pássaros aos mamíferos, o abutre combina a força e a crueldade dos tigres com a covardia e a voracidade dos chacais, que também se juntam em bandos para devorar a carniça e para dilacerar os cadáveres. A águia, por outro lado, tem a coragem, a nobreza, a magnanimidade e a munificência do leão.

Buffon também nos diz que é possível distinguirmos facilmente os abutres das águias porque os repulsivos comedores de cadáveres têm a cabeça e o pescoço nus, ao passo que os nobres caçadores exibem uma plumagem completa. Caso esse aristocrático naturalista francês tivesse chegado a compreender o presumível valor adaptativo da cabeça nua do abutre, ele teria, sem dúvida alguma, rebaixado ainda mais esses pássaros na sua avaliação — já que hoje em dia Buffon é lembrado sobretudo por seu célebre mote "*le style c'est l'homme même*" (o estilo é o próprio homem). Os abutres mergulham a cabeça inteira dentro dos corpos putrefatos, e um emaranhado de penas convencional logo ficaria perigosamente contaminado, ao passo que o sangue coagulado não adere à pele lisa e nua. Para citar uma fonte de referência clássica a (*Eagles, Hawks, and Falcons of the World* [Águias, gaviões e falcões de todo o mundo], escrito por Leslie Brown e Dean Amadon): "Sem esse desnudamento, as penas da cabeça acabariam lambuzadas e embaraçadas com o sangue coagulado, e a contaminação poderia ocorrer". (Nutro pouca simpatia pelos argumentos ao estilo das "histórias bem assim",[13] mas me parece que este, em particular, faz sentido, especialmente levando-se em conta que os abutres do Velho Mundo e os do Novo Mundo não são parentes próximos do ponto de vista genealógico, mas desenvolveram essa perda de penas altamente localizada de maneira independente — ao que parece, pela mesma razão funcional.)

(13) Gould expressa sua visão crítica às explicações especulativas fazendo uma alusão às *Histórias bem assim*, de Rudyard Kipling. Ver nota 5, p.366. (N.T.)

Há pouca coisa a respeito desses pássaros que os humanos considerariam agradável. Em relação ao urubu-de-cabeça-vermelha, minha fonte de observação na Costa Rica, Buffon concluiu em um frenesi de adjetivos: "Eles são vorazes, covardes, repugnantes, odiosos e, como os lobos, tão nocivos durante suas vidas quanto inúteis depois de sua morte". Consideremos a maior das aves de rapina do Novo Mundo, o grande (e quase extinto) condor da Califórnia, com a maior envergadura entre todos os pássaros voadores do mundo. Não pretendo colocar em risco os nobres esforços hoje em andamento para salvar essa espécie magnífica (pois a adesão aos padrões éticos humanos no julgamento dos outros animais não poderia ser mais irrelevante), mas as descrições de sua alimentação dificilmente poderiam inspirar uma profunda simpatia.

Na obra clássica sobre o comportamento desses pássaros, escrita no início da década de 1950, antes que sua população declinasse de forma tão abrupta, Carl B. Koford descreve os esforços de um grupo de condores para dilacerar uma carcaça. Eles se debatem sobre ela com tanto vigor que o conjunto todo (dos pássaros e da fonte de alimento, morta) desliza lentamente morro abaixo:

> Carcaças grandes como a de um veado são geralmente arrastadas para baixo à medida que os condores se alimentam. Certa vez presenciei vinte condores devorando um jovem bezerro [...]. Assim que eles começaram a comê-lo, a carcaça foi pouco a pouco arrastada ao longo de um declive, tamanho era o esforço dos pássaros, indo parar aproximadamente duzentos metros abaixo do seu lugar original.

No nosso clima atual de ênfase nos "valores da família", não pretendo me estender sobre os detalhes da maneira como os condores se alimentam. É suficiente dizer que o couro dos carneiros, cervos e bovinos (as principais carcaças de grandes dimensões) é difícil de penetrar — e que os condores, portanto, começam a rasgá-la a partir dos seus orifícios naturais, introduzindo suas cabeças peladas nessas profícuas aberturas.

Mas eu ainda daria (quase) tudo por sessenta segundos no interior da mente de um urubu-de-cabeça-vermelha. Qual será a aparência exterior de seu mundo, quando eles circulam silenciosamente acima do cadáver de um animal? O que os atrai? Qual é a estética desses animais? Será que a deterioração e a decomposição de fato os agrada — e, nesse caso, quanto mais melhor, ou será que isso só se aplica até certo ponto? Será que eu, o homúnculo no cérebro do abutre, enxergaria e farejaria uma vaca morta na campina do mesmo modo como um explorador humano vê um pote de ouro no final do arco-íris ou um oásis no deserto?

Uma vez que essas perguntas emergiram na Costa Rica, a muitos milhares de quilômetros de distância da minha biblioteca, não me dei conta de que uma literatura antiga e substancial se desenvolvera sobre esse assunto — ainda que seja da maneira estritamente limitada e operacional como os humanos são capazes de abordá-lo nas suas pesquisas empreendidas a partir da limitada posição exterior ao mundo conceitual do próprio pássaro. Em particular, os naturalistas se perguntaram e discutiram por muito tempo de que maneira os abutres encontram suas presas.

Esse velho problema evoca, de imediato, duas questões que, por um lado, estabelecem os termos desse enigma, e, por outro, tornam sua solução mais complexa. De modo geral, os pássaros são, acima de tudo, animais visuais, especialmente no caso das aves de rapina (as águias, os falcões e seus parentes), que apresentam uma proximidade genealógica com certos abutres. Por outro lado, os cadáveres dos animais seriam mais facilmente localizáveis por meio do olfato do que da visão. Será que os abutres, portanto, fazem uso desse sentido para localizar seu alimento, diferentemente dos outros pássaros? Em segundo lugar, como foi mencionado acima, "abutre"[14] é um termo funcional para os pássaros grandes que se alimentam de animais mortos e que convergiram em relação a um conjunto de traços comuns a partir de raízes genealógicas distintas. Assim, se descobrirmos que uma espécie não é

(14) *Vulture*, no original. (N.T.)

inteiramente incapaz de perceber os cheiros, isso não exclui a possibilidade de que uma outra espécie (com um ancestral evolutivo diferente) use o olfato como o seu sentido principal.

Os abutres do Velho Mundo, ao que parece, dependem mesmo inteiramente da visão. Eles não percebem os mais odoríferos pedaços de carne, deliciosamente putrefatos, a menos que possam enxergar o alimento. Mas alguns abutres do Novo Mundo usam o olfato como um sentido primordial. O debate, desde há muito, tem se centrado sobre a espécie que vi na Costa Rica, o *Cathartes aura*, ou urubu-de-cabeça-vermelha.

A discussão remonta pelo menos até Audubon, que em 1826 apresentou à Sociedade de História Natural de Edimburgo um escrito técnico intitulado "Relatório sobre os hábitos do bútio,[15] com o propósito particular de refutar a visão geralmente assumida quanto a seu extraordinário poder olfativo". Audubon interpretou seus experimentos ambíguos como indicações de que os abutres não percebiam os odores e localizavam suas presas somente com base na sua aguçada visão. Talvez Audubon estivesse certo em relação à espécie que estudou — que não era o urubu-de-cabeça-vermelha, como ele imaginou e incorretamente afirmou, mas o urubu-comum,[16] o *Coragyps*. A questão, portanto, permaneceu em aberto no que diz respeito à minha espécie da Costa Rica.

Como as críticas em relação a Audubon se avolumassem, seu amigo, o eminente naturalista americano John Bachman, desenvolveu um segundo conjunto de experimentos, supostamente para confirmar a conclusão de Audubon. Ele chegou mesmo a reunir um grupo de cidadãos instruídos e respeitáveis para observar seu trabalho e assinar um documento de reconhecimento (ecos de Joseph Smith e das testemunhas oficiais das plaquetas Mórmon).[17]

(15) No original, *turkey buzzard*. (N.T.)

(16) No original, *black vulture*. Em português, o *Coragyps* é também chamado de "urubu-de-cabeça-preta" e de "urubu-preto". (N.T.)

(17) Gould se refere ao nascimento do mormonismo, doutrina protestante fundada nos Estados Unidos por Joseph Smith, com a publicação do *Livro de Mórmon*, em 1830. Smith alegava ter descoberto esse livro, que relatava a histó-

O jovem Charles Darwin, a bordo do *Beagle* na América do Sul, interessou-se pelo assunto e, como sempre, não somente formulou a questão-chave da maneira mais produtiva como também concebeu a resposta basicamente correta. Ele fez um experimento grosseiro com o condor-dos-andes (*Vultur gryphus*) e concluiu que essa espécie não percebia cheiros. Darwin escreveu:

> Lembrando-me dos experimentos do sr. Audubon [...] fiz a seguinte experiência: os condores foram amarrados, cada um por uma corda, numa longa fila junto a uma parede. Tendo embrulhado um pedaço de carne em papel branco, me pus a caminhar de lá para cá, segurando-o em minhas mãos a uma distância aproximada de três metros deles, mas nenhum dos pássaros percebeu a presença do alimento. Joguei então o pacote no chão, a um metro de um velho pássaro macho; ele olhou para o pacote com atenção, por um momento, e em seguida desviou o olhar. Com uma vara, empurrei-o cada vez mais perto, até que finalmente o condor tocou o pacote com o bico; o papel foi então imediatamente rasgado com fúria e, no mesmo instante, todos os pássaros na longa fila começaram a se debater e a ruflar as asas. Sob as mesmas circunstâncias, teria sido inteiramente impossível enganar um cachorro.

Mas Darwin reconheceu que outras espécies poderiam perceber os odores e mencionou que os dados relativos ao urubu-de-cabeça-vermelha falavam em favor da hipótese de que o olfato era um sentido importante:

> As evidências a favor e contra os aguçados poderes olfativos dos abutres comedores de carniça são extraordinariamente equilibradas.

---

ria de um grupo de hebreus que migrara para a América em cerca de 600 a.C., por meio de uma revelação divina. Ele afirmava também que traduzira o texto original, escrito pelo profeta Mormon, a partir de plaquetas de ouro que havia desenterrado. Algumas testemunhas declararam que a existência dessas placas era verdadeira, e também assinaram, na primeira edição do livro, uma declaração de que Joseph Smith era seu "autor e proprietário". (N.T.)

> O professor Owen demonstrou que os nervos olfativos do urubu-de-cabeça-vermelha (*Cathartes aura*) são altamente desenvolvidos; e, na sessão em que o artigo do sr. Owen foi lido na Sociedade Zoológica, um cavalheiro mencionou que em duas ocasiões, nas Índias Ocidentais, ele vira os carcarás se recolherem ao telhado de uma casa ao perceberem a presença de um corpo não enterrado que se tornara repulsivo: nesse caso, trata-se de uma informação que dificilmente poderia ter sido obtida por meio da visão.

(Eu poderia acrescentar que Darwin também desenvolveu certa afeição pelos condores-dos-andes, a despeito do estilo de vida dúbio, aos olhos humanos, desses animais. Ele encerrou sua discussão sobre essa espécie escrevendo: "Quando os condores voam em bando em torno de um lugar qualquer, seu vôo é lindo [...]. É realmente maravilhoso [...] ver um pássaro tão grande, planando em círculo, sem propósito algum, ininterruptamente, sobre as montanhas e os rios".)

A controvérsia sobre o olfato dos urubus-de-cabeça-vermelha não foi solucionada de modo conclusivo até 1964, quando Kenneth E. Stager apresentou demonstrações fortíssimas, baseadas em anos de experimentação perspicaz e cuidadosa, de que o *Cathartes aura* realmente depende de um sentido olfativo aguçado para localizar a carniça. Os urubus-de-cabeça-vermelha quase sempre fazem uma identificação inicial por meio da visão (embora os primeiros sinais também possam ser olfativos). A seguir, passam a voar em círculo muito acima da carcaça, descrevendo uma vasta circunferência, até que o vento a favor traga-lhes o odor do alimento. O famoso círculo (nosso ícone convencional para os abutres) então diminui consideravelmente seu raio e os pássaros, guiados pelo cheiro, pousam para o festim.

Ironicamente, Stager descobriu que os pesquisadores anteriores haviam interpretado os sinais relativos ao olfato de maneira freqüentemente incorreta porque tinham assumido que "quanto mais putrefato melhor" — e, desse modo, tinham realizado os testes usando carne em avançado estado de decomposição. Na realidade, os urubus-de-cabeça-vermelha preferem o alimento que se encontra apenas ligeiramente decomposto e rejeitam a carne apodrecida se houver alguma outra alternativa (a não ser que uma situação de privação severa exija uma concessão quanto aos seus padrões habituais). Stager afirma: "Os *Cathartes* mostram uma preferência pelo alimento relativamente fresco, e não pelo alimento podre. Se há escassez de alimento em determinada área, o urubu-de-cabeça-vermelha se alimentará da carne que se encontra em avançado estado de decomposição. Os experimentos [...] indicaram que os *Cathartes* mantidos em cativeiro mostram uma preferência decisiva por pintinhos recém-chocados, abatidos pouco antes, ao invés de carne putrefata".

Sou grato por todas essas informações importantes, mas ainda preferiria meu impossível minuto no cérebro de um urubu-de-cabeça-vermelha, particularmente no instante em que ele batesse os olhos numa boa carcaça na campina lá embaixo ou sentisse seu primeiro sopro.

Essas conjecturas inevitavelmente trazem à baila o tema contencioso da "consciência" animal. Confesso que considero esse assunto, do modo como é geralmente debatido, uma polêmica tediosa e bastante infrutífera, dado que não passa de uma discussão sobre as *palavras* subjetivas que são empregadas por pessoas que acreditam, incorretamente, que estão discutindo *idéias* importantes e passíveis de esclarecimento. Se eu perguntar "Um cachorro tem consciência?", os argumentos apaixonados e sem fim que se seguirão se reduzem, quase sempre, às diferentes definições dessa palavra obscura, em vez de focalizar as questões interessantes e empiricamente solucionáveis sobre o que os cães são capazes ou não de fazer. (Também admito, é claro — pois este ensaio toma esse ponto central como seu tema principal —, que muitas questões levantadas por esse tema fascinante efetivamente tratam do problema genuíno [aquele relativo às coisas, e não às palavras], embora incognoscível, do que vêm a ser os estados mentais internos de um cachorro.) Se um cachorro "pensa" ou não, "tem consciência" ou não, isso depende da definição escolhida. Algumas pessoas não atribuirão "consciência" a criatura alguma que não seja capaz de abstrair um conceito geral — a verdade ou a religião, por exemplo — com base em fatos particulares e, a partir daí, aplicar o aparato da lógica formal de modo a fazer inferências para além desses fatos. Outros conferem "consciência" a criaturas que reconhecem seus parentes consangüíneos e se recordam de locais prévios relacionados a situações de perigo ou de prazer. Pelo primeiro critério, os cães não têm consciência; pelo segundo, têm. Mas os cães permanecem sendo cães e sentindo aquilo que sentem, sem levar em consideração os rótulos escolhidos por nós.

No contexto da Costa Rica e dos esforços internacionais para preservar a biodiversidade, essa questão assume uma importância central, uma vez que o argumento clássico sobre os motivos pelos quais uma criatura supostamente decente e moral como o *Homo sapiens* pode maltratar e até mesmo exterminar outras espécies se assenta sobre uma posição extrema num *continuum*. A tradição cartesiana, formulada explicitamente no século XVII, mas presente, sem dúvida, numa forma "popular" ou em outras versões, ao longo de toda história humana, sustenta que os outros animais são pouco mais que máquinas desprovidas de sentimentos e que apenas os homens gozam de "consciência", não importa como ela seja definida. Nas versões radicais dessa teoria, até mesmo a dor e o sofrimento manifestos de outros mamíferos (tão palpáveis para nós, e da maneira mais visceral, uma vez que as expressões vocais e faciais desses parentes evolutivos próximos são semelhantes às nossas próprias reações aos mesmos estímulos) não sinalizam nada mais do que uma resposta automática sem nenhuma representação interna em termos de sentimento — porque os outros animais não têm consciência alguma. Assim, levando adiante esse argumento, poderíamos nos preocupar com a extinção em função de outras razões, mas não em virtude de alguma espécie de dor ou sofrimento associado a essas mortes inevitáveis.

Não acredito que muitas pessoas sustentem nos dias de hoje uma versão tão forte da posição cartesiana, mas a tradição de se considerar os animais "inferiores" como "menos capazes de sentir" certamente persiste como um paliativo que ajuda a justificar a nossa rapacidade — do mesmo modo como os nossos ancestrais racistas argumentavam que os "insensíveis" índios eram incapazes de experimentar alguma forma de dor conceitual ou filosófica pela perda de seu ambiente ou modo de vida (desde que os territórios reservados suprissem suas necessidades corporais de alimento e de segurança), e que os "primitivos" africanos não lamentariam a terra natal e a família abandonadas à força uma vez que a escravidão lhes assegurasse a sobrevivência do ponto de vista físico.

Não quero chegar aos extremos da contra-argumentação. Toda definição de consciência forçosamente envolve gradações. Estou pronto a conceder que os meus inalcançáveis sessenta segundos no interior de uma esponja ou de um platielminte talvez não revelassem acuidade mental alguma que me desse ao trabalho de chamar de consciência. Mas também acredito — sem me enredar em discussões insolúveis sobre as definições de consciência — que os abutres e os bichos-preguiça, como parentes evolutivos próximos, com o mesmo conjunto básico de órgãos, ficariam do mesmo lado que nós em qualquer delimitação válida (e necessariamente vaga) — e que, portanto, não estamos enganados quando os olhamos nos olhos e vislumbramos uma afinidade emocional e conceitual. Estou certo de que poderia chegar a algum lugar com aqueles sessenta segundos, se algum dia pudesse penetrar na mente desses animais. Os abutres contam com uma estética particular e os bichos-preguiça, com uma noção própria de ritmo.

Os bichos-preguiça modernos incluem poucos remanescentes de sua diversidade anterior — dois gêneros de animais pequenos, que habitam as árvores. Entre 10 e 15 mil anos atrás, apenas, preguiças-gigantes, de hábitos terrícolas, e do tamanho de elefantes, ainda habitavam as Américas. (Seus esqueletos grandes e bem preservados não raro são confundidos com os dos dinossauros pelas pessoas que não têm o hábito de ler as tabuletas nos museus.) Os outros grupos de edentados modernos também foram dizimados no passado recente; os gliptodontes gigantes, por exemplo, mais bem protegidos por suas couraças do que as tartarugas, são tatus fósseis.

A América do Sul foi um continente-ilha, muito maior e muito mais diversificado que a Austrália, durante dezenas de milhões de anos, antes que o istmo do Panamá surgisse há alguns poucos milhões de anos. O conseqüente fluxo, através desse novo acesso, de mamíferos da América do Norte corresponde, do ponto de vista cronológico, à dizimação da fauna nativa da América do Sul (embora os vínculos causais entre esses dois eventos sejam objeto de muita discussão). Na realidade, uma boa parte dos grandes mamíferos considerados característicos da América do Sul — os jaguares, as lhamas e os tapires, por exemplo — são todos migrantes recentes da América do Norte. Algumas espécies da América do Sul também se deslocaram em direção ao norte — incluindo o tatu dos nossos estados do Sul e o chamado (incorretamente, aliás) gambá da Virginia. Mas a maior parte das linhagens caracteristicamente sul-americanas simplesmente desapareceu — incluindo os marsupiais carnívoros *Borhyenidae*,[18] os gigantescos e vorazes pássaros não voadores denominados *phorusrhacid*, os litopternas, animais assemelhados aos cavalos (mas que não eram parentes deles) e o *Macrauchenia*, semelhante ao camelo (mas igualmente não aparentado a ele, e constituindo uma espécie única do ponto de vista filético) — ver capítulo 7. Eu desejaria muito que essa fauna extraordinariamente diversa e díspar do ponto de vista evolutivo tivesse sobrevivido — e acredito que o surgimento inteiramente natural do istmo do Panamá tenha desencadeado essa tragédia biológica particular.

Assim, os antigos preguiças foram testemunhas dos efeitos que podem resultar da imprevisibilidade da natureza. As espécies existentes estão experimentando agora aquilo que pode resultar da ação humana, com seu poder mais consciente e mais premente. Se me fossem concedidos aqueles sessenta segundos no interior do *Bradypus*, será que eu não ouviria um lamento por seus irmãos gigantes e perdidos? Será que não escutaria um apelo dirigido aos humanos para que façam uma pausa, reavaliem — e, acima de tudo, reduzam o ritmo?

(18) Família que inclui o tigre-dentes-de-sabre, entre outros animais. (N.T.)

21

INVERTENDO A ORDEM ESTABELECIDA

Todos sabemos como o mundo funciona. Um pescador diz a seu mestre, no *Péricles* de Shakespeare: "Mestre, eu me pergunto como os peixes podem viver no mar", e recebe a resposta evidente: "Ora, do mesmo modo como o fazem os homens na terra; os grandes comem os pequenos". Por isso, quando os humoristas desejam criar mundos às avessas, eles invertem a ordem estabelecida, enfatizando assim a autenticidade do absurdo. O país das maravilhas de Alice funciona com base no seguinte princípio: "primeiro a sentença — depois o veredicto". Na cidade de Titipu de Gilbert e Sullivan, o alfaiate Ko-ko, condenado à morte por decapitação, é em vez disso promovido à categoria de Eminente Senhor Executor, porque — o que parece tão óbvio, afinal — um homem "não pode cortar a cabeça de um outro antes que tenha cortado a sua própria". Pish-tush nos dá essa explicação numa canção espirituosa, acompanhada por um coro entusiástico: "E eu estou certo, e você está certo, e tudo está certo, too-loora-lay".[1]

Os críticos sociais e literários pertencentes ao chamado movimento pós-modernista ressaltaram, num argumento convincente e importante quase sempre enterrado sob o jargão impenetrável de seu discurso, que a sustentação da ordem estabelecida geralmente se apóia na alegação de que os "dualismos" e as "hierarquias" são

(1) Gould se refere à opereta *Mikado*, de Gilbert e Sullivan, produzida pela primeira vez em Londres, em 1885. A história se passa num Japão imaginário. (N.T.)

naturais. Ao criar dualismos, dividimos um objeto em duas categorias contrastantes; ao impor uma hierarquia sobre esses dualismos, julgamos uma categoria superior e a outra inferior. Todos conhecemos as hierarquias dualísticas da vida social e política — desde a divisão entre os virtuosos e os infiéis dos séculos passados até, no nosso presente espantosamente mesquinho, a oposição entre os executivos-chefes milionários que merecem redução de impostos e as mães solteiras que deveriam perder o direito aos seus carnês de alimentação. Os pós-modernistas afirmam corretamente que esses dualismos e hierarquias representam as nossas próprias construções — com propósitos políticos (muitas vezes execráveis) — mais do que o ditame factual e inevitável da natureza. Poderíamos analisar o mundo de muitas outras maneiras, com implicações radicalmente diferentes.

As nossas categorizações da natureza também tendem a favorecer hierarquias dualistas baseadas na dominação. Com freqüência o mundo é dividido, do ponto de vista ecológico, em predadores e presas, e do ponto de vista anatômico, em animais "superiores", complexos e dominantes, e animais "inferiores", mais simples e subservientes. Não nego que essas classificações tenham alguma utilidade no que diz respeito à formulação de predições que geralmente funcionam — o peixe grande quase sempre come o peixe pequeno, e não vice-versa. Mas a crítica pós-modernista deveria provocar em nós um ceticismo saudável, à medida que perscrutamos as razões complexas e socialmente enraizadas por trás das formações originais das nossas categorias preferidas. O dualismo com dominância provavelmente assinala, acima de tudo, uma imposição do homem à natureza, e não uma lição que os pássaros e as abelhas nos ensinam.

Os especialistas em história natural tendem a evitar pregações tendenciosas em estilo filosófico (embora muitas vezes eu sucumba a essa tentação nestes ensaios). Nesse campo, o estilo de dúvida favorecido é o empírico: se desejo questionar uma proposição, devo procurar um contra-exemplo em carne e osso. Os contra-exemplos existem em abundância, pois são a matéria-prima de um gênero comum nos escritos sobre história natural — a tradição da "fascinação pelo bizarro" ou dos "estranhos hábitos do castor". (Perdoe-me se isso soa tão depreciativo — suponho que se trate do meu próprio e ignóbil dualismo. As histórias são extraordinárias. O problema é que eu quase sempre anseio por mais proposições intelectuais e menos escrita floreada.)

Boa parte da nossa atração pelos "casos estranhos" consiste na sua revogação dos consolidados dualismos baseados na dominância — a "reversão da ordem estabelecida" do título deste ensaio. Um exemplo óbvio e prototípico dessa literatura são as plantas carnívoras, que sempre despertaram um interesse primal — e quanto maior e mais "avançada" do ponto de vista taxonômico for a sua presa, maior é o nosso estranhamento. Bocejamos quando uma apanha-moscas captura um mosquito, mas trememos com considerável desconforto quando uma *Sarracenia purpurea*[2] de grandes dimensões devora um pássaro ou um roedor.

Mantenho um arquivo para recolher esses casos, denominado "Inversões". Há muito tempo que estou à procura dos exemplos ideais, em que os três dualismos mais notórios são virados de cabeça para baixo: as divisões entre predador e presa, superior e inferior, e grande e pequeno — em outras palavras, em que uma criatura de uma categoria usualmente classificada como pequena em tamanho, primitiva em estrutura e sujeita à predação devora um outro animal de uma categoria considerada maior em tamanho, superior do ponto de vista anatômico e predadora. Já disponho de quatro exemplos curiosos, número mais do que suficiente para um ensaio. Uma vez que nós, os pós-modernistas, renunciamos às classificações hierárquicas, vou simplesmente apresentar minhas histórias na ordem cronológica em que elas foram publicadas (embora o pós-modernismo, nesse caso — e na verdade não sou um devoto desse movimento —, talvez não passe de um pretexto, e de uma desculpa por não ter concebido uma estrutura lógica melhor para este ensaio!)

(2) No original, *pitcher plant*. (N.T.)

1. Sapos e mosquitos. Os sapos comem os mosquitos. Se os mosquitos comem sapos, então estamos nos encaminhando para o caos, para o fim dos tempos. Tom Eisner, um colega da Cornell University, é reconhecido na nossa profissão como um verdadeiro perito naquelas esquisitices da natureza que transmitem mensagens gerais importantes e práticas. Certo dia, em agosto de 1982, numa pequena lagoa no Arizona, Eisner e um grupo de colegas observaram a presença de milhares de sapos-pé-de-espada[3] reunidos na ribanceira, praticamente todos no momento de muda de seu estágio inicial como girinos para a forma adulta. Eisner e seus colegas descreveram essa descoberta em uma publicação técnica (ver o artigo de 1983 de autoria de R. Jackman e outros, que aparece na bibliografia):

> Situados a poucos centímetros um do outro, eles alcançavam um tamanho adulto mínimo (entre 1,5 e dois centímetros [menos que uma polegada] de comprimento). Entre eles, podia-se ver uma porção de sapos mortos ou agonizantes que, aparentemente, haviam sido capturados, na lama, por um predador, e se encontravam parcialmente afundados no substrato, de tal modo que apenas a cabeça deles, ou a cabeça e o tronco, se projetava acima do solo. Havia dúzias desses sapos semi-submersos.

Eles então cavaram mais fundo e, para sua enorme surpresa, encontraram o predador: "uma grande larva de inseto, semelhante a uma lagarta, posteriormente identificada como a larva da mutuca *Tabanus punctifer*". Em outras palavras, moscas comem sapos! (Ainda que o espanto possa ser amenizado pela observação de que esses minúsculos sapos eram muito menores que as enormes larvas de mutuca.) Insetos especialmente grandes e vertebrados muito pequenos também comparecem nos outros raros casos de inversões desse tipo de que se tem registro — sapos, pequenos pássaros

(3) No original, *spadefoot toads*. Refere-se às várias espécies de *Schaphiopus*. (N.T.)

e até mesmo um camundongo, consumidos por louva-deuses, por exemplo.

As larvas das moscas abrem caminho na lama com a extremidade traseira do corpo, até que a parte dianteira, onde se encontra a boca, fique rente à superfície. A seguir, elas prendem suas mandíbulas afiadas nas patas traseiras ou na barriga dos sapos, fazendo-os submergir parcialmente na lama. As larvas então — é favor lembrar que muitos relatos no campo da história natural não são nada agradáveis do ponto de vista dos padrões humanos — matam os sapos, sugando-os e ingerindo apenas seu sangue e seus fluidos corporais.

Adorei o tom de ironia da última sentença do artigo de Eisner e seus colegas — pouco usual para um artigo técnico, mas as histórias bizarras sempre permitiram alguma liberdade no que diz respeito ao estilo:

> O caso que relatamos é uma inversão do paradigma usual sapo-come-mosca, embora [...] o paradigma possa também vigorar na sua forma convencional. Os *Scaphiopus* [os sapos-de-pé-de-espada] adultos podem também, em certas ocasiões, ter acesso predatório às próprias mutucas *Tabanus* que, no seu estágio larval, devoraram seus congêneres.

J. Greenberg, numa reportagem para a *Science News* (5 de novembro de 1983), iniciou seu comentário expressando o impacto emocional dessa inversão:

> É como se o Okeechobee Fla., da Pequena Liga, desse uma sova nos New York Yankees, ou como se Wally Cox vencesse Burt Reynolds na conquista de uma garota. É como se Granada invadisse os Estados Unidos. "É diferente de tudo que já vi", afirma Thomas Eisner.

2. Lagostas e caramujos. Os crustáceos decápodes (as lagostas, os caranguejos e os camarões) se alimentam dos moluscos, como sabem todos os naturalistas. O caso clássico de uma pro-

longada "corrida armamentista" evolutiva (elegantemente documentada por muitos anos pelo meu colega Geerat Vermeij) envolve um paralelo entre o aumento na força das garras dos caranguejos e o desenvolvimento de mecanismos de proteção cada vez mais eficientes (espinhos, costelas, conchas mais grossas e mais onduladas) nos caramujos ao longo do tempo geológico. Os caranguejos terrestres são de longe os maiores predadores de um dos meus objetos favoritos de estudo, o caracol *Cerion* do Caribe. Se os caramujos comem os decápodes, então podemos bem nos aposentar.

Amos Barkai e Christopher McQuaid estudaram as lagostas e os bucinídeos[4] (caramujos de tamanho mediano) nas águas que circundam as ilhas Marcus e Malgas, localizadas a pouco mais de seis quilômetros uma da outra na região de Saldanha Bay, na África do Sul. Em Malgas, como seria de se esperar, as lagostas se alimentam de moluscos, principalmente de mariscos e de diversas espécies de bucinídeos. Barkai e McQuaid escreveram em seu relato de 1988: "As lagostas geralmente atacavam os bucinídeos escavando, com a boca, a borda de suas conchas".

Os pescadores de lagosta locais relatam que, vinte anos atrás, as lagostas eram igualmente comuns nas duas ilhas. Mas, depois disso, elas desapareceram da ilha Marcus, por razões obscuras, talvez ligadas a um período de baixa oxigenação das águas ao seu redor durante a década de 1970. Na ausência das lagostas como o seu predador usual, extensos bancos de mariscos se estabeleceram e a densidade populacional dos bucinídeos aumentou rapidamente. Barkai e McQuaid se indagaram: "Por que razão as lagostas não recolonizam a ilha Marcus, a despeito da grande disponibilidade de alimento?".

Numa tentativa de responder a essa pergunta, eles realizaram o experimento óbvio — e fizeram uma descoberta espantosa. A presa se tornara o predador — dessa vez ao suplantá-lo numericamente, e não em virtude de uma equivalência de tamanho (os bucinídeos são muito menores que as lagostas). A convencional voz passiva da prosa científica não transmite de maneira apropriada o espanto dessa descoberta, mas um bom relato pode facilmente transcender essa pequena limitação. Assim, nas próprias palavras de Barkai e McQuaid, e sem que nenhum outro comentário da

(4) No original, *whelks*, termo que designa os caramujos da família *Buccinidae* e afins. (N.T.)

minha parte seja necessário (eu ficaria tentado apenas a fazer alguma declaração astuta e absolutamente imprópria sobre as revoltas dos escravos — Spartacus e tudo o mais):

> Mil lagostas da ilha Malgas foram identificadas e transferidas para a ilha Marcus [...]. O resultado foi imediato. As lagostas, aparentemente saudáveis, foram rapidamente massacradas pelo grande número de bucinídeos. Centenas delas foram atacadas tão logo foram liberadas, e uma semana depois nenhuma lagosta viva podia ser encontrada na ilha Marcus [...]. Nadando, algumas delas se mostraram capazes de escapar temporariamente, mas cada contato com a superfície resultava num ajuntamento ainda maior de moluscos, até o momento em que a pressão numérica impedisse sua fuga. Cada lagosta foi morta, em média, num intervalo de quinze minutos, por mais de trezentos *Burnupena* [bucinídeos], que removeram toda a sua carne em menos de uma hora.

Sic semper tyrannis.

3. PEIXES E ALGAS DINOFLAGELADAS. Em geral, os peixes não comem os dinoflagelados. Por que motivo se dignariam a notar a presença dessas algas microscópicas flutuando no plâncton? Mas as algas dinoflageladas com certeza não comem os peixes. A simples idéia disso, dada a disparidade de tamanho entre esses organismos, é tão ridícula que chega a nos parecer incompreensível. Os dinoflagelados, no entanto, podem *matar* os peixes, por mecanismos indiretos que são conhecidos há muito tempo e que, em função de sua enorme importância prática, foram bastante bem estudados. Sob condições favoráveis, as populações de dinoflagelados podem se elevar até os 60 milhões de organismos por litro d'água. Essas proliferações de dinoflagelados podem alterar a cor da água e envenená-la — a "maré vermelha" é o exemplo mais conhecido desse fenômeno —, levando à morte grandes quantidades de peixes e de outros organismos marinhos.

J. M. Burkholder e um grupo de colegas da North Carolina State University estudaram as proliferações tóxicas de dinoflagelados associadas à morte de peixes em estuários do Sudeste dos Estados Unidos. O maior evento desse tipo resultou na mortandade de aproximadamente 1 milhão de savelhas no estuário do rio Pamlico. Esse caso revela-se curioso não pela perda dos peixes em si mesma, uma conseqüência comum das proliferações de dinoflagelados. Sempre se considerou que a morte de peixes e de outros organismos marinhos durante as marés vermelhas fossem resultados passivos e "não intencionais" das toxinas dessas formas planctônicas, ou conseqüência de outros fenômenos vinculados à proliferação excessiva de algas. Mas ninguém jamais supôs que os dinoflagelados pudessem efetivamente matar os peixes em seu próprio benefício. E, no entanto, os dinoflagelados parecem de fato matar os peixes e alimentar-se deles, de uma maneira sugestiva de que essa inversão tão peculiar constitui um exemplo de evolução ativa.

Os dinoflagelados vivem num estado de dormência, depositados no solo marinho, no interior de um cisto de proteção. Quando os peixes se aproximam, o cisto se rompe e libera uma célula móvel, que nada, aumenta de tamanho e secreta uma neurotoxina poderosa, solúvel em água, que mata o peixe. Até aí, nada demais — ainda que a presença do peixe pareça induzir a atividade por parte do dinoflagelado (a ruptura do cisto), sugerindo que há uma relação direta entre os dois eventos. Mas tanto os indícios anatômicos como as evidências comportamentais sugerem que os dinoflagelados desenvolveram ativamente essa estratégia para se alimentar dos peixes. A célula natatória, libertando-se do cisto, desenvolve uma projeção que sai de sua superfície inferior, e que é chamada de pedúnculo. Essas células aparentemente se movem na direção dos peixes que estão mortos ou morrendo. As partículas de tecido que se desprendem do peixe ficam então aderidas ao pedúnculo e são digeridas pelos dinoflagelados. Menciono abaixo a descrição dos autores sobre essa inversão cuja disparidade de tamanho é a maior entre os meus quatro casos:

O agente letal é uma neurotoxina excretada pelos dinoflagelados. Ela provoca sinais neurotóxicos nos peixes, que incluem movimentos súbitos esporádicos, desorientação, letargia e, ao que tudo indica, sufocação, seguida de morte. Não há indícios de ataque direto ao peixe por parte da alga. Ela aumenta rapidamente sua velocidade natatória para alcançar as partículas de tecido que se soltam do peixe agonizante, usando seu pedúnculo para prender o fragmento de tecido e digeri-lo.

4. ESPONJAS E ARTRÓPODES. Entre os invertebrados, as esponjas sempre ocupam o último degrau nas representações da escala evolutiva, uma vez que se classificam como os organismos mais baixos entre os mais baixos. Os artrópodes, por sua vez, se situam no degrau mais alto destinado aos invertebrados (só um pouquinho abaixo dos anjos, ou seja, um passo antes dos vertebrados, numa lista linear de complexidade ascendente). As esponjas não apresentam órgãos distintos. Elas se alimentam filtrando minúsculas partículas de nutrientes da água que é bombeada através dos canais de seu corpo. Os artrópodes, em contrapartida, desenvolvem olhos, membros, cérebro e um sistema digestivo, e muitos deles vivem ativamente como seres carnívoros. A maioria dos artrópodes não tomaria conhecimento de uma esponja inferior, e seria difícil imaginar de que maneira esta última poderia subjugar e ingerir um artrópode.

No entanto, em um artigo de 1996, que tem o título categórico de "Esponjas carnívoras", J. Vacelet e N. Boury-Esnault, do Centro de Oceanologia de Marselha, relatam a descoberta de uma esponja matadora (o que soa quase tão bizarro quanto uma alga dinoflagelada devoradora de peixes — mas ambos existem de fato). Os membros do gênero *Asbestopluma*, parentes dessa esponja, só haviam sido encontrados anteriormente em águas muito profundas (incluindo-se as esponjas descobertas a mais de 7 600 metros de profundidade, o recorde de todos os tempos), onde não era possível observar seu comportamento e suas preferências alimentares. Mas Vacelet e Boury-Esnault encontraram uma nova espécie de *Asbestopluma* numa caverna no Mediterrâneo a pouca profundidade (menos de trinta metros), onde mergulhadores com tanques de oxigênio podiam realizar observações diretas.

O mar, nas suas profundezas, é um deserto do ponto de vista nutricional, e muitos organismos desses hábitats desenvolvem adaptações especiais para obter os raros (e grandes) pedaços de alimento, ao passo que seus parentes de águas mais rasas podem encontrar uma infinidade de presas de pequeno tamanho. A *Asbestopluma* não reteve em seu corpo os canais filtradores presentes no corpo das outras esponjas, nem tampouco as células especializadas (chamadas de coanócitos) que fazem a água circular através desses organismos. De que maneira, então, essa esponja que habita as águas profundas consegue se alimentar?

A espécie recém-descoberta desenvolve longos filamentos que se prolongam a partir da extremidade superior de seu corpo. Uma cobertura de espículas minúsculas, ou pequenas projeções esqueletais, reveste a superfície desses filamentos. Os autores comentam: "A cobertura de espículas [...] dá aos filamentos uma adesividade semelhante à do 'velcro' — e constitui a chave desse caso extremo de inversão alimentar entre os invertebrados. Com esses filamentos, a esponja captura pequenos crustáceos — cujas possibilidades de escapar equivalem às chances de uma bolinha de pêlos[5] se desembaraçar do revestimento de velcro do bolso de seu casaco". Os autores continuam: "Novos filamentos crescem sobre a presa, envolvendo-a por completo, e digerindo-a totalmente ao cabo de uns poucos dias". Essa esponja, em outras palavras, tornou-se um organismo carnívoro.

Trata-se de quatro histórias fascinantes que nos levam a refletir sobre os nossos julgamentos prévios, em especial no que diz respeito às taxonomias dualistas baseadas na dominação de uma categoria sobre a outra. Às vezes os baixinhos viram a mesa e levam a melhor — e talvez isso ocorra com freqüência suficiente para que as categorias em si sejam colocadas em questão.

(5) Uma bola em formato de porco-espinho. (N.T.)

Há uma outra mensagem nessas inversões — uma decorrência da reavaliação que deve necessariamente ocorrer quando a ordem estabelecida se esfacela, ou simplesmente perde sua pretensão à invariância. No nosso esforço para compreender a história da vida, precisamos aprender onde situar a fronteira entre os eventos contingentes e imprevisíveis que acontecem excepcionalmente e os fenômenos mais recorrentes, obrigatórios, que permeiam a história da vida na condição de princípios gerais. (Na minha visão sobre a vida, o domínio da contingência assume uma importância muito maior do que a tradição ocidental e uma boa parte das nossas expectativas psicológicas concederiam. O acaso está presente na origem de toda espécie ou linhagem particular. O *Homo sapiens* é um ramo contingente, e não um resultado previsível de uma complexidade ascendente inevitável ao longo da evolução — ver o final do capítulo 15 para as idéias de Darwin em relação a essa questão.)

O domínio das leis gerais inclui muitos fenômenos que não são específicos à história das linhagens particulares. A esse respeito, a estrutura ecológica das comunidades proporciona um terreno de investigação promissor, pois alguns princípios de organização estrutural devem provavelmente transcender os organismos particulares que casualmente ocupam um dado papel certo momento. Imagino, por exemplo, que em todos os ecossistemas equilibrados se possa encontrar uma biomassa maior funcionando como presa do que como predador — e eu aceitaria essas afirmações como generalidades previsíveis, a despeito da minha simpatia pela contingência. Também aceitaria de bom grado a invariabilidade de outras regras formuladas a partir da observação repetida — a de que as criaturas unicelulares não matam os organismos multicelulares de grandes dimensões, por exemplo, nem se alimentam deles. Mas esses quatro casos de inversão me fazem parar para refletir.

Numa passagem famosa de *A origem das espécies*, Charles Darwin teceu um elogio à invariabilidade de certos padrões ecológicos, utilizando a observação de repetições em colonizações independentes para oferecer uma interpretação alternativa para uma variedade de resultados interpretados como contingentes:

> Quando olhamos para uma escarpa densamente coberta por plantas e arbustos, somos tentados a imaginar que os tipos de plantas ali existentes e as proporções entre elas são aleatórios. Não poderia haver engano maior! Todos já ouvimos dizer que na América, quando uma floresta é derrubada, nasce em seu lugar uma vegetação muito diferente da original. Tem-se observado, entretanto, que as árvores que crescem atualmente nos cemitérios indígenas da parte meridional dos Estados Unidos exibem a mesma diversidade maravilhosa e a mesma proporção entre os diferentes tipos de vegetação que as florestas virgens existentes nas suas proximidades. Que disputa não deve ter ocorrido ali, durante séculos e séculos, entre os diversos tipos de árvores, cada uma espalhando anualmente as suas sementes aos milhares! E que verdadeira guerra, seja de inseto contra inseto, seja dos insetos, caracóis e outros pequenos animais contra os pássaros e os demais predadores — todos se empenhando para aumentar seu número, comendo-se uns aos outros ou se alimentando das sementes e brotos de árvores, que por seu turno tiveram de enfrentar o desafio das outras plantas que já cobriam o solo antes, e cuja presença representava um obstáculo ao seu crescimento! Lance-se ao ar um punhado de penas, e é provável que todas caiam ao chão de acordo com leis definidas. Mas quão simples é esse problema comparado com o da ação e reação dos incontáveis animais e plantas que determinaram, no decorrer dos séculos, os números proporcionais e os tipos de árvores que hoje vicejam nas antigas ruínas indígenas!

Mas os mesmos padrões nem sempre se repetem como nas localidades originais adjacentes colonizadas pelo mesmo conjunto de espécies. Até os padrões aparentemente mais previsíveis, mais sujeitos a uma suposta ordem estabelecida, podem falhar. Removam-se as lagostas das águas ao redor de uma ilha da África do Sul e um novo equilíbrio poderá surgir rapidamente — um equilíbrio que ativamente exclui as lagostas, ao transformar os organismos que antes eram as suas presas numa gangue de predadores!

Assim, entendo que há um desafio nesses quatro casos, uma mensagem talvez mais profunda do que a singularidade bruta de seus fenômenos — e do que a crítica às nossas categorias dualistas e hierárquicas que decorre deles. Ainda não conhecemos as regras de composição dos ecossistemas. Não sabemos sequer se essas regras existem no sentido usual da palavra. Sou tentado, portanto, a concluir com as famosas palavras escritas por D' Arcy Thompson para expressar nossa ignorância em relação ao mundo microscópico (*Growth and Form*, edição de 1942). Não estamos inteiramente desinformados a respeito dessas regras, mas não pode haver um desafio maior ou mais inspirador para que sigamos adiante: "Chegamos à fronteira de um mundo em relação ao qual não temos experiência alguma, e no qual todas as nossas pressuposições devem ser reformuladas".

BIBLIOGRAFIA

Bahn, P. G. e J. Vertut (1988) *Images of the Ice Age.* Nova York: Facts on File.

Barber, L. 1980. *The Heyday of Natural History.* Garden City: Doubleday.

Barkai, A. e C. McQuaid. 1988. "Predator-Prey Role Reversal in a Marine Benthic Ecosystem". *Science* 142: 62-4.

Barnosky, A. 1985. "Taphonomy and Herd Structture of the Extinct Irish Elk *Magaloceras giganteus*". *Science* 228: 340-4.

______1686. "The Great Horned Giants of Ireland: The Irish Elk". *Carnegie Magazine* 58: 22-9.

Boyle, R. 1661. *The Sceptical Chymist.* Londres: J. Cadwell.

______1688. *A Disquisition About the Final Causes of Natural Things.* Londres: H. C. para John Taylor.

Brace, C. L. 1977. *Human evolution.* 2ª ed. Nova York: Macmillan.

______ 1991. *The Stages of Human Evolution.* Englewood Cliffs, N.J.: Prentice Hall.

Breuil, H. 1906. *L'Evolution de la peinture et de la gravure sur murailles dans les cavernes ornées de l'age du renne.* Paris: Congrès Préhistorique de France.

______ 1952. *Les Figures Incisées et Ponctuées de la Grotte de Kiantapo.* Bélgica: Musée Royal du Congo Belge.

Brooks, W. K. 1889. "The Lucayan Indians". *Popular Science Monthly* 36: 88-98.

______ 1889. "On the Lucayan Indians". *Memoirs of the National Academy of Sciences*: 4: 2, 213-23.

Brown, L. e D. Amadon. 1968. *Eagles, Hawks, and Falcons of the World.* Nova York: McGraw-Hill.

Buffon, G. 1752. *Histoire naturelle.* Paris.

Burkholder, J. M., E. J. Noga, C. H. Hobbs e H. B. Glassgow Jr. 1992. "New 'Phantom' Dinoflagellate Is the Causative Agent of Major Estuarine Fish Kills". *Nature* 358: 407-10.

Chambers, R. 1853. *A Biographical Dictionary of Eminent Scotsmen.* Glasgow: Blackie.

Chauvert, J. 1996. *Chauvet Cave: The Discovery of the Worlds Oldest Paintings.* Londres: Thames and Hudson.

Clutton-Brock, T. 1982. "The Functions of Antlers". *Behavior* 79:108-25.

Coe, M. D. 1992. *Breaking the Maya Code.* Nova York: Thames and Hudson.

Cuvier, G. 1812. *Recherches sur les ossemens fossiles.* Paris: Deterville.

Dagg, A. e J. B. Foster. 1976. *The Giraffe: Its Biology, Behavior, and Ecology.* Nova York: Van Nostrand Reinhold Co.

Dana, J. D. 1852-55. *Crustacea.* Filadélfia: C. Sherman.

______ 1857. *Thoughts on Species.* Filadélfia.

______ 1863. "On Parallel Relations of the Classes of Vertebrates, and on Some Characteristics of the Reptilian Birds". *American Journal of Science,* 36:315-21.

______ 1863-76. "The Classification of Animals Based on the Principle of Cephalization". *American Journal of Science,* 1863, 36:321-52, 440-1; 1864, 37:10-33,157-83; 1866, 41:163-74; 1876, 12:245-51.

______ 1872. *Corals and Coral Islands.* Nova York: Dodd & Mead.

______ 1876. *Manual of Geology.* 2ª ed. Nova York: Ivision, Blakeman, Taylor and Company.

Darwin, C. 1842. *The Structure and Distribution of Coral Reefs.* Londres.

______ 1851-54. "A Monograph on the Fossil Cirripedes of Great Britain (Lepadidae, Balanidae, Verrucidae)". Londres: Palaeontographical Society.

______ 1859. *On the origin of Species.* Londres: John Murray.

______ 1868. *The Variation of Animals and Plants Under Domestication.* Londres: John Murray.

______ 1881. *The Formation of Vegetable Mould Through the Action of Worms.* Londres: John Murray.

De Robertis, E. M. e Y. Sasai. 1996. "A Common Plan for Dorsoventral Patterning in Bilateria". *Nature* 380: 37-40.

Delage, Y. 1884. *Evolution de la Sacculine* (Sacculina Carcini *Thomps*): *Crustace endoparasite de l'ordre nouveau des Kentrogonides.* Paris: Centre National de La Recherche Scientifique.

Dickens, C. 1859-1895. *All the Year Round.* Londres: Chapman and Hall.

______ 1865. *Our Mutual Friend.* Filadélfia: T. B. Peterson & Brothers.

Dimery, N. J., R. McN. Alexander e K. A. Deyst. 1985. "Mechanics of the ligamentum nuchae of some artiodactyls". *Journal of Zoology* 206: 341-51.

Du Chaillu, P. B. 1861. *Explorations and Adventures in Equatorial Africa.* Londres: John Murray.

Egerton, J. 1995. *Turner: the Fighting* Temeraire. Londres: National Gallery Publications.

Farago, C. 1996. *Leonardo da Vinci: Codex Leicester: a Masterpiece of Science.* Nova York: American Museum of Natural History.

Figuier, L. 1863. *La Terre avant la Deluge.* Paris: Hachette.

François, V. e E. Bier. 1995. "The *Xenopus chordin* and the *Drosophila short gastrulation* Genes Encode Homologous Proteins Functioning in Dorsal-Ventral Axis Formation". *Cell* 80: 19-20.

François, V., M. Solloway, J. W. O'Neill, H. Emery e E. Bier. 1994. "Dorsal-Ventral Patterning of the *Drosophila* Embryo Depends on a Putative Negative Growth Factor Encoded by the *short gastrulation* gene". *Genes and Development* 8: 2602-26.

Gaskell, W. H. 1908. *The Origin of Vertebrates.* Londres: Longmans, Green and Co.

Geoffroy St. Hilaire, E. 1822. "Considérations générales sur la vertèbre". Paris, *Memoires du Museum National D'Histoire Naturelle* 9:89-119.

Gerace, D. T., ed. 1987. "Columbus and His world". San Salvador, Bahamian Field Station. Fort Lauderdale: The Station.

Glenner, H. e J. T. Høeg. 1995. "A New Motile, Multicellular Stage Involved in Host Invasion by Parasitic Barnacles (Rhizocephala)". *Nature* 377: 147-50.

Goffart, M. 1971. *Function and Form in the Sloth.* Nova York: Pergamon Press.

Gosse, P. H. 1856. *The Aquarium: An Unveiling of the Wonders of the Deep Sea.* 2 ed. Londres: J. Van Voorst.

Gould, S. J. 1965. "Is Uniformitarianism Necessary?" *American Journal of Science* 263: 223-8.

Gould, S. J. 1974. "The Origin and Function of 'Bizarre' Structures: Antler Size and Skull Size in the 'Irish Elk'". *Evolution* 28: 191-220.

______ 1977. *Ontogeny and Phylogeny.* Cambridge, Mass.: Belknap Press of Harvard University Press.

______ 1986. "Knight Takes Bishop?" *Natural History* 95: 5,18-33.

______ 1992. "Red in Tooth and Claw". *Natural History* 101: 11, 14-23.

______ 1994. "Lucy on the Earth in Stasis". *Natural History* 103: 9, 12-20.

Greenberg, J. 1983. "Poetic Justice in the Arizona Desert". *Science News* 124: 19, 293.

Gross, C. G. 1993. "Hippocampus Minor and Man's Place on Nature: A Case Study in the Social Construction of Neuroanatomy". *Hippocampus* 3: 403-13.

Hibberd, S. 1858. *Rustic Adornments.* 2ª ed. Londres: Groombridge and Sons.

Hitching, F. 1983. *The Neck of the Giraffe: Darwin, Evolution, and the New Biology.* Nova York: New American Library.

Hoeg, J. T. 1985. "Cypris Settlement, Kentrogon Formation and Host Invasion in the Parasitic Barnacle *Lernaeodiscus porcellanae* (Muller) (Crustacea: Cirripedia: Rhizocephala)". *Acta Zoologica* 66: 1-45.

Holley, S. A., P. D. Jackson, Y. Sasai, B. Lu, E. M. De Robertis, F. M. Hoffmann e E. L. Ferguson. 1995. "A Conserved System for Dorsal-Ventral Patterning in Insects and Vertebrates Involving *Sog* and *Chordin*". *Nature* 376: 249-53.

Huxley, T. H. 1863. *Evidence as to Man's Place in Nature.* Nova York: D. Appleton.

Jackman, R., S. Nowicki, D. J. Aneshanslex e T. Eisner. 1983. "Predatory Capture of Toads by Fly Larvae". *Science* 222: 515-6.

James, H. 1898. *The Two Magics: The Turn of the Screw.* Londres: Macmillan & Co.

Johanson, D. C. e D. Edgar. 1996. *From Lucy to Language.* Londres: Weidenfeld & Nicolson.

Kemp, M. 1981. *Leonardo da Vinci: The Marvellous Works of Nature and Man.* Cambridge, Mass: Harvard University Press.

Kennedy, D. H. 1983. *Little Sparrow: A Portrait of Sophia Kovalevsky.* Athens: Ohio University Press.

Kimmel, C. B. 1996. "Was Urbilateria Segmented?" *Trends in Genetics* 12: 329-31.

Kingsley, C. 1863. *The Water Babies.* Nova York: Macmillan.

Kipling, R. 1902. *Just So Stories for Little Children.* Nova York: Doubleday.

Kircher, A. 1664. *Mundus Subterraneus.* Amsterdã: J. Jansson.

Kitchener, A. 1987. "Fighting Behaviour of the Extinct Irish elk". *Modern Geology* 11: 1-28.

Koford, C. B. 1953. *The California Condor.* Nova York: National Audubon Society.

Kovalevsky, V. 1980. *The Complete Works of Vladimir Kovalevsky.* Editadas por S. J. Gould. Nova York: Arno Press. (Contém artigos em francês sobre cavalos, 1873; artigos em alemão sobre cavalos, 1876; um artigo em inglês sobre artiodáctilos, 1874; e dois artigos em alemão sobre artiodáctilos, 1876.)

Krafft-Ebing, R. von. 1892. *Psychopathia Sexualis.* Londres: F. A. Davis Co.

Lamarck, J. B. 1809. *Philosophie zoologique.* Paris: Dentu.

Lankester, E. R. 1880. *Degeneration: A Chapter in Darwinism.* Londres: Macmillan and Co.

Leroi-Gourhan, A. 1967. *Treasures of Prehistoric Art.* Nova York: H. N. Abrams.

Levin, I. 1976. *The Boys from Brazil.* Nova York: Random House.

Linnaeus, C. 1758. *Systema Naturae.* Estocolmo.

______1759. *Genera Morborum.* Upsala.

______ 1771. *Fundamenta Testaceologiae.* Upsala: ex officena Edmanniana.

Lister, A. M. 1994. "The Evolution of the Giant Deer, *Megaloceros giganteus* (Blumembach)". *Journal of the Linnean Society of London* 112: 65-100.

Lowell, P. 1906. *Mars and its Canals.* Nova York: Macmillan Company.

Lutzen, J. 1984. "Growth, Reproduction, and Life Span in *Sacculina carcini* Thompson (Cirripedia: Rhizocephala) in the Isefjord, Denmark". *Sarsia* 69: 91-106.

Lyell, C. 1832-33. *Principles of Geology.* Londres: J. Murray.

MacCurdy, E. 1939. *The Notebooks of Leonardo da Vinci.* Nova York: Reynal &. Hitchcock.

Mayr, E. 1963. *Animal Species and Evolution.* Cambridge, Mass.: Belknap Press of Harvard University Press.

McKay, D. S., E. K. Gibson Jr., K. L. Thomas-Keprta, H. Vali, C. S. Romanek, S. J. Clemett, X. D. F. Chillier, C. R. Maechling e R. N. Zare. 1996. "Search for Past Life on Mars: Possible Relic Biogenic Activity in Martian meteorite ALH84001". *Science* 273: 924-30.

Mendes da Costa, E. 1757. *A Natural History of Fossils.* Londres: L. Davis and C. Reymers.

______ 1776. *Elements of Conchology, or, an Introduction to the Knowledge of Shells.* Londres: B. White.

Mitchell, G. F. e H. M. Parkes. 1949. "The Giant Deer in Ireland". *Proceedings of the Royal Jrish Academy* 52(B)(7): 291-314.

Mivart, St. George J. 1871. *On the Genesis of Species.* Nova York: D. Appleton and Co.

Morison, S. E. 1942. *Admiral of the Ocean Sea.* Boston: Little, Brown and Co.

Muller, F. 1864. *Für Darwin.* Leipzig: Wilhelm Engelmann.

Nichols, J. 1817- 58. *Illustrations of the literary history of the eighteenth century. Consisting of authentic memoirs and original letters of eminent persons; and intended as a sequel to the Literary anecdotes.* Londres: Nichols, Son, and Bentley.

Osborn, H. F. 1918. *The Origin and Evolution of Life: On the Theory of Action, Reaction and Interaction of Energy.* Londres: G. Ben.

Owen, R. 1846. *A History of British Fossil Mammals, and Birds.* Londres: J. Van Voorst.

______ 1865. *Memoir on the Gorilla.* Londres: Taylor and Francis.

______ 1866. *Memoir of the Dodo.* Londres: Taylor and Francis.

Paley, W. 1802. *Natural Theology.* Londres: R. Faulder.

Patten, E. 1920. *The Grand Strategy of Evolution.* Boston: R. G. Badger.

Rehbock, P. F. 1980. "The Victorian Aquarium in Ecological and Social Perspective". In M. Sears e D. Merriman, eds. *Oceanography: the past, international Congress on the History of Oceanography.* Nova York: Springer Verlag.

Richter, P. J. 1883. *The Literary Works of Leonardo da Vinci.* Londres: S. Low, Marston, Searle & Rivington.

Ritchie, L. E. e J. T. Høeg. 1981. "The Life History of *Lernaeodiscus porcellanae* (Cirripedia: Rhizocephala) and Co-Evolution with its Porcellanid Host". *Journal of Crustacean Biology* 1: 334-47.

Rolfe, W. D. Ian, 1983. "William Hunter (1718-1783) on Irish 'Elk' and Stubb's Moose". *Archives of Natural History* 11: 263-90.

Rudwick, M. J. S. 1992. *Scenes From Deep Time.* Chicago: University of Chicago Press.

Rupke, N. A. 1994. *Richard Owen: Victorian Naturalist.* New Haven: Yale University Press.

Ruspoli, M. 1987. *The Cave of Lascaux: The Final Photographs.* Nova York: Abrams.

Sauer, C. O. 1966. *The Early Spanish Main.* Berkeley: University of California Press.

Scheuchzer, J. J. 1732-37. *Physique sacrée, ou Histoire-naturelle de la Bible.* Amsterdam: Chez P. Schenk.

Smith, G. 1968. *The Dictionary of National Biography.* Oxford: Oxford University Press.

Stager, K. E. 1964. "The Role of Olfaction in Food Location by the Turkey Vulture (*Cathartes aura*)". *Los Angeles County Museum Contributions in Science* 81:63.

Strickland, H. E. e A. G. Melville. 1848. *The Dodo and Its Kindred.* Londres: Reeve, Benham, and Reeve.

Stringer, C. 1996. *African Exodus.* Londres: Cape.

Swisher III, C. C., W. J. Rink, S. C. Anton, H. P. Schwarcz, G. H. Curtis, A. Suprijo e Widiasmoro. 1996. "Latest *Homo erectus* of Java". *Science* 274: 5294, 1870-74.

Thompson, D. W. 1942. *On Growth and Form.* Cambridge: Cambridge University Press.

Turner, R. 1992. *Inventing Leonardo.* Berkeley: University of California Press.

Tyson, E. 1699. *Orang-outang, sive,* Homo sylvestris, *or the Anatomy of a Pygmie Compared with that of a Monkey, an Ape, and a Man.* Londres: T. Bennet, Daniel Brown, and Mr. Hunt.

Vacelet, J. e N. Boury-Esnault. 1995. "Carnivorous Sponges". *Nature* 373: 333-5.

Wallerius, J. G. 1747. *Mineralogia, Eller Mineralriket, Indelt och beskrifvit.* Estocolmo.

Whitehead, P. J. P. 1977. "Emmanuel Mendes da Costa (1717-1791) and the *Conchology, or Natural History of Shells*". *Bulletin of the British Museum of Natural History* (Historical Series), 6: 1-24.

Wood, J. G. 1868. *The Fresh and Salt-Water Aquarium.* Londres: G. Routledge.

CRÉDITO DAS ILUSTRAÇÕES

Agradecemos a permissão para reproduzir os seguintes:

1. *La Gioconda* (a Mona Lisa), Leonardo da Vinci, Louvre, Paris, França. Neg. nº 93DE1846. Foto RMN-R. G. Ojeda.

2-5. Esboços de Leonardo da Vinci de Leicester Codex. Cortesia de Seth Joel/Corbis Corporation.

6. *The fighting* Temeraire *tugged to her last berth to be broken up, 1838,* J. M. W. Turner, 1839, copyright © National Gallery, Londres.

7-8. De *Physica Sacra*, de J. Scheuchzer, década de 1730. Fotos de Jackie Beckett, American Museum of Natural History.

9-10. De *The Earth before the Flood*, Louis Figuier, 1863, e 4ª ed., 1865. Fotos de Jackie Beckett, American Museum of Natural History.

11. De *Rustic adornments*, Shirley Hibberd, 2ª ed., 1858. Fotos de Jackie Beckett, American Museum of Natural History.

12. De *Fundamenta Testaceologiae*, Carolus Linnaeus, 1771.

13. De *On the classification and geological distribution of the mammalia*, Richard Owen, 1859.

14. De monografia, Vladimir Kovalevsky, 1876. Foto de Craig Chesek, American Museum of Natural History.

15. *The moose*, George Stubbs, 1770, Hunterian Art Gallery, University of Glasgow, Scotland.

16. *Megaloceros* da caverna de Cougnac, Sudoeste da França. Modificado com base em Lorblanchet et al., 1993, por A. M. Lister, 1994, *Zoological Journal of the Linnean Society*, Londres.

17. Esqueleto de um alce irlandês, Richard Owen, 1846. Neg. nº 2A23132. Cortesia do Department of Library Services, American Museum of Natural History.

18. Copyright © 1997 Donald C. Johanson. Usado por permissão de Nevraumont Publishing Co., Nova York.

19. Fotos cortesia de Sally Walker.

20. Foto de Jackie Beckett, American Museum of Natural History.

21. De *Memoir of the dodo,* Richard Owen, 1866. Neg. nº 5848. Cortesia do Department of Library Services, American Museum of Natural History.

22. ESQUERDA: De *Memoir of the dodo,* Richard Owen, 1866. Neg. nº 5847. DIREITA: De *The dodo and its kindred,* H. E. Strickland e A. G. Melville, 1848. Neg. nº 5869. Ambos cortesia do Department of Library Services, American Museum of Natural History.

23. Ilustração de John Tenniel de *Aventuras de Alice no País das Maravilhas,* Lewis Carroll, 1865. Copyright © Corbis-Bettmann.

24. Gravura de pintura original de Anton Von Werner, copyright © The Granger Collection, Nova York.

25. (p.349) *Evolution*, copyright © Vint Lawrence, 1995.

26. *La giraffe,* Georges Buffon.

27. De *The origin of vertebrates,* Walter Holbrook Gaskell, 1908.

28-29. De *Memoires du Museum d'Histoire Naturelle,* Geoffroy Saint-Hilaire, 1822. Neg. nºs 338680, 337423. Foto de Jackie Beckett. Cortesia do Department of Library Services, American Museum of Natural History.

30. E. M. De Robertis e Y. Sasai; reproduzido com permissão de *Nature,* vol. 380. Copyright © 1996 Macmillan Magazines Limited.

31. De *Mars and its canals,* Percival Lowell (Nova York: Macmillan, 1906). Cortesia do Lowell Observatory, Arizona.

32. Copyright © UPI/Corbis-Bettmann.

33. De *Degeneration: a chapter in Darwinism,* E. Ray Lankester (Londres: Macmillan and Co., 1880).

34. Cortesia de Archives de Zoologie Expérimentale Deuxième Série, tomo II, 1884.

35. Beth Beyerholm; com permissão de *Nature*, vol. 377. Copyright © 1995 Macmillan Magazines Limited.

36. Cortesia de Nancy J. Haver, de *Invertebrates*, R. C. Brusca and G. J. Brusca (Sinauer Associates, 1990).

37. (p.473) *Reverse evolution* copyright © Vint Lawrence, 1995.

ÍNDICE REMISSIVO

abutres: ausência de penas na cabeça, 458; condores, 459, 462-3; olfato, 460-3; urubu-de-cabeça-vermelha, 457, 460-4

África, 240, 285; coexistência de espécies humanas na, 250-1, 253; *ver também* girafas

africanos, 171, 258, 279

Agassiz, Louis, 124, 130

água, teoria de Leonardo da Vinci sobre a, 34-5, 46-51, 54-5

Alberto da Saxônia, 43, 52

Albertus Magnus, 43

albigenses, 307

Alce irlandês *ver* cervo gigante

alces, pinturas de, 223-4

Alemanha: Guerra dos Trinta Anos, 303, 311-2; judeus na Renânia, 312-4; nazistas, 314; rebelião camponesa, 308-9

algas, proliferação de, 475-7

Alice no País das Maravilhas (Carroll), 300-2

Altamira, 203

América do Norte, cavalos na, 188-9

América do Sul, mamíferos da, 192, 467

anacronismo, 27-9

animais: circunstâncias raras de preservação das partes moles, 229; desejo de penetrar na mente dos, 447-8, 450, 460, 464, 466-7; polêmica sobre a consciência dos, 464-6

Anning, Mary, 90

antílopes azuis (*blaauwbock*), 285

aquários: definição, 78; febre dos, 77, 82-3, 85; história, 77, 79-80, 82-3; impacto nas ilustrações dos organismos marinhos, 85-90, 92, 94;

precursores, 78-81; visão dos organismos nos, 78, 85-6
Arantius, 159
Archaeopteryx, 140-3, 154, 230
Aristóteles, 345, 347
arte: desenhos dos organismos marinhos, 85-90, 92, 94; em oposição à ciência, 60-1, 66, 70; pinturas de Leonardo da Vinci, 30, 44-6; pinturas de Turner, 63-7, 69-70; quadro retratando o alce americano, 223-4
arte da era glacial, 201; *ver também* pinturas nas cavernas
arte parietal *ver* pinturas nas cavernas
artefatos: preservação dos, 281-5, 299; raridades das partes moles, 229
artrópodes: comidos pelas esponjas, 477-8; olhos, 396-7; sistema nervoso e digestivo, 383-6; teoria da inversão sobre a evolução dos vertebrados, 387, 389-90; teoria evolucionista do modelo comum, 389-400; vistos como precursores evolutivos dos vertebrados, 383-5; *ver também* crustáceos
Asbestopluma, 477-8
Ashmole, Elias, 290
Ashmolean Museum, 290
Ásia, espécies humanas na, 253-6
astronomia, sistema copernicano, 342-4
Athenaeum, clube, 149
Audubon, John James, 461-2
australopitecos: delgados, 249-50; robustos, 248, 250

Bachman, John, 461
Bacon, Francis, 217
bactérias, 419; no meteorito marciano, 413-7; possível existência em Marte, 421-2
Bahamas: espécies de *Cerion*, 269-2, 279; possíveis locais do desembarque de Colombo, 264-9; *ver também* tainos
Bahn, Paul G., 215
Barber, Lynn, 79, 81-2
Barkai, Amos, 474
Barnosky, Anthony, 228
Beatson, John, 64
Bedéis de Burlington, 73-4
beisebol, a esticada da sétima rodada, 359-60
bichos-preguiça: anatomia e fisiologia, 452-7; defesas, 454-7; imagem convencional dos, 453, 455; nomes para os, 451; pré-históricos, 466; ritmo, 449-2
Bier, Ethan, 397
biologia transcendental, 388-9
Bontius, 292
Boury-Esnault, N., 477-8

Boyle, Robert: crenças religiosas, 345-7; realizações científicas, 344-5; sobre o sistema copernicano, 342-4; teoria mecanicista, 345
Brace, C. L., 247-8, 254
Bradypus ver bichos-preguiça
Breuil, Henri, 202-3, 205-7, 209-12
British Museum, 149, 154
Britten, Benjamim, 97
Brooks, W. K., 296-9
Brunel, Isambard Kingdom, 68-71
bucinídeos, lagostas comidas pelos, 474
Buffon, Georges, 223, 292, 295, 453-4, 457-8
Buridan, Jean, 43, 52
Burkholder, J. M., 476

calcar avis, 158
Calverly, coronel (*Patience*), 61-2, 73
camelos, história de Kipling sobre, 219-20
Canterbury (Inglaterra), 111
cápsulas de Ward, 81-2
caracóis: lagostas comidas pelos, 474-5; terrestres (*Cerion*), 269-72, 279
caranguejos, parasitas rizocéfalos, 426-8, 432, 437-42
Carlos V, imperador, 305
Carroll, Lewis, 300-2
cartesianos, 350-1
Cathartes aura ver urubu-de-cabeça-vermelha
catolicismo *ver* Igreja Católica
causalidade: Aristóteles sobre, 347; causas finais, 347-8, 350-3; visão científica, 348
causas finais, 347-8, 350-3
cavalos: evolução dos, 180, 186-90; fósseis europeus, 184, 186-8; na América do Norte, 188-9
Caverna de Chauvet, 199, 201, 216, 228, 233-4
cerebelo, 157
cérebro *ver* debate sobre o hipocampo
Cerion (caracol), 269-72, 279
Cervantes, 393
cervo gigante, 221-2; adaptações compensatórias para os chifres, 231-4, 236; chifres, 222, 226, 230-1; contato do homem com, 222, 227-8; corcovas, 233-4, 236-9; extinção de espécies, 222-5; pinturas de, nas cavernas, 226-8, 233-4, 238-9
Chicago Herald, 272
chimpanzés, 157, 169
Choloepus ver bichos-preguiça
ciência: avanços na medicina, 72; causalidade, 347; contextos sociais e ideológicos, 82-4, 94; contribuição dos erros

para o progresso na, 145, 200-1; efeitos das descobertas sobre as visões de mundo do homem, 341-2; fontes primárias, 15-6; importância dos detalhes, 186-8; não-sobreposição de magistério em relação à ciência (NOMA), 326, 328-9, 331, 334, 337, 339-40; persistência das visões de mundo diante de fatos novos, 129, 139-40; relação entre fato e teoria, 190; vista como um campo que se opõe à arte, 60-1, 66, 70
cientistas: anonimato, 60, 62, 70-1; casais, 174-5
classes sociais na Grã-Bretanha, 79-80, 82, 161-2
Clinton, Bill, 415
Clottes, Jean, 216
Club Med, 279
Clusius, Carolus, 287
Clutton-Brock, Tim, 236
Coe, Michael D., 242
colecionadores: de espécimes estranhos, 104, 112, 470; paixão pela ordem, 105, 112
Coleridge, Samuel Taylor, 446
Colombo, Cristóvão: descrição dos tainos, 275-8, 295-6; diário de bordo, 265-6, 274, 278; feitos, 274; habilidades como navegador, 265; monumentos a, 272-3; possíveis locais de desembarque no Caribe, 264-9; procura pelo ouro, 263, 274-5
conchas *ver* caracóis; organismos marinhos
condores, 459, 462-3; da Califórnia, 459
conquistadores espanhóis: destruição da cultura maia, 241; destruição da população taino, 266, 276-7, 297; moedas, 267
consciência, possibilidade nos animais, 464-6
Constantinopla, 309
contingência, 356-7, 479-81
convergência, 193, 392, 396
corais, 125
corcovas: dos camelos, 219-20; dos cervos gigantes, 233-9
corno posterior, 157, 163-4
Coro do Aleluia (Handel), 359, 380
corpo humano: comparado à Terra por Leonardo da Vinci, 43-7, 49, 51, 58; diferenças raciais, 166-71; estruturas cerebrais homólogas às dos macacos, 156-7, 159, 161-5
corrida de comitê, 301
Cosquer, caverna de, 228, 233
Costa Rica, 449; *ver também* bichos-preguiça; urubus-de-cabeça-vermelha
Cougnac, caverna de, 226-8, 233-4

criação: visão centrada no homem, 343-4; visão da Igreja Católica sobre a evolução e a, 327-8, 332-4; vista como um projeto de Deus, 130-2, 135-8, 144-5
criacionismo científico, 323, 325
Cro-Magnon, homem de, 202, 214-5; *ver também* pinturas nas cavernas
Crowther, Samuel Adjai, 171
crustáceos, 132; comidos pelas esponjas, 477-8; lagostas comidas pelos bucinídeos, 474-5; parasitas rizocéfalos, 426-9, 431-2, 437-42; pesquisas sobre, 125; *ver também* artrópodes
cruzadas, 307, 309
Cuba, 269, 275
curadores, 284
Cuvier, Georges, 182, 225, 249

daguerreótipos, 72
Dalyell, sir John Graham, 79
Dana, James Dwight: conversão à evolução, 144-5; expedição Wilkes, 124-5; *Manual of Geology*, 127, 131, 144; objeções à teoria evolucionista, 127-30, 144; pesquisas, 125-6; relação com Darwin, 124-9, 140; sistema taxonômico, 130, 135-41, 143; teoria da cefalização, 132-5, 137-40, 144; visão de mundo, 129-32, 134-9, 144-6
Dante, 341
Darwin, Charles, 37, 191, 448; *A origem das espécies*, 127, 152, 353, 366, 372, 374, 479-80; aceitação pela *intelligentsia* russa, 176; admiração de Kovalevsky por, 181; caligrafia, 181; comentário de Dickens sobre, 172; desenvolvimento da teoria da evolução, 191; dúvidas sobre os propósitos de Deus, 353-5; edição russa dos trabalhos de, 181; estudo dos tentilhões, 191-2; experimento sobre o olfato dos condores, 462; fortuna, 404; gênio, 146; opinião sobre Owen, 155; pesquisas sobre as cracas, 125; relação com Dana, 124-9, 140; sobre a teoria da cefalização de Dana, 137-8; sobre as girafas, 366, 368-74; sobre as minhocas, 393; sobre os erros e os progressos científicos, 200; sobre Platão, 146-7; teoria do afundamento, sobre o surgimento dos atóis de corais, 125; viagem no *Beagle*, 72, 124, 192
de la Beche, Henry, 90
De Robertis, Eddy M., 397, 399

debate sobre o hipocampo, 153, 159-61; argumentos de Huxley, 165-73; argumentos de Owen, 156-7, 159, 161-4, 166, 169-73
Defenestração de Praga, 303-4, 310-1
degeneração *ver* simplificação
Delage, Yves, 429-31, 433-4, 442
Delluc, Brigitte e Gilles, 211
Descartes, René, 350-1
Dickens, Charles, 148-9; comentário sobre Darwin, 172
Dieta de Worms, 303-4, 306
diferenças raciais, do ponto de vista de Huxley e de Owen, 166-72
diferenças sexuais nos humanos, 317-8
Dillon, Wentworth, 102
dilúvio de Noé, 38-9, 58
dinoflagelados, peixes mortos pelos, 475-6
dodôs, 286-9; descrições pejorativas dos, 291-5; em *Alice no País das Maravilhas*, 300-1; exigüidade dos restos preservados, 288, 290-1; extinção, 288-91; origem do nome, 292
Dollo, Louis, 182
Drosophila, 396-9
du Chaillu, Paul B., 149-51
Dubois, Eugene, 255
ecossistemas, leis de composição, 479-81
edentados, 453, 466; *ver também* bichos-preguiça
Edgar, Blake, 251
efemérida, 425
Egerton, Judy, 67
Eisner, Tom, 471-2
Eldredge, Niles, 245-6
embriologia, 394
engenheiros, 62, 68-70
epicuristas, 350
era vitoriana: febre dos aquários, 77, 82-3, 85; importância das classes sociais na, 161; objetos naturais nos ambientes domésticos, 75-7, 82; plantas transportadas, 81-2
erros: progresso científico e, 145, 200-1; *ver também* falácias
esclerocronologia, 37
escrita maia, sistemas de, 241-3
esponjas, artrópodes comidos pelas, 477-8
estruturalismo, 203-4, 207
Europa: espécies humanas na, 202, 212, 248, 253, 256; fósseis de cavalos na, 186-8
evolução: adaptação a mudanças ambientais, 184, 186, 193, 444-5; convergência, 193, 392, 396; cooptação de estruturas para novas funções, 238, 379; crença no progresso linear rumo a for-

mas superiores, 131-2, 168, 212-4, 382-5, 389-90, 416-9, 424, 443-4; críticas ao darwinismo, 372, 375-6; distinção entre novas espécies e mudanças no interior das espécies, 213-4; explicações do genocídio, 315-8; impacto sobre a taxonomia, 135; imprevisibilidade, 418-20; incompletude da revolução no pensamento, 342, 350, 352; natureza contingente da, 356; necessidade de dissociação entre finalidade no presente e origem histórica, 360, 370, 378-9; nichos ocupados pelas espécies, 247-8; papel da herança (visão lamarckiana), 361, 364, 366, 373; relação com a embriologia, 394; simplificação, 424-6, 428-9, 443-5; visão da Igreja Católica sobre a, 323-7, 329-5, 339; *ver também*, evolução humana; homologias; mamíferos; seleção natural; vertebrados

evolução humana: australopitecos, 248-50; coexistência de múltiplas espécies, 244-7, 249-51, 253-5; debate sobre o parentesco com os macacos, 157, 159, 162-72; diferenças sexuais, 317-8; estabilidade das espécies, 213-4; existência atual de uma espécie única, 257-9; homem de Neandertal, 202, 248, 250, 253; *Homo erectus*, 250, 252-6; *Homo sapiens*, 202, 212, 250, 254-6; migração de espécies, 248, 253-4; teoria do catastrofismo hominídeo, 248, 254; teoria multirregional *versus* teoria da origem africana, 251, 253-4

exploradores: holandeses, 287-8, 292; portugueses, 286

extinções: cervo gigante, 222-6; debate sobre, 222-5; depreciação das características das espécies, 285, 291-5, 298-300; dodôs, 288-92; mamíferos na África, 285; natureza contingente das, 357; raridade dos artefatos, 229; vistas como parte de um ciclo natural, 294

falácias: confusão entre verdades locais e universais, 240-1, 257; desconsideração dos ciclos de vida completos, 425; equivalência entre antigo e primitivo, 199, 205, 207, 213, 416-9; uniformitarianismo, 240-1, 256

Ferdinando II, imperador, 310

Figuier, Louis, 92

Florença (Itália), 341-2
Forward, The, 282
fósseis, 35; *Archaeopteryx*, 140-3, 154, 230; cavalos, 186-9; estudos de Kovalevsky sobre a evolução com base nos, 182-4; explicação sobre os fósseis através do dilúvio de Noé, 38-9, 58; impacto das novas descobertas, 139, 189-90; limitações do registro, 228-30, 239; livro de Mendes da Costa sobre os (*The Natural History of Fossiles*), 113-4, 118-23; mamíferos na América do Sul, 192; moluscos, 35-7; observações de Leonardo da Vinci sobre os, 29-30, 34-44, 46-7, 57-8; organismos marinhos, 35-40, 47, 57-8; significado do termo no século XVIII, 113; teoria neoplatônica, 39-41, 58; *ver também* paleontologia
França: albigenses, 307; *ver também* pinturas nas cavernas
Francisco I, rei da França, 41
Frederico o Sábio, o eleitor da Saxônia, 305-6
Freud, Sigmund, 342

Galápagos, ilhas, 191
Galileu, 341
Gaskell, Walter H., 381-6, 390-1
Geison, Gerald L., 382
Geist, Valerius, 231
gênios, 31, 129, 145-6
genocídio, 307-9; da população taino, 266, 276-9, 297; explicações para o, 315-8; Holocausto, 313-4
Geoffroy Saint-Hilaire, Étienne, 389-90, 392-400
Geoffroy Saint-Hilaire, Isidore, 149
Gershom ben Judah, 312
Gilbert, William S., 61-2, 73, 197
girafas: altura das patas dianteiras, 365; combates sexuais, 378-9; explicação darwiniana sobre o pescoço, 361, 368-74; funções do pescoço, 377-80; pescoço como o exemplo padrão da evolução, 361-3, 372-6, 379-80; rabo, 368; vértebras, 368; visão de Lamarck sobre o pescoço das, 361, 364-6
Glenner, Henrik, 435
Goffart, M., 452, 456
gorilas: descoberta pelos europeus, 149; estudos sobre, 148; relatos sobre os hábitos, 149-52, 156, 163, 165, 169; *ver também* macacos
Gosse, Philip Henry, 79, 83
Grã-Bretanha: Batalha de Trafalgar, 62-3; classes sociais, 79-80, 82, 161-2; estradas de

ferro, 68-70; febre dos aquários, 77, 82-3, 85; judeus na, 106-7, 109-11; objetos naturais nos lares vitorianos, 75-7, 82
Gray, Asa, 354
Greenberg, J., 472
Grew, Nehemiah, 451
Gross, Charles G., 159
Guerra dos Trinta Anos, 303, 311-2

Hammer, Armand, 30*n*
Hamlet (Shakespeare), 28, 363, 381
Heidelberg (Alemanha), 311
hereges, 307
Hibberd, Shirley, 75, 77-9, 91
hierarquias dualistas, 469-70
hiperparasitas, 443
hipocampo menor, 157-9, 163-4
Hippotragus leucopaheus (antílope azul), 285
Hispaniola, minas de ouro em, 274, 276
história, visão linear da, 28-9, 131-2, 241-4
Hitching, Francis, 362, 376
Høeg, Jens T., 435, 438, 440-1
Hoffman, Charles A., 267
Holocausto, 313-4
homens, diferenças comportamentais em relação às mulheres, 317-8
Homo erectus, 250, 252-5
Homo sapiens: coexistência com outras espécies humanas, 250, 254-6; Cro-Magnon, 202, 214; na Europa, 202, 212; *ver também* evolução humana
homologias, 395, 397-8; estruturas cerebrais nos humanos e nos macacos, 156-7, 159, 161-5; vértebras da girafa, 368
Howe, Julia Ward, 174, 194
Howe, Samuel Gridley, 174
Humani Generis, 328-37
Hus, Jan, 310
Huxley, Thomas Henry, 139, 180; argumentos no debate sobre o hipocampo, 165-73; conferências dirigidas aos trabalhadores, 153, 366; estudo sobre a evolução dos cavalos, 184, 188-9; estudo sobre os gorilas e outros macacos, 153, 161, 164; hostilidade em relação a Owen, 152, 156, 160-1; opinião sobre Du Chaillu, 152; realizações, 153-4; sobre as diferenças raciais, 167-71

Igreja Católica: cruzadas, 307, 309; declaração de João Paulo II sobre a evolução, 326-7, 329; Dieta de Worms, 303-4, 306-7; encíclica de Pio XII

sobre a evolução, 328-35; Inquisição, 307; tratamento dos hereges, 307; visão da evolução, 323-5, 327-8, 331-5, 337, 339
iídiche, jornais e espetáculos teatrais em, 282-3
Indonésia, espécimes humanos encontrados na, 254-5
Inocêncio III, papa, 307
Inquisição, 307
insetos: homologia com os vertebrados, 395, 398-9; teorias sobre a evolução dos, 389-90
interações com a arte, 70
Irlanda, restos dos cervos gigantes na, 221, 225
Isaías, profeta, 59

James, Henry, 97
Jefferson, Thomas, 223
João Paulo II, declaração sobre a evolução, 326-9, 334-7, 339-40
Johnson, Donald, 251
judeus: Holocausto, 313-4; na Inglaterra, 105-6, 109-11; na Renânia, 312; visão de Lutero sobre os, 308

Kemp, Martin, 42, 44, 46, 49
Kennedy, Don H., 178
Kew Gardens, 81-2
Kimmel, Charles B., 397
Kingsley, Charles, 159-60
Kipling, Rudyard, 219-20
Kircher, Athanasius, 40
Kitchener, Andrew, 236
Knight, Charles R., 232
Koford, Carl B., 459
Kovalevsky, Alexander, 178
Kovalevsky, Sophia, 175-81
Kovalevsky, Vladimir Onufrievich: carreira, 178-8; casamento, 176-8, 181; contribuições à paleontologia, 179-4, 186-8, 190; estudo da evolução dos cavalos, 180, 184, 186-90; reputação, 181-2, 186; suicídio, 179; traduções das obras de Darwin, 181
Krafft-Ebbing, Richard von, 98

lagostas, comidas pelos bucinídeos, 474-5
Lamarck, Jean, 295, 361, 364-6, 373-4
Lankester, E. Ray, 429, 444
Las Casas, Bartolomé de, 277-8; cópia do diário de bordo de Colombo, 265, 278
latim, 97-8
Le Portel, pinturas na caverna de, 202
Leakey, Mary, 250
Leakey, Richard, 250, 257
Leão X, papa, 305
Leicester Codex (Leonardo da Vinci), 32; desenho de uma gangorra, 53; observações

sobre os fósseis, 29-30, 33-6, 38-41, 46-7, 57; projetos para um submarino, 58; teoria sobre a Terra, 43, 47, 49, 55
lendas, sem base histórica, 359-60
Leonardo da Vinci, 29; lendas sobre, 41; manuscritos, 29-31; observações sobre os fósseis, 29-30, 34-47, 57-8; pinturas, 30, 44-6; teorias sobre a água e a terra, 41-53, 55-8; vida, 30, 42; visão atual sobre, 32-3; visão de mundo medieval, 32-4, 38, 57; *ver também Leicester Codex*
Lernaeodiscus porcellanae, 438, 440
Leroi-Gourhan, André, 202-11, 215-6
Lévi-Strauss, Claude, 203-4
Lincoln, Abraham, 124
Lineu (Carolus Linnaeus): foco sexual, 100-1; nomeação do bicho-preguiça, 451; nomeação do dodô, 292; partes da anatomia dos moluscos nomeadas por, 98-101, 122; sistema taxonômico, 101, 105, 114-7, 121
Lister, Adrian M., 221, 231, 236
Lowell, Percival, 403-4; teoria da vida em Marte, 405, 407-12, 416, 419
Loxothylacus panopaei, 435-6
Lutero, Martinho: Dieta de Worms, 303-4, 306-7; sobre a rebelião camponesa, 308-9; sobre os judeus, 308
Lützen, Jørgen, 441
Lyell, Charles, 138, 290, 366

macacos, 156-7, 159-65
Mach, Ernst, 130
mães, 317-8
Maharam (Meir Ben Baruch), 313
maia, escrita, 241-3
Malawi, 258
mamíferos: bichos-preguiça, 449-57, 466; cavalos, 180, 184, 186-90; combate entre machos, 236-7, 377-9; era glacial, 230; espécies extintas, 285; evolução na América do Sul, 192-3, 467; temperaturas corporais, 452-3; *ver também* cervo gigante; girafas
Marsh, O. C., 189
Marte: descoberta dos "canais", 405-6, 409, 410; expedição Mariner a, 411; explicação dos canais formulada por Wallace, 412-3; indícios de vida no meteorito de, 413-7; possibilidade de vida bacteriana em, 421-2; teoria de

Lowell sobre a vida em, 405, 407-12, 416, 419
Masaryk, Jan, 311
Maurício, ilha, 286, 294; *ver também* dodôs
Mayr, Ernst, 246, 392
McQuaid, Christopher, 72, 474
Megaloceros giganteus ver cervo gigante
Meir Ben Baruch (Maharam), 313
Mendes da Costa, Emmanuel, 103-5; carreira, 106-9; classificação dos solos e das rochas, 116; coleções, 104, 106, 112-3; correspondentes e amigos, 103, 106, 108-13; crítica à terminologia para os moluscos proposta por Lineu, 101, 122; importância, 104; judaísmo, 105-6, 109-11; livros, 103, 107, 109, 113-4, 116, 118-23; na Royal Society, 107-8; paixão pela ordem, 105, 112-3, 116; prisão, 108
meteoritos marcianos, 413-7
Mikado (Gilbert e Sullivan), 197
minas de ouro em Hispaniola, 274-6
minerais, classificação dos, 114-23
Mitchell, G. F., 226
Mivart, St. George, 372
moedas espanholas, 267
moluscos: fósseis, 36; nomenclatura de Lineu para a anatomia dos, 98-102, 122
moluscos, olhos dos, 396
Mona Lisa (Leonardo da Vinci), 44-6
Montagu, M. F. Ashley, 247-8
montanhas: fósseis dos organismos marinhos encontrados nas, 38-40, 47; nascentes nas, 48
Morgan, Hank, 27, 40
Morison, Samuel Eliot, 267, 272-4
Morley, Sylvanus, 243
mosca, A, 400
moscas, sapos comidos por, 471-2
mudança cultural, diferença em relação à evolução biológica, 214, 216, 318
mulheres: cientistas, 174-5; diferenças de comportamento em relação ao homem, 317-8
Müller, Fritz, 428
Müntzer, Thomas, 308
mutucas, 471

NASA (National Aeronautics and Space Administration), 413
natureza: dominação na, 469; tecnologia e, 67; visão "banho frio" a respeito da, 339; visão espiritual da, 339-40; visão humanista da, 9-15
navegação, técnicas de, 264-5

navios: a vapor, 68-71; *Temeraire*, 63-7
Neandertal, homem de, 202, 248, 250, 253
Nelson, Horácio, 62
New York Times, The, 326
Nicholls, Francis, 108
Nichols, John, 104
Noé, 38-9, 58
NOMA (*non-overlapping magisteria*) da ciência e da religião, 326, 328-9, 331, 334, 337-40
Nosso amigo comum (Dickens), 148

O'Neill, Eugene, 12
olfato, sentido do, nos abutres, 460-3
olhos, 396-7
Omar Khayyam, 11-2
organismos marinhos: fósseis, 35-40, 47, 57-8; ilustrações dos, 85-90, 92, 94; moluscos, 36-7, 98-102, 122-3; mortos pela proliferação de algas, 475-6; variação entre as espécies, 269-70; visão dos, nos aquários, 78, 85-8, 90; *ver também* crustáceos
origem das espécies, A (Darwin), 127, 152, 353, 366, 372, 374, 479-80
Osborn, Henry Fairfield, 182, 375
Owen, Richard: amizade com Dickens, 148; debate sobre o hipocampo, 153, 156-7, 159-66, 169-72; estudo sobre os gorilas, 148-52, 163, 169; inimizade com Huxley, 152, 155, 160-1; personalidade, 154-5; pesquisas, 193, 231-5, 463; realizações, 154; relações com o círculo de Darwin, 154-5; sobre o dodô, 291, 294; visão atual sobre, 156; visão racial, 169-73
Oxford, Universidade de, 290

Paauw, Peter, 287
Paget, Sir James, 62
pais, 318
Paleolítico, arte do, 201, 203, 216; *ver também* pinturas nas cavernas
paleontologia: contribuições de Kovalevsky ao campo da, 179-84, 186-8, 190; *ver também* fósseis
Paley, William, 347
papas: Inocêncio III, 307; João Paulo II, 326-9, 334-7, 339; Leão X, 305; Pio XII, 328-37; *ver também* Igreja Católica
papel dos detalhes no metódo científico, 186-8
parasitas: evolução dos, 425-6; hiperparasitas, 443; *ver também* rizocéfalos
Parkes, H. M., 226

pássaros: *Archaeopteryx*, 140, 142-3, 154, 230; evolução dos tentilhões em Galápagos, 191; solitários, 286; taxonomia de Dana para os, 138-9, 141-3; *ver também* dodôs
Patience (Gilbert e Sullivan), 61-2, 73
Peche Merle, caverna de, 227
peixes: mortos pelos dinoflagelados, 475-6; taxonomia de Dana, 143; *ver também* aquários
pinturas nas cavernas, 198-9; análise dos estilos, 206; cronologia, 201, 205-6, 207-12, 216-7; figuras de animais, 208-10, 230; figuras do cervo gigante, 226-8, 233-5, 238-9; funções, 202-5; localização, 201; refutação da teoria progressivista, 212-8; sinais e símbolos, 208-9; sofisticação das, 216; teoria progressivista, 207-11
Pio XII, papa: *Humani Generis*, 328-37
plantas: carnívoras, 470; classificação lineana, 101; samambaias, 82
Platão, 146
Polônio (*Hamlet*), 363, 380
Ponce de León, Juan, 277
Pope, Alexander, 197
Porter, Rufus, 70
pós-modernismo, 468-9
Praga *ver* Defenestração de Praga
Prisciliano, 307
protestantes: criacionistas, 323, 325; Defenestração de Praga, 303-4, 310-1; *ver também* Lutero, Martinho
Punch, 160

raciocínio *ver* falácias
rebelião camponesa na Alemanha, 308-9
rebocadores, 64-7
Rehbock, Philip F., 79
religião: causa final como argumento da existência de Deus, 347-8, 350-3; crenças nos planos de Deus para a criação, 130-2, 135-8, 144-5; não-sobreposição de magistério em relação à ciência (NOMA), 326, 328-9, 331, 334, 337, 339-40; teologia natural de Boyle, 346-7; visão da criação centrada no homem, 343-4; *ver também* Igreja Católica; Protestantes
Reunião, ilha, 286
Revolução Industrial, 66-70
Richardson, John, 73
Riou, Edouard, 92
Ritchie, Larry E., 438, 440-1
rizocéfalos, 426-9, 444; ciclo de vida da fêmea, 430, 433-7; ciclo de vida dos machos,

442-3; fisiologia adulta, 426, 428, 435-7; fixação nos caranguejos, 432-3; kentrogon, 433, 435-8; larva cípris, 431, 437, 442; manipulação do hospedeiro, 437-42; náuplio, 430-1, 440; redução a um pequeno número de células ou a uma célula só, 434-7
rochas *ver* minerais
Rodolfo I, imperador, 313
Rodriguez, ilhas, 286
Rotemburgo (Alemanha), 313
Royal Society, 107-8
Rudwick, Martin, 88, 90
Rupke, Nicolaas A., 156
Ruskin, John, 65-6
Ruspoli, Mario, 211
Rússia, 175-7

Sacculina, 426-9, 433-4, 439, 441-2; *ver também* rizocéfalos
Sagan, Carl, 415
samambaias, 82
San Salvador (Bahamas): desembarque de Colombo em, 264, 266-9; espécies de *Cerion*, 271, 279; monumentos, 272-3; turismo, 279
sapos-pé-de-espada, comidos pelas moscas, 471-2
Sauer, C. O., 276
Savage, Thomas, 149
Scheuchzer, J. J., 86
Scientific American, 70, 72
Sedgwick, Adam, 72
seleção natural, 348, 353; aplicação da teoria por Kovalevsky, 183-4; convergência, 193, 392, 396; o pescoço da girafa como uma ilustração da, 369-74; rejeição da teoria por alguns cientistas, 177; simplificação resultante da, 444-5
Shakespeare, William, 28, 106, 363, 381, 393, 468
simplificação na evolução, 424, 428-9, 443-5
solitários, 286
Stager, Kenneth E., 463
Strickland, H. E., 289-91, 293-4
Stubbs, George, 223-4
Sullivan, Arthur, 61-2, 73, 197

Tabanus punctifer (mutuca), 471
Taft, William Howard, 360
tainos, 264; artefatos, 267; contatos de Colombo com os, 267, 274-9, 295; destruição dos, 266, 276-8, 297; esqueletos, 296-8
taxonomia: divisores e agrupadores, 119; dos minerais, 114-23; impacto da teoria evolucionista sobre a, 135; lineana, 101, 105, 114-7, 121; sistema numerológico de Dana,

130, 135-41, 143; visão platônica, 130
tecnologia: vapor, 67-70; visão dos artistas sobre a, 67
Temeraire, 63-9
Tennyson, Alfred, 70, 446
tentilhões nas ilhas Galápagos, 191
teologia *ver* religião
teologia natural, 346-7
teoria da cefalização, 132-5, 137-40, 144
teoria da inversão, da origem dos vertebrados, 387-91
Terra, teoria de Leonardo da Vinci sobre a, 41-58
Thackeray, William Makepeace, 66
Thompson, D'Arcy, 153, 481
Thynne, sra., 79-80
Tiedemann, Friedrich, 172
Time, revista, 414, 417
Tradescant, John, 290
tradução, 335*n*
Trafalgar, batalha de, 62-3
Triana, Rodrigo de, 264, 280
triciclos, no Zimbábue, 240-1
Turguêniev, Ivan, 177
Turks e Caicos, ilhas, 264, 266, 270
Turner, A. Richard, 41
Turner, J. M. W.: *Chuva, vapor e velocidade*, 69; interesse pela tecnologia do vapor, 67, 69; *O intrépido* Temeraire, 64-7
Twain, Mark, 27
Tylor, E. B., 243
Tyson, Edward, 149

unidade da espécie humana, 257-9
uniformitarianismo, 240-1, 256
urubus-de-cabeça-vermelha, 457, 459-62, 464

Vacelet, J., 477
Van Neck, Jacob Cornelius, 287
Vasari, Giorgio, 41
Vaticano, 323
Vermeij, Geerat, 473
vertebrados: homologias com os insetos, 395, 399; olhos, 396-7; sistema de classificação de Dana, 140-1, 143; teoria da evolução a partir dos artrópodes, por meio da inversão, 387-91; teoria de Gaskell sobre a origem dos, 381-5, 390-1; teoria evolucionista do modelo comum, 389-400
vértebras: das girafas, 368; dos bichos-preguiça, 456; processos espinhosos nos mamíferos, 231-5, 237
Vertut, Jean, 215
vida, possíveis variações nas forma de, 420-2

vida extraterrestre: indícios no meteorito marciano, 413-7
visão arbustiforme da evolução, 245-6, 249-51, 253-5
visões de mundo: efeitos das revoluções científicas, 341-2; medieval, 32-4, 38, 57, 341; poder de impedir a inovação, 129; resistência às novas descobertas, 129, 139-40
visões lineares: da evolução, 131-2, 168, 212-4, 382-5, 389-90, 416-9, 424, 443-4; da evolução humana, 243-51, 253-7; da história, 28-9, 131-2, 241-4
volta do parafuso, A (Britten), 97
Voltaire, 221

Wallace, Alfred Russel, 404, 412-3
Ward, Nathaniel Bagshaw, 81
Whitehead, P. J. P., 103*n*
Whorf, Benjamim Lee, 242
Wilkes, expedição, 124
Wood, J. G., 82
Woodward, John, 119
Wordsworth, William, 217, 283
Worms (Alemanha): Dieta de, 303-4, 306-7; judeus em, 312-4
Wyman, Jeffries, 149

Yamamoto, Haruo, 273

Zimbábue, 240

ESTA OBRA FOI COMPOSTA EM TIMES PELA SPRESS E IMPRESSA
PELA GEOGRÁFICA EM OFSETE SOBRE PAPEL PÓLEN SOFT DA
COMPANHIA SUZANO PARA A EDITORA SCHWARCZ EM OUTUBRO DE 2003